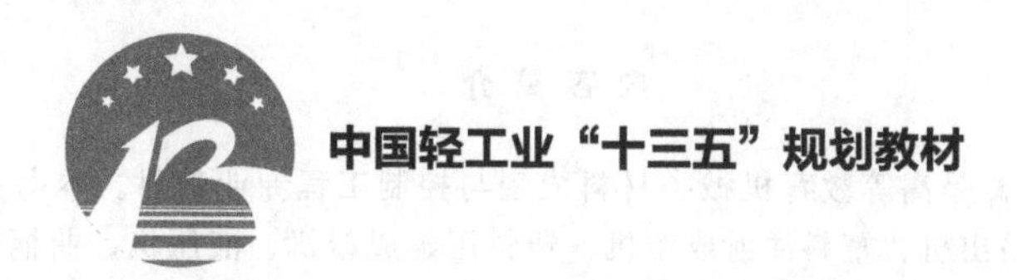

Machinery & Equipment
for Material Molding

材料成型
机械与设备

葛正浩 樊小蒲 主编

化学工业出版社
·北京·

内 容 简 介

《材料成型机械与设备》是高等教育机械类材料成型与控制工程专业教材。本书主要介绍材料成型加工的常用机械，包括塑料挤出机、塑料注射成型机、塑料压延成型机、液压机、曲柄压力机、压铸机、螺旋压力机、板料折弯机、伺服压力机、塑料中空成型机等，重点介绍其工作原理、典型结构、性能特点、主要技术参数、适用工艺及其使用要求。本书提供了大量的数据和插图，实用性强。

《材料成型机械与设备》为中国轻工业“十三五”规划教材，可供高等学校材料成型与控制工程专业和高职高专相关专业教学使用，也可供机械成型和塑料成型技术人员参考。

图书在版编目（CIP）数据

材料成型机械与设备/葛正浩，樊小蒲主编. —北京：化学工业出版社，2021.8（2024.6 重印）
中国轻工业“十三五”规划教材
ISBN 978-7-122-39250-3

Ⅰ.①材… Ⅱ.①葛… ②樊… Ⅲ.①金属压力加工设备-高等学校-教材 Ⅳ.①TG305

中国版本图书馆 CIP 数据核字（2021）第 110196 号

责任编辑：李玉晖　　文字编辑：吴开亮
责任校对：宋　玮　　装帧设计：韩　飞

出版发行：化学工业出版社（北京市东城区青年湖南街 13 号　邮政编码 100011）
印　　装：北京科印技术咨询服务有限公司数码印刷分部
787mm×1092mm　1/16　印张 18　字数 446 千字　2024 年 6 月北京第 1 版第 3 次印刷

购书咨询：010-64518888　　售后服务：010-64518899
网　　址：http://www.cip.com.cn
凡购买本书，如有缺损质量问题，本社销售中心负责调换。

定　　价：55.00 元

前言

材料成型机械设备是为模具和被加工材料提供运动、动力、控制等，从而完成成型加工生产的一类机械设备。由于材料成型加工生产所涉及的领域很宽，材料成型机械设备的类型很多，限于篇幅，本书主要介绍材料成型加工的常用机械，包括塑料挤出机、塑料注射成型机、压延机、液压机、曲柄压力机等。本书重点介绍机械的工作原理、典型结构、性能特点、主要技术参数和适用工艺及其使用要求，对这些设备，要达到会选择、可使用、能维护的目的。为了突出实用性，书中提供了大量的数据和插图。

在编写过程中，本书编写组成员始终坚持工程教育认证理念，努力编写出有利于融合性教学、符合主流教学改革方向的教材。本书的编写原则和特点如下：

(1) 以学生为中心。本书的编写是在“以产出导向为基本原则、以质量保证和持续改进为出发点、以学生为中心”的工程教育认证理念下进行的，强化对学生综合能力的培养，明确教学主体，以培养创新型人才为目标，使其能符合当前社会对人才的创新需求。每章以“学习成果达成要求”开篇，与工程教育专业认证理念接轨，明确学生应达成的能力要求。

(2) 突出能力培养。以现代企业生产现状为背景，以“工程能力、科学知识与创新思维相融合”为理念，目标是编写出一本突出能力培养的专业融合性课程教材：实现教学过程中学校教学和现代企业生产相融合、理论教学与实践教学相融合、教师引导学习和学生自主学习相融合，培养具备较强工程能力、扎实科学基础和创新思维的优秀工程师。本书突出设备选用能力的培养，对于设备选用，每章都精选了实例，并附有思考与练习题。

本书可作为高等工科院校材料成型及控制工程专业教材，也可作为高职高专相关专业教材，还可供相关工程技术人员参考。

本书由陕西科技大学葛正浩、樊小蒲统稿并主编，于旻、任威、高羡明参编。各章编写分工如下：第 1 章由于旻编写，第 2、6 章由葛正浩编写，第 3 章由任威编写，第 4、5 章由樊小蒲编写，第 7 章由高羡明编写。

由于编者水平所限，加之时间仓促，书中难免有不妥之处，恳请读者批评指正。

编　者

2021 年 9 月

目录

第1章　塑料挤出机

学习成果达成要求

在塑料成型设备中，塑料挤出机通常被称为主机，而与其配套的后续塑料成型机则被称为辅机。常见的塑料挤出机主要包括单螺杆挤出机、双螺杆挤出机、排气挤出机、串联式挤出机等，可以与管材、薄膜、棒材、单丝、板（片）材、造粒等各种塑料成型辅机匹配，组成各种塑料挤出生产线，生产塑料制品，是塑料加工行业中应用最广泛的设备之一。

本章主要学习塑料挤出机的组成、分类、工作原理，重点掌握单螺杆挤出机的技术参数和选用、维护与安全操作。

通过学习，应达成如下学习目标：

① 了解挤出机的结构组成、工作原理、应用范围以及性能特点。

② 掌握挤出的工作过程和物料在螺杆中的流动理论，具有挤出螺杆设计的基本知识。

③ 具备安全操作和维护挤出机的基本知识，了解选用挤出机要考虑的问题。

④ 了解排气挤出机、双螺杆挤出机、串联式挤出机的结构和主要参数。

⑤ 了解吹膜成型、挤管成型、板材成型的辅机的作用。

1.1　概述

挤出成型是塑料成型加工的重要方法之一，大部分热塑性塑料都能用此法进行加工。据统计，在塑料制品成型加工中，挤出成型制品的产量居首位，占整个塑料制品的一半以上。

与其他成型方法相比，挤出成型有下述特点：生产过程是连续的，因而其产品都是连续的；生产效率高，应用范围广，能生产管材、棒材、板材、薄膜、单丝、电线、电缆、异型材以及中空制品等；投资少，收效快。用挤出成型生产的产品广泛地应用于人民生活以及农业、建筑业、石油化工、机械制造、国防等领域。

挤出成型在挤出机上进行，挤出机是塑料成型加工的重要机械之一。

1.1.1　挤出机的组成及分类

挤出过程是这样进行的，将塑料加热使之呈黏流态，在加压的情况下，使之通过具有一定形状的口模而成为截面与口模形状相仿的连续体，然后通过冷却，使具有一定几何形状和尺寸的塑料由黏流态变为高弹态，最后冷却定型为玻璃态，得到所需要的制品。

为使成型过程得以进行，一台挤出机一般由下列几部分组成。

① 挤压系统　主要由料筒和螺杆组成。塑料通过挤压系统而塑化成均匀的熔体，并在这一过程中所建立的压力下，被螺杆连续地定压定量定温地挤出机头。

② 传动系统　它的作用是给螺杆提供所需的扭矩和转速。

③ 加热冷却系统　其功用是通过对料筒（或螺杆）进行加热和冷却，保证成型过程在工艺要求的温度范围内完成。

④ 机头　它是制品成型的主要部件，熔融塑料通过它获得一定的几何截面和尺寸。

⑤ 定型装置　它的作用是将从机头中挤出的塑料的既定形状稳定下来，并对其进行精整，从而得到更为精确的截面形状、尺寸和光亮的表面。通常采用冷却和加压的方法达到这一目的。

⑥ 冷却装置　由定型装置出来的塑料在此得到充分的冷却，获得最终的形状和尺寸。

⑦ 牵引装置　其作用为均匀地牵引制品，并对制品的截面尺寸进行控制，使挤出过程稳定地进行。

⑧ 切割装置　其作用是将连续挤出的制品切成一定长度或宽度。

⑨ 卷取装置　其作用是将软制品（薄膜、软管、单丝）等卷绕成卷。

一般将挤压系统、传动系统、加热冷却系统组成的部分称为主机，而将机头以后几部分称为辅机。根据制品的不同，辅机可由不同部分组成。

⑩ 挤出机的控制系统　由各种电器、仪表和执行机构组成。根据自动化水平的高低，控制系统可控制挤出机的主辅机的拖动电机、驱动油泵；控制液压（气）缸和其他各种执行机构按所需的功率、速度和轨迹运行并进行检测；控制主辅机的温度、压力、流量，最终实现对整个挤出机组的自动控制和对产品质量的控制。

一般称由以上各部分组成的挤出装置为挤出机组。图 1-1 所示为挤出吹膜机组的组成示意图，图 1-2 所示为挤出机的结构图。

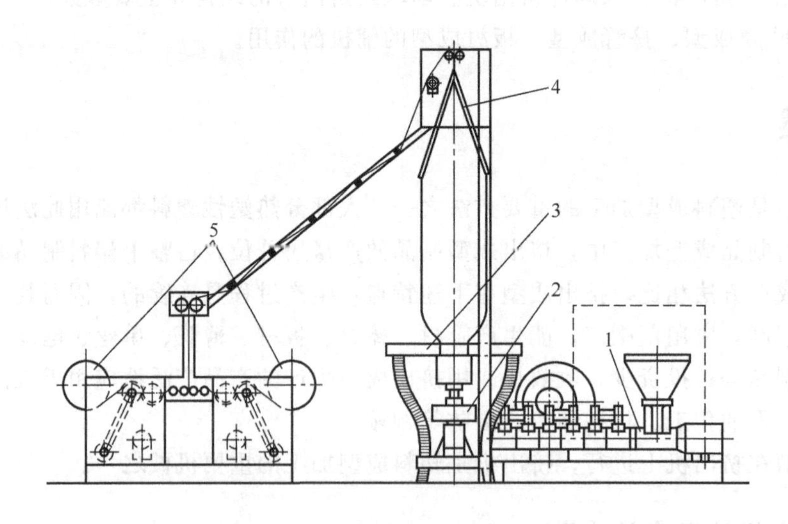

图 1-1　挤出吹膜机组的组成示意图

1—主机；2—吹膜机头；3—冷却风环；4—人字板；5—卷取装置

挤出机的分类方法很多。如按螺杆数目的多少，可分为单螺杆挤出机和多螺杆挤出机；按可否排气，可分为排气挤出机和非排气挤出机；按螺杆的有无，可分为螺杆挤出机和无螺

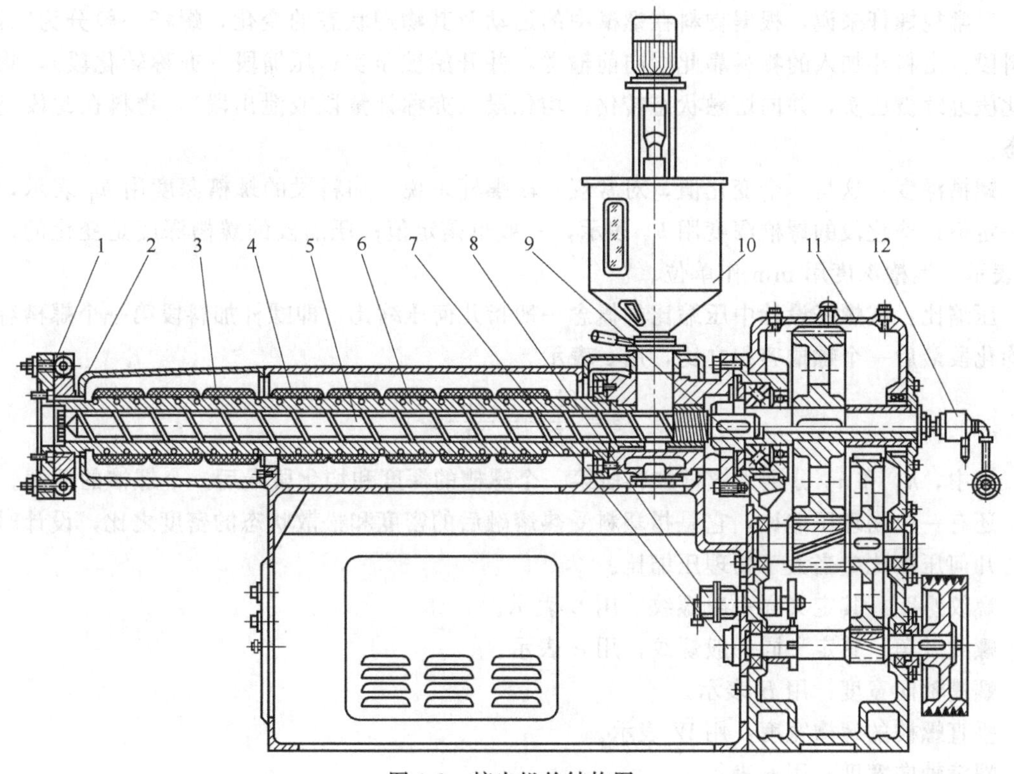

图 1-2 挤出机的结构图

1—机头联接法兰；2—分流板；3—冷却水管；4—加热器；5—螺杆；6—机筒；7—油泵；8—测速电动机；9—止推轴承；10—料斗；11—减速箱；12—螺杆冷却装置

杆挤出机；按螺杆在空间的位置，可分为卧式挤出机和立式挤出机。其中最常用的是卧式单螺杆非排气挤出机。本节将以此为重点进行介绍。

1.1.2 单螺杆挤出机的主要参数

单螺杆挤出机的性能特征通常用以下几个主要技术参数表示：

螺杆长径比：用 L/D 表示。其中 L 为螺杆的工作部分长度，即有螺纹部分的长度，D 为螺杆直径。

螺杆的转速范围：用 $n_{max} \sim n_{min}$ 表示，n_{max} 表示最高转速，n_{min} 表示最低转速，用 n（r/min）表示螺杆转速。

驱动电机功率：用 N 表示，单位为 kW。

料筒加热段数：用 B 表示。

料筒加热功率：用 E 表示，单位为 kW。

挤出机生产率：用 Q 表示，单位为 kg/h。

机器的中心高：用 H 表示，指螺杆中心线到地面的高度，单位为 mm。

机器的外形尺寸：长、宽、高，单位为 mm。

1.1.3 螺杆的主要参数

除上面介绍过的螺杆直径 D 和长径比 L/D 以外，螺杆还有下面几个参数。

对常规螺杆来说，根据物料在螺槽中的运动及其物理状态的变化，螺杆一般分为三段：加料段，由料斗加入的物料靠此段向前输送，并开始被压实；压缩段（亦称转化段），物料在此段继续被压实，并向熔融状态转化；均化段（亦称计量段或泄出段），物料在此段呈黏流态。

螺槽深度：这是一个变化值，对常规三段螺杆来说，加料段的螺槽深度用 h_1 表示，一般是定值；均化段的螺槽深度用 h_3 表示，一般也是定值；压缩段的螺槽深度是变化的，用 h_2 表示。螺槽深度用 mm 作单位。

压缩比：在螺杆设计中压缩比的概念一般指几何压缩比，即螺杆加料段第一个螺槽容积和均化段最后一个螺槽容积之比，用 ε 表示。

$$\varepsilon=\frac{(D-h_1)h_1}{(D-h_3)h_3}>1$$

式中，h_1 和 h_3 分别为螺杆加料段第一个螺槽的深度和均化段最后一个螺槽的深度。

还有一个物理压缩比，它是指塑料受热熔融后的密度和松散状态的密度之比，设计时采用的几何压缩比应当大于物理压缩比。

螺纹螺距：其定义同一般螺纹，用 S 表示。

螺纹升角：其定义同一般螺纹，用 φ 表示。

螺槽轴向宽度：用 B 表示。

垂直螺棱的螺槽宽度：用 W 表示。

螺棱轴向宽度：用 b 表示。

螺棱法向宽度：用 e 表示，一般指沿轴向螺棱顶部的宽度，单位为 mm。

螺纹外径与料筒内壁的间隙：用 δ 表示，单位为 mm。

以上各螺杆参数表示可见图 1-3。

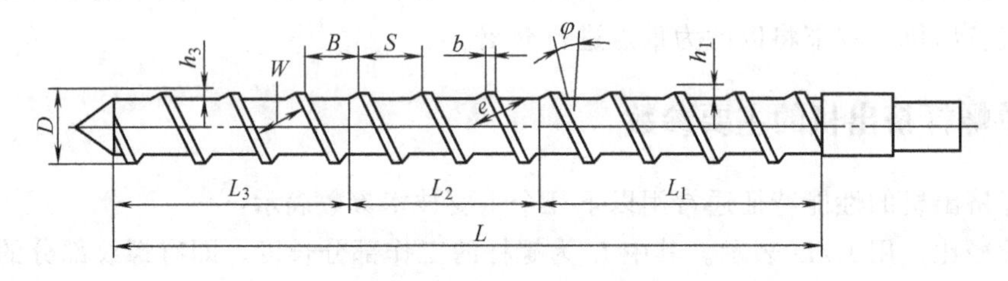

图 1-3 螺杆参数示意图

我国生产的塑料挤出机的主要参数已标准化。现将我国单螺杆挤出机基本参数列出，供参考，见表 1-1。表 1-2 列出了国产挤出机的主要技术参数。

表 1-1 单螺杆挤出机基本参数（JB 129—73）

螺杆直径 D_s/mm	螺杆转速 /(r/min)	长径比	产量/(kg/h)		电动机功率 /kW	加热段数（机身）	加热功率（机身）/kW	中心高 /mm
			硬聚氯乙烯	软聚氯乙烯				
30	20～120	15 20 25	2～6	2～6	3/1	2 3 4	3 4 5	1000
45	17～102	15 20 25	7～18	7～18	5/16.7	2 3 4	5 6 7	1000

续表

螺杆直径 D_s/mm	螺杆转速 /(r/min)	长径比	产量/(kg/h)		电动机功率 /kW	加热段数（机身）	加热功率（机身）/kW	中心高 /mm
			硬聚氯乙烯	软聚氯乙烯				
65	15～90	15 20 25	15～33	16～50	15/5	3 3 4	10 12 16	1000
90	12～72	15 20 25	35～70	40～100	22/73	3 4 5	18 24 30	1000
120	8～48	15 20 25	66～112	70～160	55/183	3 4 5	30 40 45	1100
150	7～42	15 20 25	95～190	120～280	75/25	4 5 6	45 60 72	1100
200	5～30	15 20 25	160～320	200～480	100/333	5 6 7	75 100 125	1100

表 1-2 国产挤出机的主要技术参数

型号	螺杆直径 D_s/mm	螺杆长径比 L/D_s	螺杆转速 /(r/min)	生产能力 Q /(kg/h)	主电机功率 N/kW	加热功率/kW	加热段数	机器的中心高 H/mm	生产厂
SJ-30	30	20	11～100	0.7～6.3	1～3	3.3	3	1000	上海挤出机厂
SJ-30×25B	30	25	15～225	1.5～22	5.5	48	3	1000	
SJ-45B	45	20	10～90	2.5～22.5	5.5	5.8	3	1000	
SJ-65A	65	20	10～90	6.7～60	5～15	12	3	1000	
SJ-65B	65	20	10～90	6.7～60	22	12	3	1000	
SJ-Z-90 排气式	90	30	12～120	25～250	6～60	30	6	1000	
SJ-120	120	20	8～48	25～150	18.3～55	27.5	5	1100	
SJ-150	150	25	7～42	50～300	25～75	60	8	1100	
SJ-Z-150 排气式	150	27	10～60	60～200	25～75	71.5	6	1100	
SJ-90	90	20	12～72	40～90	7.3～22	18	4	1000	大连橡胶塑料机械厂
SJ-90×25	90	25	33.3～100	90	18.3～55	24	5	1000	
SJ_2-120	120	18	15～45	90	13.3～40	24.3	5	900	
SJ-150	150	20	7～42	20～200	25～75	48	5	1100	
3J-200	200	20	4～30	420	25～75	55.2	6	1100	
JW-250	250	10	12～36	（造粒）900～2200	33.3～100	蒸气加热		1100	

1.2 挤出螺杆设计

1.2.1 挤出机的工作过程

塑料之所以能进行成型加工，是由其内在性质所决定的。由高分子物理学得知，高聚物一般存在着玻璃态、高弹态和黏流态三种物理状态。在一定条件下，这三种物理状态将发生相互转化。塑料的成型加工是在黏流态下进行的。

塑料由料斗进入料筒后，随着螺杆的旋转而被逐渐推向机头方向。在加料段，螺槽为松散的固体粒料或粉末所充满，物料开始被压实。当物料进入压缩段后，由于螺槽逐渐变浅，以及滤网、分流板和机头的阻力，在塑料中形成了很高的压力，把物料压得很密实。同时，在料筒外热和螺杆、料筒对物料的混合、剪切作用所产生的内摩擦热的作用下，塑料的温度逐渐升高。对于常规三段全螺纹螺杆来说，大约压缩段的三分之一处，与料筒壁相接触的某一点的塑料温度达到黏流温度，开始熔融。随着物料的向前输送，熔融的物料量逐渐增多，而未熔融的物料量逐渐减少，大约在压缩段的结束处，全部物料熔融而转变为黏流态，但这时各点的温度尚不很均匀，经过均化段的均化作用就比较均匀了。最后螺杆将熔融物料定量、定压、定温地挤入机头。机头中口模是一成型部件，物料通过它便获得一定截面的几何形状和尺寸，再经过冷却定型和其他工序，就得到成型好的制品。

描写这一过程的参量有温度、压力、流率（或挤出量、产量）和能量（或功率），有时也用物料的黏度。因黏度不易直接测得而且与温度有关，故一般不用它来讨论挤出过程。

1.2.2 物料在螺杆中的流动理论

前面简单介绍了挤出过程，应当指出，这一过程看起来简单，实际上是很复杂的，以致挤出机虽已出现多年，尽管各国都做了大量的实验研究工作，取得了很大进展，并从不同角度提出了多种描述挤出过程的理论，但到目前为止，还没有形成一种完整的令人完全满意的解释整个挤出过程并指导挤出机设计和操作实践的理论。这就是说，人们还没有完全认识挤出过程。关于挤出过程的理论正在发展中。

目前常用的关于挤出过程的理论，是在常规全螺纹螺杆中建立起来的。

根据实验研究，物料自料斗加入到由机头挤出，要通过几个职能区：固体输送区、熔融区和熔体输送区。固体输送区通常限定在自加料斗开始算起的几个螺距中，在该区物料向前输送并被压实，但仍以固体状存在。在熔融区，物料开始熔融，已熔的物料和未熔的物料以两相的形式共存，未熔物料最终全部转变为熔体。在熔体输送区，螺槽全部为熔体充满，它一般只限定在螺杆的最后几圈中。三个职能区的分布见图 1-4。这几个区不一定完全和前面

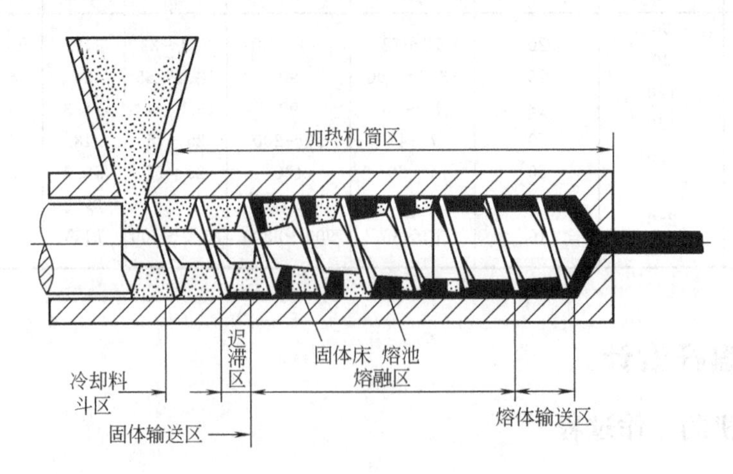

图 1-4　常规螺杆的三个职能区

介绍的螺杆的加料段、压缩段、均化段相一致。目前应用最广泛的挤出理论，就是分别在以上三个职能区中建立起来的，它们分别是：固体输送理论、熔融理论、熔体输送理论。详细理论可参考《塑料成型工艺学》中的有关内容。

1.2.3 常规螺杆设计

螺杆和料筒组成了挤出机的挤压系统，为说明挤压系统的重要性，人们通常称之为挤出机的心脏。塑料正是在这一部分由玻璃态转变为黏流态，然后通过口模、辅机而被做成各种塑料制品的。如果就螺杆和料筒相比，螺杆更显得居于关键地位。这是因为一台挤出机的生产率、塑化质量、填加物的分散性、熔体温度、动力消耗等，主要决定于螺杆的性能。因此，我们将较详细地介绍有关螺杆设计的问题。

(1) 评价螺杆的标准和设计螺杆考虑的因素

如何评价螺杆的好坏呢？评价螺杆好坏的标准也随着对挤出过程认识的深化而逐渐明确和完善起来。由前面对挤出过程的介绍可以看出，至少应当从以下几个方面评价螺杆。

① 塑化质量　一根螺杆首先必须保证能生产出合乎质量要求的制品。合乎质量要求是指所生产的制品应当具有合乎规定的物理、化学性能，具有合乎要求的表观质量，如能达到用户对气泡、晶点、染色分散均匀性的要求等。要达到上述要求，固然与机头、辅机有关系，但与螺杆的塑化质量等的关系更大。如螺杆所挤出的熔体温度是否均匀，轴向波动、径向温差多大，是否有得以成型的最低熔体温度，挤出的熔体是否有压力波动，染色和其他添加剂的分散是否均匀等。

② 产量　产量是指在保证塑化质量的前提下，通过给定机头的产量或挤出量。一根好的螺杆，应当具有较高的塑化能力，产量一般用 kg/h 或 kg/r 来表示。

③ 单耗　单耗是指每挤出 1kg 合乎要求的塑料所消耗的能量，一般用 N/Q 表示。其中 N 为功率，kW，Q 为产量，kg/h。这个数值越大，表示塑化同样重量的塑料所需要的能量越多，即意味着所耗费的加热功率越多，电机所做的机械功通过剪切和摩擦热的形式进入物料越多，反之亦然。一根好的螺杆，在保证塑化质量的前提下，单耗应尽可能低。

④ 适应性　螺杆的适应性是指螺杆对加工不同塑料、匹配不同机头和不同制品的适应能力。一般说来，适应性越强，往往伴随着塑化效率越低，因此我们总希望一根好的螺杆，其适应性和高的塑化效率都应兼备。

⑤ 制造的难易　一根好的螺杆还必须易于加工制造，成本低。

以上几条标准必须综合起来考虑，只强调一方面是片面的。当然，也允许针对不同要求，重点保证达到某条标准。

要设计一根合乎以上标准的性能优异的螺杆并非轻而易举。在进行螺杆设计时，要综合考虑以下因素：

① 物料的特性及其加入时的几何形状、尺寸和温度状况　不同物料的物理特性（如挤出温度范围、黏度、稳定性和流变性能）相差很大，因而加工性能也很不相同。例如聚氯乙烯和聚烯烃就有很大差别，前者为无定形塑料，黏度大，对温度比较敏感，无明显熔点；后者为结晶性塑料，黏度较低，有明显的熔点。就是同属聚烯烃的聚乙烯和聚丙烯也不相同；甚至同是聚乙烯，但由于生产厂家不同或批号不同，其性能也有差异。进而言之，同是一种塑料，粉状和粒状的加工性能也不尽一样，预热和不预热对加工性能也有影响。因此，要采取不同的螺杆设计来适应不同的物料。

② 口模的几何形状和机头阻力特性　由挤出机的工作情况可知，口模特性与螺杆特性必须很好地匹配，才能获得满意的挤出效果。如高阻力机头，一般要配以均化段螺槽深度较浅的螺杆，而低阻力机头，需与均化段螺槽较深的螺杆相配。而对排气挤出机，机头阻力的大小和螺杆性能的匹配显得更重要，弄得不好，挤出机甚至不能工作。

③ 料筒的结构形式和加热冷却情况　由固体输送理论知，在加料段料筒壁上加工出锥度和纵向沟槽并进行强行冷却，会大大提高固体输送效率。若要用这种结构形式的料筒，设计料筒时必须在熔融段和均化段采取相应措施，使熔融速率、均化能力与加料段的输送能力相一致。

④ 螺杆转速　由于物料的熔融速率很大程度上取决于剪切速率，而剪切速率与螺杆转速有关，故进行螺杆设计时必须考虑螺杆转速这个因素。

⑤ 挤出机的用途　设计螺杆时必须弄清楚挤出机是用作加工制品，还是用作混料、造粒或喂料。因为不同用途的挤出机的螺杆在设计上是有很大不同的。

在对评价螺杆的标准有了统一的看法和对螺杆设计必须考虑的因素有了一个全面的了解之后，方能进行螺杆的具体设计。

(2) 常规全螺纹三段螺杆的设计

所谓常规全螺纹三段螺杆，是指出现最早、应用最广、整根螺杆由三段组成，其挤出过程完全依靠全螺纹的形式完成的螺杆。这种螺杆的设计包括螺杆形式的确定，螺杆分段及各段参数的确定，螺杆直径和长径比的确定，螺杆和料筒间隙的确定等。下面分别叙述。

① 螺杆形式的确定　按照传统的说法，常规全螺纹三段螺杆分为渐变型螺杆和突变型螺杆。渐变型螺杆是指由加料段较深螺槽向均化段较浅螺槽的过渡，是在一个较长的螺杆轴向距离内完成的。而突变型螺杆的上述过渡是在较短的螺杆轴向距离内完成的。

渐变型螺杆大多用于无定形塑料的加工，它对大多数物料能够提供较好的热传导，对物料的剪切作用较小，而且可以控制，其混炼特性不是很高，适用于热敏性塑料，也可用于结晶性塑料。

突变型螺杆由于具有较短的压缩段，有的甚至只有（1～2）D，对物料能产生巨大的剪切，因此适用于黏度低、具有突变熔点的塑料，如尼龙、聚烯烃，而对于高黏度的塑料容易引起局部过热，故不适用于聚氯乙烯。

然而，根据实验观察和熔融理论，对聚烯烃塑料来说，由熔融开始到熔融结束至少要在几段中完成，而不是在（1～2）D 中完成。而且，相变点也是随转速而变化的，故要想使物料在预先设计好的（1～2）D 中完成相变，实际上是不可能的。目前不少人对具有非常短的压缩段的突变型螺杆的可信性提出了怀疑，生产实践也提出这个问题，目前不少加工聚乙烯塑料的螺杆的压缩段加长到（4～5）D。这样说来，也可以不分突变型螺杆和渐变型螺杆，而在设计时根据物料适当选取不同长度的压缩段即可。

② 螺杆直径的确定　螺杆直径是一个重要参量，它在一定意义上表征挤出机挤出量的大小。在设计螺杆时，它不能任意确定，因为螺杆直径已经标准化。我国挤出机标准所规定的螺杆直径系列为：30、45、65、90、120、150、200，单位为 mm。一般情况下，确定螺杆直径应符合此系列。螺杆直径的大小一般根据所加工制品的断面尺寸、加工塑料的种类和所要求的生产率来确定。制品截面积的大小和螺杆直径的大小有一个适当的关系，一般说来，大截面的制品选大的螺杆直径，小截面的制品选小的螺杆直径，这对制品的质量、设备的利用率和操作比较有利。表 1-3 列出了螺杆直径与所生产制品尺寸的经验统计关系，供设

计时参考。用大直径的螺杆生产小截面的制品是不经济的，因为若将挤出机开到合适的工作速度，则物料通过口模的速度过快，机头压力过高，有损坏机器零件的可能，不易冷却定形。对某些塑料如PVC，工艺条件也不易掌握。若降低螺杆工作速度，则机器的生产能力得不到充分发挥。

表1-3 螺杆直径与挤出制品尺寸之间的关系

螺杆直径/mm	ϕ30	ϕ45	ϕ65	ϕ90	ϕ120	ϕ150	ϕ200
硬管直径/mm	3～30	10～45	20～65	30～120	50～180	80～300	120～400
吹膜折径/mm	50～300	100～500	400～900	700～1200	约2000	约3000	约4000
挤板宽度/mm			400～800	700～1200	1000～1400	1200～2500	

③ 螺杆长径比的确定 螺杆长径比是螺杆的重要参数之一。若将它与螺杆转速联系起来考虑，在一定意义上也表示螺杆的塑化能力和塑化质量。单螺杆的长径比有一个由小到大的发展趋势，20世纪50年代一般为18～20，60年代为25～28，目前为30左右。长径比加大后，螺杆的长度增加，塑料在料筒中停留的时间长，塑化得更充分更均匀，故可以保证产品质量。在此前提下，可以提高螺杆的转速，从而提高挤出量。长径比加大后，比较易于调整沿料筒轴向温度轮廓线的形状，以适应特殊聚合物的需要。但长径比加大后，螺杆、料筒的加工和装配都比较困难和复杂，成本也相应提高，并且使挤出机加长，增加所占厂房的面积。此外，长径比增大后，因螺杆的下垂度与其长度的四次方成正比，故会增加螺杆的弯曲度而造成螺杆与料筒的间隙不均匀，有时会使螺杆刮磨料筒而影响挤出机的寿命，因此，力求在较小的长径比的条件下获得高产量和高质量才是多快好省的途径，切不可盲目地加大长径比。最后，当长径比加大后，若提高螺杆转速，其扭矩必然增大，对小直径的螺杆来说，因其加料段的螺纹根径较小，就要考虑其强度是否满足要求的问题。

④ 螺杆的分段及各段参数的确定 如前所述，常规全螺纹三段螺杆一般分为加料段、压缩段（转化段）和均化段（计量段）。由挤出过程知，物料在这三段中的挤出过程是不相同的，在设计螺杆时，每一段几何参数的选择，应当围绕着该段的作用以及整根螺杆和各段的相互关系来考虑。

a. 加料段。加料段的作用是输送物料给压缩段和均化段。对其要求是其固体输送能力应稍高于或等于其他两段的工作能力，对本段的另一要求是能压实固态颗粒或粉料，有利于挤出颗粒料或粉料中所含气体和提高输送效率。加料段中形成高的压力，固体颗粒间的缝隙减少有利于传热，因此，可以使固体料提前熔融。

加料段的核心问题是输送能力。由固体输送理论得知，螺杆的输送能力与螺杆的几何参数和固体输送角有关，加大垂直于螺杆轴线平面内物料通过的横截面积F和物料在螺杆轴线方向的速度V_p，可以提高输送量Q_s。加大F可以通过加大加料段的螺槽深度来实现。也可以通过在料筒加料段处开纵向沟槽和加工锥度来实现。据有的研究资料报道，对于ϕ45的螺杆，加料段螺槽深度$h_1=2.4\sim4.0$。对于ϕ65的螺杆，h_1取3.5～5.4。对于ϕ90～ϕ150的螺杆，$h_1=5.6\sim8$。单位均为mm。缩短加料段的螺距会导致产量的降低。加料段的长度与压力的建立、熔融区的熔融状况和波动有关。为了提高加工PVC粉料的产量，可以将加料段的长度从（3～5）D提高到（6～10）D。对于结晶性塑料，加料段长度一般取为螺杆全长的60%～65%。螺纹升角也是一个影响输送能力的因素，螺纹升角越大，输送量越大，但因通常取$D=S$，即$\varphi=17°40'$，似无更多讨论的余地，当然因特殊要求也可通

过加大 φ 来提高 Q_s，但那会造成螺杆制造的困难。输送量 Q_s 还与螺杆与料筒的摩擦系数有关，螺杆表面粗糙度越低，摩擦系数越小；料筒的摩擦系数越大，Q_s 越大。

b. 压缩段。由挤出过程可知，这一段的作用是压实物料、熔融物料，因此，这一段螺杆各参数的确定应以此为主旨。

压缩段螺杆参数中有两个重要概念，一个是螺槽根径变化的渐变度，另一个是压缩比。

螺槽根径的渐变度若用 A 表示，则

$$A=\frac{h_1-h_3}{L_2}$$

式中，h_1，h_3 分别为加料段、均化段的螺槽深度；L_2 为压缩段的长度。可见压缩段螺槽的横截面积与渐变度成比例，由加料段向均化段逐渐减小。由熔融理论知，渐变度起着加速熔融的作用，应当使渐变度与固体床的熔融速率相适应。如果渐变度大，而熔融速率低，螺槽就有被堵塞的可能。反之，如果渐变度小，均化段螺槽就有可能不完全充满熔体，这两种情况都会导致产量波动。但由于一般事先不知道熔融速率，故还难以直接确定出渐变度，习惯上在设计中仍多采用压缩比的概念。

压缩比 ε 的作用是将物料压缩，排除气体，建立必要的压力，保证物料到达螺杆末端时有足够的致密度。压缩比有两个，一是几何压缩比，二是物理压缩比。设计时应使几何压缩比大于物理压缩比。这是因为在决定几何压缩比时，除了应考虑塑料熔融前后的密度变化外，还应当考虑在压力下熔融塑料的压缩性、螺杆加料段的装填程度和挤压过程中塑料的回流等因素。压缩比与物料的性质、制品的情况等有关，它可用试验决定。目前多根据经验选取，因而即使加工同一种塑料和同一制品，各厂也会采取不尽相同的压缩比。表 1-4 列出了加工各种常用塑料所采用的几何压缩比。应当指出，压缩比这一概念没有明确指出压缩段螺槽容积的变化情况，是按线性变化还是按其他规律变化，以及这种变化是在多长轴向距离内完成的等。

表 1-4 加工常用塑料用的几何压缩比

物料、制品	压缩比	物料、制品	压缩比
硬聚氯乙烯(粒)	2.5(2～3)	ABS	1.8(1.6～2.5)
硬聚氯乙烯(粉)	3～4(2～5)	聚甲醛	4(2.8～4)
软聚氯乙烯(粒)	3.2～3.5(3～4)	聚碳酸酯	2.5～3
软聚氯乙烯(粉)	3～5	聚苯醚(PPO)	2(2～3.5)
聚乙烯	3～4	聚砜(片)	2.8～3
聚苯乙烯	2～2.5(2～4)	聚砜(膜)	3.7～4
纤维素塑料	1.7～2	聚砜(管,型材)	3.3～3.6
有机玻璃	3	聚酰胺(尼龙 6)	3.5
聚酯	3.5～3.7	聚酰胺(尼龙 66)	3.7
聚三氟氯乙烯	2.5～3.3(2～4)	聚酰胺(尼龙 11)	2.8(2.6～4.7)
聚全氟氯乙烯	3.6	聚酰胺(尼龙 1010)	3
聚丙烯	3.7～4(2.5～4)		

获得压缩比的方法，除了等距不等深螺槽的方法外，还有锥形螺杆、等深不等距螺槽、不等深不等距螺槽等方法。其中等距不等深螺槽的方法易于进行机械加工，故多采用。

压缩段的长度，目前国内多以经验方法确定。根据一般经验，对非结晶性塑料，压缩段约占整个螺杆长度的55%～65%，而对于结晶性塑料，则取（1～4）D不等。

c. 均化段。由挤出过程知，该段的作用是将来自压缩段的已熔物料定压定量定温地挤到机头中去。均化段的螺槽深度和长度是两个重要参量。螺槽深度应当设计得使该段的计量能力与压缩段的熔融能力相匹配以适当地控制每转的挤出量。

如果该段螺槽深度过大，使其潜在的熔体输送能力大于熔体能够充满的能力，压缩段未熔融的物料会进入该段，残留的固相残片若得不到进一步均匀塑化而挤入机头，则会影响制品质量。如果螺槽太浅，产量就会降低，而且熔体会受到过大的剪切，熔体的温度会变得过高，非但不能获得低温挤出，甚至引起过热分解。另外，如前所述，均化段螺槽深度的选择还应当与使用的机头相匹配，若想获得高的挤出量，高压机头应当与浅的均化段螺槽的螺杆相匹配，低压机头应当与深的均化段螺槽螺杆相匹配。

均化段的另一个重要参数是该段的长度L_3。L_3长一些，可以使物料得到相对长的均化时间，也可以减少压力、产量、温度的波动，但L_3不能过长，否则会使压缩段和加料段在螺杆全长中占的比例变小，不利于物料的熔融，或使螺杆加长。此外，均化段的长度对压力轮廓线的峰值的轴向位置有影响，如果能通过加长均化段而使得压力峰值移至均化段末，则将会使产量波动和压力波动大大减小。

对于某种给定的物料，有一个最佳的均化段螺槽深度和均化段长度。均化段的尺寸决定了它的均化能力。有实验证明，在其他条件不变的情况下，均化段螺槽深度稍增加，就使均化质量大大下降，相反，h_3稍减少，产量就会大大减少。而均化段的长度减小，同样会引起塑化质量的下降。

由塑料成型工艺知，只有那些能承受高剪切速率的塑料如低黏度的PE、PA，才适于选择浅的均化段螺槽。而对那些不能承受高剪切速率的塑料，如硬聚氯乙烯，则应选择较深的均化段螺槽。

均化段螺槽深度的决定比较复杂，目前仍以经验方法确定：

$$h_3=(0.02\sim0.06)D$$

螺杆直径较小者，h_3取大值，反之取小值。

均化段的长度也多凭经验确定。对于非结晶性塑料，均化段长度约占螺杆全长的22%～25%；对结晶性塑料，均化段长度约占螺杆全长的25%～35%。

⑤ 螺杆与料筒间隙的确定　螺杆与料筒间隙δ_0是一个螺杆与料筒相互关系的参量：漏流随着δ_0的增加而增加，δ_0太大会影响到挤出量。实践告诉我们，如果δ_0因某种原因增大至均化段螺槽深度的15%，该螺杆即不能应用。

实验还告诉我们，在螺杆转速、挤出量不变的情况下，改变螺杆和料筒间隙，沿螺杆轴线方向的压力轮廓线就要变化。总的趋势是，δ_0越小，压力越高。δ_0的大小还直接影响熔融过程的稳定性。

对于不同的物料，应选择不同的δ_0值。例如，对于PVC，由于其对温度敏感，δ_0小会使剪切增大，易造成过热分解，故应选得大一些。而对于低黏度的非热敏性塑料，如PA、PE，应当选尽量小的δ_0，以增加其剪切。

螺杆和料筒间隙δ_0能否保持住，与螺杆料筒的耐磨性能有关，也与δ_0的大小有关。δ_0小时磨损得快，δ_0大时磨损得慢。

螺杆和料筒的间隙δ_0与螺杆、料筒的加工精度要求有密切联系，过小的δ_0不仅要提高螺杆、料筒的加工精度，而且也提高了装配精度，显然，成本就要增加。

综上所述，螺杆和料筒的间隙 δ_0 的选取是一个综合性的问题，必须结合被加工物料的性质、机头阻力情况、螺杆料筒的材质及其热处理情况、机械加工条件以及螺杆直径的大小来选取。一般说来，螺杆直径越大，δ_0 应选得越大，反之亦然。表 1-5 为我国挤出机系列推荐的 δ_0 值。

表 1-5　螺杆与料筒的间隙 δ_0 的推荐值

螺杆直径/mm	30	45	65	90	120	150	200
最小 δ_0/mm	+0.10	+0.15	+0.20	+0.30	+0.35	+0.40	+0.45
最大 δ_0/mm	+0.25	+0.30	+0.40	+0.50	+0.55	+0.60	+0.65

⑥ 螺杆其他参数的确定　螺杆直径 D、螺距 S、螺纹升角 φ 之间的关系为 $S=\pi D\tan\varphi$。当其中两个参数选定后，另一个参数即确定。由于机械加工的方便，一般取 $D=S$，即 $\varphi=17°40'$。

根据挤出理论知，φ 角是一个影响产量的因素。实验证明，物料形状不同，对加料段的螺纹升角要求也不一样。φ 为 300°左右适于粉料，170°左右适于圆柱料，150°左右适于方块料。

螺纹可以是单头的，也可以是双头的。多头螺纹用得较少，这是因为物料在多头螺纹中不易均匀充满，易造成波动。

螺棱宽度 e 太小会使漏流增加，而导致产量降低，特别是对低黏度的熔体来说，更是如此。e 太大会增加螺棱上的动力消耗，有局部过热的危险，一般取 $e=(0.08\sim0.12)D$。

⑦ 螺杆头部结构和螺纹形状　当塑料熔体从螺旋槽进入机头流道时，其料流形式急剧改变，由螺旋带状的流动变成直线流动。为得到较好的挤出质量，要求物料尽可能平稳地从螺杆进入机头，尽可能避免局部受热时间过长而产生热分解现象。这与螺杆头部形状、螺杆末端螺纹的形状以及机头体中流道的设计和分流板的设计等有密切关系。螺杆头部的结构形式长期以来就是实践和理论研究中的一个课题，由于实际情况的复杂，一直有不同意见。

螺杆头部结构形式的确定，必须与螺杆末端的形状、机头体中的流道、分流板、滤网等一起考虑。目前国内外常用的螺杆头部的结构形式见图 1-5。

常见螺杆螺纹的断面形状有三种，即矩形、锯齿形和双楔形，见图 1-6。

前者在螺槽根部有一个很小的圆角，它有最大的装填体积，而且机械加工比较容易，适用于加料段。中间者改善了塑料的流动情况，有利于搅拌塑化，也避免了物料的滞留。后者具有输送物料稳定性好的优点。在压缩段和均化段上也能提高塑化效果。若用 R_1 表示螺纹推进面的螺纹根部的圆角半径，用 R_2 表示拖曳面螺纹根部的圆角半径，根据经验，它们分别为

$$R_1=(1/2\sim2/3)h_3$$

$$R_2=(2\sim3)R_1$$

螺杆直径较大者，R_1、R_2 取较大值，反之取小值。锯齿形螺纹的拖曳面与垂直方向夹角为 $\alpha=30°$，适用于压缩段和均化段。

(3) 螺杆材料

由挤出过程可知，螺杆是在高温、一定腐蚀、强烈磨损和大扭矩下工作的，因此，螺杆必须由耐高温、耐磨损、耐腐蚀、高强度的优质材料做成。这些材料还应具有切削性能好、

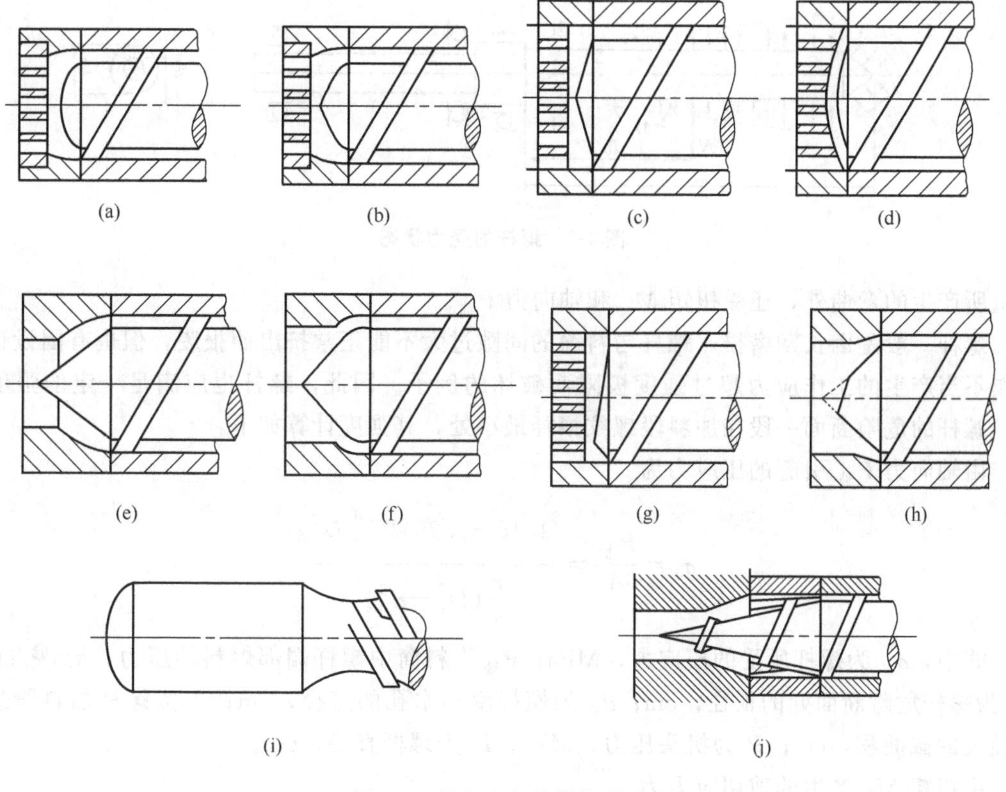

图 1-5　螺杆头部的结构形式

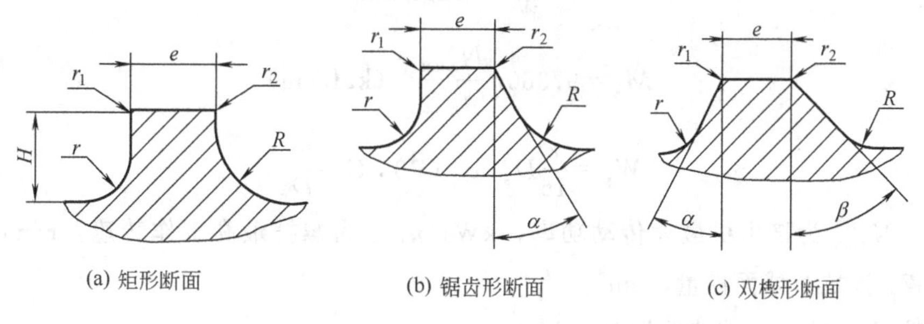

图 1-6　常用螺纹断面形状

热处理后残余应力小、热变形小等性能。目前我国常用的螺杆材料有 45 钢、40Cr、38CrMoAl 等。45 钢便宜，加工性能好，但耐磨损耐腐蚀性能差。40Cr 的性能优于 45 钢，但往往要镀上一层铬，以提高其耐腐蚀耐磨损的能力，且对镀铬层要求较高，目前已较少应用。氮化钢、38CrMoAl 的综合性能比较优异，应用比较广泛。但这种材料抵抗氯化氢腐蚀的能力弱，且价格较高。国外有用碳化钛涂层的方法来提高螺杆表面的耐磨蚀能力，但据报道其耐磨损能力还不够好。近年来国外在提高螺杆的耐磨损耐腐蚀能力方面采取了一系列措施。一种方法是采用高强度耐磨损耐腐蚀合金钢，如 34CrAlNi、31CrMo12 等。还有采取在螺杆表面喷涂 Xaloy 合金的方法，这种合金具有高的耐磨损耐腐蚀性能。

① 螺杆的强度计算　当螺杆与减速箱主轴用较长的圆柱面配合时，可以将螺杆视作一端固定的悬臂梁。螺杆在挤出过程中的受力状态可简化为图 1-7 所示的情况，螺杆除因本身

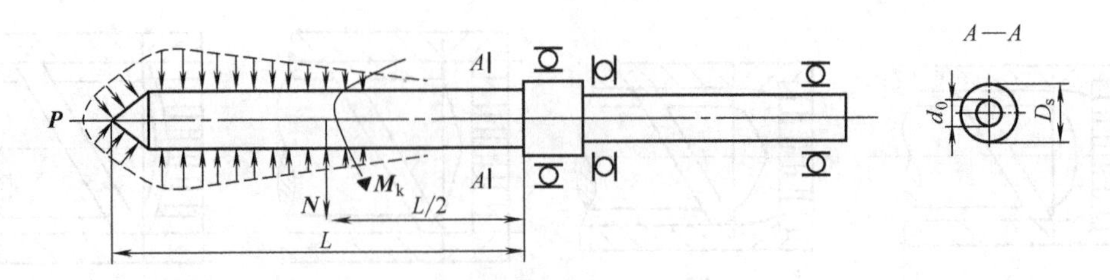

图 1-7　螺杆的受力状态

自重所产生的弯曲外，还受扭矩 M_k 和轴向力 $\boldsymbol{P}_{轴}$。

螺杆一般是因长期磨损，螺杆与料筒的间隙过大不能正常挤出而报废，但也有因设计或操作不当产生的工作应力超过强度极限而破坏的例子。因此，螺杆也应满足一定的强度要求。螺杆的危险断面一段在加料段螺纹根径最小处，其强度计算如下：

由轴向力 $\boldsymbol{P}_{轴}$ 引起的压应力为

$$\sigma_Y=\frac{P_{轴}}{A}=\frac{(1.15-1.25)P\ \frac{\pi}{4}D^2}{\frac{\pi}{4}(D_s^2-d_0^2)}$$

式中，σ_Y 为螺杆所受的压应力，MPa；$\boldsymbol{P}_{轴}$ 为料筒中螺杆端部熔料的压力，kgf❶/cm^2；D_s 为螺杆危险断面处的根径，cm；d_0 为螺杆冷却水孔的直径，cm；A 为螺杆加料段最小根径处的截面积，cm；P 为机头压力，MPa；D 为螺杆直径，cm。

由扭矩 M_k 产生的剪切应力为

$$\tau=\frac{M_k}{W_p}\quad(\text{kgf/cm}^2)$$

$$M_k=97360\eta\frac{N_{max}}{n_{max}}\quad(\text{kgf/cm})$$

$$W_p=\frac{\pi}{16}D_s^3(1-C^4),\ C=\frac{d_0}{D_s}$$

式中，N_{max} 为挤出机最大传动功率，kW；n_{max} 为螺杆最高工作转速，r/min；η 为传动效率；W_p 为抗扭截面模量，cm^3。

由螺杆自重 G 产生的弯曲应力：

$$\sigma_W=\frac{G\frac{L}{2}}{W}=\frac{GL}{2W}\quad(\text{kgf/cm}^2)$$

$$G=\frac{\pi}{8}(D^2+D_{根}^2)L\gamma\quad(\text{kgf})$$

$$W=\frac{\pi}{32}D_{根}^3(1-C^2),\ C=\frac{d_0}{D_{根}}$$

式中，L 为螺杆伸出端长度，cm；γ 为螺杆材料密度，kg/cm^3；W 为抗弯截面模量，cm^3。

---

❶　1kgf=9.80665N。

根据材料力学可知，对塑性材料，复合应力用第三强度理论计算，其强度条件为

$$\sigma_{总}=\sqrt{\sigma^2+4\tau^2}\leqslant[\sigma]\quad (\mathrm{kgf/cm^2})$$

$$\sigma=\sigma_Y+\sigma_W\quad (\mathrm{kgf/cm^2})$$

对于螺杆尾部与减速箱主轴呈浮动连接的情况，由于螺杆在料筒中浮动，螺杆自重引起的弯曲应力等于零，故只按螺杆受压应力和剪切应力来计算。

由于螺杆自重引起的弯曲应力很小，即使在前一种情况下，也可略去不计。

也有按纯扭来估算螺杆直径的。

② 新型螺杆　常规全螺纹三段螺杆存在着熔融效率低、挤出量不高、塑化混炼不均匀，压力波动、温度波动和产量波动大等缺点。另外，常规螺杆往往不能很好适应一些特殊塑料的加工或混炼、着色等工艺过程。为了克服这些缺点，目前在常规螺杆上常用的方法就是加大长径比，提高螺杆转速，加大均化段的螺槽深度等。这些措施无疑取得了一定的成效，但成效有限。因为采取上述措施并没有从根本上改变常规全螺纹三段螺杆靠全螺纹的几何形状来完成挤出过程所存在的固有缺点。这就促使人们创造了一些新型螺杆，这些新型螺杆在不同方面、不同程度上克服了常规螺杆存在的缺点。

这些新型螺杆有分离型螺杆、屏障型螺杆、销钉螺杆和组合螺杆等。

1.3　其他类型挤出机

随着新型高分子材料和新型加工工艺的不断涌现，普通的单螺杆和双螺杆挤出机已不能完全适应材料工业发展的需要，因此目前除了常用的普通挤出机外还有排气式挤出机、双螺杆挤出机、串联式挤出机、柱塞式挤出机、行星齿轮挤出机等其他类型的挤出机。本节对这些类型的挤出机分别作简单的介绍。

1.3.1　排气式挤出机

研究挤出过程和挤出制品发现，在挤出过程和制品中有气体存在。这些气体有三个来源：加入原料的颗粒间夹带有空气；颗粒上吸附的水分原料内部包含的气体或液体如剩余单体，低沸点增塑剂、低分子挥发物及水分等。这些东西如果不排出，它们最终会以气体的形式影响制品的质量，如在制品表面或内部出现空隙或气泡，使表面灰暗无光泽等。这样不仅严重地影响制品的外观，也会影响制品的性能，因此必须控制挤出制品中气体的含量。一般规定挤出制品中气体的含量不得超过0.2%～0.3%，如果有特殊要求，气体的含量还要减少。

控制气体含量的方法有几种，如预热干燥法、真空料斗法等，但比较行之有效的方法是用排气式挤出机。实践证明排气式挤出机的排气效果优于预热干燥法。

排气式挤出机一般用于含水分、溶剂、单体的聚合物在不预干燥的情况下直接挤出；用于加有各种助剂的预混合物粉料挤出，除去低沸点组分并起到均匀混合作用；用于夹带有大量空气的松散或絮状聚合物的挤出，以排除夹带的空气；用于连续聚合后的处理。

排气式挤出机大致有单螺杆、双螺杆和双阶式三种类型，我们只介绍单螺杆排气式挤出机。

(1) 工作原理及分类

对于单螺杆排气式挤出机来说，它的螺杆是由两根常规三段螺杆串联而成，如图1-8所

示。在两根螺杆连接处设置排气口，排气口前面的一段螺杆叫一阶螺杆，它由加料段、第一压缩段、第一均化段组成。排气口后面的一段螺杆叫二阶螺杆，它由排气段、第二压缩段、第二均化段组成。

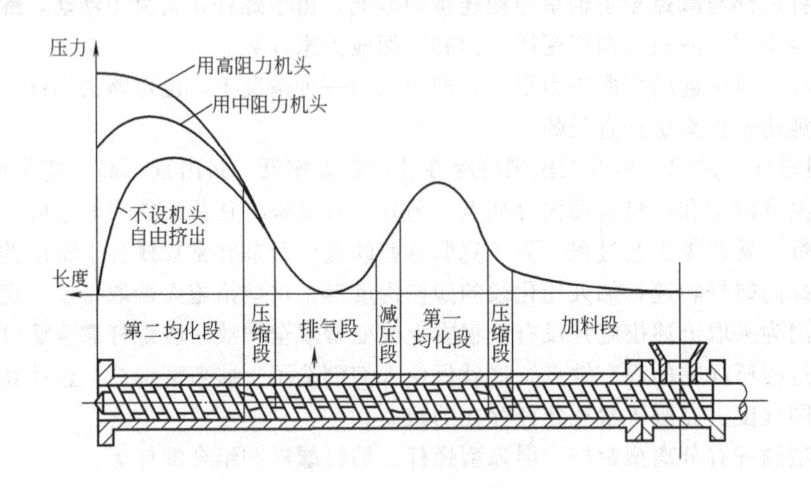

图 1-8　单螺杆排气式挤出机及其压力分布

塑料由加料口至第一均化段达到基本塑化状态，物料中所含的一部分气体由于物料被压实而由料斗中逸出，基本塑化的物料进入排气段后，由于该段螺槽突然加深（几倍于第一均化段螺槽深），加之排气口通真空泵，压力骤降，因而物料中一部分受压缩气体和气化的挥化物直接从物料中逸出，还有一部分包括在熔体中的气体和气化挥发物使熔体发泡，在螺纹的搅动下气泡破裂，这些气体由排气口被真空泵抽走。

脱除掉气体和挥发物的熔体被第二压缩段重新压缩，在第二均化段进一步均化最后被定量定压定温地挤入机头而得到制品。

根据排气结构的不同，排气式挤出机有直接抽气式、旁路式、中空排气式和尾部排气式四种。

① 直接抽气式　直接抽气式排气式挤出机是物料直接由第一计量段进入排气段后，气体从设在排气段的机筒上的排气口排出的挤出机。如图 1-8 所示，这种形式结构简单，螺杆的加工方便，加热器易于布置，应用较广泛。其主要问题是第一阶螺杆和第二阶螺杆间的流量平衡比较困难，弄不好会有溢料现象，挤出量发生波动，而在排气段前设置调压阀又难以结构化。

② 旁路式　如图 1-9 所示，它的特点是在机筒上开有旁路系统，在旁路上安有调压阀，以控制其流量。在其螺杆的第一均化段末有一段反螺纹，以迫使物料通过旁路进入排气段，然后进入第二阶螺杆。其优点是可以方便地控制流量。但这种形式机筒结构复杂，热处理时易变形，而且螺杆上的反螺纹制造也困难，旁路处的加热装置也难以安装。

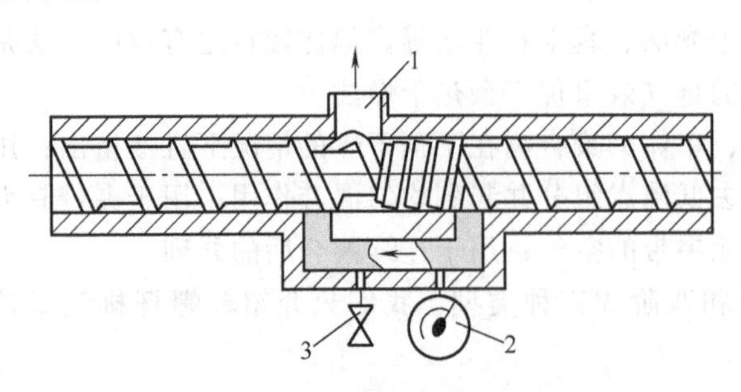

图 1-9　旁路式排气式挤出机

1—排气孔；2—压力表；3—调压阀

它不适于加工热敏性塑料。

③ 中空排气式 如图1-10所示。这种形式的特点是在其螺杆的第一均化段后面设有一个或几个反螺纹，在反螺纹的作用下，使向前的料流被迫从开设在螺杆中心的通道进入第二阶螺杆，而气体却可以通过反螺纹到达排气段，并从排气段经排气口排出。这种形式亦不宜于加工热敏性塑料，但其料筒的结构比旁路式的简单而螺杆结构复杂不易加工，螺杆的冷却长度也受中心通道位置的限制。它适用于大型排气式挤出机。

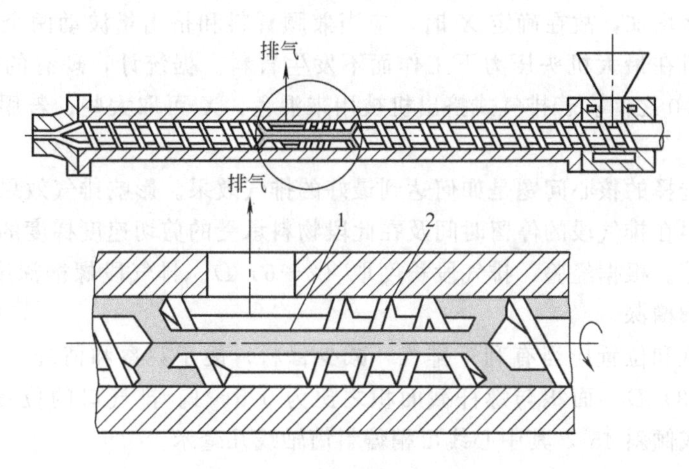

图1-10 中空排气式挤出机

1—中空部分；2—反螺纹

④ 尾部排气式 如图1-11所示，这种形式的特点是其螺杆有较短的压缩段，而且排气口不开设在机筒上，而是在排气段的螺杆上，气体是从开在螺杆中心的孔中从螺杆的尾部排出的。这种形式的螺杆亦较复杂，螺杆冷却也受到限制，但在机筒的加工及安装加热冷却装置时比较方便。

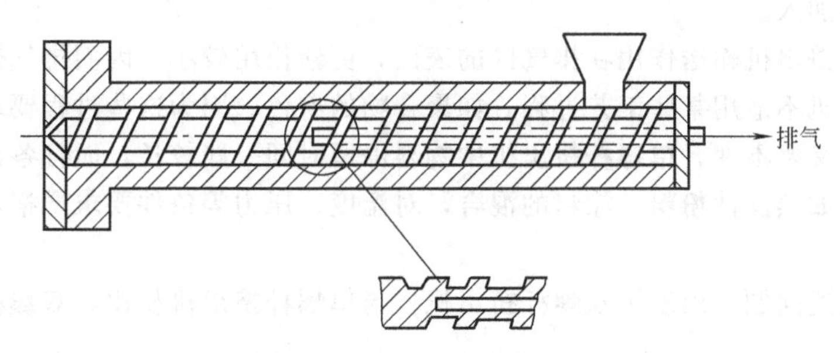

图1-11 尾部排气式挤出机

(2) 排气式挤出机的主要参数

排气式挤出机的螺杆长径比一般为24～30。

两阶螺杆长度分配，第一阶螺杆长度大约占全长的53%～53%，最大不超过2/3。

第一均化段的长度占第一阶螺杆长度的百分比与非排气螺杆差不多，第二均化段的长度与第一均化段长度比值约为0.3～1.3。在可能的情况下，第二均化段的长度应取得长些，以保证稳定挤出。

两阶螺杆的均化段螺槽深度h_{I}、h_{II}是很重要的参数，在不设调压阀的情况下，当螺杆直径、螺纹升角和转速一定时，排气挤出机的生产率是由h_{I}来决定的。h_{I}的选择与普通非排气螺杆差不多。当 h_{I} 选定后，h_{II} 就不能单独决定了，它和 h_{I} 有一定关系。为了说明这一点，我们引入泵比这个概念。所谓泵比，是指第二均化段的螺槽深度与第一均化段的螺槽深度之比，即

$$X=\frac{h_{\mathrm{II}}}{h_{\mathrm{I}}}$$

X 愈接近 1，冒料的可能性愈大，X 愈大，冒料的可能性愈小。但当机头压力较低时，挤出不稳定现象将增加，故在确定 X 时，应当兼顾冒料和挤出量波动两个方面，其条件就是使排气式挤出机在最大机头压力下工作而不发生冒料。据统计，现有的排气式挤出机的 X 大多在 1.5～2.0 之间。若排气式挤出机被用来混色，X 可取大些；若用作稳定挤出，X 可取小些。

排气段参数选择的核心问题是如何达到最好的排气效果。影响排气效果的因素很多，如排气段长度、物料在排气段的停留时间及在此段物料承受的剪切速度梯度的大小、物料充满该段螺槽的程度等。根据经验，排气段长度取（2～6）D。排气段螺槽深度可取 2.5～6 倍的第一均化段的螺槽深。

排气口的形状和位置应当有利于排气，减少冒料，便于观察和清理，其形状多为长方形，长边为（1～3）D，面积与螺杆截面积之比为 0.5～1。排气口的位置可以是向上的，也可以是水平的或倾斜 45°，其中心线可稍偏料筒轴线几毫米。

1.3.2 双螺杆挤出机

单螺杆挤出机由于其螺杆和整个挤出机设计简单，制造容易，价格便宜，因而在塑料加工工业中得到广泛应用。但是随着塑料工业的发展，在加工新型塑料（及其共混物）和硬聚氯乙烯粉料时，单螺杆挤出机显露出较大的局限性，这主要表现在以下几方面：

由于单螺杆挤出机的输送作用主要靠摩擦，故其加料性能受到限制，粉料、玻璃纤维、无机填料等较难加入。

由于单螺杆挤出机输送作用在排气区的表面，更新作用较小，因而排气效果较差。

单螺杆挤出机不适用某些工艺过程，如聚合物的着色。因为这些过程要求物料在料筒中的停留时间既短又要不变，单螺杆挤出机中物料停留时间一般较长，而且各部分物料停留时间也不相等。又如热固性粉料、涂料的混合，对温度、压力等条件要求严格，单螺杆挤出机达不到这些要求。

为了解决上述问题，出现了双螺杆挤出机。与单螺杆挤出机相比，双螺杆挤出机有以下几个特点：

加料容易。这是由于双螺杆挤出机是靠正位移原理输送物料，不可能有压力回流。在单螺杆挤出机上难以加入的具有很高或很低黏度以及与金属表面之间有很宽范围摩擦系数的物料，如带状料、糊状料、粉料及玻璃纤维等皆可加入。玻璃纤维还可在不同部位加入。双螺杆挤出机特别适于加工聚氯乙烯粉料，可由粉状聚氯乙烯直接挤出管材。

物料在双螺杆中停留时间短。适于那些停留时间较长就会固化或凝聚的物料的着色和混料，例如热固性粉末涂层材料的挤出。

优异的排气性能。这是由于双螺杆挤出机啮合部分的有效混合，排气部分的自洁功能使得物料在排气段能获得完全的表面更新所致。

优异的混合、塑化效果。这是由于两根螺杆互相啮合，物料在挤出过程中进行着较在单

螺杆挤出机中远为复杂的运动，经受着纵横向的剪切混合。

低的比功率消耗。据介绍，若用相同产量的单双螺杆挤出机进行比较，双螺杆挤出机的能耗要少 50%。这是由于双螺杆挤出机的螺杆长径比较单螺杆小，物料的能量多由外热输入，而单螺杆挤出机的螺杆的长径比要大 20%～30%，且机头和分流板筛网增加了阻力。

据有的资料介绍，双螺杆挤出机的容积效率非常高，其螺杆特性线比较硬，流率对口模压力的变化不敏感，用来挤出大截面的制品比较有效，特别在挤出难以加工的材料时更是如此。而单螺杆挤出机的流率对口模压力变化比较敏感。

综上所述，再加上近年来克服了双螺杆挤出的螺杆在料筒制造方面的困难而降低了成本，在设计上也逐步克服了将足够大的功率加到中心距很小的两根螺杆上的困难，双螺杆挤出机应用比重日益增加。但其与单螺杆挤出机相比，毕竟有结构复杂、设计制造困难、维修困难、成本高等问题存在。

(1) 双螺杆挤出机的结构和类型

双螺杆挤出机的结构如图 1-12 所示，它由机筒、螺杆、加热器、机头连接器、传动装置（包括电动机、减速箱和止推轴承）、加料装置（包括料斗、加料器和加料器传动装置）等部件组成。各部分职能与单螺杆挤出机相似。

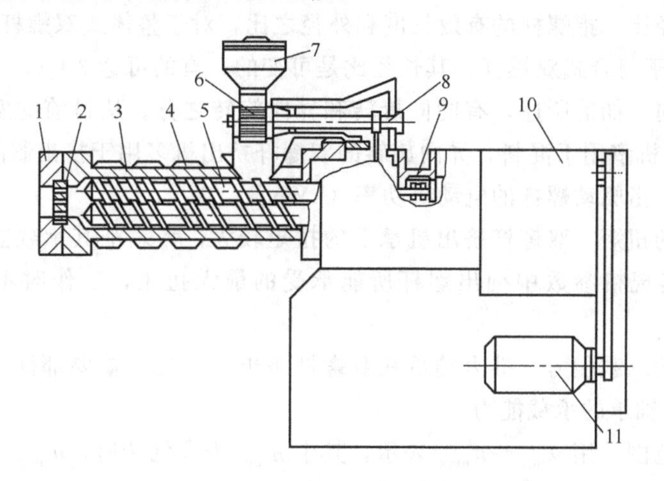

图 1-12　双螺杆挤出机结构

1—机头连接器；2—多孔板；3—机筒；4—加热器；5—螺杆；6—加料器；7—料斗；8—加料器传动装置；9—止推轴承；10—减速箱；11—电动机

双螺杆挤出机按两根螺杆的相对位置，可分为啮合型与非啮合型，如图 1-13 所示，啮合型又可按其啮合程度分为部分啮合与全啮合型。非啮合型的双螺杆挤出机，其工作原理基

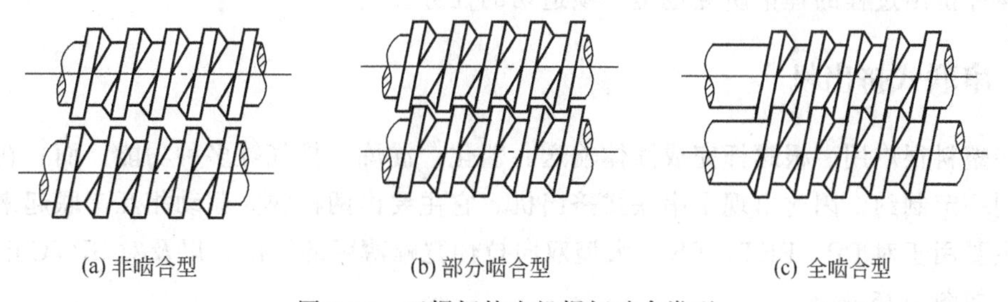

(a) 非啮合型　(b) 部分啮合型　(c) 全啮合型

图 1-13　双螺杆挤出机螺杆啮合类型

本与单螺杆挤出机相似，实际很少用。

按螺杆旋转方向的不同，双螺杆挤出机又可分为同向旋转与异向旋转两大类，异向旋转又有向内和向外两种，如图 1-14 所示。

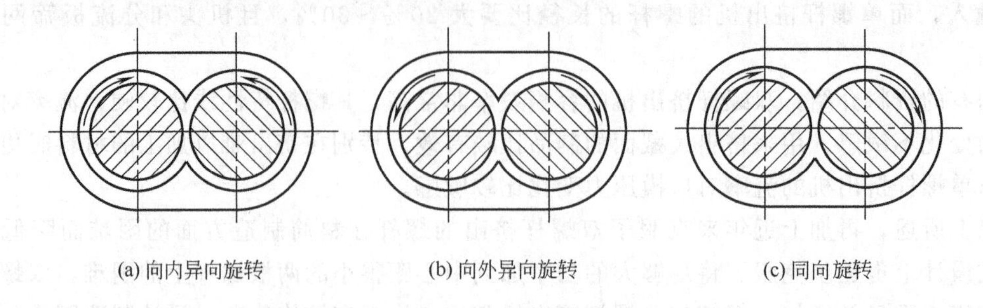

图 1-14　双螺杆挤出机的螺杆旋转方式

(2) 双螺杆挤出机的主要参数

双螺杆挤出机的主要参数有：

① 螺杆直径　指螺杆外径，对于变直径螺杆它就是一个变值，应指明哪一端直径。直径越大，表明机器的挤出量越大。

② 螺杆的长径比　指螺杆的有效长度和外径之比，对于整体式双螺杆，长径比是定值，一般为 7～13，对于组合式双螺杆，其长径比是可变的，有的可达 3∶1。

③ 螺杆的转向　如前所述，有同向旋转和异向旋转之分。从目前的发展趋势看，同向旋转的双螺杆挤出机多用于混料，异向旋转的双螺杆挤出机多用于挤出制品。

④ 驱动功率　指驱动螺杆的电动机功率（kW）。

⑤ 螺杆承受的扭矩　双螺杆挤出机承受的扭矩较大，为表征其承载能力保护挤出机安全运转，一般在其规格参数中列出螺杆所能承受的最大扭矩，工作时不得超过。一般用 kgf·m 作单位。

⑥ 推力轴承的承载能力　推力轴承在双螺杆挤出机中是个重要部件，一般在产品规格说明中都给出推力轴承的承载能力。

⑦ 螺杆转速范围　用 $n_{\min}$～$n_{\max}$ 表示，其中 $n_{\min}$ 为最低转速，$n_{\max}$ 为最高转速。

⑧ 加热功率和加热段数　加热功率用 kW 作单位。

⑨ 产量　kg/h。

应当说明，由于双螺杆工作原理颇为复杂，加之对它的挤出过程、挤出理论的研究远落后于单螺杆挤出机，故其有关参数的确定和挤出机能力、驱动功率等计算尚无成熟的理论关系式可循，而多由经验和实验确定。因此，在大力发展双螺杆挤出机的结构、制造的同时，加强双螺杆挤出过程的理论研究也是一项迫切的任务。

1.3.3　串联式挤出机

一些塑料很难用一根螺杆完成固体输送、塑化、混炼、排气等多种功能，而且在提高产量上受到一定制约，因此出现了串联式挤出机。它主要由两根独立驱动相互串联起来的螺杆构成。主要用于对 PP、PET、PS 等大型双向拉伸宽幅薄膜的挤出，以及对 SPVC 电线包覆的挤出。如图 1-15 所示。

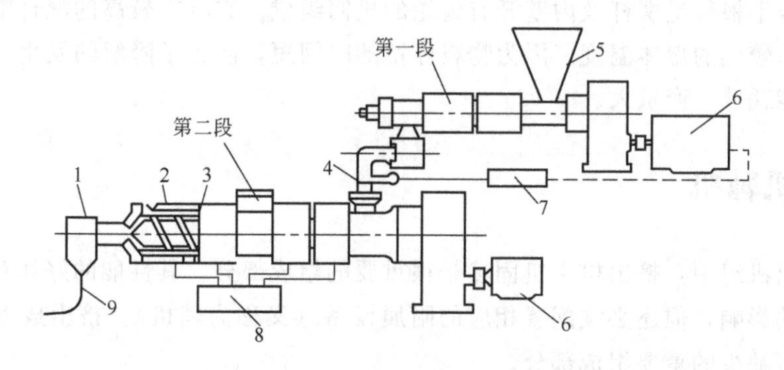

图 1-15 串联式挤出机结构

1—机头；2—加热器；3—螺杆；4—连接套（排气孔）；5—料斗；
6—电动机；7—压力控制装置；8—加热冷却装置；9—挤出物

1.3.4 柱塞式挤出机

柱塞式挤出机是一种往复、间歇性的基础设备。工作时把物料送进料室中，在外加热下熔融，物料在柱塞力作用下从模头挤出成型。如图 1-16 所示。

1.3.5 行星齿轮挤出机

行星齿轮挤出机是多螺杆挤出机中最具有代表性的一种。如图 1-17 所示，它由一根较

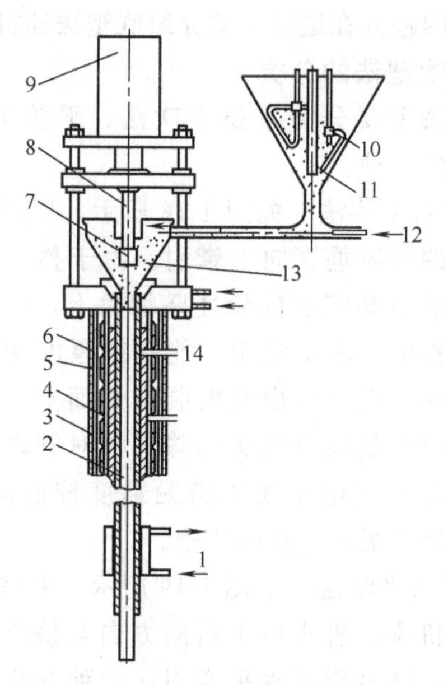

图 1-16 柱塞式挤出机

1—冷却水；2—制件；3—模管；4—加热器支承管；
5—加热器；6—绝热层；7—柱塞头；8—柱塞杆；
9—液压缸；10—搅拌器；11—加料螺旋；12—压缩空气；13—加料室；14—热电偶

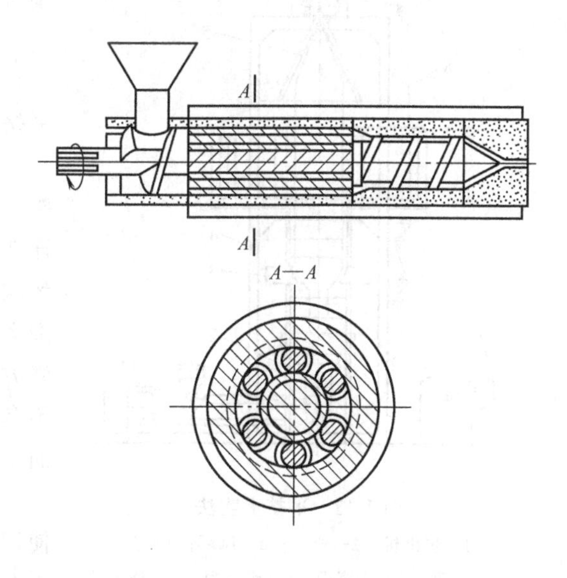

图 1-17 行星齿轮挤出机结构

长的主螺杆与若干根行星螺杆及内壁开有齿轮的机筒组成。它具有较高的混合塑化效率、优异的塑化质量、较低的熔体温度。因为物料停留的时间短，防止了降解的发生。适用于加工热敏性物料，能耗低，产量大。

1.4 挤出机辅机

在整个挤出机组中，挤出机主机固然是很重要的组成部分，其性能的好坏对产品的质量和产量有很大的影响，但还必须配置相应的附属设备（又称为辅机）。挤出成型辅机是挤出成型设备中不可缺少的重要组成部分。

挤出机辅机的作用是将从机头出来的已初具形状和尺寸的高温熔体通过冷却在一定的装置中定型下来（或由机头挤出的型坯吹胀、拉伸再冷却定型下来），再通过进一步冷却，使之由高弹态最后转变为室温下的玻璃态，而获得合乎要求的成品或半成品。

挤出机辅机的类型繁多，组成复杂，然而各种辅机一般均由五个基本环节组成：定型、冷却、牵引、切割、卷取（或堆放）。除了依据这五个基本环节配置相应的设备外，还按照不同制品的具体需要配置一些其他机构或装置，例如薄膜或电缆辅机的张力调整装置、涂覆前的预热装置、管径或薄膜厚度的自动反馈控制装置等。

1.4.1 吹膜成型辅机

塑料薄膜是指厚度在 0.005～0.250mm 的塑料平面材料。它可以用压延法、流延法和挤塑法生产。挤塑法又可以分为吹塑法和机头直接挤塑法两种。在这里主要介绍吹塑法辅机。

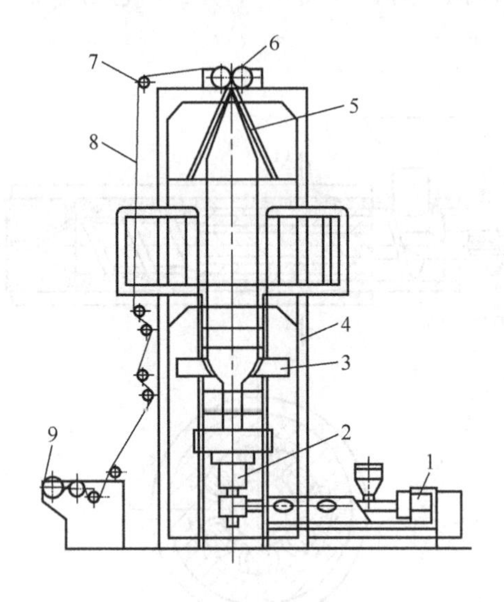

图 1-18　平挤上吹法

1—挤出机；2—机头；3—风环；4—工作架；5—人字板；6—牵引辊；7—导辊；8—薄膜；9—卷取装置

(1) 吹塑法的分类

吹塑法主要分为平挤上吹法、平挤平吹法、平挤下吹法三种。

① 平挤上吹法　如图 1-18 所示，使用直角机头，挤出的管坯垂直向上牵引。由于整个管坯都连在上部已冷却定型的管坯坚韧段上，所以在管坯吹胀过程中，牵引稳定。能制得厚度和折径范围大的薄膜。而且挤出机安装在地面上，操作维修方便。缺点是来自机头的热气流对管坯的冷却不利。同时不宜用于加工熔融黏度较低的物料，而多用于聚乙烯等物料的吹塑。

② 平挤平吹法　如图 1-19 所示，平挤平吹法使用水平机头，机头挤出料的方向与挤出机挤出方向相同，挤出管坯水平牵引。此种方法采用的辅机结构简单，设备安装操作简单方便，对厂房高度要求不高，但设备占地面积大。缺点是管坯因自重而下垂，造成厚度不易均匀。通常折径在 600mm 以下的聚乙烯、聚苯乙烯、聚氯乙烯吹塑薄膜可用此方法生产。

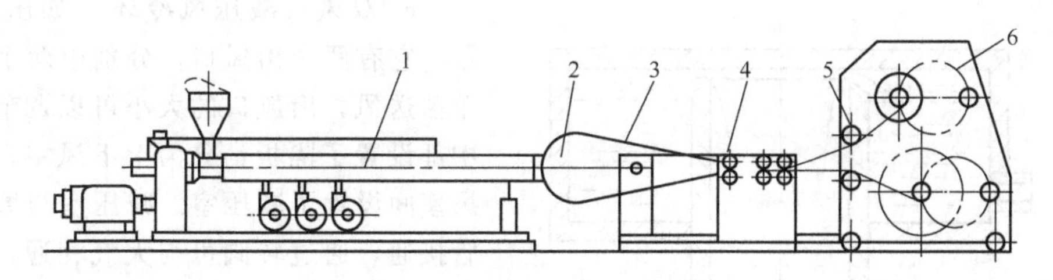

图 1-19　平挤平吹法

1—挤出机；2—膜管；3—人字板；4—牵引辊；5—导辊；6—卷曲装置

③ 平挤下吹法　如图 1-20 所示，平挤下吹法也使用直角机头，但管坯是垂直向下牵引。管坯的牵引方向与来自机头的热气流的方向相反，有利于管坯的冷却。缺点是由于管坯垂直向下，对上部未定型的管坯有一定的牵挂作用，在生产厚膜或牵引速度快的时候容易引起管坯的断裂。此法主要用于黏度低以及要求透明度高而需要急剧冷却的聚丙烯、聚酰胺等塑料薄膜的生产。

(2) 吹膜成型辅机的组成

吹膜成型辅机主要由冷却定型装置、定径装置、牵引装置、卷取装置及辅助装置组成。

① 吹塑薄膜常用的冷却定型装置　主要由风环、冷却水环、双风口减压风冷环和内外双面冷却装置组成。

a. 风环　风环的作用是将来自风机的冷风沿着薄膜圆周均匀地，定量、定压、定速地按一定方向吹向管坯进行冷却。如图 1-21 所示，它是由上下两个环组成，有 2～4 个进风口，压缩空气沿风环的切线（或径线）方向由进风口进入。风环中设置了几层挡板，使进入的气流经过缓冲、稳压，以均匀的速度吹向管坯。

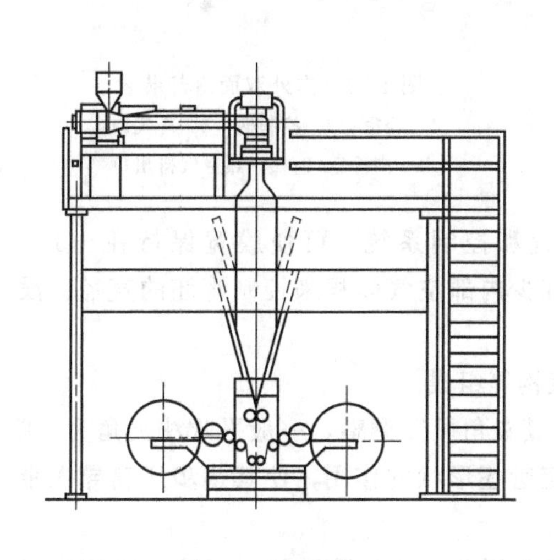

图 1-20　平挤下吹法

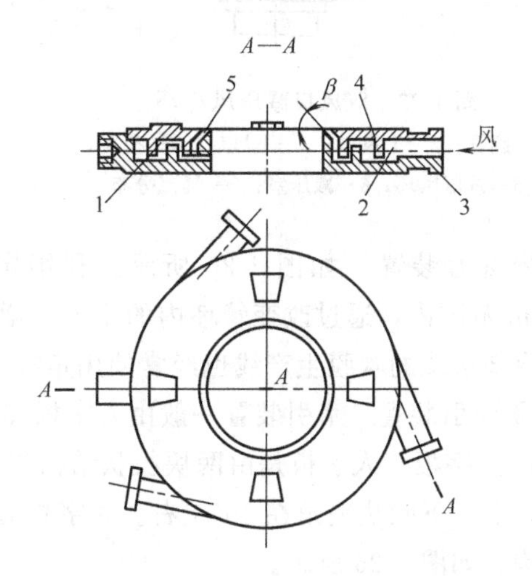

图 1-21　普通风环

1—风室；2—进风口；3—风环体；4—风环盖；5—出风口

b. 冷却水环　对于结晶度较高的物料，吹塑常用平挤下吹法，常用冷却水环冷却，如图 1-22 所示，冷水从夹套中溢出，沿薄膜顺流而下带走管坯的热量。薄膜表面的水分可用包布导向辊除去。

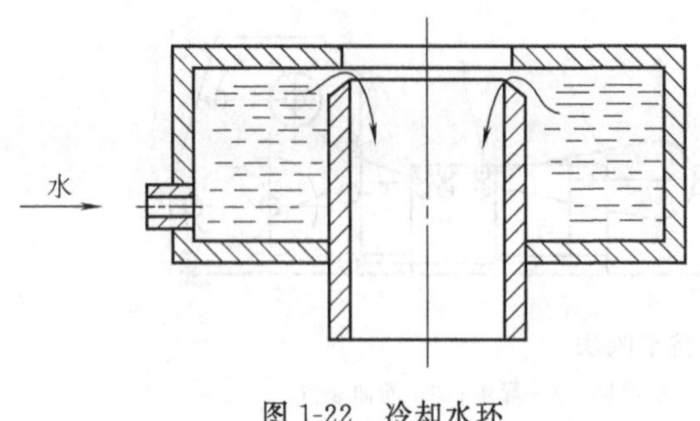

图 1-22　冷却水环

c. 双风口减压风冷环　如图 1-23 所示。它有两个出风口，分别由两个鼓风机单独送风，出风口的大小可以调节。风环中部设置了隔板，分为上下风室，在上下风室间设置了减压室。减压室与数根调压管接通，通过转阀可与大气相通。为出风均匀，在出风口前设置多孔板。

d. 内外双面冷却装置　如图 1-24 所示。它是在薄膜的外壁上设有风环，薄膜内面又增设有若干个风环。由冷气源吹入的风经过控制柄通入外环，由内冷空气通入的风进入内风环，在管坯内进行热交换后的热空气由排气口不断排出。

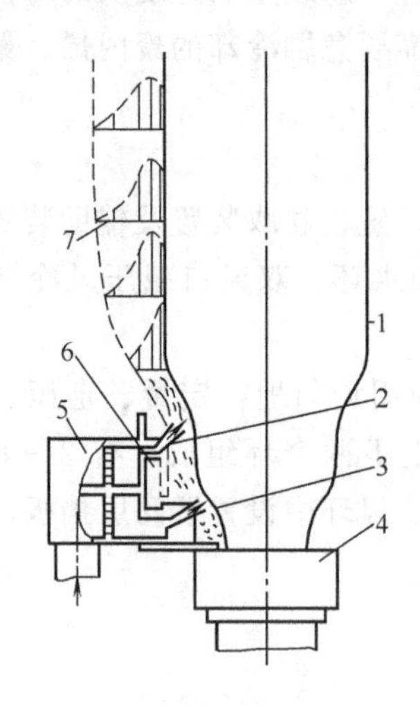

图 1-23　双风口减压风冷环

1—膜管；2—上风口；3—下风口；4—机头；5—减压风环；6—减压室；7—气流分布

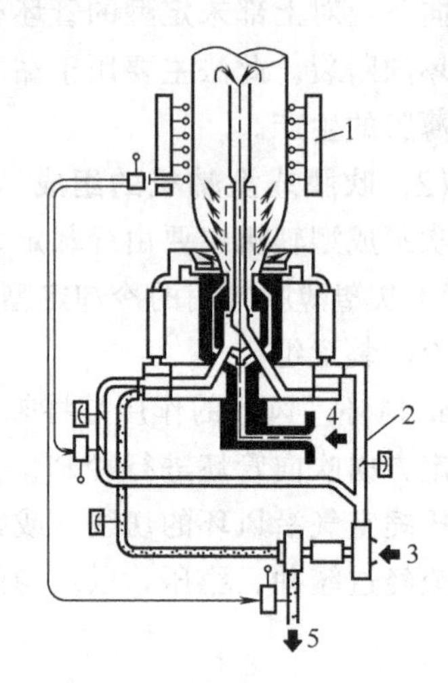

图 1-24　内外双面冷却装置

1—径框；2—控制柄；3—冷气源；4—内冷空气；5—热空气排出口

② 定径装置　如图 1-25 所示。利用定径装置和控制系统，可使膜宽保持在±1～±2mm 范围内，通过改变管坯内的压力，增加或减少内部空气体积来控制管坯的直径。没有内冷却系统的吹膜生产线也经常使用定径装置。

③ 牵引装置　牵引装置一般由人字板和牵引机构等组成。

a. 人字板　人字板是由两块板状结构物组成，其夹角可以调整，一般平吹法夹角为 30°左右，上、下吹法夹角在 40°左右。人字板起到稳定管坯形状的作用，使其逐步压扁导入牵引机构。如图 1-26 所示。

b. 牵引机构　它的作用是将人字板压扁的管坯压紧并送入卷取装置，以防止管坯内空气泄漏，保证管坯的形状及尺寸稳定。

④ 卷取装置　薄膜从牵引装置出来后，经过导向辊而进入卷取装置。卷取装置可分为表面卷取和中心卷取。

a. 表面卷取　表面卷取能与牵引速度保持同步；结构可靠，结构简单，卷取轴不易弯曲。但该卷取装置易损伤薄膜，因此目前应用不多，而多用中心卷取。如图 1-27 所示。

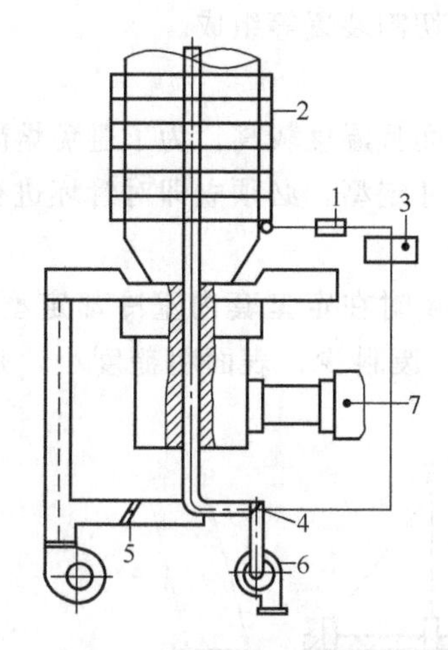

图 1-25 膜泡直径的定径框篮孔线控制系统

1—监控阀；2—定径框；3—调节器；4—节流阀；5—外空气调节阀；6—真空式鼓风机；7—挤出机

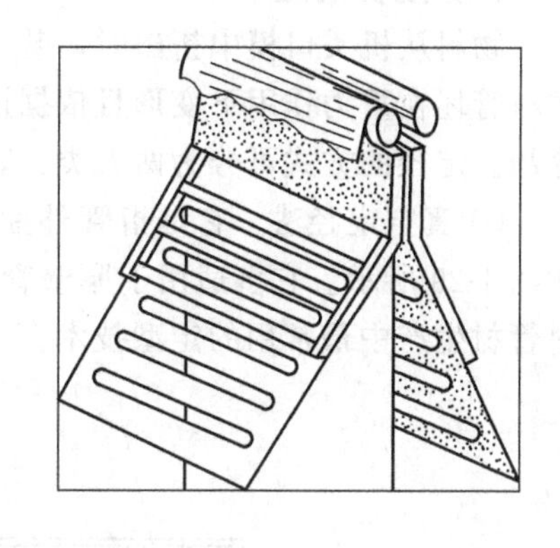

图 1-26 人字板

b. 中心卷取 中心卷取能在很低张力的情况下将软质薄膜直接卷绕在转动的卷辊上。为了薄膜收卷时受到恒定的张力，最简单的办法是利用摩擦离合器调节卷取辊的转速。如图 1-28 所示。

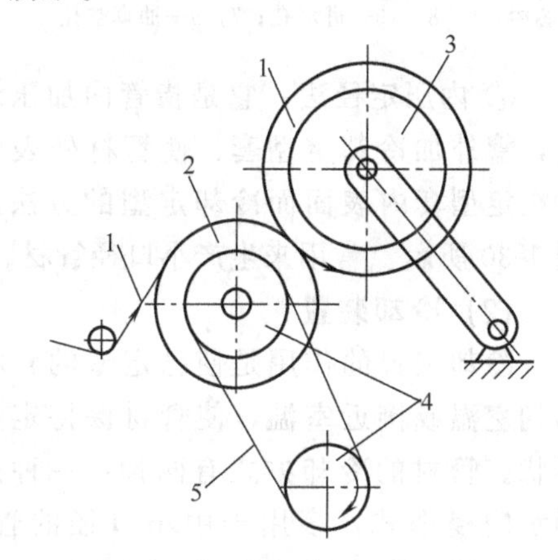

图 1-27 单辊表面卷取装置

1—薄膜；2—主动辊；3—卷取辊；4—皮带轮；5—皮带

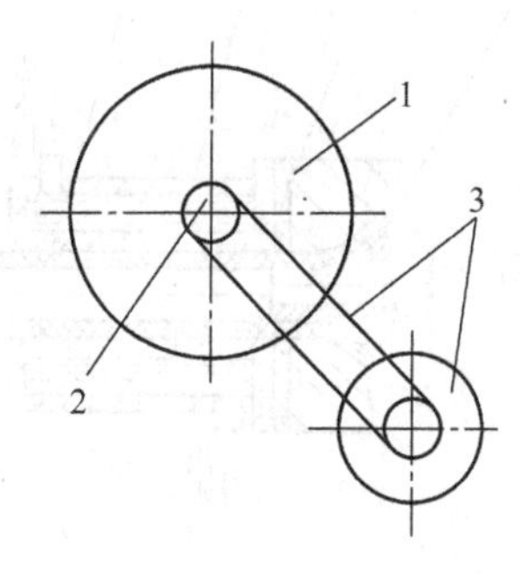

图 1-28 单工位中心卷取装置

1—膜卷；2—卷取辊；3—传动机构

⑤ 辅助装置

a. 横向、纵向切断装置 横向切断用来切断上一料卷和下一料卷之间的薄膜。纵向切断用来切断进入收卷机的两个卷的双层薄膜。

b. 边料处理装置 边料通过吹风机从卷取机中清除出来，或是直接回到挤出机中进行再生产。

1.4.2 挤管成型辅机

塑料管材是重要的挤出制品之一。随着社会需要的增多、塑料品种的增加和挤出工艺的发展，管材的生产得到很大的发展。

挤管辅机主要由定径装置、冷却装置、牵引装置、切割装置等组成。

(1) 定径装置

物料从机头口模中挤出时，基本上还处于熔融状态而且温度较高。为了避免熔融状态的塑料管坯在重力作用下变形且依据设计的管的形状、尺寸定型，必须立即对管坯进行定径和冷却。定径的方式可分为两大类：真空定径和内压定径。

① 真空定径法　它是指管外抽真空使管材外表面吸附在定型套内壁冷却定型的方法，如图 1-29 所示。它多适用于厚壁管材，并且操作方便，废料少，表面粗糙度小，是我国塑料管材生产中最常用的定型技术。

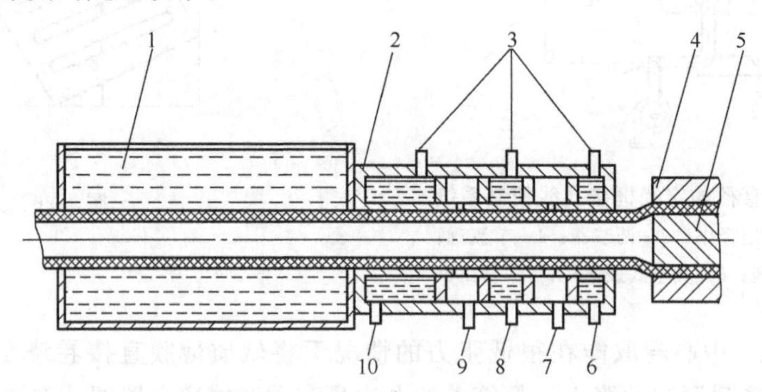

图 1-29　真空定径法

1—水槽；2—真空定径套；3—排水孔；4—外口模；5—芯棒；6，8，10—进水孔；7，9—抽真空孔

② 内压定径法　它是指管内加压缩空气，管外加冷却定型套，使管材外表面贴附在定型套内表面而冷却定型的方法。如图 1-30 所示。常用来生产小口径管材。

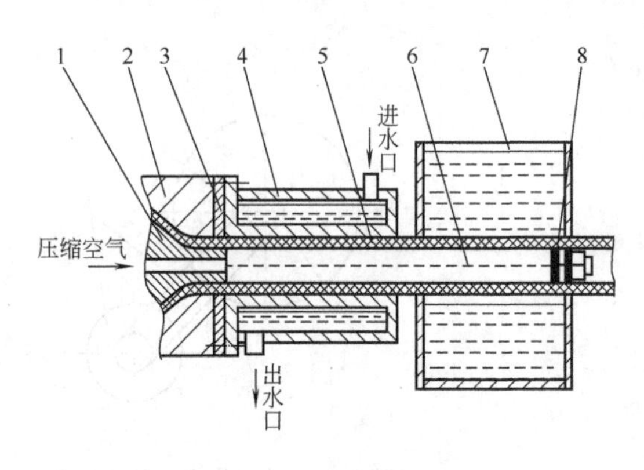

图 1-30　内压定径法

1—芯棒；2—外口模；3—绝热橡胶垫；4—外定径套；5—塑料管；6—链条；7—水浴槽；8—气塞

(2) 冷却装置

冷却装置的作用是使已定型的管材冷却到室温或接近室温，使管材保持定型的形状。管材的冷却方式有两种：一种是冷却水槽浸浴式，多用于中小口径的管材；另一种是喷淋水箱喷淋式，一般用于大口径管材。

① 冷却水槽　管坯通过冷却水槽时完全浸在水中，管坯离开水槽时已经完全定型。如图 1-31 所示。

② 喷淋水箱　喷淋水箱中的冷却水管有 3～8 根，喷淋冷却提供强烈的冷却效果，如图 1-32 所示。由于水喷到四周的管壁上，克服了水槽冷却时黏附于管壁上的水层减少热交换的缺点。

(3) 牵引装置

主要作用是克服管材在冷却定径等装置中所产生的各项摩擦阻力，以均匀的速度牵引管材前进，并通过调节牵引速度以适应于不同壁厚的管材。它包括滚轮式和履带式。

① 滚轮式牵引装置　主要由滚轮、调距机构及手轮等组成，如图 1-33 所示。一般有

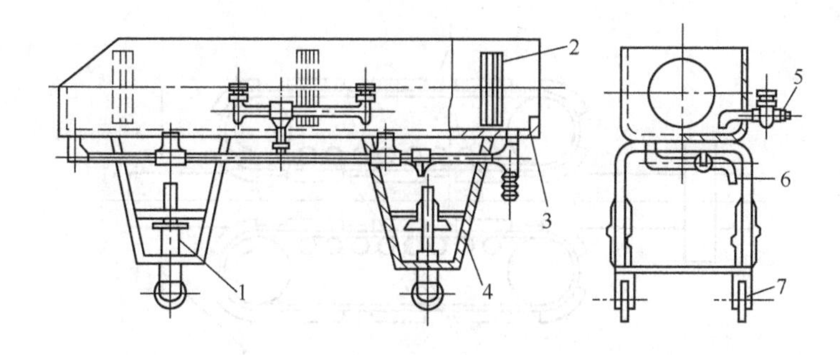

图 1-31　浸浴式冷却装置

1—支承螺旋；2—隔板；3—水槽；4—支承架；5—进水管；6—出水管；7—小车轮子

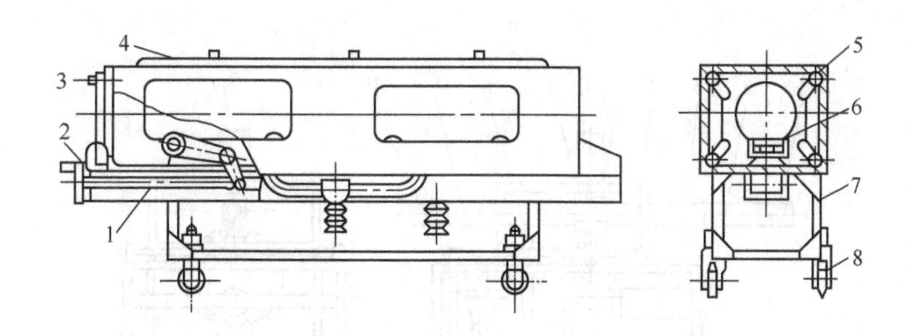

图 1-32　喷淋式和喷雾式冷却装置

1—导轮调节机构；2—手轮；3—水槽；4—水槽上盖；5—喷淋头；6—导轮；7—支承架；8—小车轮子

2～5 对牵引轮，下轮为主动轮，上轮为从动轮，主动轮多为钢轮，从动轮外面包一层橡胶，轮子直径在 50～150mm 之间，上轮能上下移动以适应不同直径的管子的需要。这种牵引装置结构比较简单，调节也方便，但由于滚轮和管子之间是点或线接触，往往牵引力不足，一般用来牵引管径在 100mm 以下的管子。

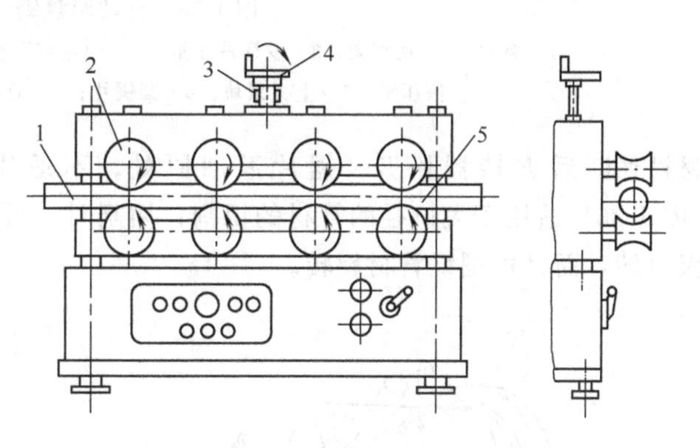

图 1-33　滚轮式牵引装置

1—管材；2—上滚轮；3—调距机构；4—手轮；5—下滚轮

② 履带式牵引装置　主要由两条、三条或六条单独可调的履带组成，均匀地安装在管材周围，如图 1-34 所示。履带上有一定数量的夹紧块，夹紧力分散在较大的面积上，并从几个方向同时向心夹紧管子，故可以减少管子的变形和打滑。夹紧块的夹紧力由压缩空气或液压系统产生，或用丝杠螺母产生。这种牵引装置的牵引力，速度调节范围广，结构比较复杂，维修困难，主要用于大直径和薄壁管子的牵引。

(4) 切割装置

主要作用是将挤出的管材切割成一定的长度。主要有两种：自动圆盘锯切割装置和行星锯切割装置。自动圆盘锯切割装置（图 1-35）是由行程开关控制管材夹持器和圆锯片。夹持器夹住管材，锯座在管材挤出推力或牵引力的作用下与管材同速前进，锯片开始切割，管

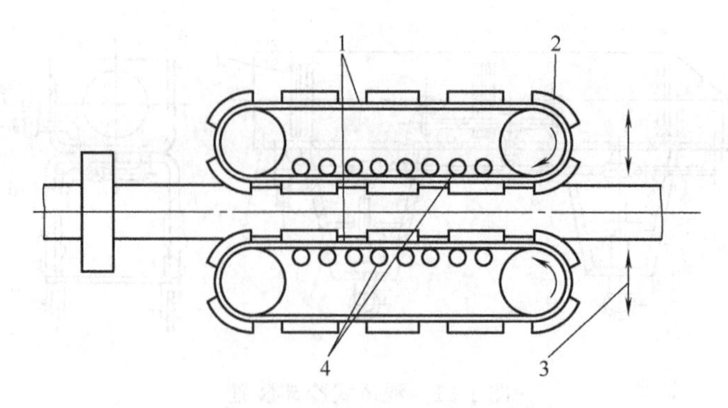

图 1-34　履带式牵引装置

1—输送器；2—夹紧块；3—管径调节；4—钢支承辊

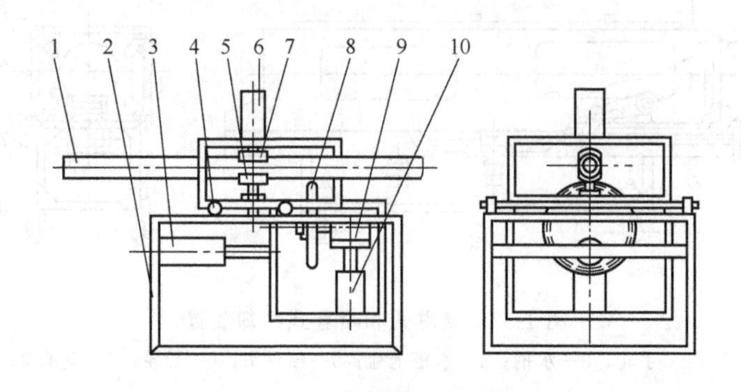

图 1-35　自动圆盘锯切割装置

1—管材；2—切割架；3—返回液压缸；4—导轮与活动架；5—下夹块与调节线杆；6—夹紧液压缸；7—上夹紧块；8—圆锯片；9—液压电动机；10—切割液压缸

材被切断后夹持器松开，锯片返回原处。不适用于大口径的管材。行星锯切割装置（图 1-36）适用于大口径的管材的切割；切割时，可由于一个或几个锯片同时锯切，锯片不仅自转，而且可围绕管材旋转。

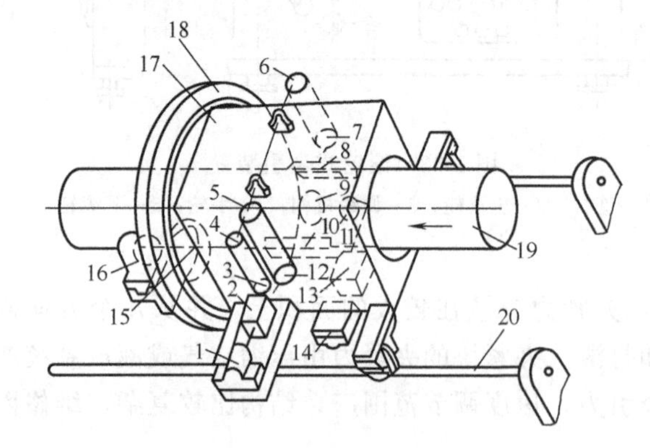

图 1-36　行星锯切割装置

1—夹持电动机；2,13—减速器；3,4,5,6,7,12—链轮；8,10—夹持器；9—小齿轮；11—蜗轮蜗杆机构；14—电动机；15—圆盘锯片；16—切割电动机；17—切割器箱体；18—大齿轮；19—管材；20—圆导轨

1.4.3　塑料板材挤出成型辅机

塑料板材也是重要的挤出制品之一。板材挤出辅机主要由压光机、切边装置、牵引装置、切割装置等组成。

(1) 压光机

压光机常用的为三辊压光机。从扁平机头挤出的板坯温度较高，由三辊压光机压光并逐渐冷却；同时还起到一定的牵引作用，调整板坯各点速度一致，保证板材平直，如图 1-37 所示 。三辊压光机是由三只反向旋转的辊筒组成，辊筒的间隙应与板材的厚度相适应。冷却后的厚板被切成一定的长度，而薄的片材被绕成卷；由三个直径为 200～300mm 加热的圆柱形辊筒组成。

三辊压光机第一辊的作用是与第二辊一起对通过机头挤出后已成板坯的塑料施加压力，把板坯压成所需要的厚度，使其厚度均匀、表面平整。第二辊除完成上述任务外，还将板材压光以减小其表面粗糙度，并使板材冷却定型，因此辊的表面必须镀铬、磨光。第三辊起压光和冷却作用。

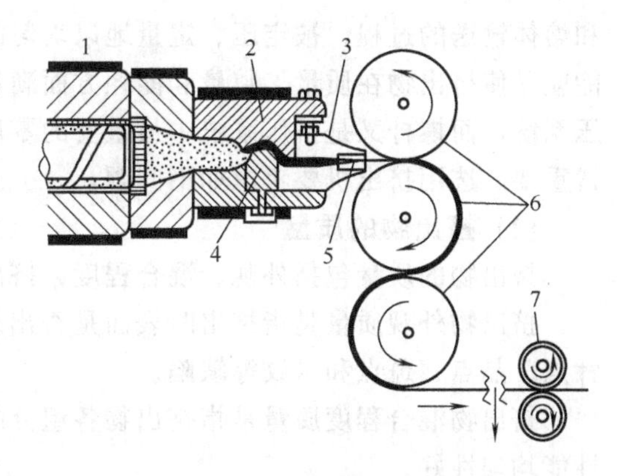

图 1-37　挤板、片生产线中的三辊压光机

1—挤出机；2—模头；3—上部模颌；4—阻流棒；5—模头定型段；6—水冷却镀铬辊；7—牵引辊

(2) 切边装置

主要用于把不规则的板边切去，并将板材裁切到规定的宽度。切边装置的圆盘切边刀如图 1-38 所示。切边装置的刃角应选择适当，太小难以切断。

(3) 牵引装置

由压光机压光后的板或片材在导辊的引导下进入牵引装置。牵引装置一般由一个主动辊和一个被动辊组成，两只辊筒靠弹簧压紧。如图 1-37 所示。牵引装置的作用是将板或片材压平。

(4) 切割装置

经牵引辊送来的板、片材，可自动切断到要求的长度。板材的切割方法一般有三种：电热切、锯切和剪切，而多采用锯切和剪切，又以锯切用得最普遍。锯切装置结构简单，动力消耗较少，但切断时噪声比较大，工作环境差。锯切装置一般由圆盘锯片、纵行锯座、横行锯座和传动系统组成。如图 1-39 所示。

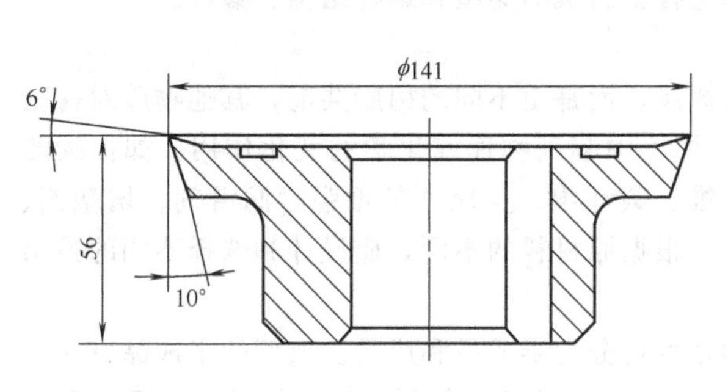

图 1-38　圆盘切边刀

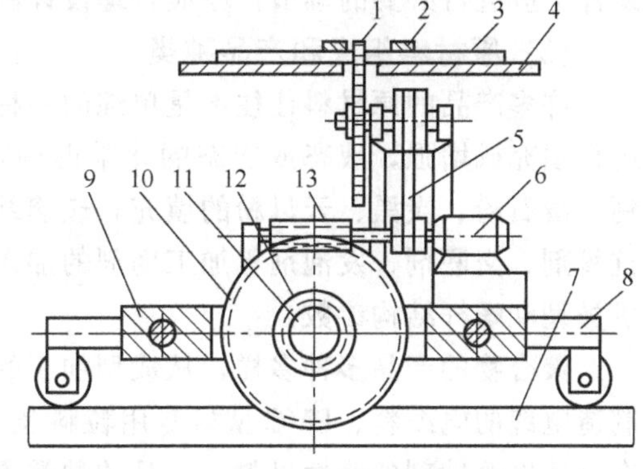

图 1-39　圆盘锯片切割装置示意

1—圆盘锯片；2—压紧板；3—塑料板材；4—工作台；5—传动带；6—电动机；7—导轨；8—纵行锯座；9—横行锯座；10—蜗轮；11—螺杆；12—螺母；13—蜗杆

1.5　挤出机的选用与安全操作

1.5.1　选用挤出机要考虑的问题

由前面的理论分析可知，高聚物固体颗粒（或粉料）在挤压系统中通过固体输送、熔融

和熔体输送的过程，被定压、定量地以均匀的熔体状态挤出。挤出机的各部分具有的基本职能就是使挤出物在质量、数量和能耗方面满足和达到生产要求，其中关键部分是挤出机的挤压系统，而螺杆又是挤压系统中最重要的零件，因此，选择适当螺杆的挤出机对挤出生产非常重要。选用挤出机要考虑如下问题：

(1) 挤出物的质量

挤出物的质量包括外观、混合程度、挤出物温度的均匀度、挤出压力的稳定性等。

挤出物外观质量是指挤出时表面是否出现不光滑、波浪形、鲨鱼皮形、竹节形、气泡、针点、晶点、斑点和水纹等缺陷。

挤出物混合程度质量是指挤出物各组分的分散程度。混合程度质量好，表明制品各点的性能均匀性好。

挤出物温度的均匀度体现在沿径向的温度差和各点的温度随时间而变化的差值。径向温差是指机头流道某一垂直于物料流动方向的截面上径向各点的温度差值；轴向温度波动指流道中某一点熔料温度随时间的变化情况。这两种温差值太大，容易使制品尺寸不均、变形，甚至造成局部过热而分解，降低制品的性能。此外，在保证塑化的前提下，为减轻辅机的冷却负担和缩短成型周期，希望挤出物的温度值较低，使制品容易定型。

挤出时的压力波动将引起生产率的波动。温度的波动可以通过黏度的波动而影响生产率的稳定性。生产率的波动直接影响到制品的尺寸波动。因此温差和压力波动值越小越好。

(2) 高聚物的种类和性质

不同的高聚物对挤出机的形式、螺杆的结构和几何参数有不同的要求。物料颗粒的形状、大小、松密度，熔融温度或软化点，熔融状态下的黏度、流动性、热稳定性，熔融温度范围，吸水性，物料中低分子挥发物的含量及其对挤出成型过程影响的程度等，除了在工艺条件上应进行必要的调节，亦应合理设计和选择挤出机的类型和螺杆结构、参数。

(3) 原材料组成和产品种类

许多产品的原材料往往不是单纯的一种树脂，而是由不同的树脂共混，其他物质对树脂进行填充或增强，液态或固态的化学助剂在加工中起到物理或化学的变化作用。如：碳酸钙、滑石粉、炭黑、云母粉的填充，玻璃纤维、碳纤维、金属须的增强，润滑剂、增塑剂、抗氧剂、交联剂、发泡剂等加工助剂的加入。根据原材料的不同，应设计和选择不同的挤出机类型和螺杆结构参数。

聚合物的产品多种多样，从成型加工的角度可分为半成品和成品。典型的半成品有用于制造电缆的电缆料、PVC型材专用粒料及其他树脂专用料，含有高浓度色料的色母料和含有高浓度改性剂的改性母料；成品的种类更是多种多样。若一台挤出机具有多种物料和产品的广泛适应性，称为通用型；若对某一物料或产品的加工过程可获得较为突出的效果，称为专用型。挤出机的挤压系统要根据不同的要求进行专门设计。

1.5.2 挤出机的操作规程

在实际生产应用中，为了保证人身、设备及模具等的安全，获得合格的制品，必须遵守设备的操作规程，主要包括四个方面：

(1) 开机前的准备

① 用于挤出生产的物料应达到所需的干燥要求，必要时还需进一步干燥。

② 根据产品的品种、尺寸，选好机头规格，按下列顺序将机头装好：机头法兰—模

体—口模—多孔板及过滤网。

③ 接好压缩空气管，装上芯模电热棒及机头加热圈，检查用水系统。

④ 调整口模使各处间隙均匀，检查主机与辅机中心线是否对准。

⑤ 启动各运转设备，检查运转是否正常，发现故障及时排除。

⑥ 开启电热器，对机头、机身及辅机均匀加热升温，待各部分温度比正常生产温度高10℃左右时，恒温30～60min，使机器内外温度一致。

(2) 开机操作

开机是生产中的重要环节，控制不好会损坏螺杆和机头，温度过高会引起塑料分解，温度太低会损坏螺杆、机筒及机头。螺杆挤出机的开机步骤如下：

① 以低速启动开机、空转，检查螺杆有无异常及电动机、安培表电流有无超载现象，压力表是否正常。机器空运转时间不宜过长，以防止螺杆与机筒刮磨。

② 逐步少量加料，待物料挤出口模时，方可正常加料。在塑料未挤出之前，任何人不得处于口模前方，防止出现人员伤亡事故。

③ 塑料挤出后，需将挤出物慢慢引上冷却定型、牵引设备，并事先开动这些设备。然后根据控制仪表的指示值和对挤出制品的要求，将各环节作适当调整，直到挤出操作达到正常状态为止。

④ 切割取样，检查外观是否符合要求，尺寸大小是否符合标准，快速检测性能，然后根据质量要求调整挤出工艺，使制品达到标准要求。

(3) 停机操作

停机操作的步骤如下：

① 关闭上料系统，停止加料。

② 将挤出机内的塑料尽量挤净，以便下次操作。

③ 待物料基本排空后，关闭主机电源。

④ 关闭各段加热器、冷却水泵电源、润滑油泵电源，最后关闭总电源。

⑤ 关闭各进水管阀门。

(4) 注意事项

① 挤出聚烯烃类塑料时，通常在挤出机满载的情况下停机（带料停机），这时应防止空气进入机筒，以免物料氧化而在继续生产时影响产品质量。对聚氯乙烯类塑料，也可采用带料停机，届时先关闭料门，降低机头连接体（法兰）处温度10～20℃，待机身内物料挤净后停机。

② 停机后需要清理机头时，打开机头连接法兰，清理多孔板及机头各个部件。清理时，应使用铜棒、铜片，清理后涂少许机油。一般情况下，螺杆、机筒可用过渡料清理，必要时可将螺杆从机尾顶出，清理后复原。

1.5.3 挤出机的维护和保养

为了保证挤出机正常工作和寿命，需要对挤出机进行定期的维护和保养。

① 物料内不允许有杂物，严禁金属和砂石等坚硬物进入料斗和机筒。

② 挤出机系统内使用的冷却水通常是软水，硬度小于5°DH，非碳酸盐硬度小于2°DH，pH值为7.5～8。

③ 开机时应注意安全启动，螺杆只允许在低速下启动，停机时先停加料装置，严禁无

料空运转。

④ 停机后应及时清理机筒、螺杆及主辅料加料口，并检查是否有结料块存在，严禁低温开机及带料反转。

⑤ 日常应注意各润滑点及推力轴承处的润滑，螺杆密封接头是否有泄漏等，如发现问题应及时停机整修。

⑥ 经常注意电动机中电刷的磨蚀，及时维护或更换。

⑦ 长时间停车时，对机器要有防锈、防污措施。

1.5.4 挤出机组的选用实例

塑料挤出机在塑料成型设备中称为主机，与其配套的后续塑料挤出成型机则称为辅机，不同类型的主机可以与各种塑料成型辅机组成各种塑料挤出生产线，生产塑料制品。下面以聚乙烯薄膜的挤出吹塑成型为例，介绍挤出机组的选用方法。

聚乙烯（PE）薄膜是塑料薄膜中产量最大、用途最广的品种，它无毒、无臭，具有较高的强度和韧性，以及优良的防潮性、防水性、开口性、耐低温性能，并具有一定的透明度。

(1) 原料的选择

用于吹塑薄膜的 LDPE 树脂熔体流动速率（MFR）范围较广，为 0.25～7g/(10min)，主要根据薄膜用途的不同来选用，见表 1-6。

表 1-6 LDPE 薄膜原料选用

薄膜品种	轻包装膜	高透明膜	农用地膜	大棚膜	热收缩膜	重包装膜
树脂 MFR/[g/(10min)]	2～4	5～7	4～7	1.5～4.5	2～5	0.25～0.5

LDPE 薄膜用树脂的熔体流动速率为 1～2g/(10min)。HDPE 薄膜用树脂的熔体流动速率为 0.2～1g/(10min)，HDPE 树脂的熔融温度较高，在剪切速率变化范围内黏度很高，由于分子结构为线性，故流动取向性很强。

(2) 设备的选择

① 挤出机　折径为 300mm 以上的普通 LDPE 膜采用平挤上吹法成型。螺杆直径为 45～150mm。若折径大于 1m 时，可选用两台单螺杆挤出机共挤出制造宽幅薄膜。螺杆长径比为 20～30，压缩比为 3～3.5。螺杆结构为渐变型螺杆。生产 HDPE 薄膜适合用小规格的挤出机，螺杆长径比为 16～25。螺杆结构带有剪切段与混炼段。

② 机头　LDPE 薄膜多采用螺旋式机头或支架式机头，口模直径为 100～1000mm。若要求厚度均匀性好，可选择旋转式机头。HDPE 薄膜采用螺旋芯棒式机头，需注意的是，应在流道、螺旋线和口模的结构和尺寸上避免过大的剪切速率，否则易出现熔体破裂现象。由于 HDPE 的上述成型特点，HDPE 薄膜口模尺寸相对较小，一般为 30～200mm。

③ 冷却　主要选用风环冷却法，鼓风机压力为 4000～8000Pa，流量为 15～75m^3/min。

(3) 生产工艺

① 挤出温度　挤出温度主要根据聚乙烯熔体的流动速率来定，熔体流动速率越大，挤出温度越低。挤出机从加料口至过滤板温度逐渐升高，到机头基本与螺杆头部温度相等或低 10～20℃，这样可以使厚膜坯较稳定，薄膜透明度较好。

② 口模间隙 机头口模间隙大小随树脂的不同而变化，一般地，LDPE 薄膜的机头口模间隙范围为 0.5～1.0mm，LLDPE 薄膜为 1.3～2.5mm，HDPE 薄膜为 1.2～1.5mm。

树脂熔体流动速率增加，口模间隙选小值；薄膜厚度增加，间隙选大值。例如 LDPE 薄膜，属重包装薄膜时，MFR 较小，薄膜较厚，口模间隙选 1mm；属轻包装薄膜时，MFR 较大，薄膜较薄，口模间隙为 0.5～0.6mm。

LLDPE 树脂熔体黏度较大，而且熔体黏度对剪切速率的变化不敏感，所以挤出温度比 LDPE 高，口模间隙也比 LDPE 大很多。若不放大，薄膜表面会出现粗糙的"鲨皮纹"。

HDPE 树脂熔体流动速率较小，所以口模间隙比 LDPE 稍大。

③ 吹胀比 膜坯出机头后，压缩空气将厚膜坯吹胀，直径变大，厚度减薄，横向拉伸，吹胀比一般为 2～5。吹胀比不能太大，否则泡管晃动，泡形不稳定，薄膜厚度不均匀，容易破膜。吹胀比增加，薄膜横向拉伸强度、撕裂强度、冲击强度都增大，但透明度与光泽度下降，纵向拉伸强度下降。常见品种的聚乙烯薄膜吹胀比：LDPE 薄膜为 1.5～3.5mm，LLDPE 薄膜为 1.5～2.0mm，HDPE 薄膜为 3.2～6.0mm。

④ 牵伸比 聚乙烯薄膜挤出机头，引膜至牵引辊后，薄膜受到纵向牵伸。牵引辊线速度一般比挤出线速度快 3～5 倍，薄膜纵向拉伸 3～5 倍，其纵向拉伸强度明显提高。这对薄膜包装袋使用有利，因为它主要承受纵向拉力。

思考与练习题

1. 塑料挤出机一般由哪些部分组成？每部分的作用是什么？
2. 塑料挤出机如何分类？最常见的是哪些形式的挤出机？
3. 挤出机有哪些基本参数？分别用何种符号表示？
4. 普通螺杆的分段方法及其作用是什么？
5. 与单螺杆挤出机相比较，双螺杆挤出机有哪些优点？
6. 排气式挤出机的工作原理是什么？
7. 挤出机辅机有何作用？有哪些类型？
8. 挤出机的维护需要注意哪些问题？

第2章 塑料注射成型机

学习成果达成要求

注射机是一种专用的塑料成型机械，它利用塑料的热塑性，将塑料加热融化后，加以高的压力使其快速流入模腔，经一段时间的保压和冷却，生产出各种形状的塑料制品。注射机可以满足注射成型工艺的各项要求，在化工、通信、医药、机械制造等行业广泛应用。

本章主要学习注射机的结构组成、工作原理，重点掌握注射机的技术参数和选用、维护与安全操作。

通过学习，应达成如下学习目标：

① 了解注射机的结构组成、工作原理、应用范围以及性能特点。

② 掌握采用注射机实现成型工艺的方法。

③ 具备在考虑健康、安全生产等因素的前提下，根据使用要求选择所需注射机的能力。掌握注射模型腔数量的确定和校核方法。

④ 具有合理使用和维护注射机的基本知识。

⑤ 了解注射机相关的前沿知识和发展趋势。

2.1 概述

注射成型是将热塑性或热固性塑料制成各种塑料制件的主要成型方法之一。注射成型是在注射机上进行的，注射机全称塑料注射成型机。

作为一种新型材料，塑料制件愈来愈广泛地应用于各工业部门和日常生活之中，其中注射成型制件占相当大的比重。随着塑料工业的发展，注射成型工艺和注射成型机也不断地得到改进与发展。

注射机是借助于金属压铸机的原理，在压铸机的基础上逐渐形成的。注射机最初主要用来加工纤维素硝酸酯和醋酸纤维一类的塑料。直至 1932 年，才由德国弗兰兹·布劳恩工厂生产出全自动柱塞式卧式注射机并向各国推广使用，这也是目前所用的柱塞式注射机的基本形式。1949 年在注射机上开始使用螺杆塑化装置，并于 1956 年诞生了世界上第一台往复螺杆式注射机，这是注射成型工艺技术方面的一大突破，从而使更多的塑料和制件采用注射成型法加工。

注射成型的特点是：能一次成型出外形复杂、尺寸精确或带有嵌件的塑料制件，对各种塑料加工的适应性强；生产率高；易于实现自动化；所成型的制件经过很少修饰或不修饰就可满足使用要求；能生产加填料改性的某些制品。

因此，注射成型工艺和注射机得到了广泛的应用。就世界范围来说，注射机加工的塑料量是塑料产量的 30%，注射机的产量占整个塑料机械产量的 50%，成为塑料成型机械制造业中增长最快、产量最多的机种之一。

2.1.1　注射机的结构组成及工作过程

(1) 结构组成

一台通用型注射机主要包括注射装置、合模装置、液压传动系统和电气控制系统，如图 2-1 所示。

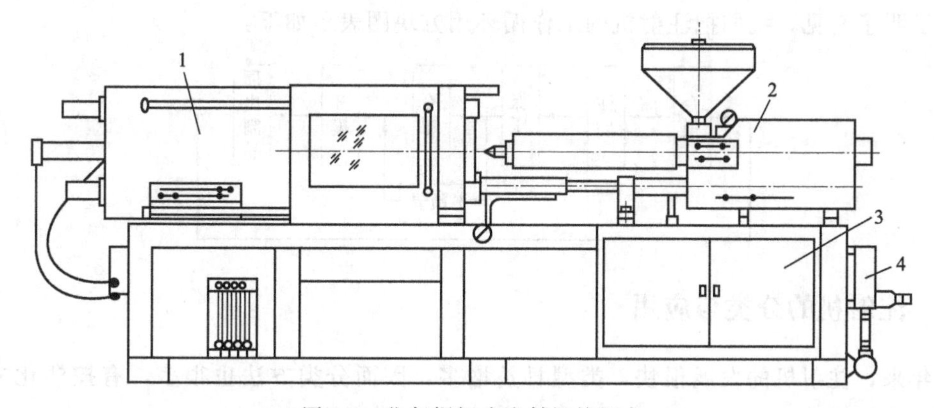

图 2-1　往复螺杆式注射机的组成

1—合模装置；2—注射装置；3—电气控制系统；4—液压传动系统

注射装置：其主要作用是将塑料均匀地塑化，并以足够的压力和速度将一定量的熔料注射到模具塑腔之中。注射装置主要由螺杆、料筒和喷嘴所组成的塑化部件以及料斗、计量装置、传动装置、注射和移动油缸等组成。

合模装置：其作用是实现模具的启闭，在注射时保证成型模具可靠地合紧，以及脱出制品。合模装置主要由前后固定模板、移动模板、连接前后固定模板用的拉杆、合模油缸、移模油缸、连杆机构、调模装置以及制品顶出装置等组成。

液压传动和电气控制系统：其作用是保证注射机按工艺过程预定的要求（压力、速度、温度、时间）和动作顺序准确有效地工作。注射机的液压系统主要由各种液压元件和回路及其他附属设备组成。电气控制系统则主要由各种电器和仪表等组成。液压系统和电气控制系统有机地组织在一起，为注射机提供动力并实现控制。

(2) 工作过程

各种注射机完成注射成型的动作程序可能不完全相同，但其基本过程还是相同的，现以螺杆式注射机为例予以说明。

从料斗落入料筒中的塑料，随着螺杆的转动沿着螺杆向前输送。在输送过程中物料被逐渐压实，物料中的气体由加料口排出。在料筒外加热和螺杆的剪切作用下，物料实现其物态变化，最后呈黏流态，并建立起一定的压力。当螺杆头部的熔料压力达到能克服注射油缸活塞退回时的阻力（即所谓背压）时，螺杆便开始向后退，进行计量。与此同时料筒前端和螺杆头部的熔料逐渐增多，当达到所需要的注射量时（即螺杆退回到一定位置时），计量装置撞击限位开关，螺杆即停止转动和后退。到此，预塑完毕。

同时，合模油缸中的压力油推动合模机构动作，移动模板使模具闭合。继而，注射座前移，注射油缸充入压力油，使油缸活塞推动螺杆按要求的压力和速度将熔料注入到模腔内。当熔料充满模腔后，螺杆仍对熔料保持一定的压力，即进行保压，以防止模腔中的熔料反流，并向模腔中补充因制品冷却收缩所需要的物料。模腔中的熔料经过冷却，由黏流态恢复到玻璃态，从而定型，获得一定的尺寸精度和表面粗糙度。当完全冷却定型后，模具打开，在顶出机构的作用下，将制件脱出，从而完成一个注射成型过程。

按照习惯，我们把一个注射成型过程称为一个工作循环，而该循环由合模算起，依次为注射、保压、螺杆预塑和制品冷却、开模、顶出制品、合模。螺杆预塑和制品冷却通常是同时进行的，在一般情况下，要求螺杆塑化计量时间少于制品冷却时间。

为了明了起见，我们把注射机的工作循环用方块图表示如下：

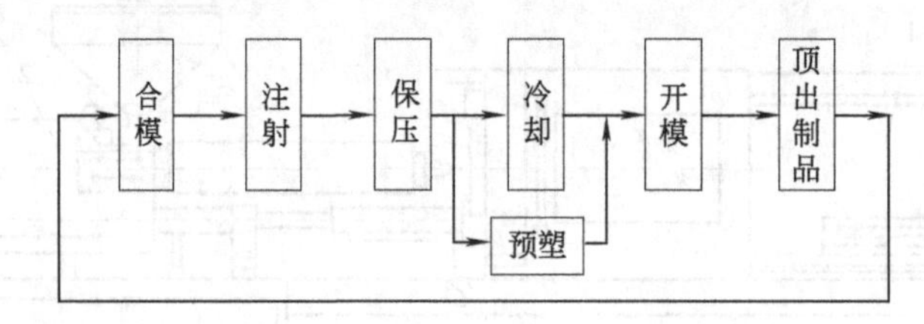

2.1.2 注射机的分类与应用

近年来，注射机的发展很快，类型日益增多，因而分类方法也很多，有按塑化方式分的，也有按传动方式分的，而按机器的外形特征分类比较普遍。

这种分类法，主要根据注射装置和合模装置的排列方式进行分类。

(1) 立式注射机

立式注射机如图 2-2 (a) 所示，其注射装置与合模装置的轴线呈一线垂直排列。它一般具有以下一些优点：占地面积小；模具拆装方便；易于安放嵌件；料斗中的塑料能均匀地进入料筒。其缺点是：制品顶出后常需用手或其他方法取出，不易实现全自动操作；因机身太高，机器的稳定性较差；加料及机器维修不便。目前这种形式主要用于注射量在 $60cm^3$ 以下的小型注射机上。

(2) 卧式注射机

卧式注射机的注射装置和合模装置的轴线呈一线水平排列，如图 2-2 (b) 所示。同立

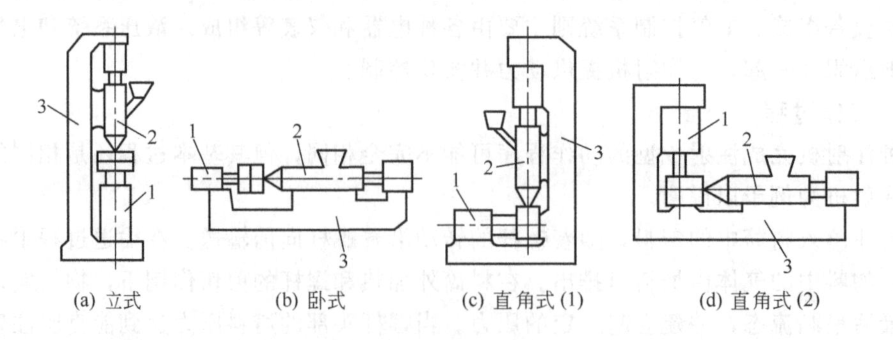

(a) 立式　(b) 卧式　(c) 直角式 (1)　(d) 直角式 (2)

图 2-2 注塑机类型

1—合模装置；2—注射装置；3—机身

式注射机相比，它具有以下优点：机身低，利于操作维修；机器因重心较低而较稳定；成型后顶出的制品可利用其自重而自动落下，容易实现全自动操作。其缺点是：模具的安装和嵌件的安放比较麻烦，机器的占地面积较大。卧式注射机应用最为广泛，对大、中、小型都适用，是目前国内外注射机的基本形式。

(3) 直角式注射机

直角式注射机的注射装置和合模装置的轴线互相垂直排列，通常有两种形式，如图 2-2(c)、(d) 所示。其优点介于立式和卧式注射机之间，使用也较普遍。由于使用这种注射机成型制品时，熔料是经模具侧面进入模腔的，因此它特别适用于成型中心不允许留有浇口痕迹的制品。

(4) 多模注射机

多模注射机是一种多工位操作的注射机，其注射装置与一般卧式注射机相似，而合模装置采用了转盘式结构，如图 2-3 所示。工作时，旋转台上可装几副模具随着旋转台的定时间歇旋转，依次与注射装置的喷嘴相接触，接受注射后旋转一个角度，离开喷嘴进行冷却，然后再旋转一个角度，启模取件，如此周而复始地操作。

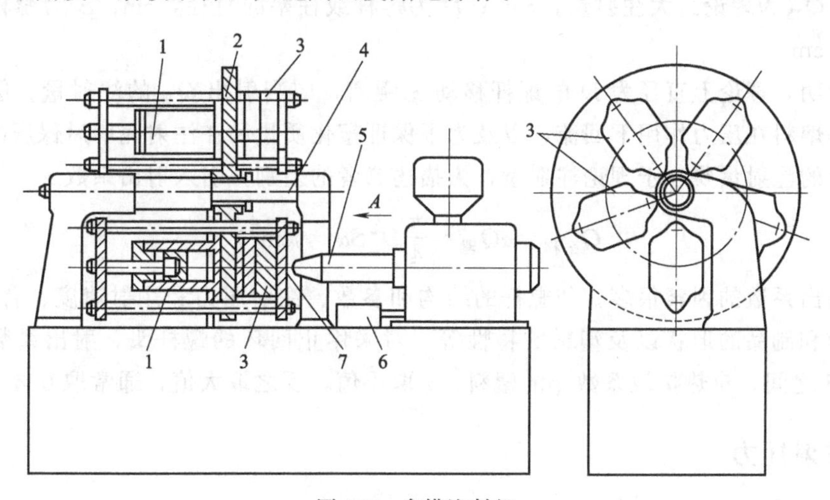

图 2-3　多模注射机

1—液压装置；2—转盘；3—模具；4—转盘轴；5—注射装置；6—液压缸；7—主流道衬套

这种注射机的主要优点是：可以充分利用注射装置的塑化能力，并使成型周期大大缩短，特别适用于大批量生产。其缺点是：锁模力较小，在注射压力大的情况下，制品容易产生溢料现象。

随着注射成型范围的扩大，近年来出现了许多新型注射机，如玻璃纤维增强塑料注射机、发泡注射机、热固性塑料注射机等。如果我们把加工一般塑料和一般制品的注射机称为通用注射机，那么，可以把上述这些注射机称为专用注射机。

2.2　注射机的基本技术参数

注射机的主要参数有公称注射量、注射压力、注射速率、塑化能力、锁模力、合模装置的基本尺寸、开合模速度及空循环时间等。这些参数是设计、制造、购置和使用注射机的重要依据。

2.2.1 公称注射量

公称注射量是指在对空注射的条件下注射螺杆或柱塞作一次最大注射行程时，注射装置所能达到的最大注射量。公称注射量在一定程度上反映了注射机的加工能力，标志着所能成型的最大制品，因而经常被用来表征机器的规格。注射量一般有两种表示方法，一种是以聚苯乙烯为标准，用注射出熔料的重量（单位：g）表示，另一种是用注射出熔料的容积（单位：cm^3）表示。我国注射机系列标准采用后一种表示方法，系列标准规定有30、60、125、250、500、1000、2000、3000、4000、6000、8000、12000、16000、24000、32000、48000、64000（单位：cm^3）等规格的注射机，如XS-Z_Y-500，即表示公称注射量为$500cm^3$的螺杆式（Y）塑料（S）注射成型（X）机。

公称注射量即实际最大注射量，还有一个理论最大注射量，其表达式为

$$Q_{理}=\frac{\pi}{4}D^2S$$

式中，$Q_{理}$为理论最大注射量，cm^3；D为螺杆或柱塞的直径，cm；S为螺杆或柱塞的最大行程，cm。

上式说明，理论上直径为D的螺杆移动S距离，应当射出$Q_{理}$的注射量。但是在注射时有少部分熔料在压力作用下回流，以及为了保证塑化质量和在注射完毕后保压时补缩的需要，实际上的注射量要小于理论注射量，为描述二者的差别，引入射出系数α

$$Q_{公称}=\alpha Q_{理}=\frac{\pi}{4}D^2S\alpha \quad (cm^3)$$

影响射出系数的因素很多，如螺杆的结构和参数、注射压力和注射速度、背压的大小，模具的结构和制品的形状以及塑料的特性等。对采用止回环的螺杆头，射出系数α一般在0.75～0.85之间，对热扩散系数小的塑料，α取小值，反之取大值，通常取0.8。

2.2.2 注射压力

为了克服熔料流经喷嘴、浇道和型腔时的流动阻力，螺杆（或柱塞）对熔料必须施加足够的压力，我们将这种压力称为注射压力。注射压力的大小与流动阻力、制品的形状、塑料的性能、塑化方式、塑化温度、模具温度及制品精度的要求等因素有关。

注射压力的选取很重要。注射压力过高，制品可能产生毛边，脱模困难，影响制品的表面质量，使制品产生较大的内应力，甚至成为废品，同时还会影响到注射装置及传动系统的设计。注射压力过低，则易产生物料充不满型腔，甚至根本不能成型等现象。

注射压力的大小要根据实际情况选用，如加工黏度低、流动性好的低密度聚乙烯、聚酰胺之类的塑料，其注射压力可选用350～550kgf/cm^2；加工中等黏度的塑料，如改性聚苯乙烯、聚碳酸酯等形状一般但有一定精度要求的制品，注射压力可选1000～1400kgf/cm^2，对聚砜、聚苯醚之类高黏度工程塑料的注射成型，又属于薄壁长流程、厚度不均和精度要求严格的制品，其注射压力大约选在1400～1700kgf/cm^2范围内；加工优质精密微型制品时，注射压力可用到2300～2500kgf/cm^2以上。

为了满足加工不同塑料对注射压力的要求，一般注射机都配备三种不同直径的螺杆（或用一根螺杆而更换螺杆头）。采用中间直径的螺杆，其注射压力范围在1000～1300kgf/cm^2，

采用大直径的螺杆，注射压力在 650～900kgf/cm^2，采用小直径的螺杆，其注射压力在 1200～1800kgf/cm^2 的范围内。

注射压力的计算如下：

$$P=\frac{\pi}{4}D_0^2P_0/\frac{\pi}{4}D^2=\left(\frac{D_0}{D}\right)^2P_0 \quad (\text{kgf/cm}^2)$$

式中，P_0 为油压，kgf/cm^2；D_0 为注射油缸内径，cm；D 为螺杆（柱塞）外径，cm。

由于注射油缸活塞施加给螺杆的最大推力是一定的，故改变螺杆直径时，便可相应改变注射压力，不同直径的螺杆和注射压力的关系为

$$D_n=D_1\sqrt{\frac{P_1}{P_n}} \quad (\text{mm})$$

式中，D_1 为第一根螺杆的直径，一般指中间螺杆即加工聚苯乙烯的螺杆的直径，mm；P_1 为第一根螺杆的注射压力，kgf/cm^2；P_n 为所换用螺杆取用的注射压力，kgf/cm^2；D_n 为所换用螺杆的直径，mm。

2.2.3 注射速率（注射时间，注射速度）

注射时，为了使熔料及时充满型腔，除了必须有足够的注射压力外，熔料还必须有一定的流动速度。用来表示熔料充模快慢特性的参数为注射速率（或注射速度或注射时间）。

注射速率是指将公称注射量的熔料在注射时间内射出，单位时间内所达到的体积流率；注射速度是指螺杆或柱塞的移动速度，而注射时间即螺杆或柱塞射出一次公称注射量所需要的时间，它们之间的关系式如下：

$$q_{注}=\frac{Q_{公}}{t_{注}}$$

$$V_{注}=\frac{S}{t_{注}}$$

式中，$q_{注}$ 为注射速率，mm^3/s；$Q_{公}$ 为公称注射量，cm^3；$t_{注}$ 为注射时间，s；$V_{注}$ 为注射速度，mm/s；S 为注射行程，mm。

注射速率（或注射速度或注射时间）的选定很重要，直接影响到制品的质量和生产率。注射速率过低，熔料充模时间长，制品易形成冷接缝，不易充满复杂的型腔。合理地提高注射速率，能缩短生产周期，减少制品的尺寸公差，能在较低的模温下顺利获得优良的制品，特别是成型薄壁、长流程制品及低发泡制品时，采用较高的注射速度，能获得优良的制品，因此目前有提高注射速率的趋势。但是，注射速率也不能过高，否则塑料高速流经喷嘴时，易产生大量的摩擦热，使物料发生热解和变色，模腔中的空气由于被急剧压缩产生热量，在排气口处有可能出现制品烧伤现象。一般说来，注射速率应根据工艺要求、塑料的性能、制品的形状及壁厚、浇口设计以及模具的冷却情况来选定。

一般注射机都标有注射速率（或注射速度或注射时间）这一参数，而且一般都具有高速、低速两种特性，并可调节选用。为了提高注射制件的质量，尤其对形状复杂制品的成型，近年来发展了变速注射，即注射速度是变化的，其变化规律根据制品的结构形状和塑料的性能决定。

目前，1000cm^3 以下的中小型注射机的注射时间通常为 3～5s，大型或超大型注射机也

很少超过 10s。

2.2.4 塑化能力

塑化能力是指单位时间内所能塑化的物料量，是表示注射装置塑化性能的参数。

在正确的螺杆设计和工艺操作条件下，螺杆均化段的输送能力即等于塑化能力。

经过简化的塑化能力的计算式为

$$Q=\frac{1}{2}\pi^2 D^2 h_3 n \sin\varphi \cos\varphi \eta$$

式中，Q 为螺杆的塑化能力，cm^3/s；D 为螺杆直径，cm；n 为螺杆转速，r/min；h_3 为均化段螺纹深度，cm；φ 为螺纹升角，(°)；η 为修正系数，一般取 0.85～0.9。

显然注射机的塑化装置应该在规定的时间内，保证提供足够量的塑化均匀的熔料。

根据成型动作程序安排，螺杆预塑大都与制品冷却同时进行，所以当螺杆塑化能力已知时，机器的最短成型周期客观上就有了限制。

最短成型周期

$$T_{min}=\frac{Q_{公}}{Q}$$

式中，T_{min} 为机器最短成型周期，s；$Q_{公}$ 为公称注射量，cm^3；Q 为塑化能力，cm^3/s。

塑化能力应与注射机的整个成型周期配合协调，若塑化能力高而机器的空循环时间太长，则不能发挥塑化装置的能力，反之，则会加长成型周期。目前注射机的塑化能力有了较大的提高。

由挤出理论知，提高螺杆转速、增大驱动功率、改进螺杆的结构形式等都可以提高塑化能力和改进塑化质量。

2.2.5 注射功率

注射机在实际使用过程中，能否将一定量的熔料注满模腔，主要取决于注射压力和速度，即决定于充模时机器做功能力的大小。注射功率即作为表示机器注射能力大小的一项指标。

$$N=PV=FpV=9.81\times10^{-5}qp$$

式中，N 为注射功率，kW；P 为注射总力；F 为螺杆截面积；p 为注射压力，kgf/cm^2；V 为注射速度；q 为注射速率，cm^3/s。

注射功率大，有利于缩短成型周期，消除充模不足，改善制品外观质量，提高制品精度。随着注射压力和注射速度的提高，近来注射功率也有了较大的提高。

因注射时间短，对油泵电动机允许瞬时超载，故机器的注射功率一般均大于油泵电机的额定功率。对于油泵直接驱动的油路，注射功率即为注射时的工作负载，也是电动机的最大负载。油泵电动机功率大约是注射功率的 75%～85%。

2.2.6 锁模力

锁模力是指注射机的合模机构对模具所能施加的最大夹紧力，在此力的作用下，模具不应被熔融的塑料所形成的胀模力顶开。

锁模力同公称注射量一样，也在一定程度上反映出机器加工制品能力的大小，是一个重要参数，所以经常用作表示机器规格大小的主参数。

为使注射时模具不被熔融的塑料顶开，则锁模力应为

$$F>KpA$$

式中，F 为锁模力，kgf；p 为注射压力，kgf/cm^2；A 为制品在模具分型面上的投影面积，cm^2；K 为考虑到压力损失的折算系数，一般在0.4～0.7之间选取，对黏度小的塑料如尼龙，取0.7，对黏度大的塑料如聚氯乙烯，取0.4，模具温度高时取大值，模具温度低时取小值。

有的资料把上式中 p 理解为模具型腔内熔料的平均压力，它是由实验测得的模腔内熔料总的作用力和制品在模具分型面上投影面积的比值，而把 K 称为安全系数，一般取1～2。但模腔内熔料的平均压力是一个比较难取的数值，这是因为它受注射压力、塑料黏度、成型工艺条件、制品形状和精度要求、喷嘴和浇道形式以及模具的温度等多种因素的影响。

对一般用途的螺杆式注射机，平均模腔压力在 $200kgf/cm^2$ 左右，柱塞式注射机要高些。加工黏度高的塑料，精度要求高的制品，模腔压力可达 $300\sim450kgf/cm^2$。

表2-1列出了加工不同制品、不同塑料时，通常所选用的平均模腔压力数值，供参考。

表2-1 通常所选用的平均模腔压力

制品要求、物料特性	平均模腔压力/(kgf/cm^2)	举 例
易于成型的制品	250	聚乙烯、聚苯乙烯等壁厚均匀的日用品、容器类等
普通制品	300	薄壁容器类
高黏度料、制品精度高	350	AIIS、聚甲醛等工业机械零件、精度高的制品
黏度特别高、制品精度高	400	高精度的机械零件

锁模力是保证制品质量的重要条件，同时它又影响到机器的尺寸和重量。因此，研究降低充模压力即锁模力是一项很有实际意义的工作。近年来由于改善了塑化机构的效能，提高了注射速度，并实现其过程控制，改进了合模装置，提高了螺杆和模具的制造精度和表面质量等，注射机的锁模力有明显下降。

2.2.7 合模装置的基本尺寸

合模装置的基本尺寸包括模板尺寸、拉杆间距、模板间最大开距、模板的行程、模具最大厚度与最小厚度等。这些参数规定了机器所加工制品使用的模具尺寸范围，亦是衡量合模装置好坏的参数。

(1) 模板尺寸及拉杆间距

我国注射机系列标准规定以装模方向的拉杆中心距代表模板的尺寸，而规定垂直方向两拉杆之间的距离与水平方向两拉杆之间的距离的乘积为拉杆间距。

显然这两个尺寸都涉及所用模具的大小，因此，模板尺寸及拉杆间距应满足机器规格范围内常用模具尺寸的要求，而且模板尺寸还与成型面积有关。

目前有增大模板面积的趋势，以适应加工投影面积较大的制品及自动化模具的安装要求。

(2) 模板间最大开距

模板间最大开距是指定模板与动模板之间能达到的最大距离（包括调模行程在内），见

图 2-4。为使成型后的制品顺利取出，模板最大开距 L 一般为成型制品最大高度 h 的 3～4 倍，据统计，模板最大开距 L 与公称注射量 Q 常有如下关系。

$$L=125Q^{\frac{1}{3}}$$

式中，Q 单位为 cm^3；L 单位为 cm。

(3) 动模板行程

动模板行程是指动模板行程的最大值，一般用 S 表示，见图 2-4。为了便于取出制件，S 一般大于制件高度的 2 倍，即

$$S>2h$$

而 $L>(1.5\sim2)S$，为了减少机械磨损和动力消耗，成型时尽量使用最短的模板行程。

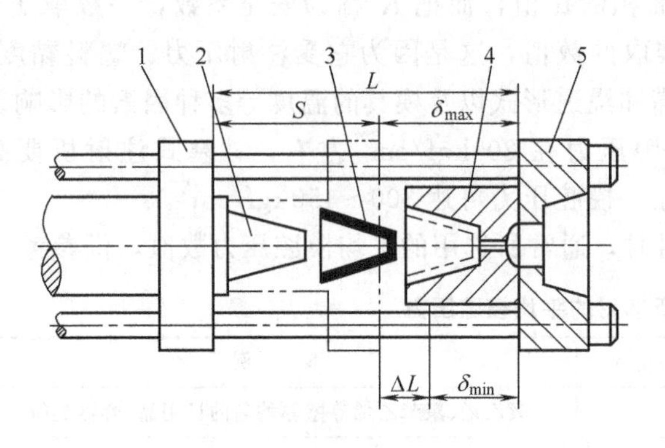

图 2-4　模板间最大开距

1—动模板；2—阳模；3—制件；4—阴模；5—定模板

(4) 模具最小厚度与最大厚度

模具最小厚度 δ_{min} 和最大厚度 δ_{max} 系指动模板闭合后，达到规定锁模力时，动模板和定模板间的最小和最大距离，见图 2-4。如果模具的厚度小于规定的 δ_{min}，装模时应加垫板，否则不能实现最大锁模力，或损坏机件；如果模具的厚度大于 δ_{max}，装模具后也不可能达到最大的锁模力。

δ_{max} 和 δ_{min} 之差即为调模装置的最大可调行程。

2.2.8　移模速度

模板移动速度（移模速度）是反映机器工作效率的参数，它直接影响到成型周期的长短，故原则上应尽可能提高移模速度。但为使模具闭合时平稳以及开模、顶出制品时不使塑料制件损坏，都要求慢速移模。因此，在每一个成型周期中，模板的移动速度是变化的，即在合模时从快到慢，开模时从慢到快再慢。

目前国产注射机的动模板移动速度，高速为 12～22m/min，低速为 0.24～3m/min。随着生产的高速化，为了缩短成型周期，提高机器的生产率，移模速度在不断提高。

2.2.9　空循环时间

空循环时间是在没有塑化、注射保压、冷却、取出制品等动作的情况下，完成一次循环所需要的时间。它由合模、注射座的前进和后退、开模以及动作间的切换时间所组成。

空循环时间是表征机器综合性能的参数，它反映了注射机机械结构的好坏，动作灵敏度，液压系统以及电气系统性能的优劣（如灵敏度、重复性、稳定性等）。其也是衡量注射机生产能力的指标。

近年来，由于注射、移模速度的提高和采用了先进的液压电气系统，空循环时间已大为缩短。

表 2-2 为部分国产塑料注射成型机技术参数，供参考。

表 2-2　部分国产塑料注射成型机技术参数

机　型		单位	GM2-LS90S			GM-LS120S			GM2-LS160S			GM2-LS200S			GM2-LS260S		
国际标准型号	International Size Desciption		900-279			1200-393			1600-571			2000-899			2600-1451		
注射装置	Injection Unit																
螺杆编号	Screw No.		A	B	C	A	B	C	A	B	C	A	B	C	A	B	C
螺杆直径	Screw Diameter	mm	32	35	40	35	40	45	40	45	50	45	50	55	55	60	65
螺杆长径比	Screw Ratio	L/D	23.5	21.5	18.8	23.8	20.8	18.5	23.5	20.9	18.8	24.0	21.6	19.6	22.9	21.0	19.4
理论注射容积	Shot Volume	cm^3	138	165	215	184	240	304	271	344	424	391	483	584	713	848	995
注射重量(PS)	Shot Weight(PS)	g	125	150	196	167	218	276	247	313	386	356	440	532	649	772	906
塑化能力(PS)	Plasticizing Capacity(PS)	g/s	13.2	16.4	23.6	13.7	19.7	29.4	18.4	27.6	34.0	23.0	28.4	39.6	38.0	47.0	53.1
注射压力	Injection Pressure	MPa	203	170	130	214	164	130	211	166	135	230	186	154	204	171	146
螺杆转速	Screw Speed	r/min	270			220			210			170			170		
合模装置	Clamping Unit																
锁模力	Clamping Force	kN	900			1200			1600			2000			2600		
移模行程	Mould Opening Stroke	mm	320			410			446			490			525		
拉杆内间距	Space between Tie Bar	mm	360×360			410×410			460×460			510×510			580×580		
模板尺寸	Platen Size	mm	552×552			620×620			690×690			761×761			875×875		
最小模厚	Max. Mold Height	mm	185			185			185			185			200		
最大模厚	Min. Mold Height	mm	385			445			490			520			630		
顶出行程	Ejector Stroke	mm	100			100			130			140			160		
顶出力	Ejector Force	kN	31			42			42			49			67		
顶针杆数	Ejector Number	—	5			5			5			5			13		
其他	Other																
系统压力	Hydraulic Pressure	MPa	16			17.5			17.5			17.5			17.5		
液压泵马达功率	Pump Motor Power	kW	11			11			16			19.6			24		
电热功率	Heater Power	kW	7			8			10			14			17		
油箱容积	Oil Tank Capacity	L	220			270			345			425			530		
外形尺寸	Machine Dimension($L\times W\times H$)	mm	4.08×1.14×1.87			4.5×1.23×1.91			5×1.2×1.89			5.5×1.28×1.99			6.03×1.34×2.125		
机器重量	Machine Weight ton	t	3			4			4			5			9		

注：1. 理论射胶容积＝螺杆横截面积×螺杆行程；

2. 理论射胶量（PS）＝理论射胶容积×0.91（g/cm^3）。

2.3 注射装置

注射装置在注射成型机的一个工作循环中，应能在规定的时间内将规定数量的塑料均匀地熔融塑化到成型温度，以一定的压力和速度将熔料注射到模具型腔中去，并在注射完毕后，能对已注射到模具型腔中的熔料施行保压。

2.3.1 注射装置的形式

目前，在注射机上采用的注射装置，从原理分主要有柱塞式和预塑式两大类，其中以预塑式特别是往复螺杆式使用最多。

(1) 柱塞式注射装置

柱塞式注射装置由定量加料装置、塑化部件、注射液压缸等组成，如图 2-5 所示。

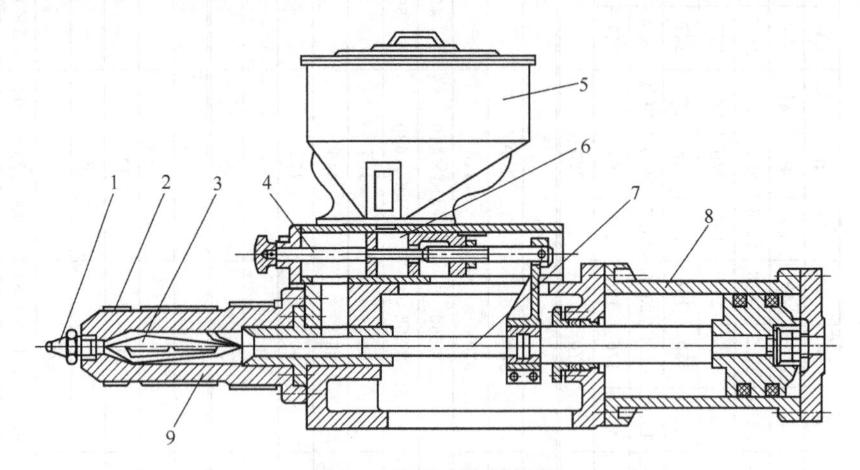

图 2-5 柱塞式注射装置

1—喷嘴；2—加热器；3—分流梭；4—定量加料装置；5—料斗；6—计量室；7—柱塞；8—注射液压缸；9—料筒

加入料斗中的颗粒料，经过定量加料装置，使每次注射所需的一定数量的塑料落入料筒加料室。注射液压缸活塞推动柱塞前进，加料室内的塑料在柱塞的推力作用下依次进入料筒前端的塑化室，依靠加热器的加热，使塑料逐步实现由玻璃态到黏流态的物态变化，而在料筒前端已成黏流态的熔料，则经过喷嘴被注入到模具型腔内。

根据需要，注射座移动油缸可以驱动注射座往复移动，使喷嘴与模具接触或分离。

柱塞式注射装置存在如下缺点：

① 塑化均一性差，提高料筒的塑化能力受到限制，这对加工塑料的范围，以及能否提高制品质量以及扩大加工能力都有影响。

② 注射压力损失大，这就需要消耗较大的注射功。柱塞式所用的注射压力，一般需要 $1400\sim1800\mathrm{kgf/cm^2}$，对加工高黏度塑料，压力将高于 $2000\mathrm{kgf/cm^2}$。

③ 不易提供稳定的工艺条件。柱塞在注射时，首先对加料室内的塑料进行预压缩，然后才将压力传递到塑化室内熔料上，并将头部的熔料注入模腔。因此，注射柱塞即使等速移动，熔料的速度也是先慢后快，这样就直接影响到熔料在模内的流动状况。此外，每次加入料筒内塑料量的精确程度，对工艺条件的稳定和制品质量带来较大的影响，如温度、压力及

制品尺寸精度等。

④ 清洗筒料比较困难。若要克服上述缺点，满足注塑大型、精密制品和加工一些热敏性、高黏度和难以塑化的新颖塑料的要求，就必须从结构上解决加热塑化和注射之间的矛盾。因为从加热塑化考虑，加热料筒应做成细长结构，达到增加传热面积和减少熔料温差的目的，如从注射考虑，为减少柱塞在料筒中的运动阻力，加热料筒则应做成短粗结构。柱塞式注射装置的这种热过程和运动过程之间的矛盾，随注射量的增加而突出。为此，出现了各种预塑式注射装置。

(2) 预塑式注射装置

对塑料的塑化和熔料注射分开进行的注射装置，统称预塑式注射装置。这种装置在注射前先将已塑化的一定量的熔料存放到料筒前端，然后再由柱塞或螺杆将储存的熔料注入模腔。

根据预塑化和排列方式上的差异，预塑式注射装置可分为双阶柱塞式、螺杆柱塞式和往复螺杆式三种基本形式。

① 双阶柱塞式 双阶柱塞式注射装置（图2-6），相当于两个柱塞式注射装置串接而成。它首先将塑料粒经预塑料筒塑化后送入注射料筒，然后再由注射柱塞将熔料注入模腔。这种形式虽然在一定程度上改善了原柱塞式注射装置的性能，例如可以做到计量比较准确，工艺比较稳，机器的生产率提高等，但在扩大机器的加工能力等方面仍受到一定的限制。因此，其目前应用得较少，主要用在小型或超小型高速注射机上。

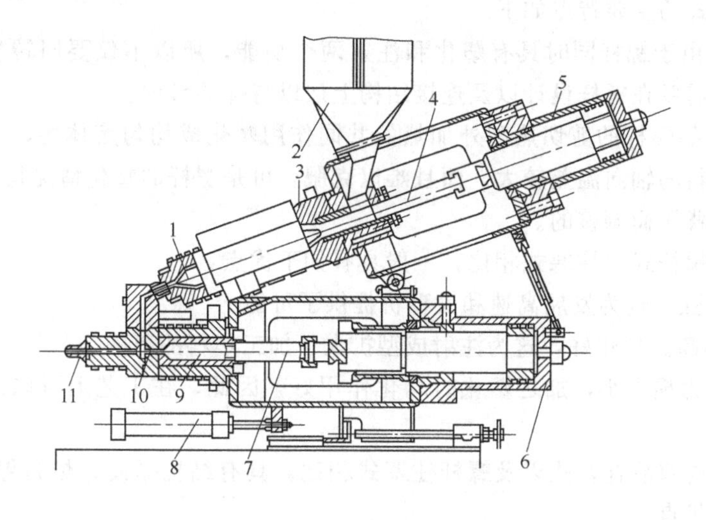

图2-6 双阶柱塞式注射装置

1—分流梭；2—料斗；3—预塑料筒；4—预塑柱塞；5—预塑液压缸；6—注射液压缸；7—注射柱塞；8—整体移动液压缸；9—注射料筒；10—三通转阀；11—喷嘴

② 螺杆柱塞式 螺杆柱塞式注射装置（图2-7），相当于原柱塞式注射装置上，装上了一台仅作塑化用的单螺杆挤出供料装置。塑料粒首先通过单螺杆预塑装置进行塑化，然后经单向阀而进入注射料筒，当供料量达到计量值时，塑化螺杆停转，注射柱塞即行注射。由于此形式采用无轴向移动的螺杆进行塑化，除塑化能力强外，还因塑料都是经过螺杆的全部螺纹进行塑化，塑化后的熔料所经过的热历程基本相同，所以熔料的轴向温差小，性能稳定。又因塑化螺杆的大小，仅从满足塑化能力这一因素去考虑，同注射量并无直接的关系，所以

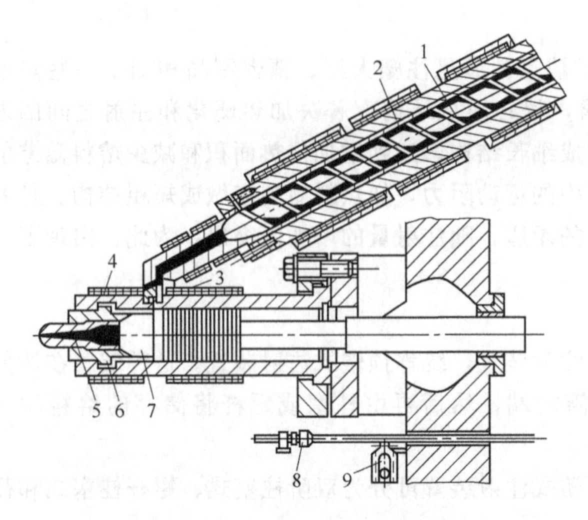

图 2-7　螺杆柱塞式注射装置的结构

1—塑化螺杆；2—预塑机筒；3—单向阀；4—加热圈；5—喷嘴；6—连接套；7—注射柱塞；8—计量装置；9—行程开关

与相同规格的往复螺杆式相比使用的螺杆直径较小。从理论上讲，柱塞注射容积不受限制，因此此形式可提高机器的注射量，而且计量精确，可实现非常高的注射压力，注射时的速度和压力比较稳定。目前这种形式应用还比较多，特别是在高速精密和大型注射机以及低发泡注射机上都有发展和应用。

上述两种预塑形式，都是单独设置塑化部件分别由柱塞或螺杆实现塑化和注射这两个功能。这类结构都共同存在着料筒内滞料现象比较严重、料筒清理不够方便、结构上不够紧凑等缺点。因塑化好的熔料直接与注射柱塞接触，在注射压力作用下，熔料容易渗入柱塞与料筒的配合处，从而引起熔料停滞分解。在预塑料筒与注射料筒连接的单向阀处，也容易发生类似现象。

③ 往复螺杆式　往复螺杆式是目前应用最广泛的一种形式，根据 2.1 节对其工作原理的分析，这种形式的主要特点如下。

a. 结构上，由于螺杆同时具有塑化和注射两个功能，所以不仅要回转塑化，同时还要往复注射，这就需要在螺杆设计以及连接结构上加以特殊的考虑。

b. 塑料是依靠螺杆的剪切热和外加热的共同作用塑化成均匀熔体的，在塑化时，螺杆的轴向位移使熔料的轴向温差较大，而且难以克服，可是螺杆的塑化情况是可以方便地通过调整螺杆转速和背压而调整的。

常用的往复螺杆式与柱塞式相比，一般具有如下优点：

a. 塑化能力强。这为发展高速和大型机提供了可能。

b. 塑化速率高。均化好，这为注射成型扩大了加工塑料的范围。

c. 注射时压力损失小，加之塑化时均化作用好，因此，在工艺上可以用较低的塑化温度和注射压力。

往复螺杆式同双阶柱塞式以及螺杆柱塞式相比，具有结构紧凑、熔料停滞分解现象少、清理料筒方便等优点。

事物都是一分为二的，往复螺杆式注射装置虽有很多优点，但结构却要比柱塞式复杂得多。例如要增加螺杆传动系统以及相应的液压和电气系统等。因此，目前在小型注射机上仍然有用结构简单、制造方便的柱塞式注射装置。

图 2-8 所示的注射装置的螺杆是由电动机经液压离合器和齿轮变速箱驱动的。为了使注射液压缸的活塞不随螺杆一起转动，在液压缸活塞与螺杆接处设置了止推轴承，阻止螺杆预塑时后退的背压，可通过背压阀进行调节。当所塑化的塑料达到所要求的注射量时，计量柱压合行程开关，液压离合器便分离，从而切断了螺杆的动力源，使螺杆停止转动。此时，压力油可通过抽拉管，经注射座的转动支点，然后进入注射液压缸，实现螺杆的注射动作。由于螺杆与活塞杆连接处，与齿轮箱出轴之间设置了较长的滑键，故注射时，驱动电动机和齿

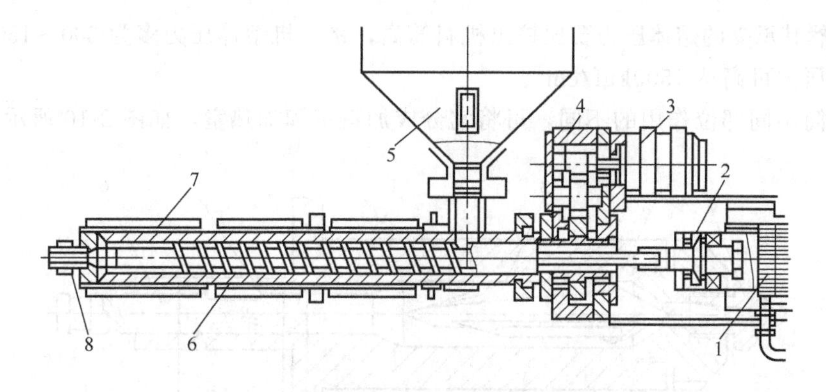

图 2-8 往复螺杆式注射成型机的典型结构

1—注射液压缸；2—止推轴承；3—液压马达；4—减速箱；5—料斗；6—螺杆；7—机筒；8—喷嘴

轮箱不随螺杆移动。设在注射座下面的移动液压缸，可使注射座沿注射架的导轨作往复运动，使喷嘴和模具离开或紧密地贴合。这种结构的主要特点是：压力油管全部使用钢管连接，寿命长，承压能力大；由于注射座沿平面导轨运动，故承载量大，精度易保持，螺杆的拆装和清理比较方便；螺杆传动部分的效率比较高；故障少，易于维修等。目前我国生产的注射量由 $125cm^3$ 到 $4000cm^3$ 的 XS-ZY 型注射机基本上都采用了类似的注射装置。

图 2-9 为另一种形式的往复螺杆式注射装置。这种形式和上面介绍的注射装置的主要区别在于，螺杆是由叶片液压马达驱动，可无级调速，由于花键套和花键顶轴间在螺杆预塑时无相对轴向位移，故减速箱必须随螺杆作轴向移动，因而称作“随动式”。这种结构多用于中小型注射装置。

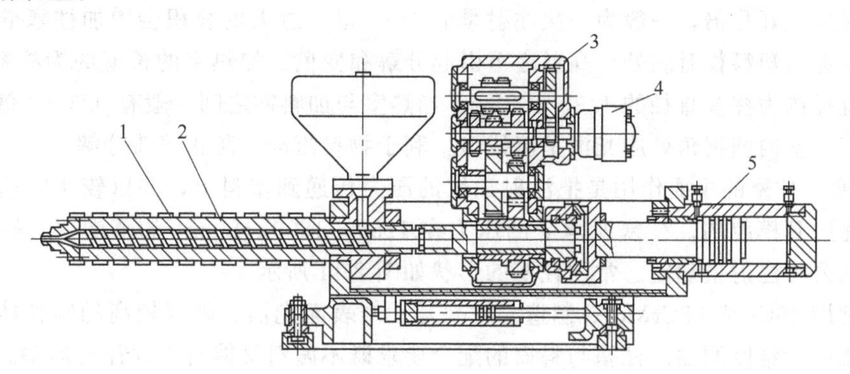

图 2-9 “随动式”螺杆注射装置

1—螺杆；2—料筒；3—齿轮箱；4—液压马达；5—注射液压缸

2.3.2 塑化部件

塑化部件是注射装置的重要组成部分，下面较详细地介绍柱塞式塑化部件和螺杆式塑化部件的有关问题。

(1) 柱塞式塑化部件

柱塞式塑化部件主要由料筒、柱塞、分流梭和加料计量装置组成，下面分别叙述。

① 料筒 它是一个外部受热、内部受压的高压容器，既要完成对塑料的塑化又要完成对塑料的注射，因而对它的耐温、耐腐蚀、耐磨损，具有热惯性等方面的要求都与挤出机料

筒相同。自然其承受的熔体压力要比挤出机料筒高，挤出机熔体压力多为 300～1500kgf/cm^2，注射机熔体压力可高达 1500kgf/cm^2。

根据料筒不同部位作用的不同，可将它分成加料室和加热室，如图 2-10 所示。

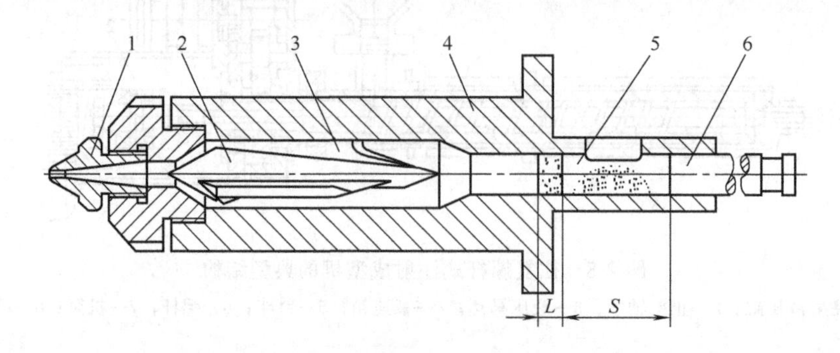

图 2-10　柱塞式注射机料筒

1—喷嘴；2—分流梭；3—加热室；4—料筒；5—加料室；6—柱塞

加料室：是指柱塞在推料时所占据的料筒运行空间。加料室应该具有足够的落料空间，使散状的塑料方便地加入。加料室的容积一般取为机器二次注射量的散重体积的 2～2.2 倍。加料室上部有对称开设的长方形加料口，其轴向长度为柱塞直径的 1.5 倍，其宽度约为 2/3 柱塞直径。为保持良好的加料条件，加料口附近要设冷却装置。

加热室：为料筒前半部除分流梭以外的内部空间，是对塑料加热并实现其物态变化的重要部分。由于塑料受热塑化所需要的时间比注射成型的循环周期长好几倍，因此加热室的容积应比注射量大好几倍，一般为一次注射量的 4～6 倍。过大的容积会增加柱塞推料时的运动阻力，也会因塑料长时间处于高温之下引起分解和变色。加热室的长度约为柱塞直径的 5 倍左右，直径约为柱塞直径的 1.3～1.8 倍。加热室与加料室之间一般有 0.5～2 倍柱塞直径长的过渡区。室内壁拐角处应光滑呈流线型，利于物料流动，防止停滞分解。

② 柱塞　柱塞的主要作用是把注射油缸的压力传递到塑料上，并以较快的速度将一定量的熔料注射到模腔内。柱塞所承受的压力在 1200～1800kgf/cm^2 的范围内。柱塞的行程和直径根据公称注射量确定。常用柱塞的形状如图 2-11 所示。

柱塞常用 40Cr 或 38CrMoAl 制造。柱塞是一个表面光洁、硬度较高的圆柱体，其头部做成内圆弧或大锥度凹面。柱塞与料筒的配合要求既不漏料又能自由地往复运动。

③ 分流梭　在料筒结构和被加工塑料的性质以及注射量已定的情况下，塑料受热塑化的快慢主要　取决于传热面积的大小。为了缩短塑化时间，提高生产能力，必须增大传热面积。传热面积与加热容积之比越大，则加热时间越短，加热效果越好，越有利于塑化，注射压力损失也越小。设置各种分流梭的目的就是为了增大传热面积与加热容积的比值。图 2-12 所示为分流梭的一种。

分流梭因形似鱼雷，故亦称鱼雷体。将其放入加热室中，其周围和料筒内壁形成匀称且

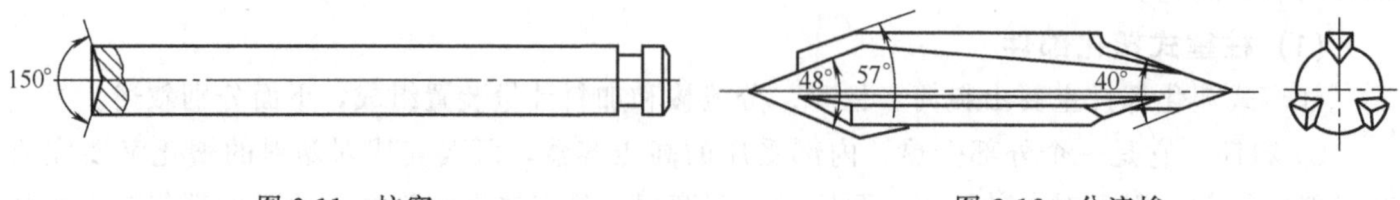

图 2-11　柱塞　　　　图 2-12　分流梭

较浅的流道，料筒的热量可以通过分流梭上的数条翅翼而传入，将分流梭加热。当塑料进入加热室后，被分流梭分成薄的料条，料条受到加热料筒和分流梭两方面的加热，从而缩短了塑化时间，提高了塑化能力，改善了塑化质量。

分流梭应具有合理的结构，其与料筒之间的流道应形成一个逐渐压缩的空间，适应塑料物态的变化。分流梭和黏状塑料接触的一端，因运动阻力较大，故取其扩张角（图中标为40°）略比末端的压缩角（图中标为48°和57°）小，一般在30°～60°之间。分流梭应光滑，呈流线型。为了便于装拆，又能防止塑料挤入其与料筒的间隙，分流梭与料筒可用H7/h7配合。

除了上述形状的分流梭外，还有无翼分流梭、转动式分流梭、内部带加热器的分流梭等。

④ 加料计量装置　根据注射工艺要求，每次从料斗进入料筒加料室的塑料，应该与每次从料筒内注射到模腔内的塑料数量相等，这样才能控制塑料在料筒内的加热时间，即塑化时间，防止塑化室内粒料区的变动，使工艺过程稳定。目前使用的计量方法有容积计量和重量计量两种。

a. 容积加料器

图2-13是一种较常见的容积加料器。从料斗落入计量槽内的塑料粒，在柱塞前移注射时，通过传动臂推动计量栓一齐向前运动，使进入计量槽内的塑料落入料筒的加料口，当注射柱塞退回时，料筒口的塑料粒便落入加料室，待下一次注射用。计量槽的计量体积，可以根据加工制品实际所需的注射量进行调节。调节时，拧松调节螺母而转动计量栓使推料板向前或向后移动，使由推料板和固定板组成的计量槽的容积得到相应的改变。

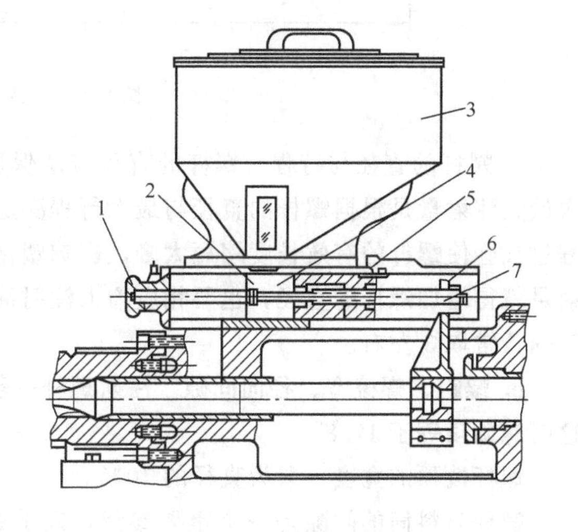

图2-13　容积加料器

1—调节螺母；2—固定板；3—料斗；4—计量槽；5—推料板；6—传动臂；7—计量栓

采用容积计量，方法简单，但影响计量精度的因素较多，故准确性较差。

b. 重量加料器　重量加料器的工作原理同秤相似，如图2-14所示。加料时，首先根据注射量调整好重锤或砝码，当盛料器中没有塑料，或有塑料但还有达到要求的重量时，杠杆处于水平位置。此时，因杠杆压合触点开关，使电磁铁通电，振动器发生振动，从而向盛料器加料。当盛料器中的塑料达到一定重量时，杠杆将失去平衡，离开触点开关，电磁铁因断电即停止加料工作。在柱塞退回时，支杆向上顶开盛料器，塑料便落入料筒。此时，由于盛料器中已没有塑料，于是杠杆又重新恢复到原水平位置，开始下一个加料过程。

重量加料器因不受塑料散重变化的影响，所以计量比较准确。但因结构复杂，计量过程较长，所以用得较多的还是容积加料器。

(2) 螺杆式塑化部件

螺杆式塑化部件主要由螺杆、螺杆头、料筒等组成。

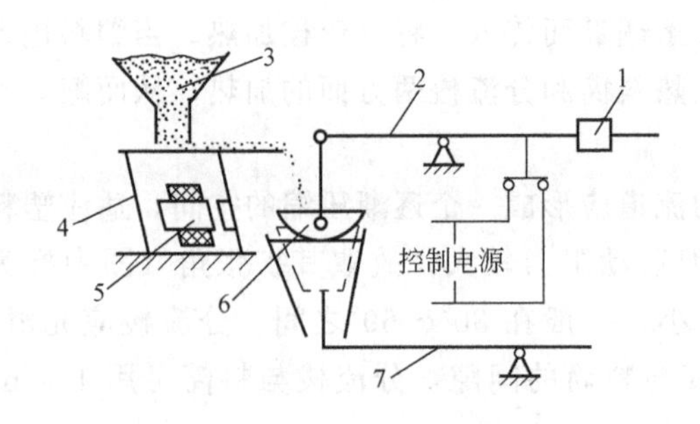

图 2-14 重量加料器

1—重锤；2—杠杆；3—料斗；4—振动器；5—电磁板；6—盛料器；7—支杆

① 螺杆 和挤出机螺杆相似，注射螺杆的形式有渐变螺杆、突变螺杆两大类。在注射机中还使用一种所谓通用螺杆，这是因为在注射成型中，由于经常更换塑料品种，拆螺杆也就比较频繁，既费劳力又影响生产，故有时虽备有多根螺杆，但在一般情况下不予更换，而用调整工艺条件（温度、螺杆转速、背压）来满足不同物料的要求。通用螺杆的特点是其压缩段长度介于渐变螺杆、突变螺杆之间，约（2～3）D，以适应结晶性塑料和非结晶性塑料的加工需要。虽然螺杆的适应性扩大了，但其塑化效率低，单耗大，使用性能比不上专用螺杆。螺杆参数见图 2-15。

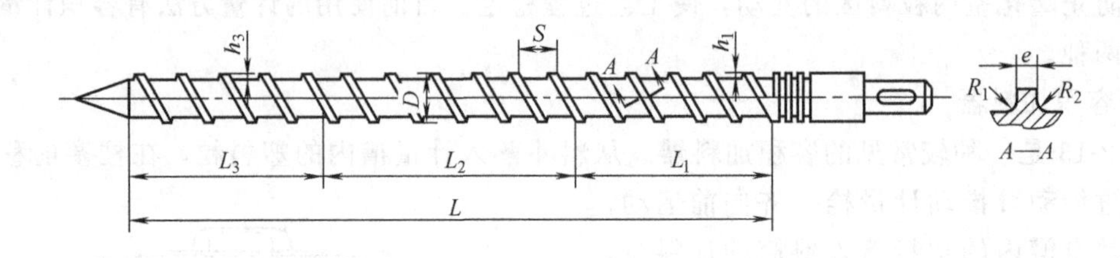

图 2-15 注射螺杆参数

a. 螺杆的直径与行程 螺杆的直径应从保证注射量和塑化能力这两个方面来确定。一次最大注射量是根据螺杆的直径与最大行程决定的，直径与行程之间有一定的比例关系，行程过长会使螺杆的有效长度缩短太多，影响塑化均匀性；行程过短也不好，为保持一定的注射量就得增加螺杆的直径，也要相应增大注射油缸的直径。一般螺杆的行程与直径之比 $R=2\sim4$，常取 3 左右。

b. 螺距、螺棱宽、径向间隙 注射螺杆一般具有恒定的螺距，且螺距与螺杆直径相等，这时螺旋角等于 17.8°。

螺杆棱顶的宽度一般为直径的 10％。

螺杆与料筒的间隙是一个重要参量，间隙过大，将会使塑化能力下降，注射时回流增加；间隙过小，又会增加机械制造的困难和螺杆功率的消耗，根据实际情况，一般为（0.002～0.005）D。

c. 螺杆的长径比和分段 注射螺杆的长径比一般比挤出机短，这是因为注射螺杆仅作预塑用，塑化时出料的稳定性对制品质量的影响很小，并且塑化所经历的时间比挤出机长，而且喷嘴对物料还起到塑化作用，故长径比没有必要像挤出机那样大。注射螺杆的长径比过去多为 15～18，现在加长到 20。正如在挤出机中所讲的，长径比加大后，塑化效果好，温度均匀，混炼效果也好，还可以在保证塑化质量的前提下，提高螺杆转速，增加塑化量。但从制造角度看，希望效果好而短的螺杆，因为短的螺杆制造容易，也可以缩短注射机的机身，减轻注射机重量，清理螺杆也方便。

根据注射螺杆的类型，螺杆分段的大致范围可参看表 2-3。可见，与挤出螺杆相比，加料段增长，计量段相应缩短了，这是因螺杆退回的缘故。

表 2-3 注射螺杆各段长度

螺杆类型	加料段	压缩段	计量段
渐变型	30%～35%	50%	15%～20%
突变型	65%～70%	(1～1.5)D	20%～25%
通用型	45%～50%	20%～30%	20%～30%

d. 螺槽深度和压缩比

正如在介绍挤出螺杆时所指出的那样，注射螺杆计量段的螺槽深度 h_3 是螺杆的重要参数之一，它根据塑料的比热容、导热性、热稳定性、黏度以及塑化时的压力等因素所决定。h_3 小，剪切热大，功率消耗大。与挤出机不同，注射机中物料熔融塑化所需热量的 50%来自加热器，而注射机又未设冷却系统，故不需要强的剪切，又因注射螺杆塑化与出料之间无直接关系，故不必取小的 h_3 以得到稳定挤出。相反 h_3 大，可以提高塑化量，因此注射螺杆计量段螺槽深度一般比挤出螺杆深 15%～20%，约为（0.04～0.07）D，以提高塑化能力，适应各种塑料的加工，降低螺杆功率消耗。

注射螺杆的压缩比一般比挤出机螺杆小，可以通过调节背压来调节注射螺杆的塑化情况。但螺杆压缩比不同，其调节背压的效果是不一样的，即小压缩比的螺杆，调整背压物料塑化温度的变化明显，故小的压缩比可以提高适应性。注射螺杆的压缩比，对结晶性塑料如 PP、PE、PA，一般取 3.6～3.5；对黏度高的塑料，如 HPVC、AS、聚甲醛等，可取 1.4～2，通用型螺杆可取 2～2.8。

当压缩比和 h_3 确定后，即可确定加料段的螺槽深度 h_1。

② 螺杆头　注射螺杆头和挤出螺杆头不一样，挤出螺杆头多为圆头或锥头，而注射螺杆头为尖头，有的设计成特殊结构。这是为了减少注射时物料流动的阻力，特别当加 HPVC 等热敏性、高黏度的物料时，经常发生螺杆头处排料不干净而造成滞料分解现象。因此注射螺杆用的螺杆头多为尖头。各国对螺杆头的几何结构进行了大量研究，并取得一定的成果。

下面介绍几种使用效果较好的螺杆头。

锥形螺杆头：图 2-16 所示为锥形螺杆头的结构形式，其锥角一般为 20°～30°，其中一种为光滑圆锥头，另一种在锥形处加工出螺纹。这两种螺杆头结构简单，能消除滞料分解现象，适于高黏度、热敏性材料如硬聚氯乙烯等的加工。

止回环螺杆头：对于中等黏度和低黏度的塑料，为了防止注射时熔料沿螺纹槽回流，提高注射效率，通常需要带有止回环的螺杆头。图 2-17 表示出了止回环螺杆头的结构，它由止回环、环座和螺杆头主体组成。当螺杆旋转塑化时，沿螺槽前进的熔体将止回环推向前方，熔料通过止回环与螺杆头的间隙进入螺杆头的前面。注射时，料筒和螺杆头前端的熔体压力急剧上升，将止回环压向后退，与环座密合，从而阻止熔料回流。

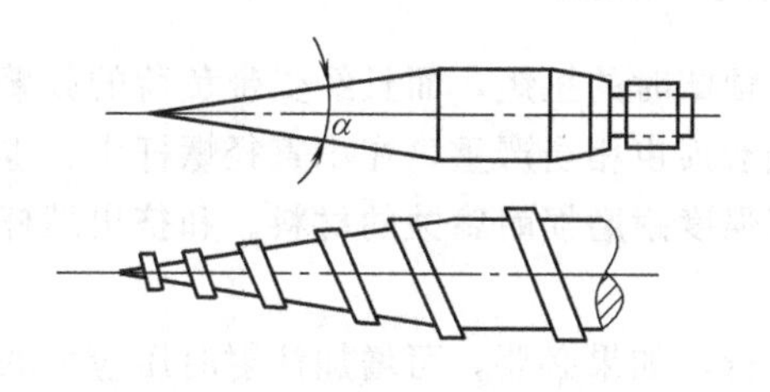

图 2-16　锥形螺杆头

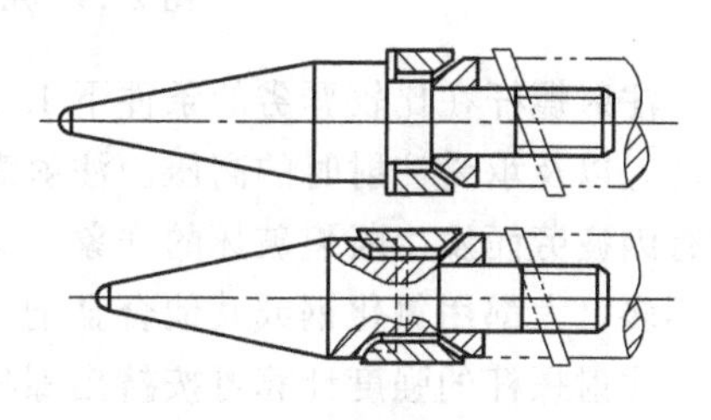

图 2-17　止回环螺杆头

止回环与料筒之间应选取适当的配合，如果为了提高密封性而使环与料筒的间隙过小，料筒将产生过度磨损，增大螺杆退回的阻力。如果间隙过大，不仅漏流严重，还对物料产生高剪切作用，使塑料过热分解。该间隙一般为 0.1～0.2mm。止回环的宽度一般为环径的 60％～80％。

止逆球螺杆头：图 2-18 所示为止逆球螺杆头，其作用原理与止回环螺杆头差不多。它由密封钢球、球座和销子组成。预塑时，熔料推开钢球，经销子流到螺杆头的前面。注射时，钢球密封熔料回流的通道，起到止回作用。这种结构由于钢球设在中心，不受离心力的作用，钢球行程短，流道阻力小，启闭迅速，对物料无附加剪切作用，钢球的装拆更换也容易。

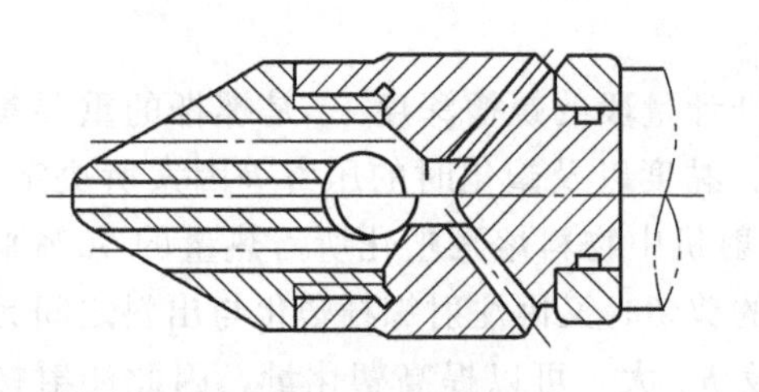
图 2-18　止逆球螺杆头

③ 新型注射螺杆　随着生产的发展，为提高塑化质量和熔融效率，注射螺杆也出现了一些新设计。

正像新型挤出螺杆那样，新型注射螺杆也多是在常规注射螺杆的计量段增设一些混炼剪切元件。实践证明，在注射螺杆上增设混炼剪切元件，能收到一定的效果；如对物料能提供较大的剪切，可获得低温熔体，从而降低成型制品的内应力。由于物料塑化好，温度均匀，可获得表面光泽度高的制品，节约能耗，获得较大的经济效益。

在注射螺杆上采用的混炼剪切元件，常见的有屏障型、销钉型等，也有将 DZS 分流型混炼元件用到注射螺杆上的。自然，将这些混炼剪切元件应用到注射螺杆上时应考虑到注射过程、注射螺杆与挤出过程、挤出螺杆的不同之处，不能照搬。图 2-19 所示为用于注射螺杆上的几种混炼剪切元件。

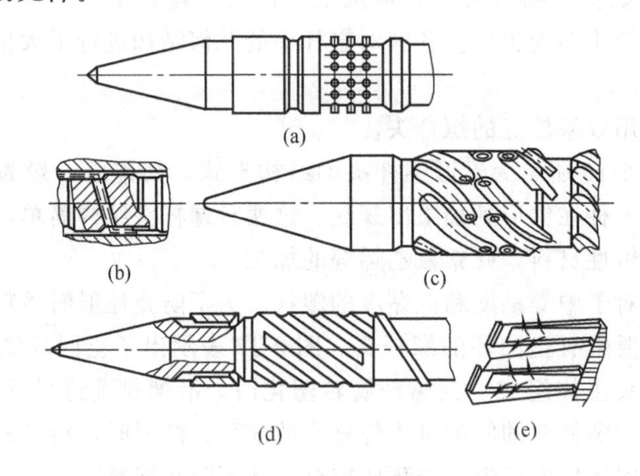

图 2-19　用于注射螺杆上的混炼剪切元件

注射螺杆在比较恶劣的条件下工作，它不仅承受预塑时的扭矩，而且经受带负荷的频繁启动，以及承受注射时的高压。注射螺杆受到的腐蚀磨损也相当严重，在小直径螺杆中，也常有因疲劳而发生断裂破坏的现象，这就要求选用高强度耐磨损耐腐蚀的材料。和挤出螺杆差不多，大都用氮化钢或其他合金钢。

注射螺杆的强度计算可按挤出螺杆所用的方法进行，如果必要，可增加注射时压应力的校核。

④ 料筒

a. 料筒材料　注射机的料筒是塑化部件的另一个重要零件，其结构形式大多采用整体式。由于要求其耐温、耐压、耐磨损及耐腐蚀，因此常采用含铬、钼、铝的特殊合金钢制造，经氮化处理，表面硬度较高。常用的氮化钢为 38CrMoAl。

注射机料筒也可以不用氮化钢，而用碳钢，内层浇铸 Xaloy 合金衬里。

料筒设计考虑的问题有：塑料的加入与输送，加热与冷却、强度等。

b. 料筒加料口的断面形状　注射机大多采用自重加料，加料口的形状应尽可能增强对塑料的输送能力。加料口的形式有对称和偏置两种（图 2-20），国产注射机常用偏置加料口。

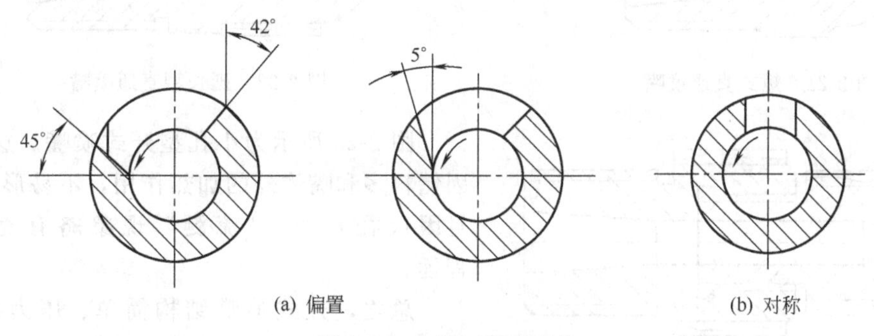

图 2-20　加料口断面形状

c. 料筒的加热　目前加工热塑性塑料的注射机料筒多采用电阻加热，国产注射机普遍采用电热圈。为了提高加热效率和升温速度，有的在电热圈上涂上远红外加热剂和增加保温层。

通常用热电偶及温度毫伏计对料筒温度进行分段控制，分段多少视料筒长短而定，一般为 2～6 段，每段长约（3～5）D。D 为螺杆直径。

根据注射螺杆塑化物料时产生的剪切热比挤出螺杆少的特点，一般对料筒和螺杆无须加冷却装置，而靠自然冷却。但为了能顺利进行加料，在料斗座加料口处需进行冷却。

料筒加热功率的确定，除了要满足塑料塑化所需要的功率以外，还要保证有足够快的升温速度。为使料筒升温速度加快，功率的配备应适当大些。但是，又因为一般电阻加热器都采用开关式控制线路，其热惯性较大，从减少温度波动的角度出发，加热功率的配备又不宜过大。升温时间，一般小型机器不超过半小时，大、中型机器大约为 1 小时，过长的升温时间会影响机器的生产率。

(3) 喷嘴

喷嘴是连接料筒与模具的部件，熔融的塑料在螺杆或柱塞的作用下以相当高的压力和速度通过喷嘴注射到模具的型腔中。当熔料高速度流经喷嘴时，受到较大的剪切，有部分压力通过节流损失而转化热能，使温度上升；同时熔料部分压力转为动能，使熔料高速射入模腔。当进行压力保持时，还要求有少量熔料经喷嘴向模腔补缩。因此，喷嘴设计的好坏会影响到熔料的压力损失、熔料的温度、射程的远近、保压作用和“流涎”与否等。喷嘴的类型很多，但基本上可以分为开式喷嘴、关式喷嘴和特殊用途喷嘴三种类型。

① 开式喷嘴　开式喷嘴又称直通喷嘴，分为几种。

图 2-21 所示喷嘴，结构简单，制造方便，压力损失小，但因其长度有限，不能安设加

热器，当其与模具接触时，很容易将热量传给模具，使其前部的物料冷硬。如果用这种喷嘴加工低黏度的物料，将会产生“流涎”现象（即预塑时熔料自喷嘴口处流出）。故这种喷嘴一般用于加工黏度高的物料，如聚氯乙烯等。

图 2-22 所示喷嘴称延长型直通喷嘴，是上面一种喷嘴的改型，延长了喷嘴体的长度，可进行加热，故不易形成冷料，补缩作用大，射程比较远，但“流涎”现象仍无法克服。主要用来加工厚壁制品和高黏度塑料。

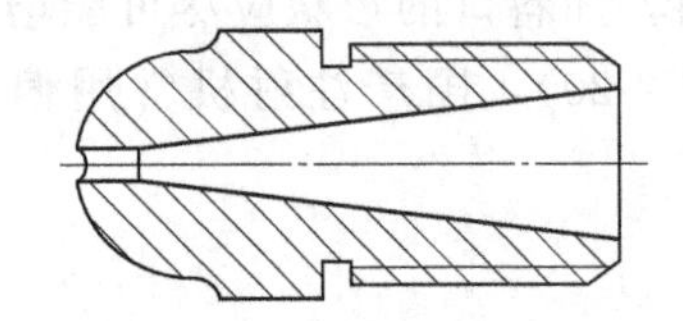

图 2-21 短式直通喷嘴

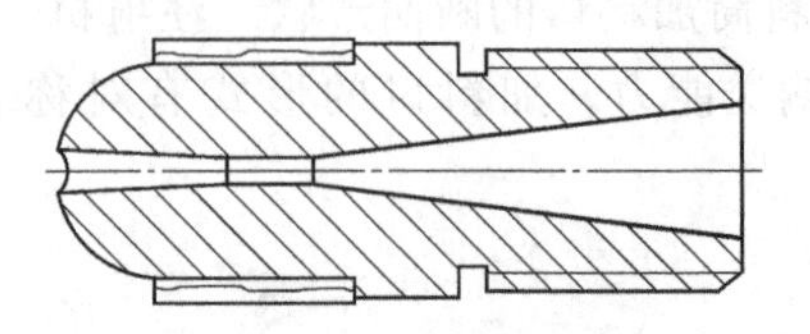

图 2-22 延长型直通喷嘴

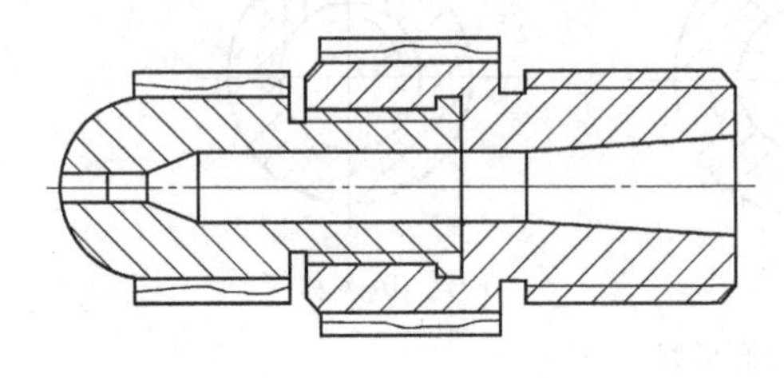

图 2-23 小孔型开式喷嘴

图 2-23 所示为小孔型开式喷嘴。这种形式因储料多和嘴体外的加热作用，不易形成冷料，且因口径较小，“流涎”现象略有克服，射程远。

总之，开式喷嘴结构简单、压力损失小、补缩作用大、不易产生滞料分解现象，因此用得很普遍，特别适于加工高黏度的塑料，如聚碳酸酯、硬聚氯乙烯、有机玻璃、聚砜、聚苯醚以及一些增强塑料等。因这种喷嘴易产生“流涎”现象，故不适于低黏度塑料的加工。

② 关式喷嘴 为了克服“流涎”现象，出现了关式喷嘴。其种类很多，下面介绍其中的两种。

图 2-24、图 2-25 分别为外弹簧针阀式喷嘴和内弹簧针阀式喷嘴，它们是依靠弹簧力通过挡圈和导杆压合顶针实现喷嘴闭锁的。注射时，由于熔料具有很高的注射压力，强制顶针压缩弹簧打开喷嘴，使熔料注射到模腔中。当注射压力下降到一定值时，弹簧又强制顶针关闭喷嘴口。这种喷嘴使用方便，没有“流涎”现象，但是结构比较复杂，压力损失大，补缩作用小，射程较小，适用于低黏度物料如尼龙等的加工。为使闭锁可靠，使用寿命长，最好选用高温弹簧。

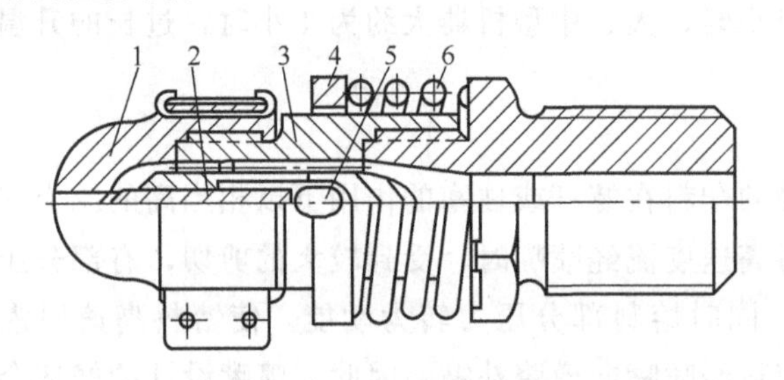

图 2-24 外弹簧针阀式喷嘴

1—喷嘴头；2—针阀芯；3—阀体；4—挡圈；5—导杆；6—弹簧

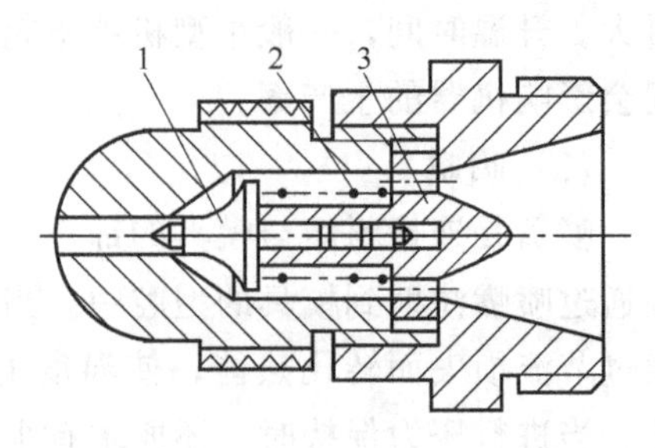

图 2-25 内弹簧针阀式喷嘴

1—针阀芯；2—弹簧；3—阀体

目前广泛采用液控锁闭式喷嘴。如图 2-26 所示的喷嘴是靠液压控制的小油缸通过杠杆联动机构来控制阀芯启闭的。这种喷嘴具有使用方便、锁闭可靠、压力损失小、计量准确等优点，但在液压系统中要增设控制小油缸的液压回路。

③ 特殊用途喷嘴　除了上述常用的喷嘴以外，还有适于特殊用途的喷嘴。

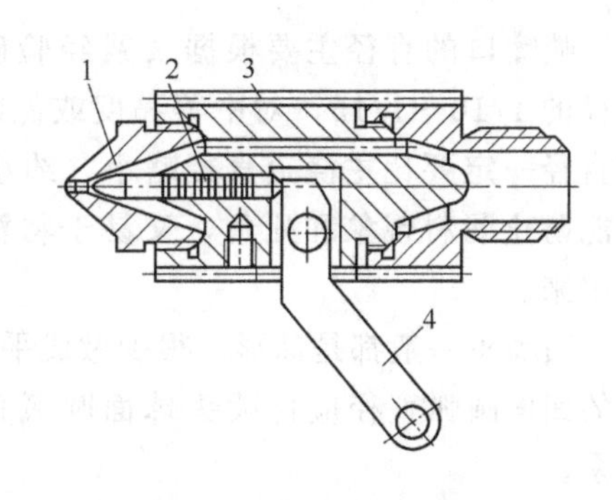

图 2-26　液控锁闭式喷嘴
1—喷嘴头；2—针阀芯；3—加热器；4—操纵杆

图 2-27 所示为混色喷嘴：它是为提高柱塞式混色效果而设计的专用喷嘴，在流道中设置了双过滤板，适于加工稳定性好的混色物料。

图 2-28 所示为双流道喷嘴，可用在夹芯发泡注塑机上，注射两种材料的复合制品。

图 2-29（a）所示为用于热流道模具的喷嘴，由于流道短，喷嘴直接与成型模腔接触，注射压力损失小。主要用来加工聚乙烯、聚丙烯等热稳定性好、熔融温度范围较宽的塑料。保温式喷嘴如图 2-29（b）所示，它是热流道喷嘴的另一种形式。保温头伸入热流道模具的主流道中，形成保温室，利用模具内熔体自身的温度进行保温，防止喷嘴流道内熔体过早冷凝，适用于某些高黏度物料的加工。

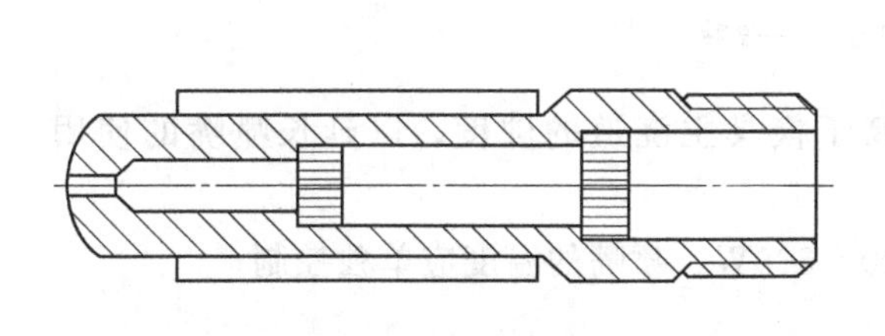
图 2-27　混色喷嘴

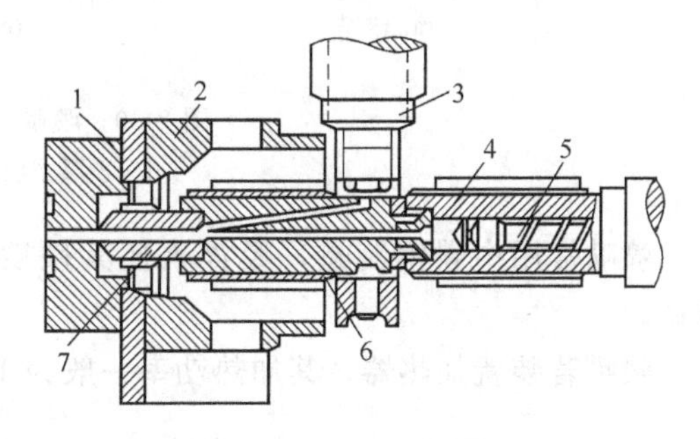

图 2-28　双流道喷嘴
1—模具；2—模板；3，4—注塑机筒；5—螺杆；6—分配喷嘴；7—喷嘴头

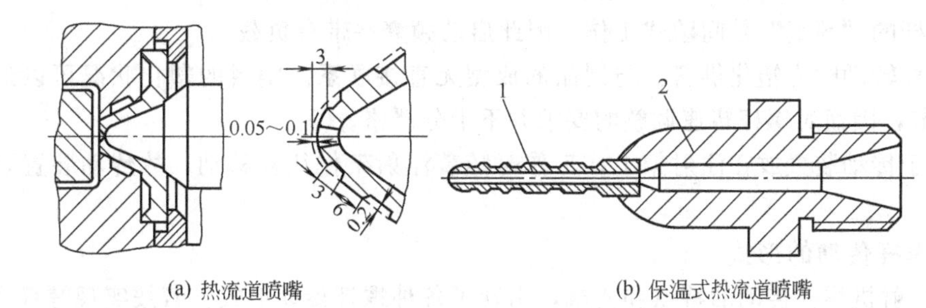

图 2-29　热流道喷嘴
1—保温头；2—喷嘴体

④ 喷嘴的设计　喷嘴的设计应根据所加工塑料的性能和成型制品的特点进行，对于黏度高、热稳定性差的如硬聚氯乙烯等塑料宜用较大口径的开式喷嘴，对低黏度的结晶性塑料宜用关式喷嘴，对薄壁形状复杂的制品要用小直径的远射程喷嘴，而对厚壁制品最好采用较大直径的补缩性能好的喷嘴。

喷嘴口的直径主要根据实践经验确定，对于高黏度的塑料，喷嘴口的直径约为螺杆直径的1/10～1/15，对中等黏度或低黏度的塑料约为螺杆直径的1/15～1/20。但是喷嘴口直径一定要比主浇道直径略小（约小0.5～1mm），并且两孔应在同一中心线上，这样既能防止漏料现象和死角，又易于将注射时积存在喷嘴处的冷料连同主浇道的料柱一同拉出来。

喷嘴头一般都是球形，很少做成平面形。为了使喷嘴与模具很好地接触，模具主浇道衬套的凹面圆弧直径应比喷头球面圆弧直径稍大或相等。图2-30所示为喷嘴与模具的尺寸关系。

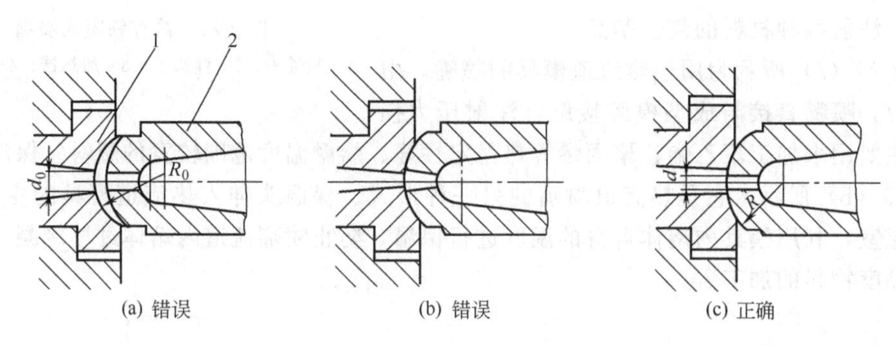

图2-30　喷嘴与模具的尺寸关系

1—模具主浇口套；2—喷嘴

喷嘴常用中碳钢制造，经淬火使其硬度高于模具主浇道的硬度，以延长喷嘴的使用寿命。

喷嘴若装置加热器，其加热功率一般为100～300W，喷嘴的温度应单独控制。

2.3.3　传动装置

注射机螺杆传动装置是为提供螺杆预塑时所需要的扭矩与速度而设置的。

与挤出机的传动装置相比，注射机的螺杆传动装置有如下特点：

① 螺杆的“预塑”是间歇式工作，因此启动频繁并带有负载。

② 螺杆转动时为塑化供料，与制品的成型无直接联系。塑料的塑化状况可以通过背压等进行调节，因而对螺杆转速调整的要求并不十分严格。

③ 由于传动装置放在注射架上，工作时随着注射架作往复移动，故传动装置要求简单紧凑。

(1) 螺杆传动的形式

根据注射机螺杆传动的特点和要求，出现了各种螺杆传动形式。若按实现螺杆变速的方式分类，可分为无级调速和有级调速两大类。无级调速主要有液压马达和调速电机（经或不经齿轮箱）传动，有级调速主要有定速电动机经变速齿轮箱传动。实际中应用最普遍的是液压马达和电动机-变速齿轮箱两种传动形式。

① 液压马达传动　用液压马达作为原动机来驱动螺杆，有两种形式：一种是用高速液压马达经齿轮减速箱驱动螺杆，另一种是用低速大扭矩液压马达直接驱动螺杆。

高速液压马达经齿轮箱驱动螺杆的传动方式见图2-31，它和电机经齿轮箱驱动螺杆的传动方式类似，不同的是可以方便地实现螺杆的无级变速。

低速大扭矩液压马达直接驱动螺杆的传动方式见图 2-32。这种传动方式省去了齿轮箱，结构非常简单，可以实现螺杆转速的无级调整。

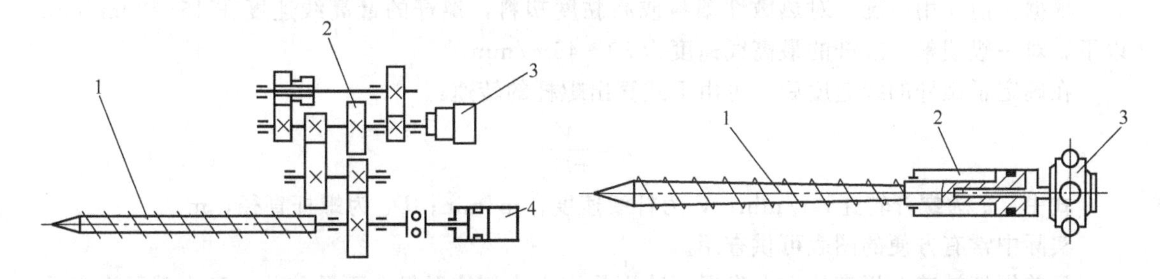

图 2-31　高速液压马达经齿轮箱驱动螺杆
1—螺杆；2—齿轮；3—液压马达；4—液压缸

图 2-32　低速大扭矩液压马达直接驱动螺杆
1—螺杆；2—液压缸；3—液压马达

根据注射螺杆传动的要求，使用液压马达是比较理想的。这是因为液压马达的传动特性软、启动惯性小，可以对螺杆起保护作用，由于它的体积比同规格的电机小得多，整个传动装置容易满足体积小、重量轻、结构简单的要求，尤其是采用低速大扭矩马达直接驱动螺杆的传动方案，结构就更简单了。由于大部分注射机均采用液压传动，当螺杆预塑时，机器正处于冷却定型阶段，油泵这时为无负载状态，故用液压马达可方便地取得动力来源。液压马达可在较大的范围内实现螺杆转速的无级调整等。

正是由于这些优点，新设计的注射机越来越多地采用液压马达传动。但是液压马达传动系统维修比较复杂，效率较低。

② 定速电动机-变速齿轮箱传动　这是目前国内注射机使用较多的传动形式，它只能实现有级的变速。但因为注射螺杆对速度调节的要求不十分严格，而且这类传动易于维护、寿命长、制造比较简单、效率高、启动力矩大、成本较低，故应用较普遍。图 2-33 所示为这种传动形式之一。

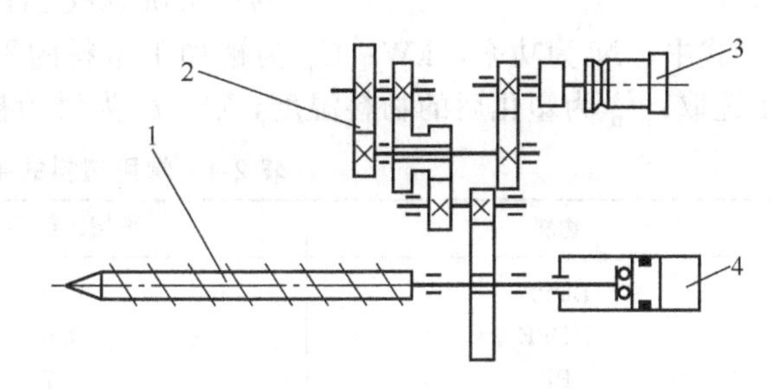

图 2-33　定速电动机-变速齿轮箱传动
1—螺杆；2—齿轮箱；3—电动机；4—液压缸

这种传动方式，由于其传动特性比较硬，应设置螺杆保护环节。另外还要克服电动机频繁启动影响电动机使用寿命这一缺点。为此，XS-ZY-500 注射机中使用了液压离合器。当螺杆预塑时，电动机和齿轮箱相联，预塑完毕后，离合器将电机与齿轮箱的联系切断，而电动机不必停转，以免频繁启动。螺杆过载时，液压离合器还可以起到保护作用。

当然，这种传动方式调速范围小，且是有级的。结构比较笨重，噪声也较大。

(2) 螺杆转速及调速范围

为了适应多种塑料的塑化要求和平衡注射成型循环周期中预塑工序的时间，经常需要对螺杆的转速进行调节，这就需要螺杆具有一定的转速范围。

由前面可知，螺杆的塑化能力与螺杆的转速成正比，但在较高转速条件下，有时并非成正比，有时相反。此外，螺杆转速又关系到螺杆对塑料的剪切速率等，故对热敏性塑料螺杆转速要低，而对热稳定性好、黏度低的塑料，需要较高的转速。因此，对螺杆转速的确定，主要根据塑化能力、剪切均化等方面的要求来定。

根据目前使用情况，对热敏性塑料或高黏度塑料，螺杆的最高线速度在 15～20m/min 以下，对一般塑料，螺杆的最高线速度为 30～45m/min。

在确定了螺杆的线速度后，可由下式算出螺杆的转速：

$$n=\frac{V}{\pi D_s}$$

式中，n 为螺杆转速，r/min；V 为杆线速度，m/min；D_s 为螺杆直径，m。

实际中常有方便的图表可供查用。

目前螺杆转速向提高的方向发展，特别是在中小型注射机上更是如此，已出现了许多具有相当高转速和调速范围宽的新型注射机，有的注射机的螺杆转速已达到 300～450r/min，线速度提高到 48～60m/min。

在有级调速装置中，螺杆一般具有 3～4 级速度，多至 6～8 级速度。

(3) 螺杆驱动功率

注射螺杆塑化时的功率—转速之间的关系，基本呈线性关系，可近似看作恒扭矩传动。

目前注射螺杆的驱动功率尚无成熟的计算方法，一般参照挤出螺杆驱动功率的确定方法结合实际使用情况来确定。经实验和统计，注射螺杆的驱动功率一般要比同规格的挤出机螺杆小些，这是因为注射螺杆在预塑时，塑料在筒内已经过一定时间的加热，其次是螺杆的结构参数上也有区别。

可以用以下几个计算式来估算注射螺杆的驱动功率：

$$N=0.00166C_p(t_p-t_f)Q$$

式中，N 为功率，kW；C_p 为被加工塑料的平均比热容，kcal/(kg·℃)，其值可由表 2-4 选取；t_p 为塑化后的物料温度，℃；t_f 为料的初始温度，℃；Q 为塑化能力，kg/h。

表 2-4　常用塑料的平均比热容

物料	平均比热容 C_p	加工温度/℃
LDPE	0.79	30～170
HDPE	0.94	50～200
PP	0.74	50～220
非结晶性塑料	0.54	

或用下式

$$N=0.00166(h_p-h_f)Q$$

式中，h_p 为塑化后熔融塑料的热焓，kW·h/kg；h_f 为加入塑料的热焓，kW·h/kg。

也可用下面的经验公式估算注射机螺杆的驱动功率：

$$N=CD^{2.5}n^{1.4}\quad(\text{kW})$$

式中，C 为和传动方式有关的系数，可取 0.00016；D 为螺杆直径，cm；N 为螺杆转速，r/min。

国产注射机螺杆的驱动功率可参看注射机主要技术参数表。

2.4　合模装置

合模装置是保证成型模具可靠的闭锁、开启并取出制品的部件，一个完善的合模装置，应该具备下列三个基本条件：

第一，足够的锁模力，使模具在熔料压力（即模腔压力）作用下，不致有开缝现象发生。

第二，足够的模板面积、模板行程和模板间开距，以适应不同外形尺寸制品的成型要求。

第三，模板的运动速度，应是闭模时先快后慢，开模时慢、快、慢，以防止模具的碰撞，实现制品的平稳顶出并提高生产能力。

20 世纪 50 年代以来，螺杆预塑注射机的出现，使注射成型技术的发展进入了新的历史阶段，相应的先进合模装置的研制，是注射成型技术进一步发展的重要课题之一。

合模装置主要由固定模板、活动模板、拉杆、液压缸、连杆以及模具调整机构、制品顶出机构等组成。

合模装置的种类很多，若按实现锁模力的方式分，则有机械式、液压式和液压-机械式三大类。其中，液压-机械式在中小型注射机中用得较多，液压式在大型注射机上广泛采用，机械式在工作时噪声较大，零部件易磨损，很不符合要求，目前在新设计中已不采用，本书将不予介绍。

2.4.1　液压式合模装置

这种合模装置是依靠液体的压力实现模具的启闭和锁紧作用的。

(1) 单缸直压式合模装置

图 2-34 所示模具的启闭和锁紧都是在一个液压缸的作用下完成的，这是最简单的液压合模装置。

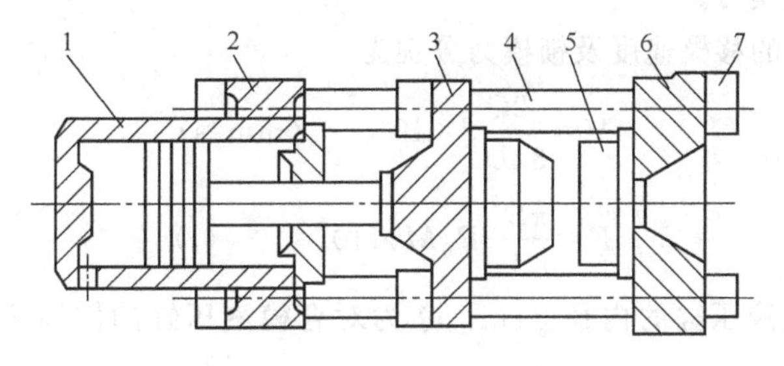

图 2-34　单缸直压式合模装置

1—合模液压缸；2—后固定模板；3—移动模板；4—拉杆；5—模具；6—前固定模板；7—拉杆螺母

其移模速度

$$V=\frac{2Q}{3\pi D^2}\times 10^3 \quad (\mathrm{mm/s})$$

式中，Q 为合模时对液压缸的供油量，L/min；D 为活塞直径，cm。

其所产生的锁模力

$$F=\frac{\pi D^2}{4}\cdot P_0\times 10^{-3} \qquad (\mathrm{t})$$

式中，P_0 为油压，$\mathrm{kgf/cm^2}$。

这种合模装置存在一些问题，并不十分符合注射机对合模装置的要求。

合模初期，模具尚未闭合，合模力仅是推动模板及半个模具，所需力量甚小。为了缩短循环周期，这时的移模速度应快才好，但因液压缸直径甚大，实现高速有一定困难。

合模后期，从模具闭合到锁紧，为防止碰撞，合模速度应该低些，直至为零，锁紧后的模具才需要达到锁模吨位。

这种速度高时力量小、速度为零时力量大的要求，是单缸直压式合模装置难以满足的。正是这个原因，促使液压合模装置在单缸直压式的基础上发展成其他形式。

(2) 增压式合模装置

如图 2-35 所示，压力油先进入合模液压缸，因为液压缸直径较小，其推力虽小，但却能增大移模速度，当模具闭合后，压力油换向进入增压液压缸。

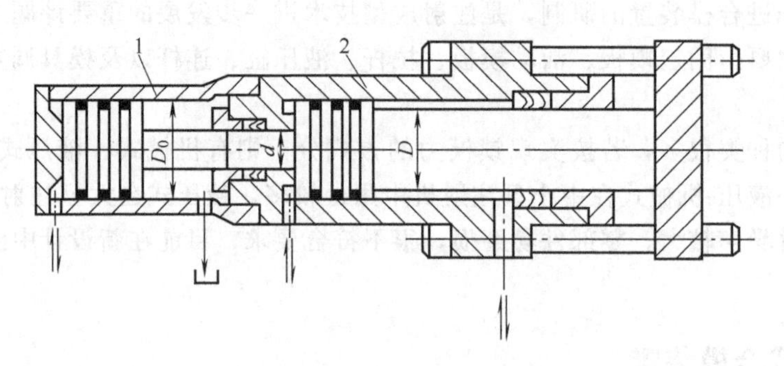

图 2-35　增压式合模装置

1—增压液压缸；2—合模液压缸

由于增压活塞两端的直径不一样（即所谓差动活塞），利用增压活塞面积差的作用，提高合模液压缸内的液体压力，以此满足锁模力的要求。采用差动活塞的优点是，在不用高压油泵的情况下提高锁模力。

增压式合模装置的移模速度及锁模力分别为

$$V=\frac{2Q}{3\pi D^2}\times 10^3 \qquad (\text{mm/s})$$

$$F=\frac{\pi D^2}{4}P_0 M\times 10^{-3} \qquad (\text{t})$$

式中，D 为合模液压缸的内径，cm；Q 为对合模液压缸的供油量，L/min ；P_0 为油压，kgf/cm^2；M 为增压比。

$$M=\left(\frac{D_0}{{d_0}^2}\right)^2$$

式中，D_0 为增压缸内径，cm；d_0 为增压活塞杆直径，cm。

由于油压的增高对液压系统和密封有更高的要求，故增压是有限度的。目前一般增压到 $200\sim320\text{kgf/cm}^2$，最高可达 $400\sim500\text{kgf/cm}^2$。

增压式合模装置一般用在中小型注射机上，其合模速度并不十分快，因为实际上合模液压缸直径还是较大的。

(3) 二次动作液压式合模装置

为满足注射机对合模装置提出的速度和力的要求，除了采用增压式的合模装置外，较多地采用不同直径液压缸，分别实现快速移模和加大锁模力。这样，既缩短生产周期，提高生产率，保护模具，也降低能量消耗。

① 充液式合模装置　如图 2-36 所示，合模时，压力油首先进入装在锁模液压缸中心的小直径移模液压缸内，实现快速移模。合模过程中，锁模液压缸的活塞随着移动模板前进，因而造成液压缸内的负压将充液油箱内的大量工作液经充液阀自行充入锁模液压缸，当模板行至终点时，锁模液压缸接通压力油，由于锁模液压缸截面大，使锁模力达到最终要求。

开模时，从锁模缸的另一端进油，由于是差动液压缸，另一端容积小，故能实现快速开模。

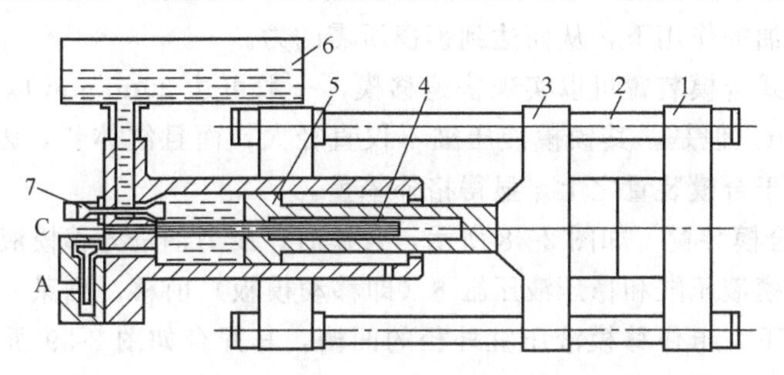

图 2-36　充液式合模装置

1—定模板；2—拉杆；3—动模板；4—移模液压缸；5—合模液压缸；6—充液油箱；7—液控单向阀（充液阀）

图 2-37 是另一种充液式合模装置，不过它是充液式和增压式的组合，故称为充液增压式合模装置。

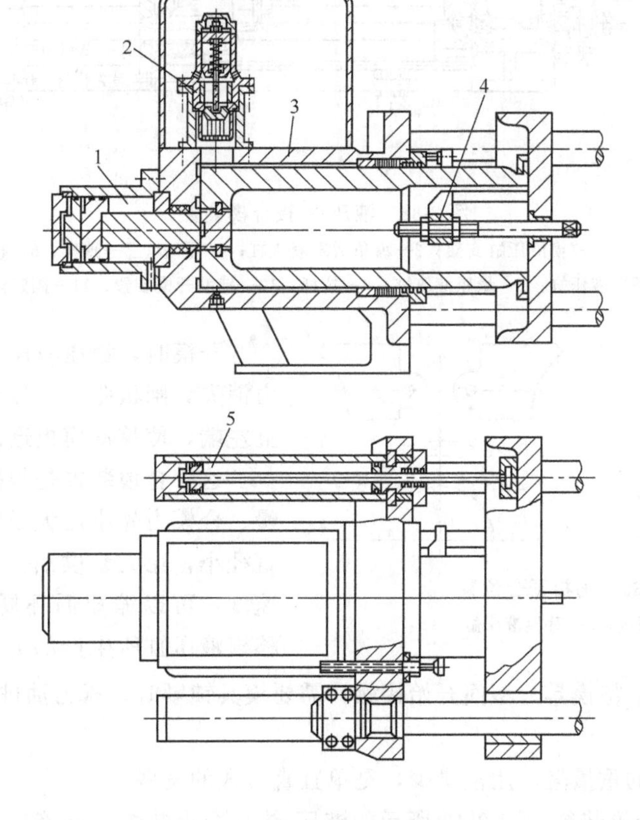

图 2-37　充液增压式合模装置

1—增压液压缸；2—充液阀；3—合模液压缸；4—顶出装置；5—移模液压缸

合模时，压力油进入设在两旁的小直径长行程快速移模液压缸，带动动模板和锁模液压缸的活塞前进。同时，锁模液压缸内形成负压，充液阀打开，液压缸自行吸油。由于油箱设置在合模装置的上部，便于油的自行流入，不仅加快了充油速度，同时也减少了油泵的供油量和电机的功率消耗。

当模具闭合后，压力油进入增压液压缸，使锁模液压缸内的油增压，由于锁模液压缸的直径大以及在高压油的作用下，从而达到锁模所需的力。

上述充液增压式合模装置可以实现快速移模，一般可达 30m/min 以上，锁模力也相当大，约 3000～4000t。但是，其锁模液压缸不仅直径大，而且缸体长，因而需用油量也大，尤其一个大油箱置于合模装置之上，显得格外笨重。

② 液压-闸板合模装置　如图 2-38 所示，合模时，压力油进入移模液压缸 6 的左端，因活塞固定不动，移模液压缸和稳压液压缸 8（即移动模板）前移。到某一定位置时，闸板 4 在扇形传动器作用下，卡住移模液压缸外径的凹槽，其开合如图 2-39 所示。与此同时，高压油进入稳压液压缸，其直径大，容积小，因此迅速达到锁模力。

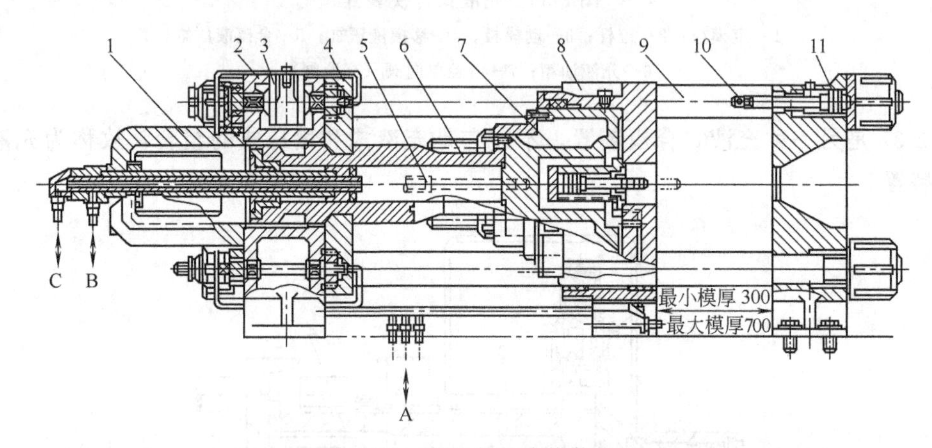

图 2-38　液压-闸板合模装置

1—后支承座；2—移模液压缸支架；3—齿条活塞液压缸；4—闸板；5—顶杆；6—移模液压缸；7—顶出液压缸；8—稳压液压缸；9—拉杆；10—辅助开模装置；11—固定模板

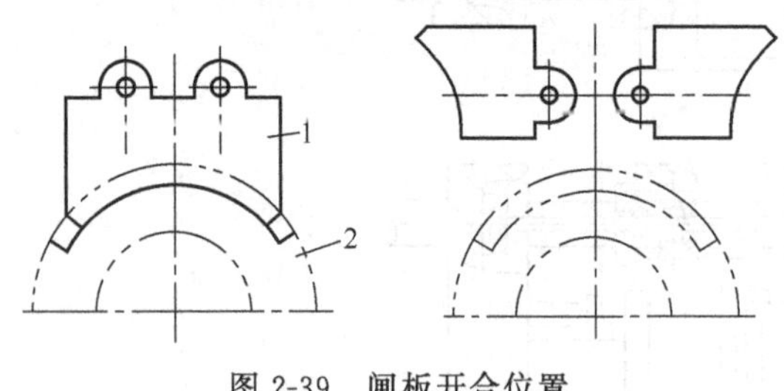

图 2-39　闸板开合位置

1—闸板；2—移模液压缸

开模时，稳压液压缸首先卸压，锁模力消失，闸板张开，压力油进入移模液压缸左端，使移动模板迅速后退。

这种合模装置是根据移模速度先快后慢、合模力先小后大设计的。移模液压缸直径小，用大泵供油，从而提高模板运动速度，可以缩短循环周期，提高生产率。移模液压缸所生产的力不要求很大，能推动移动零件就行了。待模具分型面开始接触，需要模具锁紧时，压力油进入稳压液压缸从而达到需要的锁模力。

这种合模装置的重量轻，用油量少，是单缸直压式的发展。

③ 液压-转盘合模装置　图 2-40 所示的液压-转盘合模装置，是液压二次动作合模装置的又一形式。

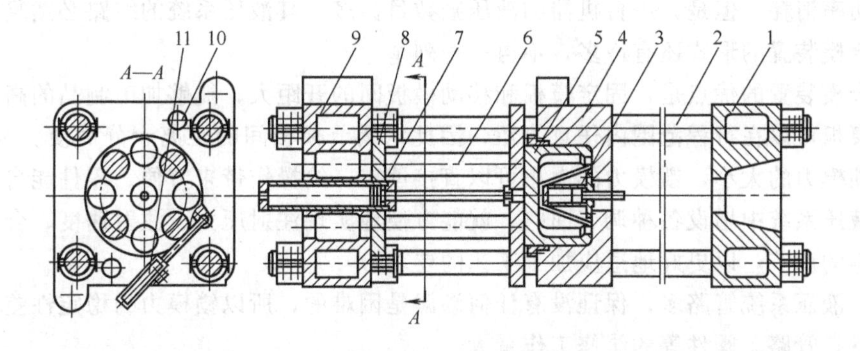

图 2-40 液压-转盘合模装置

1—前固定模板；2—拉杆；3—顶出液压缸；4—移动模板（稳压液压缸）；5—稳压活塞；6—支承柱；7—移模液压缸；8—转盘；9—后固定模板；10—开模液压缸；11—转盘液压缸

压力油进入移模液压缸左端，稳压液压缸、支承柱（即移动模板）右移，进行闭模，当支承柱从转盘的孔内拔出，转盘液压缸开始作用，使转盘旋转一定角度，与此同时，高压油进入稳压液压缸，支承柱顶在转盘上，并迅速升压，达到锁模吨位。

④ 液压-抱合螺母合模装置　前面介绍的几种二次动作液压合模装置的锁模力，是由高压油和大直径液压缸提供的。但是，液压系统的阀件和管路，以及密封问题都不允许无限制地增加油压，液压缸直径的增加，也会受到模板尺寸的限制。同时，过大直径的液压缸，也会给制造和维修带来困难。因此，更大的注射机采用前面讲述过的合模装置，显然是不合理的。

图 2-41 所示液压-抱合螺母合模装置，适用于锁模力在 1000t 以上的注射机，是二次动作液压合模装置的又一种形式。

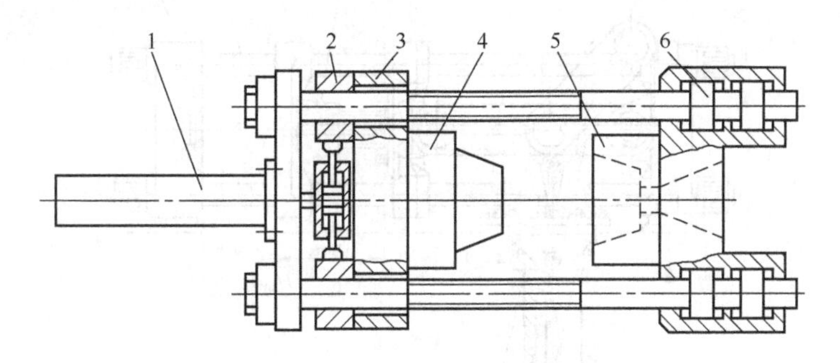

图 2-41 液压-抱合螺母合模装置

1—移模液压缸；2—抱合螺母；3—移动模板；4—阳模；5—阴模；6—锁模液压缸

当移动模板行至终点时，抱合螺母分别抱住四根拉杆，使之定位。四个串接锁模液压缸分别设置在前固定模板的拉杆螺母处，拉杆上的凸起作为活塞。当压力油进入锁模液压缸后，将前固定模板推向移动模板，使模具锁紧。

这里的前固定模板已名不副实，事实上是有移动的。

启模时，串接锁模液压缸首先卸压，抱合螺母松开后，移模液压缸动作。

分别制造四个直径较小的移模液压缸，比制造一个特大的液压缸要方便些，所要求的加工机床也小，密封问题也容易解决。拉杆承受锁模力的部分大为缩短，对合模机构的刚性有提高。后固定模板不承受锁模力，仅起支承作用，故可薄些。合模液压缸直径小，移模快，并能减少功率消耗。但是，一台机器的液压缸数目甚多，其液压系统的线路必然复杂。

液压合模装置的形式还有许多，不再一一列举。

液压合模装置的优点是：固定模板和移动模板间的开距大，能够加工制品的高度范围较大。移动模板可以在行程范围内任意停留，因此，调节模板间的距离十分简便。调节油压，就能调节锁模力的大小，锁模力的大小可以直接读出，给操作带来方便。零件能自润滑，磨损小。在液压系统中增设各种调节回路，就能方便地实现注射压力、注射速度、合模速度以及锁模力等的调节，以更好地适应加工工艺的要求。

但是，液压系统管路多，保证没有任何渗漏是困难的，所以锁模力的稳定性差，从而影响制品质量，管路、阀件等的维修工作量大。

此外，液压合模装置应有防止超行程和只有模具完全合紧的情况下方能进行注射等方面的安全装置。

总之，液压合模装置的优点突出，正被日益广泛地采用。

2.4.2 液压-机械式合模装置

(1) 液压-单曲肘合模装置

图 2-42 是液压-单曲肘合模装置的一种形式。当压力油从液压缸上部进入时，推动活塞向下，迫使两根连杆伸展为一条直线，从而锁紧模具，如图中实线所示。开模时，压力油从液压缸下部进入，使连杆屈曲，如假想线位置，液压缸用铰链与机架相联，开、闭模过程中，液压缸可以摆动。

这种合模装置液压缸小，装在机身内部，使机身长度减少。由于是单臂，易使模板受力不均，只适于模板面积较小的小型注射机。但模板距离的调整较易。

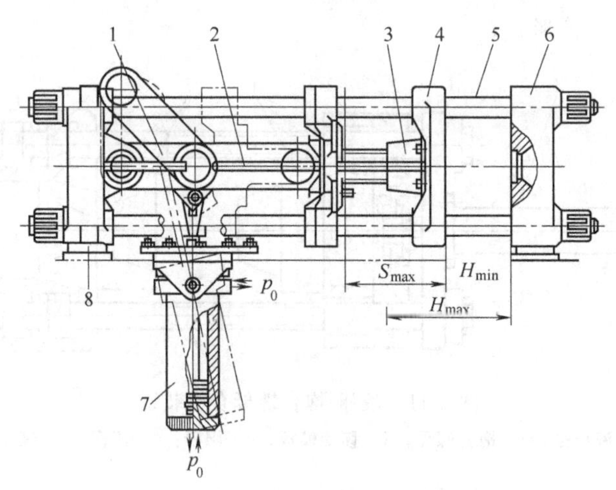

图 2-42 液压-单曲肘合模装置

1—肘杆；2—顶出杆；3—调距丝杠；4—移动模板；5—拉杆；6—前固定模板；7—合模液压缸；8—后固定模板

(2) 液压-双曲肘合模装置

图 2-43 和图 2-44 所示是液压-双曲肘合模装置的两个例子。

图 2-43 是 XS-Z-60 注射机的合模装置。压力油从液压缸底部进入，活塞前进，肘杆伸直，使模具锁紧。图中上侧所示为锁模状态，下侧为开模状态。

由于是双臂，可以适应较大模板面积，因此中、小型注射机都有采用。

图 2-44 是 XS-ZY-500 注射机的合模装置。

图中上半为锁模状态，下半为开模状态。开模时，肘杆收缩在机身后部，使移动模板的行程较大。调整锁模力时，曲肘双臂必须一致，即使有微小的长度差别也会造成模板受力不均，从而使模具偏斜。而且 XS-ZY-500 型的移动模板厚度很大，双臂如果长度相差较大，甚至会出现卡死，无法启闭。

液压-机械式合模装置的结构形式还有许多，不尽列举。这种合模装置有以下特点：

增力作用。增力倍数从几倍到几十倍，其大小同肘杆机构的形式、各肘杆尺寸以及相互位置等有关，将在后面具体讲述。

自锁作用。即撤去液压缸推力，合模系统仍然处于锁紧状态。

模板的运动速度从合模开始到终了是变化的。从合模开始，速度由零很快到最高速度，以后又逐渐减慢，终止时速度为零，合模力则迅速上升到锁模吨位，这正好符合合模装置要求。同样，开模过程中模板的运动速度也是变化的，但与上述相反。

模板间距、锁模力和合模速度的调节困难，必须设置专门的调模机构，因此不如液压合模装置的适应性大和使用方便。此外，曲肘机构易磨损，加工精度要求也高。

综上所述，液压式合模装置和液压-机械式合模装置都具有各自的特点（参看表 2-5）。但这些特点都是相对的，同时也不是不可改变的。例如液压式合模装置结构简单，适于中、高压液压系统，其液压系统的设计和对液压元件的要求比较高，否则难以保证机器的正常工作。液压-机械式合模装置虽有增力作用，易于实现高速，但没有合理的结构设计和制造精度的保证，上述特点也难以发挥。因此，在中小型注射机上，上述各种形式都有应用，不过相对来说，液压-机械式多一些。而大中型则相反，液压式采用较多。

表 2-5 液压式合模装置和液压-机械式合模装置的特点

形式	液压式	液压-曲肘式
合模力	无增力作用	有增力作用
速度	高速较难	高速较易
调整	容易	不易
维护	容易	不易
所需动力	较大	小
行程	大	小而一定
开模力	10%～15%的锁模力	大
寿命	较长	机器制造精度和模具平行度对寿命影响
油路要求	严	一般

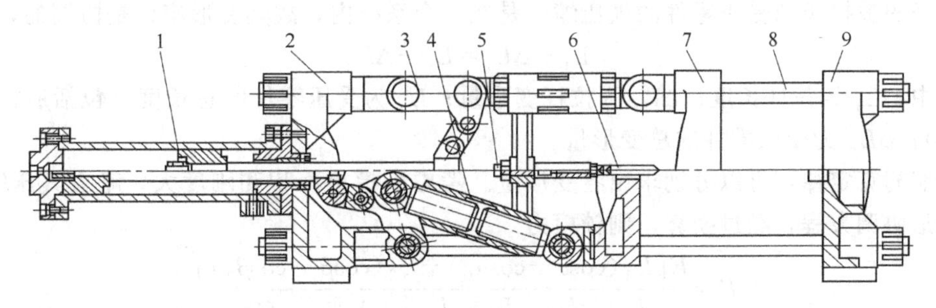

图 2-43 液压-双曲肘合模装置（1）

1—移模液压缸；2—后固定模板；3—曲肘连杆；4—调距装置；5—顶出装置；6—顶出杆；7—移动模板；8—拉杆；9—前固定模板

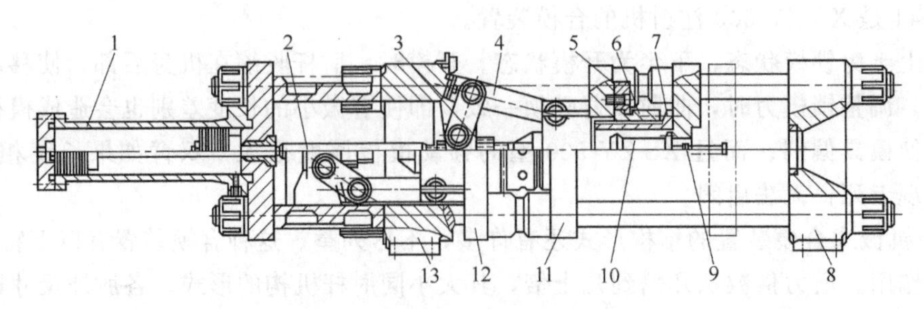

图 2-44　液压-双曲肘合模装置（2）

1—移模液压缸；2—活塞式；3—肘杆座；4—曲肘连杆；5—楔块；6—调节螺母；7—调节螺钉；8—前固定模板；9—顶出杆；10—顶出液压缸；11—右移动模板；12—左移动模板；13—后固定模板

(3) 液压-机械式合模装置的特性参数

① 锁模力与活塞推（拉）力　锁模力及活塞推力的确定，对液压-机械式合模装置的设计是十分重要的。

当压力油进入合模液压缸，推动活塞前移时，肘杆则推动移动模板进行合模。模具分型面开始闭合时，肘杆机构尚未伸展成一线排列，这时，肘杆、模板和模具并不受力，拉杆也不受拉力。这时肘杆和水平面的夹角 α_0 和 β_0 称为初始角，如图 2-45 所示。

如果合模液压缸继续升压，迫使肘杆机构作一线排列，整个合模系统发生弹性变形，使拉杆被拉长，肘杆、模板和模具被压缩，从而产生内应力，使模具可靠闭锁。在此过程中，肘杆与水平面的夹角由 α_0 和 β_0 逐渐变小，例如变到 α 和 β，最后即肘杆成直线排列时，$\alpha=\beta=0$。此时，如果液压缸卸载，锁模力不会随之改变，整个系统处于自锁状态。这是液压-机械式合模装置和液压合模装置最本质的区别。

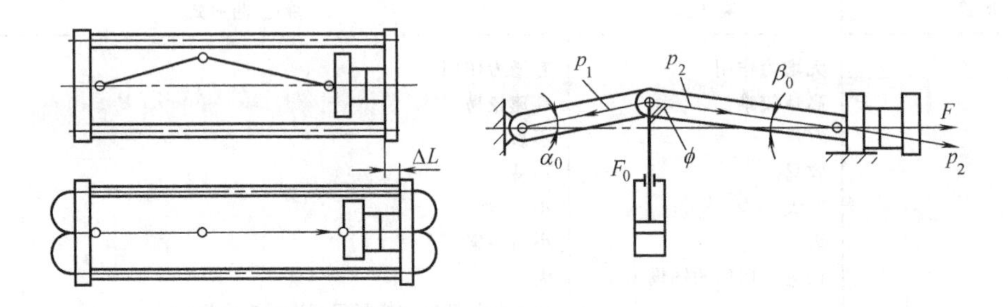

图 2-45　液压单曲肘式合模机构的受力状态

拉杆的被拉长和受压零件的被压缩，是在一个系统内，故其变形应该是协调的，即

$$L_t+\Delta L_t=L_c-\Delta L_c$$

式中，L_t 为拉杆长度；ΔL_t 为拉杆变形量；L_c 为受压零件的总长度（包括肘杆、模板和模具）；ΔL_c 为受压零件的总变形量。

按照胡克定律，可以分别求出各变形量。考虑到模板面积和刚度大，略去其压缩变形，应用变形协调方程，经过换算，则锁模力

$$F=\frac{E[L_1(\cos\alpha-\cos\alpha_0)+L_2(\cos\beta-\cos\beta_0)]}{\frac{L_t}{nF_t}+\frac{L_1}{F_1}+\frac{L_2}{F_2}+\frac{L_m}{F_m}+\frac{H^3}{48J_1}+\frac{H^3}{48J_2}}$$

式中，α，β 分别为肘杆 1，2 与水平线的夹角；α_0，β_0 分别为 α，β 的初始角；F 为锁

模力；E 为材料的弹性模量；N 为拉杆数；F_1，F_2，F_m，F_t 分别为肘杆 1、2，模具和拉杆的截面积；L_1，L_2，L_m，L_t 分别为肘杆 1、2，模具和拉杆的长度（或厚度）；J_1，J_2 分别为前、后固定模板在拉杆以内部分的惯性矩；H 为拉杆间距。

现令

$$A=\frac{L_t}{nF_t}+\frac{L_1}{F_1}+\frac{L_2}{F_2}+\frac{Lm}{Fm}+\frac{H^3}{48J_1}+\frac{H^3}{48J_2}$$

$$\lambda=\frac{L_1}{L_2}$$

λ 称为杆长比，则锁模力可以写成

$$F=\frac{E}{2A}L_1(1+\lambda)(\alpha_0^2-\alpha^2)$$

对于已有的机器，各构件的长度、截面积、弹性模量等都已知，因此，锁模力主要取决于 α 的大小，即 $F=f(\alpha)$，是随 α 的变化而变化的，绘出曲线，如图 2-46 所示。

可见，不同的初始角 α_0，其锁模力的大小是不相同的，而且，初始角 α_0 的度数很小，它的取值稍有变化就会引起锁模力的巨大变化，因此，初始角的确定是十分重要的。

液压-机械式合模装置对调模量的控制，实际上就是对机构总变形量的控制，也就是初始角 α_0 的选取问题。总之，α_0 的确定，是不能随心所欲的。

根据图 2-45 可知

$$F=P_2\cos\beta$$

$$P_0=P_2\frac{\sin(\alpha+\beta)}{\sin\varphi}$$

由于 α、β 角较小，经换算可得

$$P_0=\frac{E}{2A}L_1(1+\lambda)^2(\alpha_0^2-\alpha^2)\alpha$$

式中，P_0 为活塞杆推力。

可见活塞杆推力 P_0 也是随 α 的变化而变化的，即 $P_0=f(\alpha)$，绘出曲线，如图 2-47 所示。

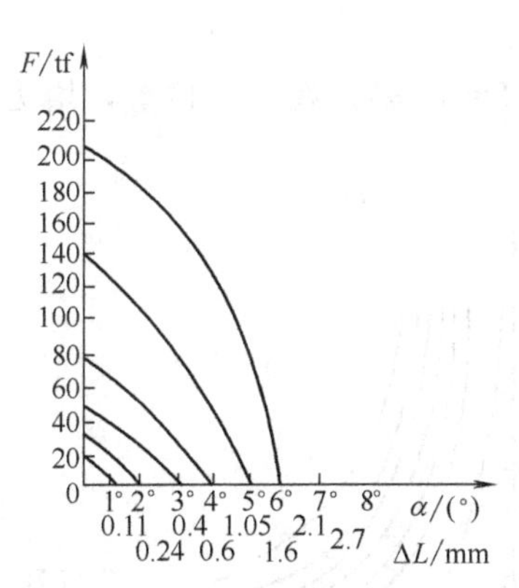

图 2-46　F-α 关系曲线

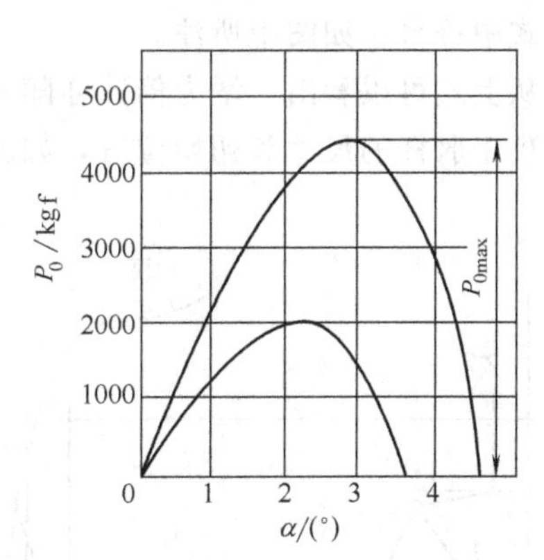

图 2-47　P_0-α 关系曲线

从图 2-47 得知，在合模过程中，活塞杆作用力是变化的，开始小，锁紧以后亦小，其最大值不是在 α 处，也不是在 $\alpha=0$ 处，而是在

$$\frac{dP_0}{d\alpha}=0$$

处。经计算得 α 的最大值$=\frac{1}{\sqrt{3}}\alpha_0$，即

$$P_{0\max}=\frac{\sqrt{3}E}{9A}L_1(1+\lambda)^2\alpha_0^3$$

式中，α_0 为弧度值。

考虑制造精度、安装误差和摩擦损耗等方面的影响，液压缸的实际推力应大于理论计算：

$$P=\frac{P_{\max}}{\eta}$$

式中，η 为效率，一般取 0.7～0.8。

② 运动特性　前面已经提到，肘杆机构使模板的移动速度是变化的，合模时由零到最快，然后慢，到锁紧时再为零，开模时则相反，这就是肘杆机构的运动特性，它正好符合合模装置的要求，所以是液压-机械式合模装置的突出优点。双曲肘合模机构的运动简图如图 2-48 所示。

③ 增力倍数　前面已经提到肘杆机构的增力作用，例如 XS-ZY-125 注射机，其液压缸拉力为 7.2tf，锁模力为 90tf。我们把锁模力与液压缸推（拉）力之比称为增力倍数，亦称放大系数。

增力倍数
$$M=\frac{F}{P_0}$$

图 2-45 所示的单曲肘机构，其增力倍数为

$$M=\frac{1}{\alpha(1+\lambda)}$$

图 2-48 所示的双曲肘机构，其增力倍数为

$$M=\frac{b\sin(\theta+\varphi+\alpha)}{L_1\sin\alpha\cos\varphi\left(1+\frac{L_1\cos\alpha}{\sqrt{L_2^2-L_1^2\sin^2\alpha}}\right)}$$

式中符号，如图中所注。

从上式可以看出，增力倍数亦随 α 的变化加大，即 $M=f(\alpha)$。在某一位置，增力倍数仅取决于肘杆的尺寸和初始位置，如图 2-49 所示。

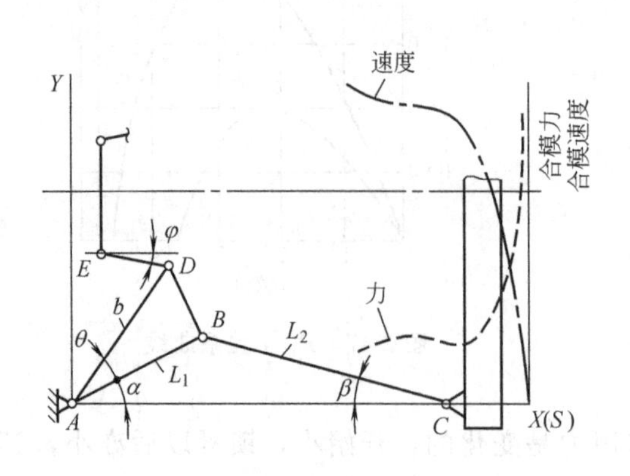

图 2-48　双曲肘合模机构运动简图

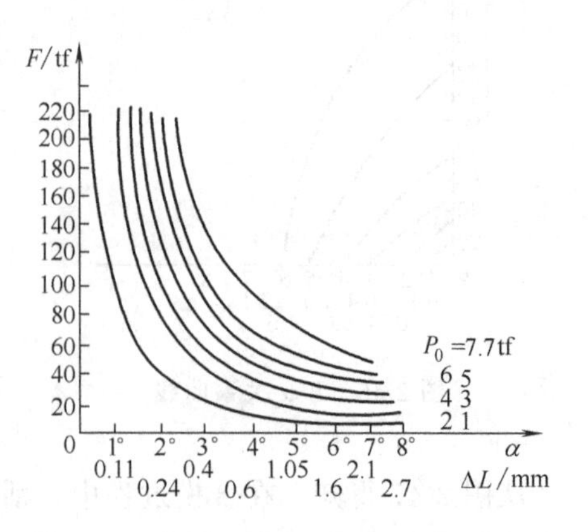

图 2-49　$M=f(\alpha)$ 曲线

不同的活塞推力，便有一系列的锁模力数值；不同的肘杆机构，便有不同的特性曲线族。

活塞推力一定，为了得到大的锁模力，则必须选大的初始角，如果继续增大初始角，由于推力不够，根本不可能伸直，也就是不可能锁紧，其合模力反而远小于锁模力。因此，初始角的选取不是随心所欲的。

2.4.3　模板距离调节机构

对液压-机械式合模装置，由于模板行程不能调节，为适应不同厚度模具的要求，前固定模板和移动模板之间的距离（指闭模状态）应能调节。另外，合模装置锁模力的大小，也是靠对调模装置的精确调整实现的。所以，调模机构同时对距离和锁模力实现调整。

小型注射机常用手动调节，大型注射机有用电动或液压驱动调节的。

下面简单介绍几种常见的模板距离调节机构。

(1) 螺纹肘杆调距

图 2-43 所示为 XS-Z-60 注射机的调模机构，松动两端的螺母，调节调距螺母（其内螺纹一端为左旋，另一端为右旋），使肘杆的两端发生轴向位移，改变肘杆的长度，从而达到调节模板距离的目的。这种形式结构简单，制造容易，调节也方便。但是，螺纹和调节螺母要承受锁模力，因此只适用于小型注射机。

(2) 移动合模液压缸位置调距

如图 2-50 所示，合模液压缸外径上有螺纹，并与后固定模板相连接。转动调节手柄，使大螺母转动，合模液压缸发生轴向位移，从而使合模机构沿拉杆移动，达到调距的目的。这种结构一般也只用在小型注射机上。

(3) 拉杆螺母调距

如图 2-51，合模液压缸装在后模板上，通过调节拉杆螺母，便可调节合模液压缸的位置。四个螺母调节量必须一致，否则模板会发生歪斜。用手动调节达到四个螺母的量完全一致是困难的，为使四个螺母的调节量一致，有的设有联动机构。

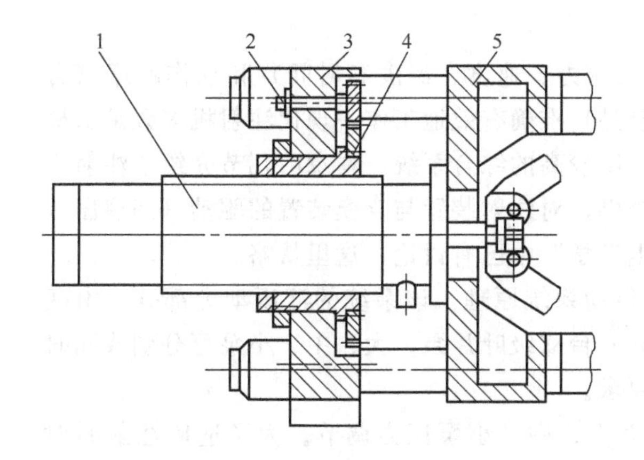

图 2-50　移动合模液压缸位置调距

1—带外螺纹的合模液压缸；2—调节螺柱；3—后固定模板；4—调节螺母；5—移动模板

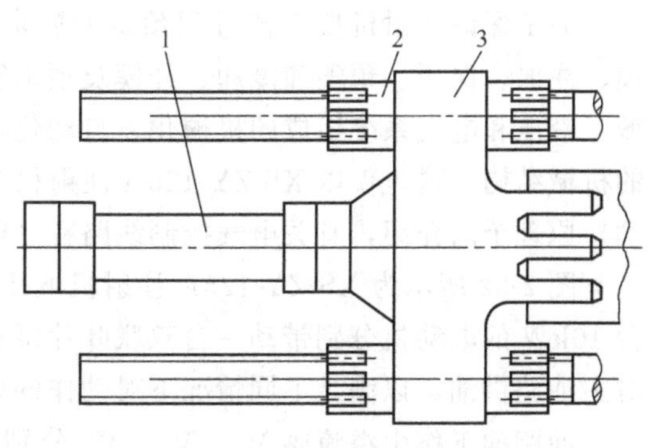

图 2-51　拉杆螺母调距

1—合模液压缸；2—调节螺母；3—后模板

(4) 动模板间连接大螺母调距

如图 2-42 或图 2-44 所示，它们有两块移动模板。其间用螺纹连接起来。调动调节螺母，便可改变移动模板的厚度，从而达到调距的目的。这种形式调节方便，使用较多，但多了一块移动模板，增加了移动部分的重量和机身的长度。

此外，如图 2-43 的移模液压缸，其外径上有两个凹槽，闸板闸入位置改变，也能达到调距的目的。图 2-41 中，对开螺母闸住拉杆的不同部位，同样起调节模板距离的作用。

2.4.4 顶出装置

顶出装置是为顶出模内制品而设的，各种合模装置均设有顶出装置。顶出装置可分为机械顶出、液压顶出和气动顶出三种。

机械顶出如图 2-43 所示，件 6 便是顶出杆。顶出杆固定在机架上，它本身不移动，开模时移动模板后退，顶出杆穿过移动模板上的孔而达到模具顶板，将制品顶出。顶出杆长度可以根据模具的厚薄，通过螺纹调节。顶出杆的数目、位置随合模机构特点、制品的大小而定，机械顶出结构简单，但顶出是在开模终了进行的，模具内顶板的复位要在闭模开始以后进行。

液压顶出是用专门设置在移动模板上的顶出液压缸进行的，如图 2-44 所示。由于液压顶出的顶出力量、速度、时间和行程都能通过液压系统调节，可自行复位，所以使用方便，应用也较多。

一般小型注射机，若无特殊要求，使用机械顶出较好，较大的注射机一般同时设有机械顶出和液压顶出，可根据需要选用。

气动顶出是利用压缩空气，通过模具上的微小气孔，直接把制品从模腔中吹出。此法结构简单，对制品不留顶出痕迹，特别适用于盆状、薄壁或杯状制品的快速脱模。但这种方法需要增设气源和气路，使用范围也有限。

2.5 注射机的驱动与安全装置

2.5.1 注射机的驱动

为了保证注射机按工艺过程预定的要求（压力、速度、温度和时间）和动作顺序（合模、注射、保压、预塑和冷却、开模及顶出制品）准确有效地工作，现代注射机多数是由机械、液压和电气系统组成的机械化、自动化程度较高的综合系统。本章前几节介绍了注射机的机械结构，这里仅以 XS-ZY-125A 注射机为例，对注射装置与合模装置的驱动（即液压传动）原理予以介绍，有关电气控制线路在“电工学”中已有讨论，这里从略。

图 2-52 所示为 XS-ZY-125A 注射机液压传动系统原理。该系统的液压动力部分，由两台 10kW 的电动机分别带动一台双联叶片泵和一台双级叶片泵。大、中、小泵可分别或同时对主油路供油，以满足不同情况下对动作的要求。

油路的工作由溢流阀 V_2、V_6、V_3 分别对大、中、小泵压力调节。为了适应注射时对压力调节的特殊要求，对中、小泵增设远程压力调节阀 V_8、V_5，并分别通过具有“H”型机能的三位四通电磁换向阀 V_7、V_4 构成旁路进行调整，控制注射，保压压力，单向背压阀 V_{10}，调节预塑时螺杆后退的速度。

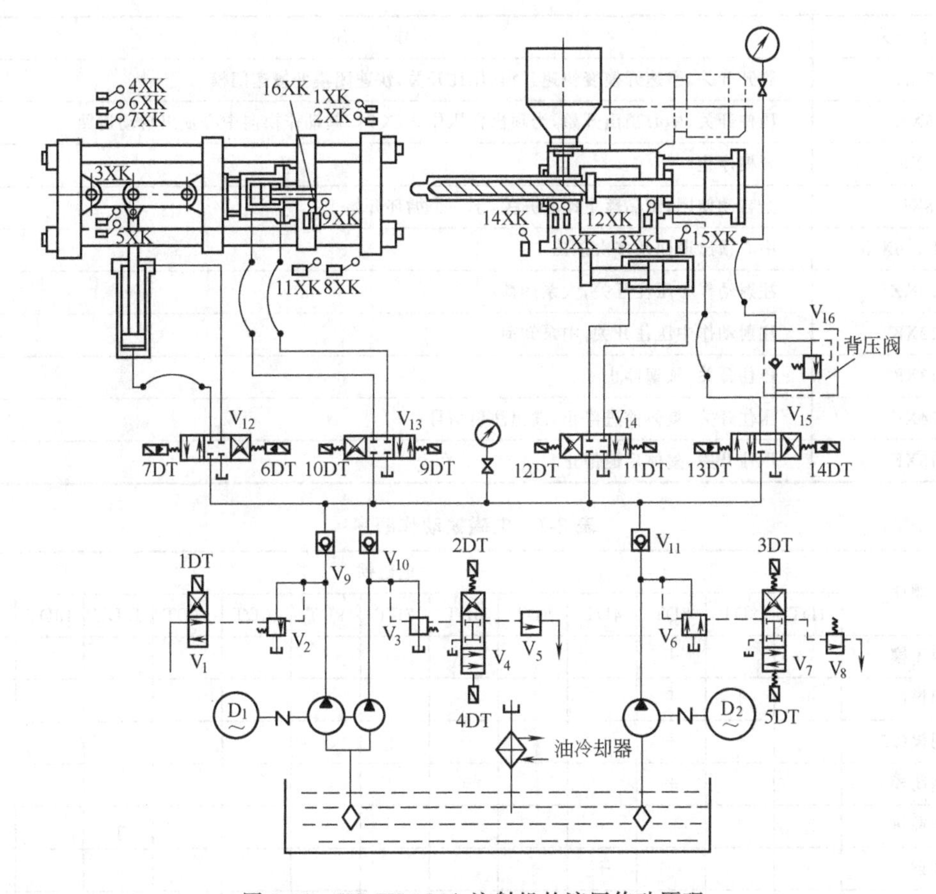

图 2-52 XS-ZY-125A 注射机的液压传动原理

注射座前侧的滑板式变速装置（即与螺杆连接的撞块）通过行程开关 10XK、12XK，控制大、中、小泵同时或分别向注射液压缸进油，变更注射速度。

液压系统由电气控制可以完成以下动作：

① 开模、闭模。

② 注射及保压、螺杆后退。

③ 预塑时在注射液压缸中产生反压。

④ 注射座整体前进、后退。

⑤ 液压顶出及退回。

各动作的进行或结束，由相应的行程开关发出信号来控制。图 2-52 中各行程开关的作用见表 2-6。

操作时，选择相应的指令开关，使电磁铁通电，实现所需的动作，见表 2-7。

表 2-6 行程开关的作用

行程开关	作 用
1XK、2XK、11XK	起安全作用，安全门打开启模，安全门关上才能有闭模动作
3XK	压住开关，表明闭模完全，发出注射座前进信号
4XK	压住开关，快速开模变慢速开模，脱开开关，慢速闭模变快速闭模

续表

行程开关	作　用
5XK	脱开开关，慢速开模变快速开模，压住开关，快速闭模变慢速闭模
6XK	压住开关，中心顶出开始，当顶出杆压住9XK时，阀动作换向中心顶出自动退回
7XK	开模停止
8XK	全自动使用，制品落下碰着开关，下一个循环开始
9XK、16XK	中心顶出退回及多次顶出
10KX	注射动作中压住开关，大泵卸荷
12XK	注射动作中压住开关，中泵卸荷
13XK	压住开关，预塑停止
14XK	压住开关，整体前进停止，发出注射信号
15XK	压住开关，整体后退停止

表2-7　电磁铁动作顺序

动作顺序	电磁铁												
	1DT	2DT	3DT	4DT	5DT	6DT	7DT	9DT	10DT	11DT	12DT	13DT	14DT
快速闭模			+			+							
快速闭模(一)	+	+	+			+							
快速闭模(二)		+	+			+							
中速闭模			+			+							
整体前进				+							+		
注射	+			+	+						+		+
保压				+							+		+
预塑													
整体后退		+								+			
慢速开模		+					+						
快速开模(一)	+	+	+				+						
快速开模(二)		+	+				+						
慢速开模		+					+						
液压顶出		+						+					
液压退回		+							+				
螺杆退回		+										+	
螺杆前移		+											+
各电磁铁动作	大泵工作	小泵工作	中泵工作	小泵调压注射	中泵调压注射	闭模	开模	液压顶出	液压退回	整体后退	整体前进	螺杆退回	注射

2.5.2 注射机的安全保护装置

注射机是在高压高速下运行，并且是自动化程度较高的模塑设备，为了操作人员的安全和机器与模具的安全运转，而必须设置相应的安全保护措施。其主要内容包括以下几个方面。

(1) 人身安全保护

在注射机的操作过程中，必须确保人身安全。造成人身事故的主要情况有：装试模具、取出制品、放置嵌件时被模具压伤，被注射熔料烧伤（特别是无模具对空注射时），被加热料筒灼伤，被合模运动机构挤伤等。而在这些事故中，最容易发生的是模具压伤事故。因此，安全门的设置是很重要的。安全门可防止操作者任一部位进入模板的运行空间，并有挡隔熔料溅出等作用。

图 2-53 所示是电气保护的安全门。只有当安全门全部关上，压合行程开关 1X 后，即常开触头 $1X_1$ 压合、常闭触头 $1X_2$ 打开时，按动合模按钮 A_1 才能进行合模动作。安全门一经打开，行程开关 1X 复位，$1X_1$ 切断合模，并因 $1X_2$ 接通开模，模具便自行开启。有时为了可靠而用两个行程开关进行双重保护（双电气保护），这样，只有当两个行程开关都压合上，才能进行合模。

图 2-54 所示是电气液压联合保护的安全门。除了电气保护外，还在合模的液压换向回路中增设了凸块换向阀。当安全门打开时，压下凸块换向阀，电液换向阀处于使合模液压缸开模腔进油的位置。这样，即使在电气保护失灵的情况下，如安全门没有关闭，合模还是不能进行。

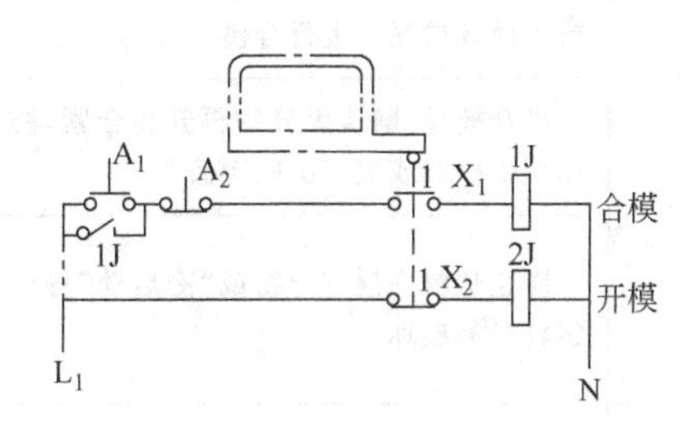

图 2-53 电气保护的安全门

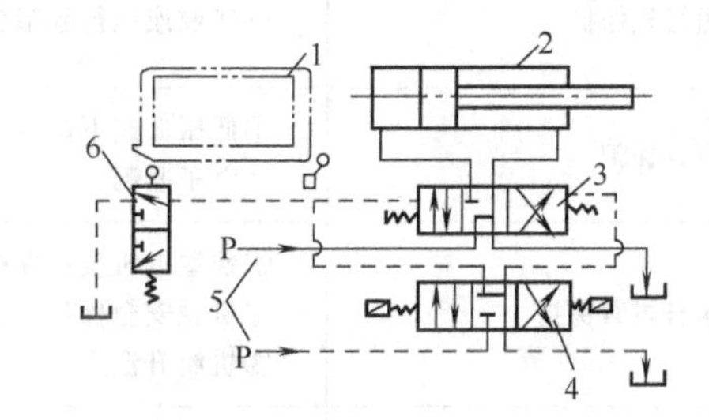

图 2-54 电气液压联合保护安全门

1—安全门；2—合模液压缸；3,4—三位四通换向阀；5—来自油泵；6—凸块换向阀

安全门可以根据机器的大小，做成整体一块或前后两块，安全门一般用手动，在大中型机器上也有用气动的。

机器的控制部分一般设有调整操纵（即点动），此操纵只有操作者离开模板工作部分用手压合着按钮动作才能慢速进行，因此，可保证装试模具、维修机器时人员和设备的安全。

此外，在合模装置的曲肘运行部位也设有防护罩。在操作控制部位一般设有紧急停车按钮或安全踏板，以备在紧急情况发生时紧急停车之用。

(2) 机器设备安全保护

注射机一般是按正常情况考虑的结构和强度而设计的，因此对非正常情况所造成的事故（尤其是液压电气方面的故障）的一些可能因素，还需采取必要的防护措施。例如对液压式合模装置的超行程保护，在螺杆式注射装置中对螺杆的过载保护，液压或摩擦离合器及润滑系统的指示和报警，电路中的过电流继电器、过热继电器以及液压系统中的安全阀等。

(3) 模具安全保护

注射成型用的模具一般都比较精密，结构也很复杂，造价也相当高，在自动化生产中要充分注意模具的保护。模具在启闭过程中，不仅速度要有变化，而且当模具内有制品或残留物以及嵌件安放位置不正确时，模具不允许闭合或升压合紧，以防模具遭受损伤。目前，模具的保护方法有光电保护和低压试合模保护两种。

光电保护是在模具两旁设有多排光电管，当模内存有异物，光源被切断时，发出信号使机器停止动作。

低压试合模是一种液压保护模具的方法，它将合模压力分为两级控制，在移模终止前为低速低压，只有当模具完全贴合时，触动微动的行程开关，才能升压合紧直至达到要求的锁模力，并开始注射，模具内如有异物，则低压试合模时不能闭合，不能触动微动开关，故而不能升压并停止下面的动作。

注射机的安全措施和防护内容详见表 2-8。

表 2-8　注射机的防护内容

项目	安全措施	防护内容
合模装置的安全门	①电气保护 ②电气液压保护 ③电气(液压)机械保护	只有当安全门完全合上才能进行合模动作
合模机构运行部分的安全	加防护罩	防止人或物进入运动部件内
超行程保护	电气或液压行程限位	防止在液压式合模装置上加工过薄模具或无模具情况下进行合模
模具保护	①低压低速下试合模 ②电子监测	试合模具，确认无异物再升压合紧，防异物压伤模腔或生产出残次品
螺杆过载保护	①预塑电机过流保护 ②机械安全保护 ③机筒升温定	防止塑料内混有异物或“冷启动”等引起螺杆过载破坏
加热料筒与喷嘴的保护	定时温加热 防护罩	防止热烫伤
螺杆计量保护	双电气保护，并报警	防止计量行程开关失灵，而螺杆继续后退造成机器事故
加热圈工作指示	指示灯已坏，加热圈的位置并报警	防止因加热圈断线降温而造成次品或机器事故
料斗料位的保持	料斗下部安装电接触式或光电式料位器	防止因料斗缺料，破坏机器的正常运转
润滑系统	润滑点等指示与报警	防止肘杆机构因失去润滑而造成事故
液压系统	油面与油温的指示与报警	保持液压系统的正常工作条件
工作环境与噪声	低噪声泵与阀，低噪声油压配管，增大机架刚性，隔音、消声措施	防止噪声过大而形成公害，按 8 小时工作制，噪声不要超过 90 分贝

2.6　注射机的选用与安全操作

能否获得优良的注塑制品，主要由以下几个方面的因素决定：

① 合理设计制品形状，选择恰当的塑料原料。

② 合理的模具结构与正确的浇道设计。

③ 注射机的种类和结构。

④ 成型条件（如注射压力、注射速度、成型温度、保压时间及冷却时间等）。

前三个因素都不是操作者决定的，而与成型条件的调整和控制有关，后者则主要取决于操作者的技术水平。对于一台性能优异的注射机来说，若不被认真调整、操作，也很难生产合格的制品；相反，一台性能较落后的注射机，如果精心调整、操纵，也可能生产出合理的制品。

另外，工程塑料品种繁多，制品形状各异，且精度要求相差很大，必须根据情况，随时调整成型条件。

2.6.1 注射机的调整

注射机上安装的模具在试模前，应进行检查和调整。各类注射机结构虽有不同，但调整的相关事项大致相同。现以螺杆式注射机为例，其调整事项如下：

(1) 选择螺杆及喷嘴

① 按设备要求根据不同塑料选用合适的螺杆。若选用通用螺杆，则需调整工艺条件。

② 按成型要求和塑料品种选用喷嘴。

(2) 调节加料量及加料方式

① 按制品及浇注系统的重量或体积决定加料量，并调节定量加料装置，通常是调节预塑时螺杆后退的距离（行程开关限位）。以试模结果为准，一般要求料筒前端留有 10～20mm 余料，以供保压补缩所需。若贮料过多，熔料在料筒内停留时间过长，则易发生变质，尤其对热敏性塑料更应注意。

② 按成型要求调节加料方式。按注射机的注射座是否移动来分，加料方式通常有三种。

a. 固定加料：在整个成型周期中，喷嘴始终同模具接触，也就是注射座是固定不动的。这种方式比较适合成型温度范围较宽的一般性塑料，如软聚氯乙烯、聚乙烯、聚苯乙烯、ABS 等。其特点是可以缩短循环周期，提高机器生产效率。

b. 前加料：每次注射后，塑化达到要求容量时，注射座后退，直至下一个工作循环开始注射时再前进，使喷嘴与模具接触进行注射。这种方式主要用于使用开式喷嘴，喷嘴温度不易控制或需用较高背压进行预塑的场合，以减轻喷嘴的“流涎”现象。

c. 后加料：注射后注射座整体退回，喷嘴脱离模具后，再进行塑化计量，待下一个工作循环开始，注射座复位进行注射。这种方式使喷嘴同温度较低的冷模具接触时间为最短。适用于成型温度范围较窄的结晶型塑料的加工。

采用前加料方式或后加料方式，注射座要来回移动，需要对限位螺钉进行调整，以保证每次正确复位，使喷嘴与模具紧密贴合。

(3) 调整锁模系统

按模具闭合高度及所需开模距离调节锁模机构，以保证有足够的锁模力和开模距，使模具闭合适当。对液压-机械式合模装置，通过调节模板间距，改变机构的弹性变形量，从而达到锁模力的调节。曲肘伸直过应先快后慢，既不轻松，又不勉强。如伸直过快则锁模力太小，过慢则太紧，适中则可保证适当排气又不会溢料。移动模板开模距的调节，可调节行程开关的位置，使移动模板接触行程开关而发出移模液压缸停止供油的信号，移动模板就此停下。对液压合模装置，只需调节合模油压，就可以达到锁模力的调节，并调节缓冲装置控制模板变速运动。对加热模具，应在模具达到预定温度时，再校正一次松紧程度，然后通过试模再作调整。

(4) 调节顶出装置及抽芯装置

① 试模时应按顶出距离和模具结构选用顶出形式。若用机械顶出，则调整设备顶杆前后位置；若用液压顶出，则调整顶出行程，以保证正常顶出制品。

② 对设有抽芯装置的设备，应将装置与模具相连接，调节液压控制系统，以保证动作起止协调，定位及行程准确。

(5) 调节塑化能力

成型时，塑化装置应在规定的时间内提供足够的均匀熔料，它影响到整个成型周期及制品质量，一般可进行如下三项调节。

① 按塑料成型要求调节背压，以控制螺杆后退的快慢。背压大，螺杆退回时间长，即塑化时间长，使熔料密实，塑化完全。

② 按成型条件调节螺杆转速，并需当料筒内塑料熔融后，喷嘴温度达到要求后才能启动螺杆。

③ 按成型条件调节料筒及喷嘴温度。一般接近料斗端温度取低，接近喷嘴端取高，喷嘴温度比料筒前端温度略低。预塑温度还与螺杆形式、转速及背压有关，应按塑料品种（黏度及热稳定性）选择。黏度高、热稳定性差的塑料则转速和背压宜取小。

塑化能力应按试模时塑化情况酌情增减。塑化质量的判断，一般可用低压对空注射观察料流，若无硬块、毛斑、气泡、银丝、变色现象，并光滑明亮者则表示塑化正常，含水量也适当。

(6) 调节注射压力及注射速度

① 按成型工艺要求调节注射压力，并按试模情况酌情增减。当螺杆直径选定后，通常用调节油压的方法来调整注射压力。

② 一般注射机设有高速和慢速注射，按制品面积及厚度而定，可调节流量调节阀来调节注射速度。

(7) 调节成型时间

按成型工艺要求控制注射、保压、冷却时间及整个成型周期。试模时一般宜取手动控制，酌情调节各程序时间，但也可以用调节时间继电器的方法自动控制各成型时间。

(8) 调节模温及水冷却系统

① 按成型工艺条件调节水流量或电加热器电压，以控制模温及制品冷却速度。

② 开车前应打开油泵、料斗等各部位冷却水路系统。

2.6.2 注射机的操作

根据实际使用的需要，注射机一般都有调整、手动、半自动和全自动四种操作方式。

① 调整　是指机器所有动作，都必须在按住相应按钮开关的情况下，慢速进行。放开按钮、动作即停止，故又称为点动。这种操纵方式适合装拆模具、螺杆或检修调整机器使用。

② 手动　是指机器的各个动作，只需按动相应的按钮，其相应动作就能进行到底，不按动便不进行。这种操纵方式多数用在试模和生产开始阶段，或组织自动生产困难的场

合下。

③ 半自动 是指每个成型周期在仅将安全门关闭之后，工艺过程中的各个动作便按照预定的顺序自动进行，直到打开安全门取出制品为止。这实际上是一个注射过程的自动化，可以减轻劳动强度和避免操作顺序错误造成事故，是生产中常用的操作方式。

④ 全自动 是指机器的动作顺序全部由电气控制，自动地往复进行。这种操作可以减轻工人劳动强度，是实现一人多机或全车间集中管理，进行自动化生产的必要条件。但目前由于模具结构或其他附属的关系，实际生产中使用还不普遍。

2.6.3 注射机的安全操作

现代注塑机有多种结构类型，在实际生产应用中，为了保证人身、设备及模具等的安全，获得合格的制品，必须遵守设备的操作规程。对大多数注塑机而言，必须遵守的操作规程有如下几方面。

(1) 开机前的准备工作

操作前必须详细阅读所用注塑机的操作说明书，了解各部分结构与动作过程，了解各有关控制元件、部件的作用，熟悉液压油路图与电气原理图。

检查各按钮电气开关、操作手柄、手轮等有无损坏或失灵现象。开机前，各开关手柄或按钮均应处于“断开”的位置。

检查安全门在轨道上滑动是否灵活，在设定位置是否能触及行程限位开关。检查各紧固部位的紧固情况，若有松动，必须立即扳紧。

检查油箱是否充满液压油，若未注油应先将油箱清理整洁，再将规定型号的液压油从滤油器注入箱内，并使油位达到油标上下线之间。

检查各冷却水管接头是否可靠，试通水，观察是否有渗漏现象，若有渗漏水应立即修理，杜绝渗漏现象。

将润滑油注入所有油杯和润滑道上，使其得到润滑。

检查电源电压是否与电气设备额定电压相符，否则应调整，使两者相同。

检查注塑机工作台面清洁状况，清除设备调试所用的各种工具杂物，尤其传动部分及滑动部分必须整洁。

检查料斗有无异物，清洁料斗，并加入成型物料。

(2) 开机

① 接通电源，打开电热开关，对料筒进行预热，达到物料塑化温度后，应恒温一定时间，使料筒、螺杆内外温度均匀一致。

② 选择注塑机操作方式，根据实际使用需要可采用注塑机调整、手动、半自动和全自动这四种操作方式中的一种。

③ 打开料斗座冷却循环水阀，观察出水量并进行调节适中；冷却水过小易造成加料口物料黏结，即“架桥”；反之则带走太多料筒热能。

④ 观察油箱中的液压油温度，若油温太低或太高，应立即启动其加热或冷却装置。

⑤ 当向空料筒加料时，螺杆应慢速旋转，一般不超过30r/min。当确认物料已从注塑喷嘴中被挤出时，再把转速调到正常。当料筒中物料处于冷态时绝不可预塑物料，否则螺杆会被损坏。

⑥ 采用手动对空注射，观察预塑化物料的质量。若塑化质量欠佳时，应调节预塑背压，

进而改善塑化质量。

⑦ 采用半自动或全自动方式进行正常的生产操作。

(3) 操作注意事项

在注塑机运转过程中，要时刻注意液压油的油温，保证液压油经过油冷却器冷却后在适宜的温度范围内。

要定期检查注油器的油面及润滑部位的润滑情况，保证供给足量的润滑油，尤其对曲肘式合模装置的肘杆铰接部位，缺润滑油可能会导致卡死。

对已调整好的各压力阀，在机器运行中若非必须，一般不轻易进行调整。

在注塑机运转中若出现机械运动、液压传动和电气系统异常时，应立即按下急停按钮，保证设备始终处于良好的工作状态。

(4) 停机

把操作方式选择开关转到手动位置，以防止整个循环周期的误动作，确保人身、设备安全。

关闭料斗开合门，停止向料筒供料。

注塑机退回，使喷嘴脱离模具。

清除料筒中的余料，采用反复的注塑-预塑（仅螺杆旋转，并无物料进入）方式，直到物料不再从喷嘴流出为止。这时要降低螺杆转速，空转时间不要过长。对加工中易分解的物料，如 PVC 等，应采用 PE、PP 或螺杆清洗专用料将螺杆、料筒清洗干净。

将模具清理干净后，关上安全门，合拢模具，让模具分型面保留有适当缝隙，而不处于锁紧状态。

把所有操作开关和按钮置于断开位置，关闭电源开关及水阀。

停机后要擦净注塑机各部位，搞好注塑机周围的环境卫生。

在生产过程中，必须时刻注意安全操作，以确保生产正常进行和不发生工伤事故。

为保证注射成型时的安全操作，操作者除按设备说明书的要求和制定的操作规程进行外，还应注意以下几个方面：

① 二人同时操作一台注射机时，必须密切配合，相互招呼，尤其在试模时或闭模前，两人更应注意，在双方都已离开危险区后，才能操作。

② 注射成型硬质聚氯乙烯、聚酰胺等塑料，务必正确控制料筒及喷嘴温度。假如不注意这一点，把料筒温度升得太高，喷嘴温度降得太低，二者悬殊过度，则一方面塑料在料筒内已经过热分解，另一方面喷嘴被冷料堵塞，此时操作者不明真相，照样进行高压对空注射，会使已经热分解的塑料不是从料斗处就是喷嘴处爆发性地喷出，极易灼伤人体，这是每个操作者必须注意的问题。

③ 在成型加工含氟塑料时，首先要严格防止塑料过热分解，避免产生有毒气体侵入人体。此外，设备周围要有良好的通风装置，万一塑料分解，有毒气体也能迅速排出。

2.6.4 注射机的维护

注射机只有在维护良好的条件下，才能保持正常的工作和寿命。例如，对注射机的清洁程度、紧固部件的松紧程度、相对运动部件的润滑程度、温控部件的变化情况及其他运动、液压和电气部件的运行情况等要做定期检查。

(1) 注射机每天检查的内容

① 加热圈装置是否正常工作，热电偶是否接触良好。

② 模具安装固定螺钉的情况。

③ 各电气开关，特别是安全门和紧急停车开关的情况。

④ 检查仪表，如压力表。

⑤ 冷却水循环供应情况。

⑥ 运动部件的润滑情况。

⑦ 油箱内的油量、油温。

⑧ 温度控制仪是否在零位。

(2) 注射机定期检查的内容

① 螺杆、料筒的磨损情况。

② 油的质量及吸油、滤油装置的情况。

③ 电气元件的工作情况，接地是否可靠。

④ 工作油液的质量，若不合格应立即更换。

⑤ 油冷却器的工作情况。

⑥ 液压泵、电动机、液压电动机等的工作情况。

2.6.5 注射机的选择

由于注塑机型号众多，使用时需要根据实际情况来进行选择。无论是大型设备，还是小型设备，首先应该保证质量优先，最终才能提高产品的可靠性。根据具体需求选用合适的注塑机类型，才能更好地保证产品的质量。注射机的选择包括注射机设备类型的选择和规格的选择。

(1) 注射机类型的选择

注射成型机按驱动方式可分为液压和机械驱动两大类；按工作方式分为全自动、半自动和手动；按螺杆类型划分有柱塞式注射机、螺杆式注射机和排气式注射机等；按结构形式可分为立式、卧式和直角式注射机。

从制品的成型工艺方法考虑。可选择热塑性塑料注塑机、热固性塑料注塑机、注射吹塑机、注射发泡机和双色注射机等。

从满足制品精度方面考虑。可选择精密注射机和普通注塑机等。

从制品尺寸大小和方便生产操作考虑。注塑量在 $60cm^3$ 以下的小尺寸制品、带嵌件制品有时选用立式机型或角式机型较容易操作；自动化生产选用卧式注塑机则更容易实现，此种形式的注塑机目前使用最广、产量最大，对大、中、小型都适用；成型中心不允许留有浇口痕迹的制品时选用直角式注塑机。

塑料经过的工艺过程与挤出工艺基本相同，但模具和工作模式不一样。根据注射成型的工作原理，可衍生出多种实现结构：

① 柱塞式　类似药液注射，一次完成。

② 螺杆预塑式　塑化、注射分开进行（两根螺杆），工艺针对性更强。

③ 往复螺杆式（简称螺杆式）　也叫螺杆一线式，工艺、结构、操作均更优化。

柱塞式注塑装置结构简单，价格便宜，但混炼性很差，塑化性也不好，要加装分流梭装置，注塑容积在 100cm^3 以下，加工熔料流动性好的物料时可选用此类注塑装置。螺杆式注塑装置具有塑化效率高、塑化均匀性好、压力损失小、可减小熔料的滞留和分流、易于清理料筒、结构紧凑等特点，目前在大中型注塑机中普遍采用。

根据以上介绍各类注射装置的特点，来正确进行注射机类型的选择，但无论哪种注塑机，其基本功能有两个：

① 加热塑料，使其达到熔化状态；

② 对熔融塑料施加高压，使其射出而充满模具型腔。

注射机类型在选择时不仅要从塑料制品的品种类型和制品用原料这两个主要条件来考虑，还要考虑注射机的使用操作方便性、结构合理性、设备中的一些装置是否齐全、安全预防措施装置、设备的精度质量检查项目及检查方法等因素。同时，应对多家注射机生产厂进行比较，找出适合制品要求而价格又比较合理的注塑机。表 2-9 所示是常用的塑料注射机的主要技术参数。

表 2-9 常用的塑料注射机的主要技术参数

注射机型号	SYS-10	SYS-30	SY-Z-30	SX-Z-60	XS-ZY-125	XS-ZY-250	G54-S-200/400	XS-ZY-350	XS-ZY-500	XS-ZY-1000	SZA-2000	XS-ZY-3000	XS-ZY-4000
理论注射量/cm^3	10	30	30	60	125	250	200～400	350	500	1000	2000	3000	4000
选用模内压力/MPa	33.3	38.4	27.7	38.5	28.1	36	39.4	39.4	35	25		25	25
最大注射面积/cm^3	45	130	90	130	320	500	645	645	1000	1800	2600	2520	4000
锁模力/kN	150	500	250	500	900	1800	2540	2540	3500	4500	6000	6300	10000
最大模具厚度/mm	180	200	180	200	300	350	406	406	450	700	800	960	850
最小模具厚度/mm	100	75	60	70	200	200	165	195	300	300	500	400	400
模板行程/mm	120	180	160	180	300	350	260	260	500	700	750	1120	1250
拉杆空间（长×宽）/mm	214	190×300	235	300×190	290×260	373×295	368×290	368×290	440×540	550×650	700×760	800×900	1000×1080
定位孔直径/mm	55	55	63.6	55	100	125	125	125	180	150	198	225	200
喷嘴球半径/mm	12	12	12	12	12	18	18	18	18	18	18	18	18
喷嘴空径/mm	2.5	3	2	4	4	4	4	4	5	5			
顶出 孔径/mm	30	50		50	28	40	50	75	27.5	200 50			
顶出 孔距/mm			170		230	280				850			

(2) 注射机规格的选择

注射模是安装在注射机上工作的，因此，注射模设计开始时，设计人员必须首先根据需要选择合适的注射机，了解和熟悉所用注射机的各项规格及其工作性能，以便使所设计的模具符合注射机的要求。

注射机的选择应考虑以下几个方面的内容。

① 按照制件的尺寸形状，估算其体积，选择注射机的规格。

选择规格可按下列公式计算：

$$Q_{公} > nQ_1 + Q_2$$

式中，$Q_{公}$为应选注射机的公称注射量；n 为型腔数；Q_1 为一个塑件的体积；Q_2 为浇注系统的体积。

确定模具型腔数的原则是：对于精度要求不高的塑料，为了降低成本，提高生产率，可选择一模多腔；对于精度要求高的塑件，为了保证其精度，尽可能采用一模一腔。

若设备较少，限定在某几台设备上进行生产，则在已确定注射机的规格后，可用下式确定模具的型腔数。式中符号意义同前。

$$n=\frac{Q_{公}-Q_2}{Q_1}$$

在应用上式进行计算时，还要考虑塑件的成型面积，对于成型面积大但塑件体积较小的制品，只能是一模一腔，而不能用上式确定型腔数，这时，应尽可能选用小规格、满足成型面积的注射机。

对于大规格注射机上生产批量不大的成套组件，也可以在一副模具上成型几个不同形状的塑件。

② 注射机选定后，应对以下工艺参数进行校核计算，校核的目的是检验所选注射机的性能是否适用。

校核的参数有：锁模力、注射压力、保压压力、保压时间、注射速率、料筒和喷嘴的温度等。

③ 为保证模具结构设计和外形尺寸设计时适用，应对所选注射机的以下参数进行详细记录。

a. 模板最大行程。

b. 最大模厚、最小模厚。

c. 喷嘴球径及孔径。

d. 模板尺寸与拉杆间距。

e. 模具定位孔直径。

f. 顶出形式及尺寸要求。

(3) 初步选择注射成型设备

成型设备需要根据最大注射量的计算和最大锁模力来初步选择成型设备，初步确定型号，由产品所需的锁模力、型腔数量、实际注射量、塑件外观尺寸等因素来选择注塑机，留出一定余量来选定注塑机的注射量，以某塑件为例介绍。

① 依据最大注射量初选设备

a. 计算塑件的体积：

$$V=200.17\text{cm}^3$$

b. 计算塑件的质量：

由手册查 PC 塑料密度 $\rho=1.2\text{g/cm}^3$，所以塑件的质量为

$$M=V\rho=200.17\times1.2=240.2(\text{g})$$

根据塑件形状及尺寸（外形为回转体，最大直径为 ϕ170mm，高度为 133mm，尺寸较大），同时对塑件原材料的分析得知聚碳酸酯（PC）熔体黏度大，流动性较差，所以灯座塑件成型采用一模一件的模具结构。

塑件成型每次需要注射量（含凝料的质量，初步估算为 10g）为 250g。

c. 计算每次注射进入型腔的塑料总体积：

$$V=M/\rho=250/1.2=208.33(\text{cm}^3)$$

或依据 $Q_{公}>nQ_1+Q_2$ 计算。

所以，初选 XS-ZY-500 卧式螺杆式注塑机。

② 依据最大锁模力初选设备

a. 单个塑件在分型面上投影面积 A_1：

$$A_1 \approx 85\text{mm} \times 85\text{mm} \times \pi = 22698\text{mm}^2$$

b. 成型时熔体塑料在分型面上投影面积 A：

由于聚碳酸酯（PC）熔体黏度大，流动性较差，灯座塑件成型采用一模一件的模具结构，所以

$$A = A_1 \approx 22698\text{mm}^2$$

c. 成型时熔体塑料对动模的作用力 F：

$$F = Ap = 889.8\text{kN}$$

$$F = \frac{Ap}{K} = \frac{22698 \times 39.2}{0.8} = 1112.25(\text{kN})$$

式中，p 为塑料熔体对型腔的平均成型压力，PC 成型温度高，查表可知成型 PC 塑件型腔所需的平均成型压力 $P = 39.2\text{MPa}$；K 为安全系数。

d. 初选注塑机根据锁模力必须大于模腔内熔体对动模的作用力的原则，查表 2-9，初选 XS-ZY-500 卧式螺杆式注塑机，主参数如表 2-9 所示。

主要参数：理论注射量 500cm^3；选用模用压力 35MPa；最大注射面积 1000cm^3；锁模力 3500kN。

校核：

根据 $F_{型} = RP_{机} A < F_{锁}$ 得

$$F_{型} = 1112.25\text{kN} < F_{锁}$$

所以 XS-ZY-500 型号注塑机符合要求。

2.7 专用注射机

随着塑料工业的发展，塑料制品的种类越来越多，注射量虽相近，但有大面积和深腔制品，有带嵌件和不带嵌件，有单色也有多色，有单一的和复合的制品，还有发泡的和不发泡的制品等。如从塑料品种来看，就更多了，大的方面就有热固性和热塑性塑料两大类，它们要求的工艺条件差别很大。一般用途的注射机，其适应范围有限，不可能满足各种要求。所以，注射机发展的一个重要标志，就是在发展通用注射机的同时，发展专门用途的注射机，各自发挥更大的效能。

专用注射机有热固性塑料注射机、排气注射机、发泡注射机、双色或多色注射机、注射吹塑机等。

2.7.1 热固性塑料注射机

热固性塑料在耐热性、抗热变形以及物理和电性能方面，具有突出的优点，因此，在塑料制品中占有重要地位。

热固性塑料在成型过程中，既有物理变化，也有化学反应。成型固化的快慢同原料的活性、硬化剂的种类和用量有关。

长期以来，热固性塑料主要用压制方法成型，生产效率低、劳动强度大、产品质量不稳

定，远不能满足生产发展的要求。热固性塑料注射机的出现，前进了一大步。

如图 2-55 为热固性塑料注射机注塑系统。

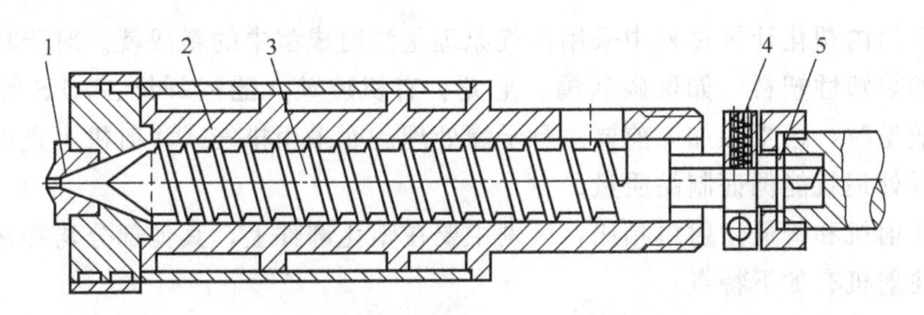

图 2-55 热固性塑料注射机注塑系统

1—喷嘴；2—夹套式机筒；3—螺杆；4—旋转接头；5—连接套

热固性塑料注射成型时，料筒温度必须严格控制。物料在料筒内仅起预热、达到流动状态，并向模具供料的作用。一般用热水循环加热，控制在 90℃左右，同时要防止过度剪切，以免提前在料筒内固化。注射速度不能太高，防止通过喷嘴过热而硬化。一般来说，对注射用塑料粉，温度在 80～90℃情况下，能保持流动状态 3～10min 左右。

模具要预热。一般预热到 150～180℃左右，继续给物料供热，经过保温、保压完成化学反应，固化成型，最后开模取出制品。

热固性螺杆的主要特征：长径比小，一般 $L/D=10\sim15$。压缩比小，约 0.8～1.2。螺槽较深，以减少剪切作用。热固性注射螺杆如图 2-56 (a)、(b)、(c) 所示。

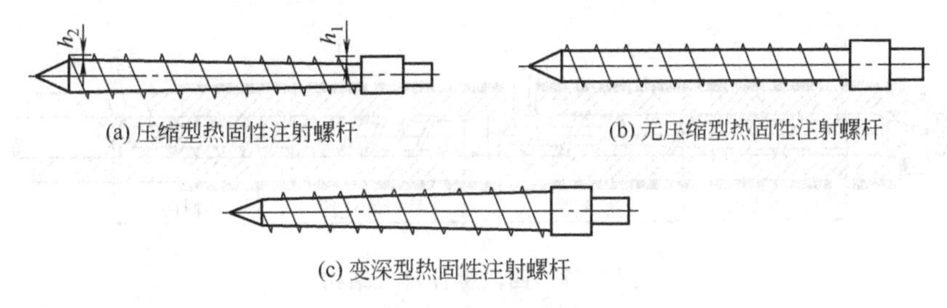

(a) 压缩型热固性注射螺杆

(b) 无压缩型热固性注射螺杆

(c) 变深型热固性注射螺杆

图 2-56 热固性注射螺杆的形式

螺杆头一般呈角锥形，不宜采用带止逆环的结构，并且注射后螺头前所留下的余料要少，以免产生滞料现象。

喷嘴不宜用自锁式，孔口直径一般较小。并做成外大内小的锥孔，以便拉出喷嘴孔处硬料。喷嘴要便于装拆，以便发现有硬化物时能及时打开清理。喷嘴内表面应精加工，防止滞料引起硬化。

螺杆与料筒间隙要小，约在 0.012～0.037mm，以减少注射过程中的反流，防止在料筒内停留时间过长而固化。螺杆内可通冷水，以控制温度。

由于固化过程中有气体产生，因此，合模装置必须有排气动作。实践证明，只需将合模压力卸除，便可使模腔中的气体经模具分型面逸出。

此外，模具要有加热和温控系统。

由于注射过程即为热固性塑料缩合反应的过程，并且受热均匀，故比压制成型的固化时间大为缩短，生产能力可提高 10～20 倍，制品质量和劳动条件都有改善。但机器和模具的成本较高，适宜大批量的制品生产。

2.7.2 排气式注射机

塑料在料筒内塑化计量过程中采用排气原理是注射成型中的新成就。对于具有亲水性和含有挥发物的热塑性塑料，如聚碳酸酯、尼龙、有机玻璃、醋酸纤维、ABS等，采用一般注射机加工成型时，通常在加工前要进行干燥处理。而采用排气式注射机可直接加工这些塑料，不经干燥处理就能保证制品质量。

排气式注射机和普通注射机相比，区别主要在塑化部件上，其他部分均和普通注射机相同。排气式注射机有如下特点：

① 在注射机料筒中部开有排气口，并与真空系统相连接，当塑料塑化，由塑料发出的水汽、单体、挥发性物质和空气等，均可由真空泵从排气口抽走，从而提高塑化效率，并有利于制品质量和生产率的提高。由于排气式注射机能使注塑料塑化均匀，因此注射压力和保压压力均可适当低些，而无损于制品的质量。

② 典型的排气式注射机一般采用四段螺杆，如图2-57所示。第一阶段是加料区和压缩区，第二阶段为减压区（即排气区）和均化区。塑料由料斗进入料筒后。由加料区经压缩输送到压缩区并受热熔融。进入减压区时，因螺槽深度突然变大而减压，熔料中的水分及挥发性物质气化，并由真空泵从排气口抽走。塑料再进入均化区进一步塑化后被送至螺杆头部，并维持压力平衡所需的压力值。当螺杆头部熔料积聚至一定数量时（即螺杆退回计量），螺杆停止转动。为了防止螺杆前端熔料反流而由排气口向外推出，螺杆前端都要设置带止逆结构的螺杆头。

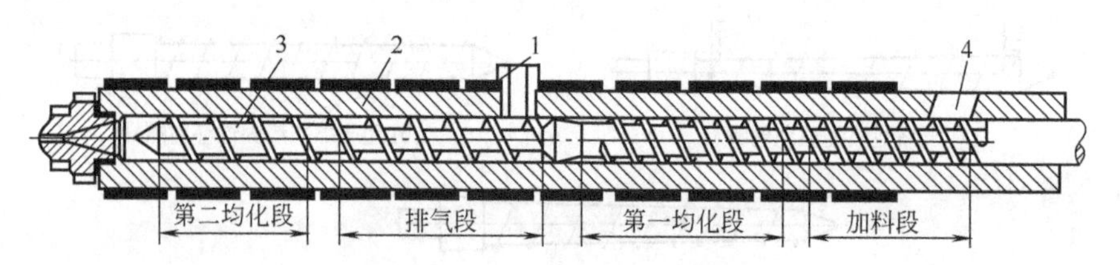

图2-57 四段螺杆排气结构

1—排气口；2—料筒；3—螺杆；4—加料口

③ 排气式螺杆较长。因为在塑化时，螺杆除旋转运动外，还要作轴向移动，所以排气段的长度应在螺杆作轴向移动时始终对准排气口，一般应大于注射行程。通常排气段的螺槽较深，其中并不完全为熔料充满，从而防止螺杆转动时物料从排气口推出。

最近新出现的一种异径螺杆如图2-58所示，螺杆前端为大直径，另一端为小直径，是利用小直径端进行塑化，大直径端完成混炼及注射。注射时，原小直径螺槽内的熔料将进入大直径前料筒处，此时将形成负压，使气体从熔料中逸出，并通过排气口排出。前料筒直径加大的另一个作用是加大排气室容积，防止注射时熔料反流而从排气口溢出。

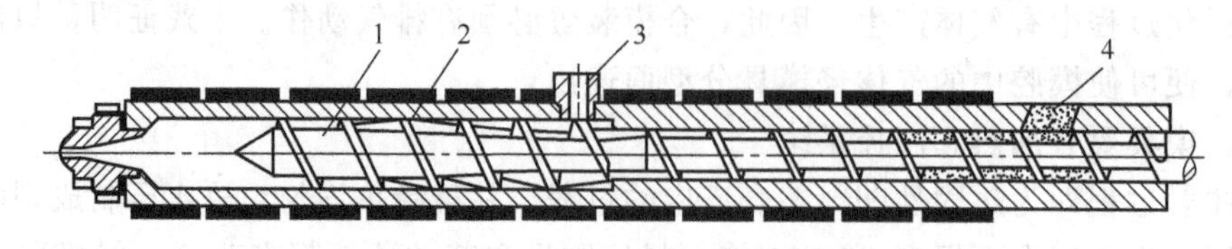

图2-58 异径螺杆排气结构

1—异径螺杆；2—异径料筒；3—排气口；4—加料口

2.7.3　发泡注射机

泡沫塑料是以气体为填料，在树脂中形成无数微孔的轻质材料。泡沫塑料的注射成型是在塑料内混入分解性或挥发性的发泡剂，经过预塑精确计量，注射入模腔，经发泡并充满模腔而硬化定型，获得发泡制品。根据成型方法不同分为低压法（不完全注满法）和高压法（注满法或移模法）两种，目前普遍使用低压发泡成型法。

(1) 低压发泡注射机特点

低压发泡是按 80%左右的制品体积的熔料注入模腔，由其本身的发泡压力使熔料发泡并填充满模型。低发泡注射机的基本形式有往复螺杆式和螺杆柱塞式两种，但由于螺杆柱塞式易于满足计量精确（误差一般不超过 1%），塑化均匀、机器功率小等方面的要求，所以使用较多。如图 2-59 所示。

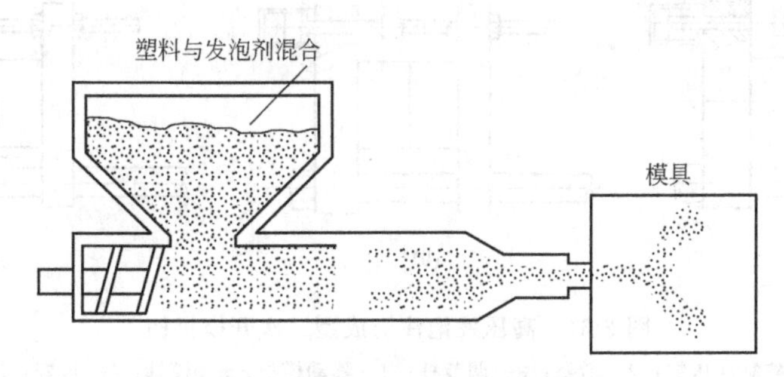

图 2-59　普通注射成型机低压发泡法

低压发泡注射机与普通注射机相比具有如下特点。

① 物料中的发泡剂在料筒内受热产生气体，压力升高，为防止熔料从喷嘴处流出，必须采用弹簧针阀式自锁喷嘴。同时，为防止螺杆后退，保持计量准确，螺杆背压应较大。

② 熔料一进入模腔，因压力降低，立即发泡。为了使发泡均匀，注射速度要高，一般要求在一秒钟以内完成。为达到高速注射，可采用储油器或高压大流量油泵对注射液压缸直接供油的装置。

③ 发泡用的注射螺杆的长径比一般在 16～20 范围内，压缩比为 2～2.8，螺杆全长为三段均分。

④ 泡沫注射的模腔压力很低，约为 1～3MPa，因此，所需锁模力小。所以这类专用注射机与普通注射机相比，在合模力相同的情况下，具有较大的注射量以及大的模板尺寸和模板间距。

⑤ 其他方面。制品顶出时，最好用推板，防止顶破。模具分型面或死角处要有排气孔，否则会影响发泡膨胀。模具要有冷却水通道。

(2) 高压发泡注射机的特点

高压发泡成型是将塑化后含有发泡剂的熔料注满模腔，当模内制品表面温度低于软化点形成结皮层时，稍许打开模具（故又称移模法），利用模内熔料自行发泡膨胀而充满模腔（见图 2-60）。此法可以得到表面比较精细、发泡率较高（发泡倍率在 5 以上）并且均匀的塑料制品。

高压发泡使用的注射机类似于低发泡注射机，但为了在发泡时能移模，在合模装置上增设了距离可调的二次开模机构，如图 2-61 所示。图 2-61 (a) 为闭合模具开始注射；图 2-61

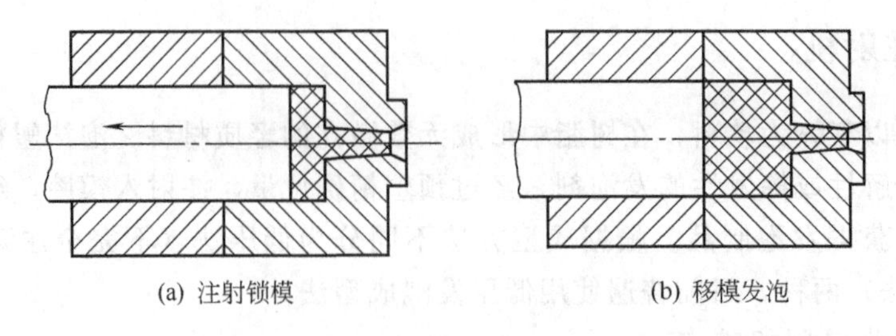

图 2-60　高压发泡成型原理（移模法）

(b) 表示注射完毕，准备进行二次开模；图 2-61（c）表示在液压缸的控制下模具打开 ΔL 的距离，模腔内的塑料发泡。

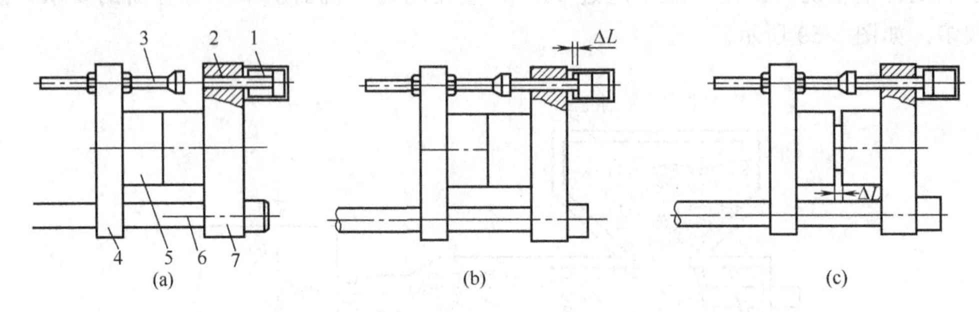

图 2-61　高压发泡注射成型二次开模机构

1—二次开模控制液压缸；2—活塞；3—调节杆；4—移动模板；5—模具；6—拉杆；7—固定模板

这种结构是在固定模板 7 上设置了移模控制液压缸 1，在移动模板 4 上设置了调节杆 3。使用前，按发泡倍率调整移模量 ΔL，在移模发泡时如控制各力之间的关系，使得

$$P_{发} < P_{合} + P_{阻} < P_{发} + P_{移}$$

式中，$P_{发}$ 为发泡时模内总压力；$P_{合}$ 为机器合模力；$P_{阻}$ 为移动模板的运动阻力；$P_{移}$ 为移模控制液压缸推力。则模具将被打开 ΔL。

发泡移模速度要慢，以 0.001～0.002m/s 为宜，否则会给制品表面留下较大孔眼，影响制品表面质量。

若在普通注射机上增设高速注射油路和将模具设计成具有二次移模功能的结构，也能进行此发泡制品的加工。

2.7.4　双色（或多色）注射机

为了生产两种或两种以上颜色（或塑料）的复合制品，发展了双色或多色注射机。双色或多色注射机又有清色和混色两种。

图 2-62 所示的双色注射机是具备两套注射装置和一个共用合模装置的结构形式，主要用来加工双清色塑料制品。模具的一半装在回转板上，另一半装在固定模板上。当第一种颜色的塑料注射完毕并定型后，模具局部打开，回转板带着模具的一半和制件一同回转 180°，到达第二种颜色塑料的注射位置上，进行第二次合模、注射，即可得到具有明显分清色的双色制品。

近几年来，随着汽车部件和台式计算机部件对多色花纹制品需求量的增加，又出现了新型的双色（混色）注射机，其结构如图 2-63 所示。混色用的注射装置，也有用两套柱塞式塑化装置共用一个喷嘴结构的。该装置通过液压系统可调整两个推料柱塞注射时的先后次序和注射塑料量的比例，这样可得到不同混色情况、具有自然过渡色彩的双色塑料制品。

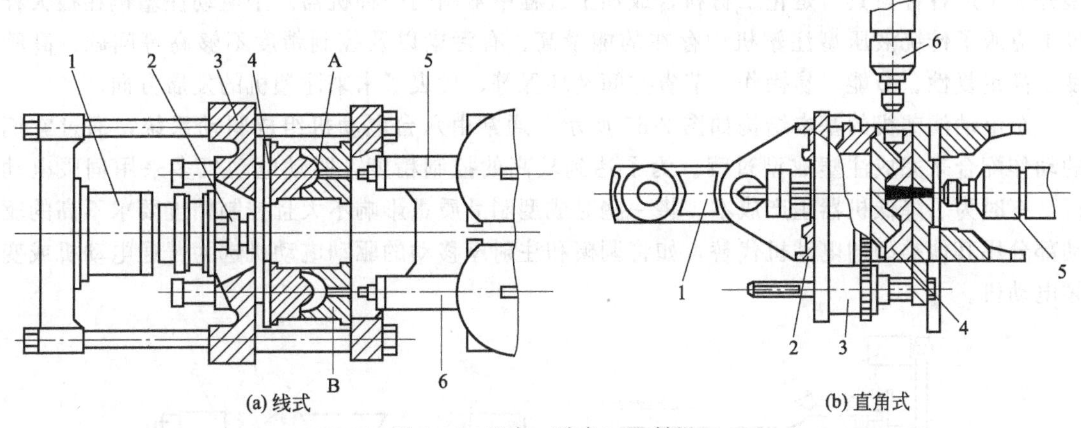

图 2-62　双色（清色）注射机

1—合模装置；2—回转盘驱动装置；3—移动模板；4—回转盘；5—注射装置（1）；6—注射装置（2）

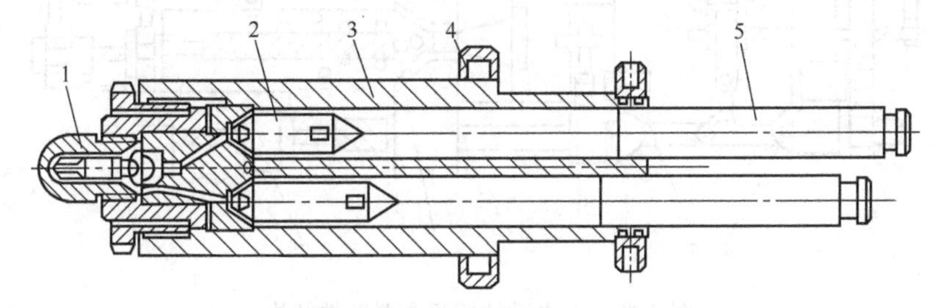

图 2-63　双色（混色）注射机

1—喷嘴；2—分流梭；3—机筒；4—冷却水套；5—柱塞

图 2-64 为一种带有三个注射头的单型腔注射机，在三个料筒中可盛三种不同的物料，可成型内、中、外三层不同物料的制品。最内层的可以是泡沫塑料，也可以成型同种物料不同颜色的花纹制品。

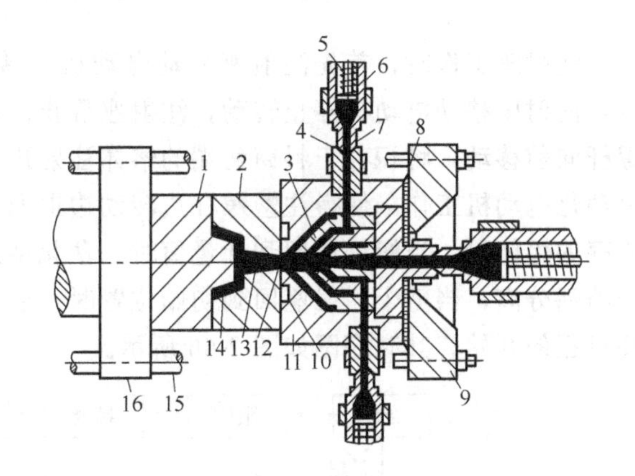

图 2-64　三个注射头的单型腔注射机

1—动模；2—定模；3—分配模；4—浇口套；5—塑化螺杆；6—塑化料筒；7—注射喷嘴；8—隔板；9—固定模板；10—冷却槽；11—主浇套；12—浇口；13—主浇道；14—制件；15—拉杆；16—移动模板

2.7.5　全电动注射机

随着新型塑料材料的出现和高精度注塑件使用范围的扩大，人们的环保意识日渐增强，对注塑机的要求也越来越高，各类紧密型、节能型、环保型等注塑机不断涌现，产业结构也正在迅速发生转变。在各种新型注塑机中最具有代表性的是电动注塑机。

电动注塑机是指使用交流伺服电动机，配以滚珠丝杠、齿形皮带及齿轮等元器件来驱动各个机构的注塑机。其最大的特点是采用了功率电子器件和控制技术进行操作运转。

(1) 全电动注塑机的基本结构及工作原理

全电动注塑机是一种全部动力都由电力供给的加工注塑机。其可以将热塑性塑料注射成型并加工成各种模具，是化工材料合成加工过程中常用的一种机器。全电动注塑机在很大程度上克服了传统液压型注塑机中存在的能量高、有污染以及控制精度不够高等问题，高精度、高重复性、节能、易操作、节省空间及环保等，代表了未来注塑机的发展方向。

全电动注塑机的基本结构如图 2-65 所示。通常由六台电动机组成驱动系统，通过它们的动作配合来完成注塑成型过程。为了达到较高的控制精度，驱动电动机多采用伺服电动机，有时为了降低机器生产成本，将一些对成型制品质量影响不大且控制精度要求不高的驱动部分用其他类型的电动机代替，如将调模和注射座移动的驱动电动机选为普通电动机或变频电动机。

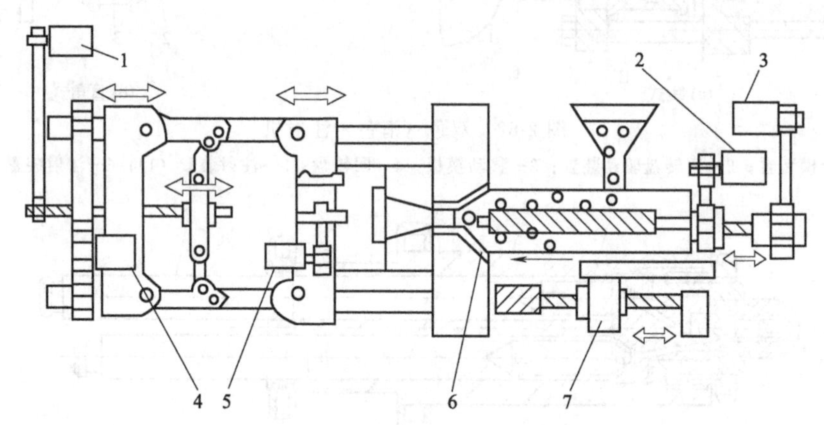

图 2-65 全电动注塑机主要部件结构

1—模具开合伺服电动机；2—塑化伺服电动机；3—射胶伺服电动机；4—调模变频电动机；5—顶出伺服电动机；6—螺杆加热器；7—注射座移动电动机

注射座工作时，首先注射座移动电动机正转，注射座前移，直至喷嘴与模具流道口配合，注射座移动电动机停止转动，注射座静止。当注塑动作开始时，注射电动机工作，注塑螺杆向前移动，将积存于料筒前端的熔体注射进模腔中。保压过程完成后，开始预塑化，这时塑化电动机工作，使得注塑螺杆边转动边退回。螺杆在转动中的后退量决定了在螺杆头部积存的熔体量，当螺杆退回到计量值时，塑化结束。此时，注射座移动电动机反转，使浇口与喷嘴分离，当整个注射座回到初始位置时，注射座移动电动机停止，等待下一个周期中注塑过程的开始。其时序图如图 2-66 所示。

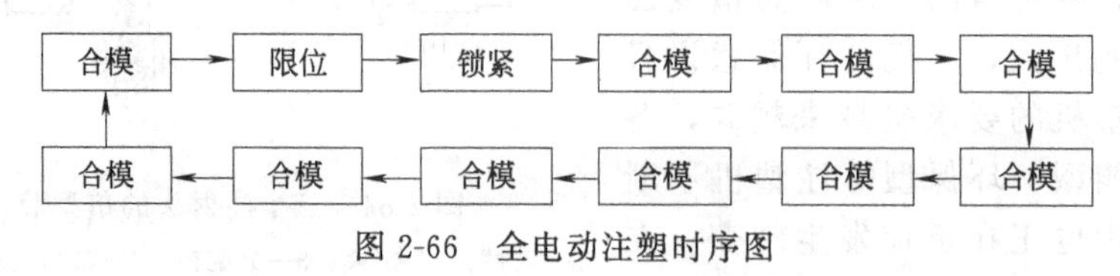

图 2-66 全电动注塑时序图

① 注射装置　无论何种形式的注塑系统，其结构和控制方式都对制品的质量起决定性的影响，与制品的成本密切相关。全电动注塑机的注塑系统采用伺服电动机驱动形式。注塑系统采用伺服电动机驱动通常有皮带驱动和直接驱动两种形式。

a. 皮带驱动式

皮带驱动式注塑系统结构如图2-67所示。注塑时，注塑伺服电动机轴上装有齿形带轮，通过齿形皮带驱动滚珠丝杠旋转，丝杠螺母固定在可移动的螺杆轴承支架上，使丝杠螺母与螺杆轴承支架一起作轴向移动，推动螺杆前进完成注塑动作。预塑时，预塑伺服电动机以同样的方式使螺杆实现旋转运动，完成螺杆的预塑任务。

注塑过程中除了速度控制外，还有注塑压力、保压压力和背压压力的控制。对压力的控制是在螺杆尾部的推力轴承支架上装压力传感器，直接检测到注塑、保压和预塑时机筒中物料的压力。对背压采用连续对伺服电动机施加一定负载进行控制，对注塑和保压压力通过反馈信号进行精确的控制，使物料的实际压力接近所设计的压力值。

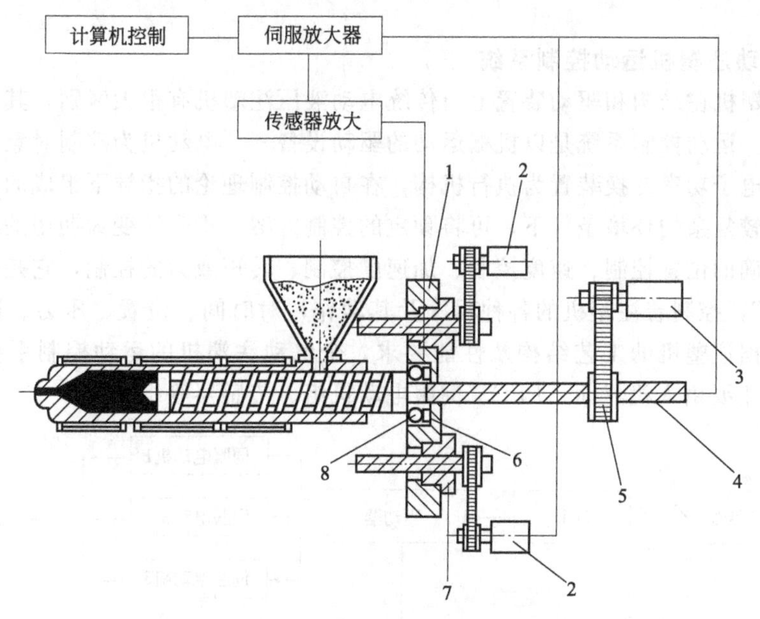

图2-67 皮带驱动式注塑系统的结构

1—螺杆轴承支架；2—注塑伺服电动机；3—预塑伺服电动机；4—滚珠丝杠；5—齿形皮带；6—压力传感器；7—丝杠螺母；8—推力轴承

这种驱动形式的特点是：能满足系统转速低、转矩大的要求。但由于电动机转轴与螺杆非同轴旋转，皮带传递动力时有损耗，控制精度有影响，且易产生噪声及磨损和粉尘，因此，适合成型大型制品。

b. 直接驱动式

直接驱动式注塑系统将预塑电动机与注塑电动机做成一体，在注塑和保压时，注塑电动机转动而预塑电动机不动，注塑电动机转子半径大，获得转矩放大动力使滚珠丝杠带动螺杆向前推进。

这种驱动形式的特点是：注塑系统结构紧凑，控制精度较高，噪声及磨损较少，提供转矩较小，适合成型小型制品。

② 合模装置

电动注塑成型机的合模系统主要采用肘杆式合模装置，有些小型机采用曲柄连杆式合模装置。合模装置的作用是保证模具闭合、开启及顶出制品，同时，在模具闭合后，给予模具足够的锁模力，以抵抗熔融塑料进入模腔产生的模腔压力，防止模具开缝，造成制品产生不良现象。

电动双肘杆式合模装置的驱动由原来的液压缸改为伺服电动机驱动，电动机是回转运动，而液压缸是直线运动。改为伺服电动机驱动必须要把回转运动转换为直线运动，可采用滚动丝杠、曲柄。

采用伺服电动机的优点是，模板的开合模速度易于控制，动模板的停止位置可以精确控制，这对于安装有制品自动取出装置或成型带有嵌件的制品具有非常重要的意义，因为制品自动取出装置的动作或成型带有嵌件的制品时，其动模板停止位置的重复精度要求十分准确，如在用电视屏幕对制品从模具中自动脱落进行监测时，动模板停止位置的重复精度一般要求在 0.05～0.1mm 范围内。此外，也便于在用自动更换装置装拆模具时对模板的开合位置的控制。

(2) 全电动注塑机运动控制系统

全电动注塑机在结构和驱动装置上与传统电动液压注塑机有很大区别，其控制系统也发生相应的变化。运动控制系统是以机械运动的驱动设备——电动机为控制对象，以控制器为核心，以电力电子功率变换装置为执行机构，在自动控制理论的指导下组成的电气传动自动控制系统。在较复杂的环境条件下，可将预定的控制方案、指令转变为期望的机械运动，实现机械运动精确的位置控制、速度控制、加速度控制、转矩或力的控制，它是全电动注塑机的“中枢神经”，控制着注塑机的各种程序及其动作，对时间、位置、压力、速度和转速等进行控制。根据注塑机的工艺结构及性能要求，全电动注塑机的运动控制系统结构图如图 2-68 所示。其主要由人机界面、PLC、伺服电动机组、传感器等组成。

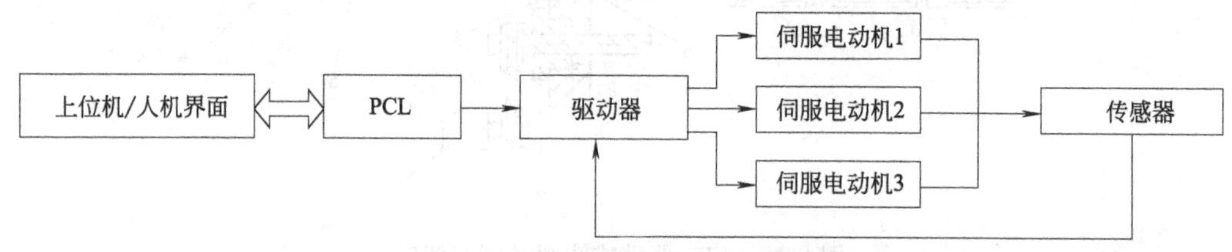

图 2-68　全电动注塑机的运动控制系统结构图

(3) 电动注塑成型机特点

① 节约能源　全电动系列由于使用滚珠丝杠将伺服电动机的旋转运动转成直线运动，而滚珠丝杠的摩擦阻力远低于油压缸，且无任何冷却系统，因此整体效率远远超过油压机械。实践表明，一般全电动注塑机比传统液压式省电 1/3（包括加热部分，同等设备相比）；如不包括加热部分，全电动注塑机的耗电仅是传统塑机的 1/10～1/8。

② 清洁、噪声低　全电动注塑机的主要制动组件是交流同步伺服电动机。而伺服电动机的控制特性为噪声低、惯性低、激活阻力小、加减速特性控制容易，无液压系统中存在的液压泵浦脉冲问题、气泡、泄压声等问题，因此，更容易设定激活及停止斜率，激活振动低。实践表明，一般全电动注塑机比液压式塑机的噪声低 10～15dB。另一方面，由于该机型没有油压缸；因此，无漏油问题，亦无油气问题，无对液压设备维修保养问题，极大地提高了系统的洁净性。

③ 速度控制范围宽、响应性好　相对于液压注塑机，全电动注塑机由于采用伺服电动机，所以其速度控制特性较好、范围大，高低速相差近 1000 倍。同时，伺服电动机控制的注射压力和注射速度变化时间非常短，从高速向低速转换平滑，具有非常高的响应特性，特别适合在小型制品、短注射行程的场合使用。

④ 精度高、重复性高　相对于液压式注塑机，全电动注塑机具有精度高、重复性高等特点，高精度注射成型可以在全电动伺服注射成型机上轻易实现。塑料塑化时螺杆的转动由伺服电动机驱动，伺服电动机的转速很稳定，因此塑料塑化的稳定性提高。注射动作是由伺服电动机带动滚珠丝杠来完成的，由于滚珠丝杠的位置精度可以达到0.003mm，所以每次注射动作的精度也可相应达到0.003 mm；同时使注射动作的重复精度大为提高，保证了制品质量的稳定。

⑤ 成型效率高和使用成本低　全电动伺服注射成型机的工作效率很高，使用成本低廉。效率最直观的表现为速度。电动注射机的注射速度是一般液压式注射机的2倍左右，高速注射满足了部分制品的需求，同时提高了注射效率和成品率，降低了生产成本。合模动作的高精度使高速低压动作距离加长、合模速度更快。电动注射机全部是机械传动，滚珠丝杠的设计承载能力远大于实际使用中的载荷，各主要零部件均采用高强度材料，由加工中心加工而成，尺寸精度高，滚珠丝杠等运动部位都有防尘圈防护，伺服电动机在过载时具有断电保护功能，因此，其使用寿命更长，可靠性更高，维护成本很低。

(4) 全电动注塑机的技术发展动向

① 大型化　全电动注塑机由于原理的限制，当合模力上升时，合模部分的丝杆、电动机的负荷均相应增大，用一个电动机不能满足需要，需要两个电动机来共同完成；这就产生了一个同步性的问题，即两个电动机的启动、运转、停止必须一致，否则将导致使用性能不稳定和机器部件的损坏。因此，全电动机型的大型化对电动机控制系统、装配工艺等提出了更高的要求，这些要求也限制了全电动机型的大型化。目前，全电动注塑机主要应用于小型、精密制品的成型加工，一般规格为合模力300tf以内的小型机。近几年，随着对大型注塑成型制品市场需求的提高，全电动注塑机也向大型化发展。目前日本UBE机械集团已成功制造出世界上最大的全电动成型机，该机锁模力为2000tf，用一台AC伺服电动机驱动塑化，两台伺服电动机驱动顶出。

② 智能化　随着塑料制品加工业的进一步成熟，对塑料机械产业也提出了越来越高的要求。为实现高效、精确、节能的目标，智能化已成为塑机开发的新方向；设备单元的自动控制、参数的闭环控制、过程联运在线反馈控制等电子与计算机技术都已在注塑机上得到了较广泛的应用，特别是基于PC的开放式、模块化控制技术越来越被塑机制造商看好。开放式的控制系统可使机器制造商快速而经济地开发出满足机器控制功能且量身定做的控制软件；而模块化系统使机器的柔性更高，应用更广泛；使用PC作系统平台能在大大提高操作人员的易用性的同时，借助PC强大的网络功能，由机器制造商实现对所售机器的远程维护，这对提高生产效率和降低生产成本将起到显著的效果。

同时，随着计算机和网络技术的发展，使虚拟技术的实现成为可能。由于虚拟技术可以形成和提供虚拟空间环境，因此，注塑机生产厂家可以实现虚拟合作设计、虚拟合作制造。虽然虚拟技术的发展目前尚处于初始阶段，但虚拟技术所蕴藏的巨大的经济利益将为虚拟技术应用在注塑机设计制造中提供强大的推动力。

③ 超高速化　由于塑料制品的应用领域不断拓展，不仅缩短生产周期的要求强烈，而且薄壁化和结构复杂化制品的需求也越来越多；于是超高速注射成型技术应运而生，其注射速度高达1000～1500mm/s，远远超过传统注塑机的100mm/s以及普通全电动注塑机的300～500mm/s。更有甚者，日本发那科公司采用线性电动机的某全电动注塑机注射速度高达2000mm/s。

2.8 注射成型辅助设备

2.8.1 模温机

模温机是控制注塑机模具温度的主要部件，其主要工作是将油或水加热至产品成型所必要的最佳温度，送入模具中，迅速提高模具温度，以提高成型效率，缩短成型时间。模温机利用热交换原理，机内的加热器及冷却器可精确调节水温或油温，并快速作用于模具中，使其在成型的时间内保持稳定的温度，以提高产品的质量和效率。某模温机外形如图 2-69 所示。

图 2-69 某模温机外形图

模温机广泛应用于塑料成型、压铸、橡胶轮胎、辊筒、黏合、密炼等各个行业。其从广义方面讲，叫温度控制设备，包含加温和冷冻两个方面的温度控制。

模温机在塑料行业的应用比较普遍，主要作用是：

① 提高产品的成型效率；

② 降低不良制品的产生；

③ 抑制产品缺陷，提升产品的外观；

④ 加快生产进度，降低能耗，节约能源。

模温机在压铸行业的应用也极为广泛，特别是在镁合金、铝合金的制造中，不均匀或不适当的模具温度都会导致铸件尺寸不稳定，生产过程中出现顶出铸件变形，产生热压力、黏模、表面凹陷、内缩孔及热泡等缺陷；模具生产周期也会产生影响，导致填充时间、冷却时间及喷涂时间等产生不稳定的变数；此外，模具受到过冷过热的冲击会使钢材产生热裂，加速其老化，降低寿命。

(1) 模温机分类及特点

模温机又叫模具温度控制机，最初应用在注塑模具的控温行业。随着机械行业的发展应用越来越广泛，现在模温机一般分水温机、油温机，控温精度可以达到±0.1℃。

① 运油式模温机　模温机由水/油箱、加热冷却系统、动力传输系统、液位控制系统以及温度传感器、注入口等器件组成。通常情况下，动力传输系统中的泵使热流体从装有内置加热器和冷却器的水箱中到达模具，再从模具回到水箱；温度传感器测量热流体的温度并把数据传送到控制部分的控制器；控制器调节热流体的温度，从而间接调节模具的温度。如果模温机在生产中，模具的温度超过控制器的设定值，控制器就会打开电磁阀接通进水管，直到热流液的温度即模具的温度回到设定值。如果模具温度低于设定值，控制器就会打开加热器。以运油式模温机为例，对其工作原理予以介绍，如图 2-70 所示。

其特点如下：

a. 温度控制器采用触摸式内储、自动演算、精确可靠，温度可控制在±2℃内，省电35%以上；

b. 两组电热管，可单独使用或共同启用；

c. 加温及冷却时间快速，温度稳定，电热筒等采用不锈钢材质；

d. 安全保护及故障指示系统完善。

② 运水式模温机　水温机是以导热水作为传热媒介的模温机，通常也叫运水式模温机、

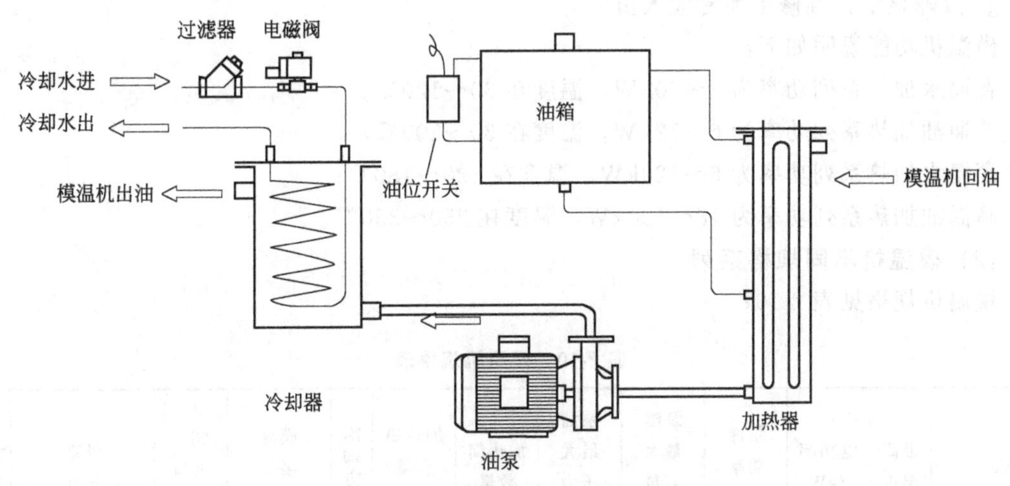

图 2-70 运油式模温机工作原理图

水循环温度控制机、水加热器、导热水加热器。

在正常大气压下，水的沸点是 100℃。因此，在不加压的情况下，水温机的控制温度只能小于等于 100℃。而高温水温机在实际应用中，通过加大管路压力，可以将水温机的控温温度提高到 180℃，从而扩大了水温机的应用范围。运水式模温机的工作原理如图 2-71 所示。

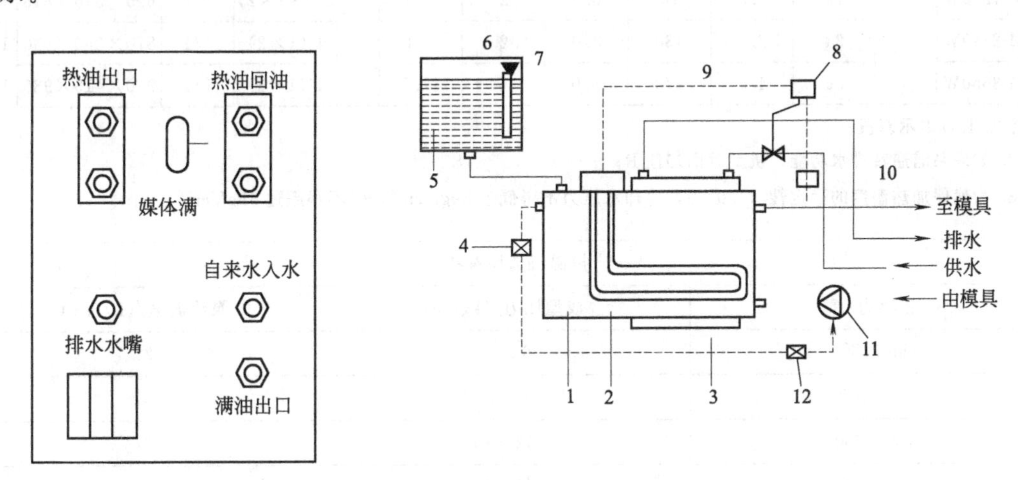

图 2-71 运水式模温机工作原理图

1—加热油槽；2—加热器；3—冷却水套；4—过热感应开关；5—储油槽；6—加油盖；7—液面计；8—温度控制器；9—电磁阀；10—安全阀；11—热油泵；12—过热保护器

其特点如下：

a. 最高使用温度 40～180℃，控温精度±1℃；

b. 微电脑触摸式控制，操作简单；

c. 开机自动排气；

d. 出水、回水温度显示；

e. 模具回水功能；

f. 不锈钢管路，减少锈垢；

g. 故障显示，维修不需专业人员。

模温机功能说明如下：

普通水加热系列功率为 6～30kW，温度在 30～120℃；

普通油加热系列功率为 6～72kW，温度在 30～200℃；

高温水加热系列功率为 6～120kW，温度在 120～180℃；

高温油加热系列功率为 18～120kW，温度在 250～350℃。

(2) 模温机不同规格系列

模温机规格见表 2-10。

表 2-10　模温机规格表

机型	最高温度	电功率/kW	泵浦功率/kW	泵浦最大流量/(L/min)	泵浦最大压力/bar	加热筒数量	加热筒容量/L	冷却方式	模具接头(选配)	进/出口尺寸	外形尺寸	净重/kg
STM-607W	120～140℃	6	0.55	27	3.8	1	3.0	直接冷却	3/8″(2×2)	3/4 3/4	635×280×740	55
STM-607W-D		6×2	0.55×2	27×2	3.8	2	3.0×2		3/8″(4×2)	3/4 3/4	655×510×740	95
STM-910W		9	0.75	42	5.0	1	3.0		3/8″(2×2)	3/4 3/4	655×280×740	60
STM-910W-D		9×2	0.75×2	42×2	5.0	2	3.0×2		3/8″(4×2)	3/4 3/4	655×510×740	105
STM-1220W		12	1.5	74	6.2	2	6.0		3/8″(4×2)	1/1	695×340×815	120
STM-2440W		24	2.8	130	8.0	2	7.4		1″(1×2)	1/1	870×360×930	140
STM-3650W		36	4.0	170	8.0	4	17.7		1″(1×2)	1/1	980×415×930	150

注：1. D表示双段；

2. 如果泵浦逆转排水功能，机型后面加注 R；

3. 为确保加热温度的稳定性（120℃），冷却水压力不得低于 2kgf/cm^2，但不得超过 5kgf/cm^2

模温机选择参考

锁模力/tf	成型压力/(kgf/h)	泵浦流量/(L/min)
50 以下	6 以下	27
50～100	6～12	27
100～200	12～25	27
200～300	25～40	40
300～650	40～80	58
650 以上	80 以上	100

(3) 操作流程

① 启动前的检查

a. 周围是否清洁无杂物，检查电源、加热器、控制器、压力表等是否正常；

b. 检查膨胀油箱油位是否在 1/2～3/5 液位以上位置，液位感应器等是否正常；

c. 接通控制柜电源，检查电压是否正常，检查指示灯及各显示仪表是否正常。

② 启动

a. 启动导热油循环泵，启泵后正常循环 0.5h 左右使压力平稳；

b. 按加热启动按钮，观察加热是否正常。

③ 停机操作

a. 正常停机　逐步降低温度，停止加热；待导热油温度降至 70℃以下，停止导热油循环泵的运行；关闭总电源，做好交接班记录。

b. 紧急停机　如果因紧急情况紧急停机时，应迅速关闭加热管，以便导热油自然冷却，防止过热。

④ 注意事项

a. 检查时应注意检查电加热导热油炉周围是否发生泄漏，附近应配置足够的油类及电气类的消防器材，水不能作为灭火剂使用；

b. 选择适当的模温控制器；

c. 在购置时须详细考虑生产的需要，严格审定模温控制器的各项能力。

(4) 冷却方式

模温机的冷却方式分为直接冷却和间接冷却。间接冷却方式采用冷却回路与主回路分开的方式，而直接冷却方式的冷却回路是直接参与到主回路中。运水式模温机通常采用直接冷却方式。而运油式模温机，由于加热过程中，水和油不能掺杂在一起，所以采用间接冷却方式，通常通过板式交换器来进行冷却。

由于高温运水式模温机温度通常在 160℃以上，其内部主管路循环的都为高温蒸汽，此时内部管路压力比较大，若使用直接冷却的方式，需要外部水压大于内部主管路水压才能进入主管路冷却。此种方法易发生危险。所以高温运水式模温机也多采用间接冷却方式。

直接冷却的优点和缺点：直接冷却只能用于温度较低的场合，但采用这种方式降温速度比较快。

间接冷却的优点和缺点：间接冷却适用于高温模温机，但是热交换速度慢，热量会在热交换中散失。因此，当介质的实际温度与设定值偏差较大时，可采用冷却能力较大的直接冷却方式。

(5) 模温机保养

① 模温机使用前需检查冷却水是否流通，防止因冷却水不足而对模温机产生损坏。保证模温机的工作环境清洁，避免灰尘，这样可以大大延长模温机电气元件的使用寿命。

② 新的模温机，可根据使用的导热媒介采用不同的保养措施。对于媒介是水的，要保证水源的清洁，防止结垢以及管路堵塞。对于媒介是油的，要根据使用温度，定期进行更换，对于 200℃以上的，要定期一两个月更换一次，而 200℃以下的，则可以一个季度左右更换一次，以此避免温度加不上的问题。

③ 在管路方面，要根据泵浦和压力的关系，来判断管路是否有堵塞的现象，如果压力过小，需将发热管取出并用工具清理系统入口的过滤器网罩，最好一个月清洗一次。

④ 定期检查模温机水泵和油泵是否漏油，有需要的话，泵轴封也可以定期更换。

⑤ 电气元件上，根据元件的使用寿命适时地更换，定期进行测试，以保障安全。

(6) 应用

① 注塑模具的热平衡控制。注塑机和模具的热传导是生产注塑件的关键。模具内部，由塑料（如热塑性塑料）带来的热量通过热辐射传递给材料和模具，通过对流传递给导热流体。另外，热量通过热辐射传递到大气和模架。被导热流体吸收的热量由模温机带走。

② 注塑工艺中，控制模具温度的主要目的一是将模具加热到工作温度，二是保持模具

温度恒定在工作温度。把握好这两点，可以使循环时间最优化，进而保证注塑件稳定，提高质量。模具温度会对材料的表面质量、流动性、收缩率、注塑周期以及变形等产生影响。

对热塑性塑料而言，提高模具温度通常会改善表面质量和流动性，但会延长冷却时间和注塑周期。降低模具温度通常会降低材料在模具内的收缩，增加脱模后注塑件的收缩率。而对热固性塑料来说，提高模具温度通常会减少循环时间，且时间由零件冷却所需时间决定。此外，在塑胶的加工中，高一点的模具温度还会减少塑化时间，减少循环次数。

③ 温度控制系统由模具、模温机、导热流体三部分组成。为了确保模具能自由获取所需的能量，系统各部分必须满足以下条件：首先是在模具内部，冷却通道的表面积必须足够大，流道直径要匹配泵的能力（泵的压力）。型腔中的温度分布对零件变形和内在压力有很大的影响。合理设置冷却通道可以降低内在压力，从而提高注塑件的质量。

模温机要能够使导热流体的温度恒定在1～3℃的范围内，具体根据注塑件质量要求来定。而且导热流体必须具有良好的热传导能力，要能在短时间内导入或导出大量的热量。从热力学的角度来看，水明显比油好。

2.8.2 真空上料机

真空上料机也称吸料机，是国内较为先进、理想的粉状物料、粉粒混合物料的真空输送设备，能自动地将各种物料输送到包装机、注塑机、粉碎机等设备的料斗中，也能直接将被混合的物料输送到混合机（如V形混合机、二维混合机、三维混合机等）中，减轻了工人的劳动强度，解决了加料时粉尘外溢等问题。真空上料机由真空泵（无油，无水）、不锈钢吸料嘴、输送软管、PE过滤器（或316不锈钢过滤器）、压缩空气反吹装置、气动放料门装置、真空料斗和料位自动控制装置等组成，其外观精美，是食品和制药等行业理想的上料设备。

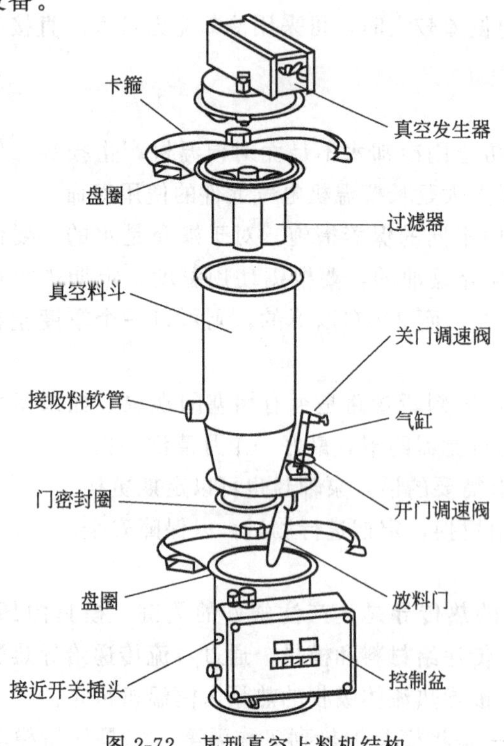

图2-72 某型真空上料机结构

(1) 产品结构分析

某型真空上料机结构如图2-72所示。真空输送是管道密闭输送，这种输送方式有以下优势：

① 杜绝粉尘环境污染，改善工作环境，同时减少环境及人员对物料的污染，提高洁净度；

② 由于是管道输送，占用空间小，能够完成狭小空间的粉料输送，使工作间空间美观大方；

③ 不受长短距离限制，同时，真空上料机能够降低人工劳动强度，提高工作效率；

④ 是绝大部分粉体物料输送方式的首选；

⑤ 适用于流动性能好的粉末产品，符合GMP标准；

⑥ 可针对物料的不同做多方面设计、多种真空源设计，可设计负压工作站。

(2) 产品工作原理

真空上料机工作原理如图 2-73 所示。真空上料机是用真空泵抽气，使吸料嘴进口处及整个系统处于一定的真空状态，粉粒料随同外界空气被吸入料嘴，形成料气流，经过吸料管到达料斗，在料斗中进行气、料分离。分离后的物料进入受料设备。送料、放料是通过气动三通阀不断地开、闭来完成的，而气动三通阀的开闭是由控制中心来控制的。

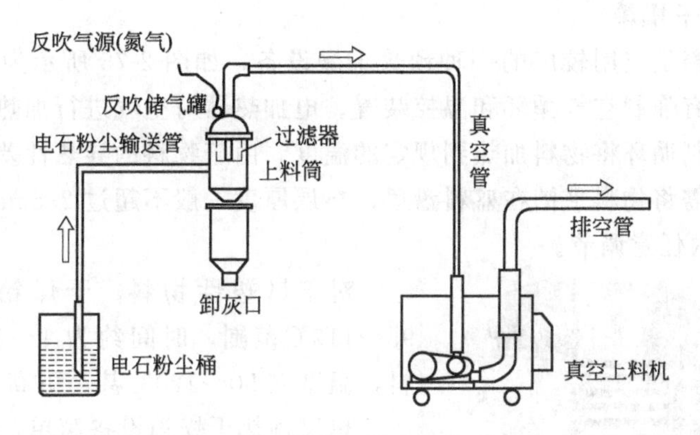

图 2-73　真空上料机工作原理

真空上料机中装有压缩空气反吹装置，每次放料时，压缩空气脉冲反吹过滤器，把吸附于过滤器表面的粉末打落下来，以保证吸料能正常运行。

对有料位控制的真空上料机，受料设备的料斗中物料通过料位控制器完成自动加料。当受料设备的料斗高于某一位置时，真空上料机停止加料；当料位低于某一位置时，真空上料机自动启动，完成对受料设备的加料。真空上料机使用示意图如图 2-74 所示。

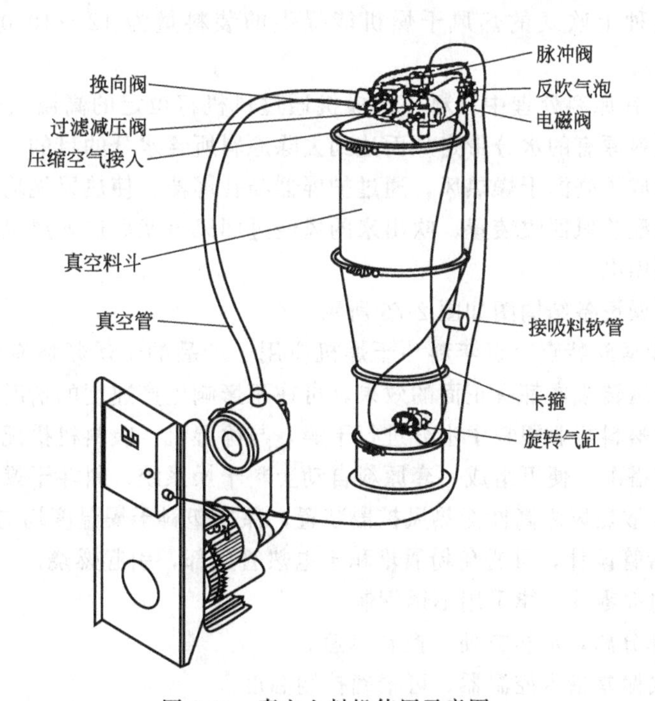

图 2-74　真空上料机使用示意图

2.8.3 物料预热干燥

在成型之前，对物料进行预热，可以提高物料的混合塑化效率，缩短成型周期，改善制品质量；而对物料进行干燥则是为了减小物料过多的含湿量。对物料进行预热干燥的形式较多，最常用的有如下几种：

(1) 热风预热干燥箱

热风预热干燥箱是应用较广的一种预热干燥设备，如图 2-75 所示为其实物图。这种干燥设备在箱体内设有强制空气循环和温控装置。电加热器对空气进行加热，被加热的空气经箱体底部的风扇强制循环将物料加热到规定的温度。由于物料的导热性差，致使内外层温差较大，所以预热时需将物料平铺在盛料盘里，料层厚度一般不超过 2.5cm。干燥箱的温度可在 40～230℃范围内任意调节。

图 2-75 热风预热干燥箱

对于热塑性物料，干燥箱温度一般控制在 95～110℃范围，时间约为 1～3h；对于热固性塑料，温度在 50～120℃甚至更高，视物料而定。

热风预热干燥箱设备简单，多用于小批量物料的预热干燥。

(2) 料斗式预热干燥设备

俗称干燥料斗、料斗干燥机或干燥桶。料斗干燥机是标装热风干燥机的换代产品，在原有的功能基础上充分考虑到环保因素，加以改良。它可以干燥因包装、运送或回收而潮湿的原料，是干燥塑胶原料最有效且经济的机型。直结式的设计特别适合直接安装在塑胶成型机上进行干燥，既快速又节省空间。这种上吹式的热风干燥机能提供的装料量为 12～1000kg，共分为 13 种机型。

① 工作原理　在原料处理中，料斗干燥机通过风机将恒定的高温风吹进料桶内，烘烤原料后，将桶内原料原有的水分带走从而达到去除原料所含水分的目的。风机吹出来的风经过电热筒加热后变成了高温干燥热风，通过护屏器与孔屏器，使热风能均匀分散在料桶风干桶内的原料。可选配热风回收装置，吹出来的风经过回风过滤后进入风机从而形成一个封闭的循环回路，节约用电。

料斗式预热干燥设备结构图如图 2-76 所示。

② 注塑机干燥料斗特点　近年料斗干燥机应用于产品的干燥领域有增加的趋势，其干燥对于产品品质及运转成本都有正面的效果，可在不影响生产速度的情况下改善品质。料斗干燥机主要用于对塑料行业塑料中水分进行干燥，与除湿机、吸料机搭配可组成一套除湿干燥系统。与吸料机搭配，便可组成一套原料自动上料干燥系统。料斗干燥机特点如下：

a. 采用均匀分散热风之高性能热风扩散装置，保持塑料干燥温度均匀，增加干燥效率。

b. 特有热风弯管设计，可避免粉屑堆积于电热管底部，引起燃烧。

c. 料桶内及内部零件一律采用不锈钢制。

d. 料桶与底部分离，清料方便，换料迅速。

e. 采用比例式偏差指示控温器，可精确控制温度。

f. 有双重过热保护装置，可减少人为或机械故障所产生之意外。

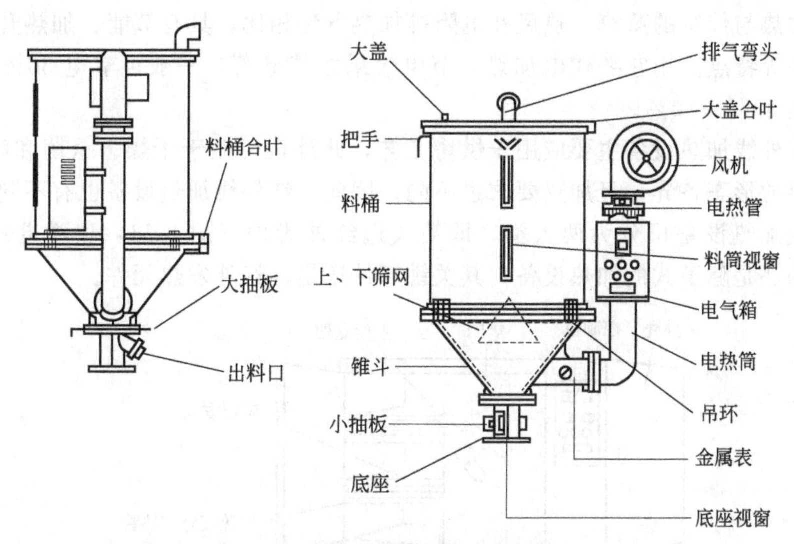

图 2-76　料斗式预热干燥设备结构图

g. 各种机型皆可提供预热定时装置、微电脑控制及双层保温料桶选择。

h. 全数位式 PID 控制 LED 状态显示。

i. 0～99h 定时自动开机。

j. 提供间歇式干燥方式，以达到省电的目的。

h. ～j. 仅 SHD-DT 系列提供。

k. 透明视窗型磁铁底座。

(3) 真空预热干燥设备

真空干燥器是一种将物料置于减压的环境中进行干燥的设备，如图 2-77 所示，一般多采用真空料斗。真空料斗干燥是将被干燥的物料放置在密闭的干燥室内，在用真空系统抽真空的同时，对被干燥物料不断进行适当的加热，使物料内部的水分通过压力差或浓度差扩散到表面，水分子在物料表面获得足够的动能，在克服分子间的吸引力后，逃逸到真空室的低压空气中，从而被真空泵抽走除去，达到干燥的目的。

图 2-77　真空干燥器

物料溶剂在真空状态下的沸点较低，该设备适用于干燥不稳定或热敏性物料；真空干燥器有良好的密封性，所以又适用于干燥需要回收的溶剂、在加热时易氧化变色的物料以及具有强烈刺激的物料。

(4) 远红外预热干燥设备

远红外预热干燥的原理是：当被加热物体中的固有振动频率和射入该物体的远红外频率一致时，就会产生强烈的共振，使物体中的分子运动加剧，因而温度迅速升高。多数食品物料，尤其是其中的水分具有良好的吸收远红外线的能力。

利用远红外加热技术提高加热效率，重要的是要提高被加热物料对辐射线的吸收能力，使其分子振动波长与远红外光谱的波长相匹配。因此，必须根据被加热物的要求来选择合适的辐射元件，同时还应采用不同的选择性辐射涂层材料，并要改善加热体的表面状况。

远红外加热与传统的蒸汽、热风和电阻等加热方法相比，具有节能、加热升温快，无污染、热效率高等特点。用它替代电加热，节电效果尤其显著，一般可节电 30%左右，个别场合甚至可达 60%～70%。

目前，红外线加热设备主要应用于烘烤工艺，此外也可用于干燥、杀菌和解冻等操作。由于食品物料的形态各异，且加热要求也不同，因此，红外线加热设备也有不同的形式。总体上，红外线加热设备可分为两大类，即箱式远红外烤炉（图 2-78）和隧道式远红外炉。不论是箱式的还是隧道式的加热设备，其关键部件还是远红外发热元件。

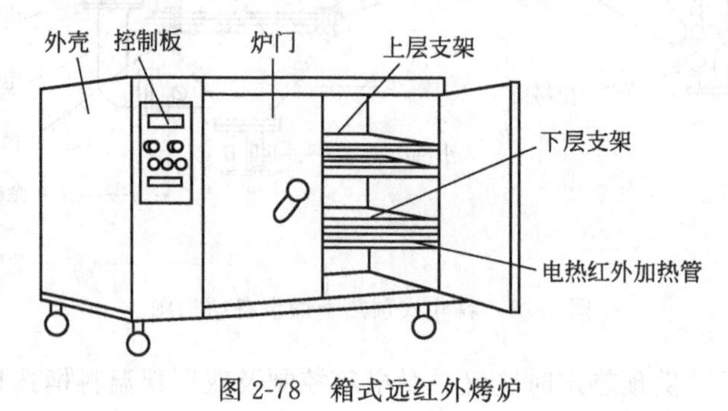

图 2-78　箱式远红外烤炉

思考与练习题

1. 注射机由哪几部分组成？各部分的功能如何？
2. 试简述注塑成型过程。
3. 分析比较卧式、立式、直角式注射机的优缺点。
4. 简述柱塞式和螺杆式注射装置的结构组成和工作原理，并比较二者的优缺点。
5. 注射机螺杆头的结构有哪些？带有止逆结构的螺杆头是如何工作的？
6. 喷嘴的功能有哪些？常用喷嘴的类型有哪些？其特点是什么？分别用于何种场合？
7. 螺杆式注射机的传动装置有哪些典型形式？
8. 合模系统由哪几部分组成？
9. 调模装置的作用是什么？常见的调模装置有哪几种形式？其特点是什么？
10. 专用注射机与普通注射机的主要区别有哪些？为什么？

第3章　塑料压延成型机

学习成果达成要求

压延成型是热塑性塑料主要成型方法，它是将已熔融塑化好的接近黏流温度的热塑性塑料挤进两个以上的平行辊筒间，使物料在通过旋转的辊筒时承受挤压和延展作用，而使其成为规定尺寸的连续片状制品的成型方法（其中辊筒为成型模具）。压延成型与挤出成型、注射成型一起称为热塑性塑料的三大成型方法。压延成型制品在塑料成型制品的总产量中约占1/5，像薄膜、片材、人造革和压延复合地板等塑料制品，广泛应用于工业、农业、国防和人们生活中的各个领域，同时在国民经济生产中发挥着重要作用。

本章主要学习塑料压延成型设备的结构组成、工作原理，重点掌握压延机的技术参数和选用，了解压延成型设备的维护与安全操作。

通过学习，应达成如下的能力：

① 了解塑料压延成型设备的工作原理、应用范围，压延机的分类及工作特点，压延机的主要技术参数。

② 理解掌握压延成型工艺流程，理解压延成型前主要工艺，了解初混合设备捏合机、高速混合机以及塑炼设备开炼机、密炼机的工作原理。

③ 理解压延机的结构组成、压延机辊筒挠度及其补偿方法，了解压延机其他辅助装置及压延机的传动方法。

④ 具备在考虑健康、安全等因素的前提下根据使用要求选择所需塑料压延成型设备的能力，具有合理使用和维护塑料压延成型设备的基本知识。

⑤ 了解压延成型辅机的引离装置、压花装置、冷却装置、测厚装置等的工作原理。

3.1　概述

3.1.1　压延成型及其特点

压延成型是以聚氯乙烯等树脂为主要原料，与增塑剂、稳定剂等辅助原料，按不同的制品成型工艺配方，计量配混后，在高温条件下经高速混合机混合均匀，再经过密炼机或挤出机和开炼机进行混炼、塑化；由皮带输送到压延机辊筒上，之后经过几个高温辊筒的进一步塑化辊压，成为厚度均匀的薄膜（片）；经剥离、压花、冷却定型和测量厚度后，进行卷取得到成品。塑料压延生产流程如图3-1所示。

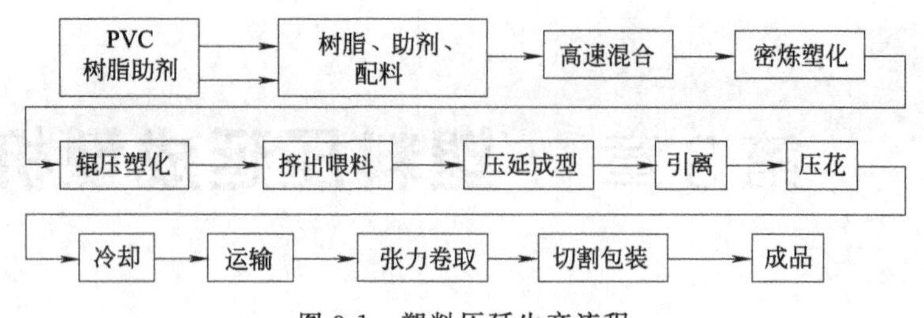

图 3-1　塑料压延生产流程

从图中看出压延成型是以压延机为核心，可以分成前后两工序，即压延成型前为前工序，压延成型后为后工序。

(1) 压延成型的优点

① 生产速度快，产量高，生产速度为 60～100m/min，甚至可高达 250m/min。

② 连续成型，制品断面形状固定，长度可以根据使用要求进行控制。

③ 制品质量好，厚度均匀、致密，误差小（厚度公差可以控制在 10%左右）。

④ 成型过程中塑料发生热降解的可能性小。

⑤ 成型不用模具，辊筒为成型面，可制得带有各种花纹和图案的制品，并且可以生产多种类型的薄膜层合制品（如人造革等）。

⑥ 自动化程度高。先进的压延成型联动装置只需 1～2 人操作，同时减小了工艺过程和人为的误差。

综上所述，压延成型在塑料加工中占有相当重要的地位。

(2) 压延成型的缺点

① 设备庞大，精度要求高，辅助设备多，维修复杂，投资大，不适合小批量制品的生产。

② 压延操作是多工序作业，生产流程长、工艺控制复杂，制品形状单一，多为薄膜(片)、人造革产品。

③ 成型适应性不是很宽，要求塑料必须有较宽的流动温度至分解温度（$T_f \sim T_d$）范围。

④ 制品宽度易受压延机辊筒长度的限制。

⑤ 生产流水线长，工序多，供料必须紧密配合。

⑥ 压延机需要技术熟练、经验丰富的工人操作，对工人技术水平要求比较高。

由于压延成型存在以上缺点，因而在生产连续片材方面不如挤出成型技术发展得快。

3.1.2　压延成型工艺流程及设备组成

压延成型工艺流程，应包括压延前的成型物料准备、压延成型和压延物的定型与后处理三个阶段。压延制品生产线也是由各种备料辅机、主成型设备压延机和各种冷却定型与后处理辅机三部分组成。备料辅机通常由配制与塑化物料和向压延机供料的料仓、计量装置、密炼机和塑化机等组成，如图 3-2 所示。压延机是压延成型的主要设备，是由一系列相对运动的辊筒组成，物料在两个辊筒之间的间隙内受到钳取力从而被引入辊隙，受到挤压力而被压延，辊筒内部通过加热与冷却实现物料的成型与定型。常用的定型与后处理辅机主要是各种引离、压花、冷却、测厚、张力、卷曲和切断装置等。目前为适应高产、优质成型的需要，各种压延制品都有专用的生产线。

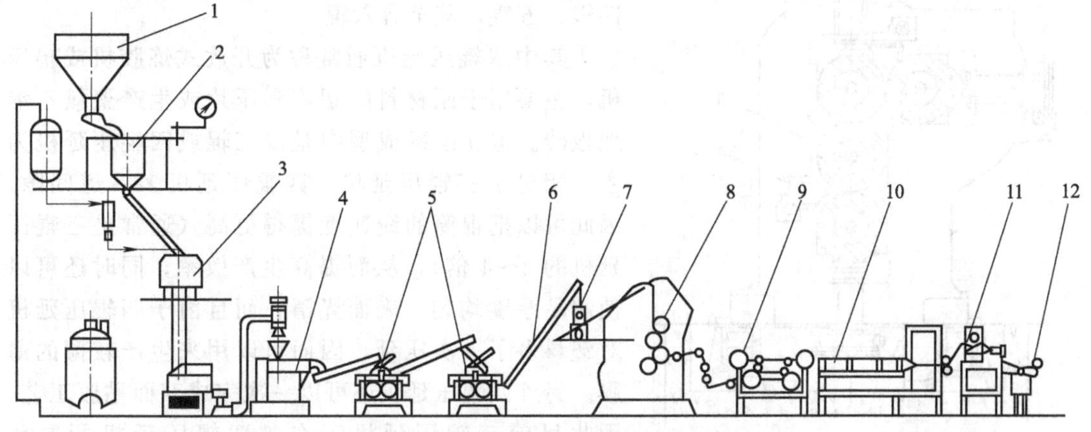

图 3-2　塑料压延片材生产工艺过程

1—料仓；2—计量装置；3—高速热混合机；4—塑化机；5—密炼机；6—供料带；7—金属检测器；8—四辊压延机；9—冷却定型装置；10—运输带；11—张力调节装置；12—卷曲装置

3.1.3　压延机的分类

压延机的类型很多，一般是按压延辊筒的数目和辊筒的排列形式来命名的，共有十多种类型，如图 3-3 所示。

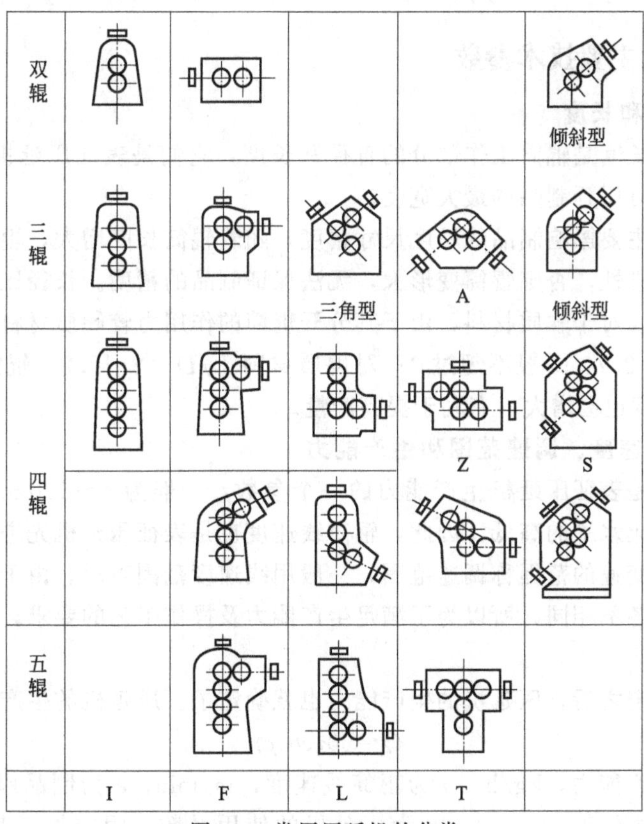

图 3-3　常用压延机的分类

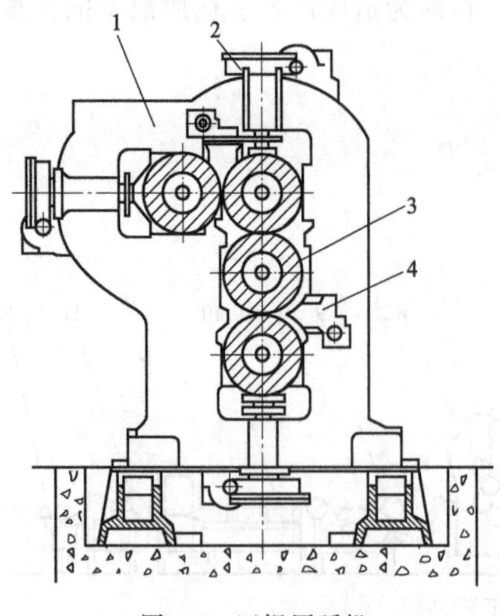

图 3-4　四辊压延机
1—机架；2—辊距调节装置；
3—辊筒；4—挡料装置

(1) 按辊筒数目分类

根据辊筒数目的不同，压延机分为双辊、三辊、四辊、五辊，甚至有六辊。

其中双辊压延机通常称为开放式炼胶机或辊压机，主要用于原材料的塑炼和压片或生产聚氯乙烯地板砖。但在压延成型中是以三辊或四辊压延机为主。相对于三辊压延机，四辊压延机多一道间隙，因此可以把辊筒的线速度提得更高（通常是三辊压延机的 2～4 倍），从而提高生产效率，同时还可以使制品厚度均匀，表面光滑；而且由于四辊压延机对塑料多了一次压延，因而可以用来生产较薄的薄膜。另外四辊压延机还可以一次完成双面贴胶工艺，因此目前三辊压延机正在被四辊压延机所取代（图 3-4）。至于五辊和六辊压延机的压延效果虽然更好，但因设备复杂、体积庞大且造价太高、能耗太大，目前还未普遍使用，多用于实验室中。

(2) 按辊筒排列方式分类

压延辊是压延机的主要部件，它的排列方式很多，例如，双辊压延机有直立式和斜角式排列，三辊压延机有 I 型、三角型等几种，四辊压延机有 I 型、正 L 型、倒 L 型、正 Z 型、斜 Z（S）型等。在几种排列方式中，最普遍采用的是倒 L 型和斜 Z 型。

3.1.4　压延机的主要技术参数

(1) 辊筒直径和长度

辊筒的直径和长度是辊筒工作部分的直径和长度，它们是表征压延机规格的重要参数。辊筒的长度表征了可压延制品的最大宽度。

辊筒的长径比主要影响制品的厚度尺寸精度，随着辊筒长度增大，辊筒直径也要相应增加，以增大辊筒的刚性，否则辊筒变形大，无法保证制品的精度。长径比的大小根据材料性质的不同有所不同，对于软质材料，由于其分开辊筒的作用力较硬质材料小，其长径比可以大些，$L/D=2.5\sim2.7$，一般不超过 3；对硬质材料 $L/D=2\sim2.2$。辊筒直径增大，即使转速不增大，线速度也会增大，有利于提高产量。

(2) 辊筒的线速度、调速范围和生产能力

辊筒的线速度是表征压延机生产能力的一个参数，一般为 4～100m/min。线速度的高低取决于机器自动化水平的高低，因此，辊筒线速度也是表征压延机先进程度的参数之一。

辊筒可以无级变速的范围称调速范围，一般用线速度范围表示。由于压延机所加工的材料品种多，性能又各不相同，所以为了满足生产能力及操作工艺的要求，辊筒的调速范围一般应在 10 倍左右。

辊筒线速度确定之后，压延机的生产能力也就确定了。压延机的生产能力为

$$Q=60veb\alpha\rho\gamma \tag{3-1}$$

式中，Q 为生产能力，kg/h；v 为辊筒线速度，m/min；e 为制品厚度，m；b 为制品宽度，m；γ 为物料密度，kg/m^3；α 为压延机的使用系数，固定加工某种材料时 α 可取

0.92，经常换料时，α 取 0.7～0.8；ρ 为超前系数，通常取 1.1 左右。

超前现象示意图如图 3-5 所示，物料在被压延过程中厚度不断减小。随着厚度的减小，其宽度和长度不断增加。但是，当物料运动到某一位置（图示 cd 截面）时，宽度不再增加，而只增加长度。

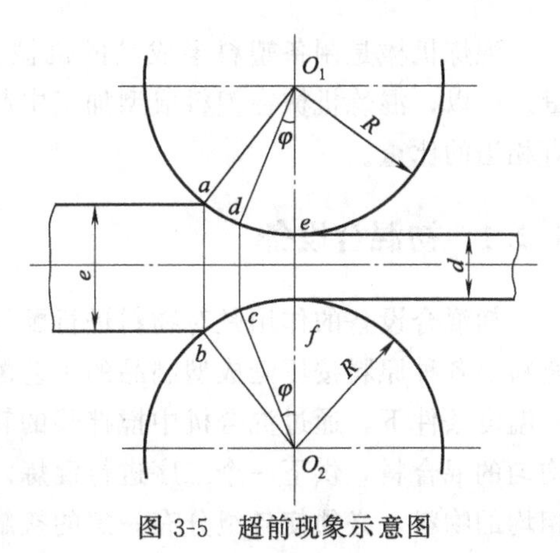

图 3-5　超前现象示意图

在 $abcd$ 区，物料由辊筒带着向辊隙运动，此时物料的宽度增加，而厚度减小。由于此时物料的厚度仍较大，只有靠近辊面的物料其运动速度才与辊筒的速度相近，料层内部的速度低于辊筒。这种现象称为物料滞后于辊筒，所以 $abcd$ 区称为滞后区。

物料运动到 cd 截面后，物料的宽度不再增加，而厚度继续减少。物料厚度的减小仅用于增加料片的长度，即物料被辊筒挤压而推过辊筒间的间隙 ef，此时物料运动的速度大于辊筒的线速度，这种现象称为物料超前于辊筒，所以，$cdef$ 区称为超前区。在 cd 截面以后，物料速度与辊筒速度之比，称为超前系数。

(3) 辊筒的速比

辊筒的速比是指两只辊筒线速度之比。速比愈大，压延物料产生的剪切摩擦热也愈大。速比过大有可能使物料变质分解，或者造成物料包在速度高的一只辊筒上，而不贴附下一只辊筒。速比过小，物料贴附辊筒的能力差，容易加入空气，造成气泡，影响塑化质量。

四辊压延机的速比一般以 3 号辊的线速度为标准，其他三辊都对 3 号辊维持一定的速度差。物料种类不同，或同一物料其制品厚度或用途不同时，速比也不同。对软聚氯乙烯薄膜，其速比大致如下：1 号∶3 号为 1∶(1.4～1.5)；2 号∶3 号为 1∶(1.1～1.25)；3 号∶4 号为 (1.2～1.3)∶1。

(4) 驱动功率

压延机的驱动功率是指驱动压延机滚筒所需要的功率。影响驱动功率的因素很多，主要有材料的品种、制品的厚度与宽度、辊筒的直径、压延速度和辊筒温度等。因此，很难有一个标准的理论公式计算。目前，一般采用实测和类比的方法确定，大约为数十千瓦至数百千瓦。

3.2　压延成型前工艺主要设备

某些塑料在成为制品以前，必须进行混炼，混炼后所得到的料不论其料量多少，都应该在性能上均匀一致。混炼过程是在混炼机上进行的，但混炼过程一般又分为初混合和塑炼两个过程。这是因为塑炼要求的条件比较苛刻，所用设备的承料量不可能很大，因此在制备大批料量时，常在塑炼前用简单混合的方法使原料组分之间有较好的均匀性。另外由于混炼机混炼效率的限制，一种不太均匀的料，即使它的重量没有超过混炼机的承料量，如果要求它通过混炼而完全均匀，则必须用很长的时间混炼，而混炼又总是在高温和高剪切速率下进行的，这样就会造成聚合物的过多降解。为此，各种原料在塑炼之前，要求先在比较缓和的条件下进行初混合。

与之相适应，混炼机械相应地也分为初混合机械和塑炼机械两大类。初混合机械包括螺带式混合机、捏合机和高速混合机等。塑炼机械主要包括开炼机和密炼机。

混炼机械是制备塑料半成品的机械，塑料半成品质量的好坏，直接影到塑料制品的质量。所以，混炼机械在塑料成型加工中起着相当重要的作用，同时它在塑料成型机械中也占有相当的比重。

3.2.1 初混合设备

初混合设备的作用是对物料进行配混。把聚氯乙烯树脂、增塑剂、稳定剂、着色剂和填充料等各种原料按压延成型制品的工艺配方要求比例，经计量后分别加入混合机中，在一定的温度条件下，通过混合机中搅拌桨的转动，使物料得到翻转、推压和搅动，从而获得分散均匀的混合料，供下一个工序进行混炼。在初混合过程中，要使多相非均态的各种组分变为相均的物料，必须使各组分有一定的接触面积，因此对初混合设备的要求是尽可能加大各组分的接触。实践证明，提高转速和促进物料的翻滚运动正是达到此目的有力的措施，初混合机械正是按照这一原则设计制造的。

混合机有多种类型，在压延生产线中最常用的有捏合机、高速混合机等。

(1) 捏合机

捏合机的作用是通过机械搅拌使物料（如树脂、增塑剂、稳定剂、着色剂或填充剂等）充分混合，借助捏合温度，加快树脂对增塑剂的吸收和溶胀作用，使稳定剂、着色剂等分散均匀，提高转速使物料翻动加快，从而促进混合均匀。

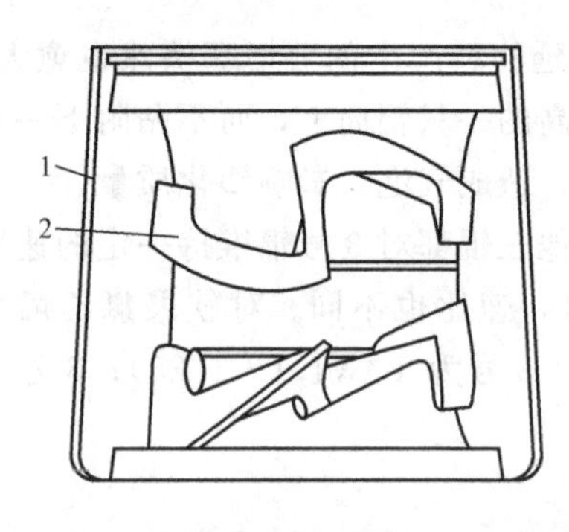

图 3-6 捏合机

1—捏合室壁；2—转子

捏合机主要由转子、混合室及驱动装置组成。混合室是一个 W 形或鞍形底部的钢槽，一对反向旋转的转子安装在混合室中，如图 3-6 所示。混合室钢槽用不锈钢衬里，槽壁附有夹套，可通蒸汽加热或通冷水冷却。捏合机卸料用钢槽倾倒装置，可使钢槽倾斜 120°，由电动机经丝杠传动。槽盖设有平衡锤，当钢槽倾斜时，盖自动开启，但也可在混合室的底部开卸料孔卸料。

转子的形状很多，常用转子类型如图 3-7 所示，但最常用的是 Z 形。捏合时，物料在转子作用下沿混合室的侧壁上翻而在混合室的中间下落，同时物料在一对相切转子的相切处受到重复强烈的折叠和剪切作用，从而达到均匀混合的效果。Z 形捏合机又称双臂捏合机或 Sigma 桨叶捏合机，是广泛用于塑料和橡胶等高分子材料的混合设备。

(2) 高速混合机

① 结构和工作原理　高速混合机及其工作原理如图 3-8 所示。它是由混合室（又称混合锅）、回转盖、折流板、叶轮、排料装置及传动装置等组成。

高速混合机工作时，原料从混合锅上部投入，高速旋转的叶轮借助表面与物料的摩擦力和侧面对物料的推力使物料沿叶轮切向运动，同时物料因离心力的作用抛向锅壁下部，物料受到锅壁阻挡，只能由混合锅底部沿锅壁上升，至旋转中心部位时落下，然后再上升和下降(图 3-8 中箭头所示)。折流板的作用是使物料产生流态化运动，更有利于混合均匀。循环过程中由于物料的内部摩擦所产生的热和来自外部加热夹套的热量而使物料温度升高，因此这种混合机除了具有混合均匀的效果外，甚至还可使塑料塑化。

叶轮在混合室内的安装形式有两种，一种为高位式，即叶轮在混合室中部，驱动轴相应

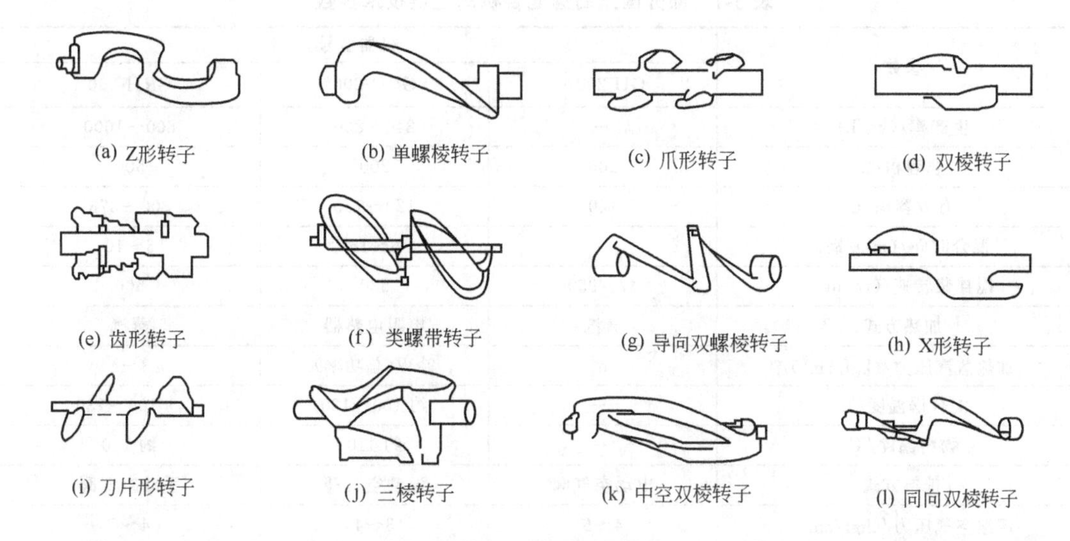

图 3-7 常用转子类型

长些；另一种为普通式，叶轮装在混合室底部，由短轴驱动。高位式与普通式的结构如图 3-9 所示。显然高位式的混合效率较高，物料填加量更多。

② 主要技术参数　主要技术参数是表征高速混合机工作性能的指标。现把部分国产高速混合机的主要技术参数列于表 3-1 中，供参考。

③ 高速混合机的优点　捏合效率高，每次捏合时间为 5～7min，混合均匀，操作方便，清理容易，热损耗小，可用于填料的混合。密封性好，有利于环境保护。

④ 高速混合机的缺点　间歇操作，连续化困难，驱动电机功率较大，设备费用较高。增塑剂用量大于 50 份时，因操作不当常出现干料结块。

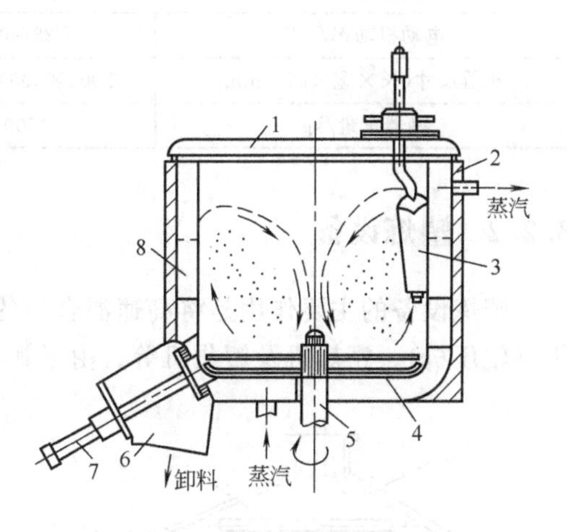

图 3-8 高速混合机及其工作原理

1—回转盖；2—外套；3—折流板；4—叶轮；5—驱动轴；6—排料口；7—排料气缸；8—夹套

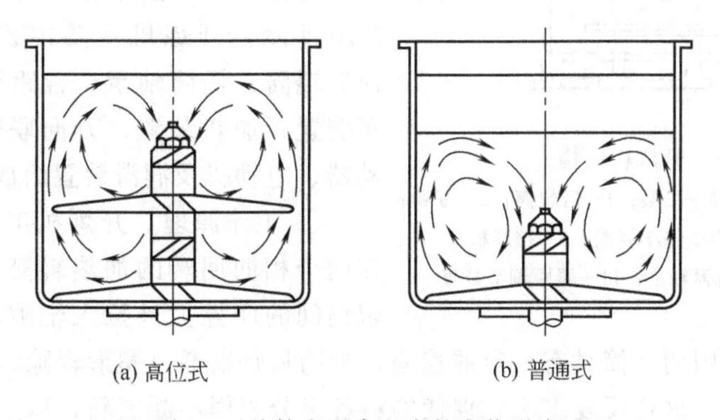

图 3-9 叶轮在混合室内的安装形式

表 3-1 部分国产高速混合机的主要技术参数

参数	机器型号		
	GH-200A	GRH-200	GRH-500
生产率/(kg/h)	—	240～800	800～1000
总容积/L	200	200	500
有效容积/L	140	120～150	300～375
混合时间/(min/锅)	—	6～15	6～10
搅拌桨转速/(r/min)	475/950	520	500
加热方式	蒸汽	电阻电热器	蒸汽
加热蒸汽压力/(kgf/cm^2)	5	9kW(总功率)	3～4
混合锅温度/℃	—	约 100～130	约 100～130
物料温度/℃	—	约 110	约 110
排料方式	电动空气阀	电动空气阀	手动空气阀
压缩空气压力/(kgf/cm^2)	4～6	3～4	4～5
投料孔数/孔	—	4	5
电动机功率/kW	28/40	22	55
机器尺寸(长×宽×高)/mm	2000×900×1480	1800×950×1695	3085×1988×1054
机器重量/kg	1500	约 2200	约 3000

3.2.2 塑炼设备

塑炼设备的主要作用是将高速混合后的物料，进行进一步混合与塑化。这类设备有开炼机（辊压机）、密炼机及塑化机等。由于塑化机在生产中使用极少，这里不作叙述。

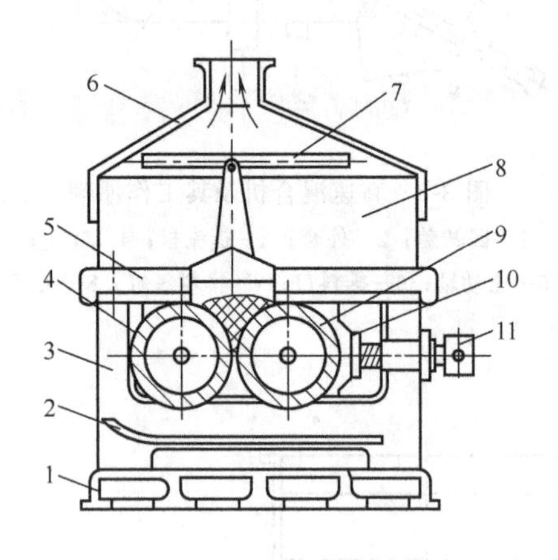

图 3-10 开炼机结构

1—机座；2—接料盘；3—机架；4—后辊筒；5—横梁；6—排风罩；7—事故停车装置；8—挡料板；9—前辊筒；10—辊筒轴承；11—辊距调节装置

(1) 开炼机

开放式炼塑机简称开炼机，又称辊压机，它是塑料制品加工过程中的基本设备，主要用于塑料的混炼、塑炼和压片等工艺，在开炼机的作用下，物料经过分散、混合、剪切等作用，使其具有一定的分散度和可塑性。开炼机的发展已有百年的历史，由于它结构简单，操作容易，清理方便，至今仍广泛使用，其结构如图 3-10 所示。开炼机主要由机座、机架、横梁、前后辊筒、辊筒轴承、辊距调节装置、事故停车装置、加热装置、万向联轴器、减速机、制动器、电动机及润滑装置组成。

① 工作原理　开炼机工作时，将混合料放在两个相向回转的加热辊筒上之后，料依靠与辊筒间的摩擦力被拉入辊隙，使物料在压辊隙处形成楔形料条。因两辊筒具有一定的速差，当物料每次通过楔形辊隙时，将承受辊筒的强烈剪切和挤压作用。这样反复多次，促使物料各组分表面不断更新，以达到预定的分散度和可塑性要求。

如图 3-11 所示，两个不断相向回转的辊筒，分别对物料有径向作用力 T（且看作集中载荷）和切向作用力 F。将 T 和 F 沿坐标分解，如图 3-12 所示。

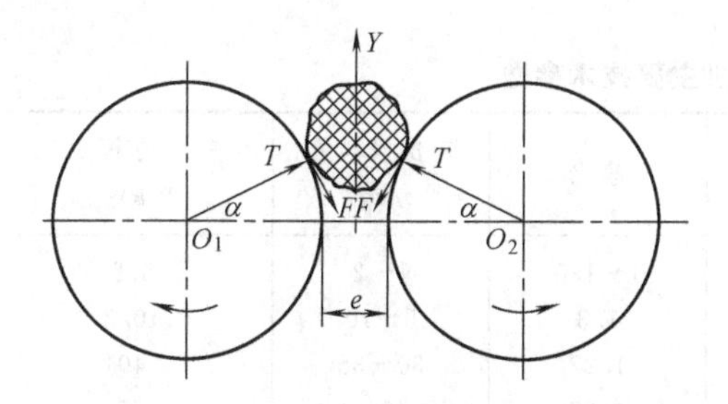

图 3-11　径向和切向作用力

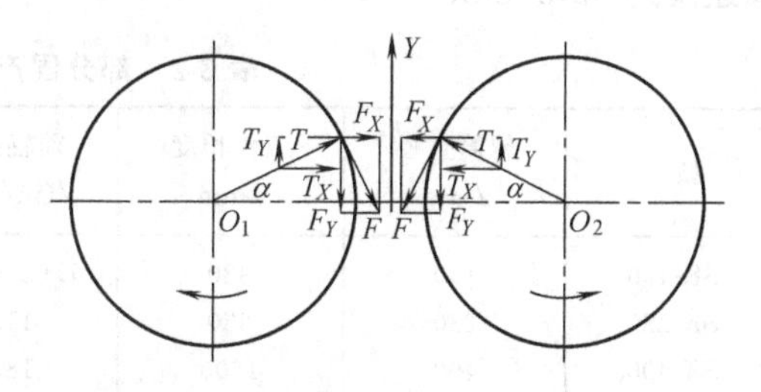

图 3-12　钳取力和挤压力

垂直分力（F_Y/T_Y），将物料拉进辊隙，称为钳取力。

水平分力（T_X/F_X），对物料进行挤压，称为挤压力。

两个辊筒的挤压力和钳取力同时作用在物料上。

要使物料不断进入辊隙，必须使

$$F_Y - T_Y > 0$$

即

$$F_Y > T_Y \tag{3-2}$$

而

$$T_Y = T\sin\alpha$$

$$F_Y = F\cos\alpha$$

式中，α 为接触角。

切向作用力 F 与物料对辊筒的摩擦阻力大小相等，方向相反。

设物料与辊筒间的摩擦系数为 f，则

$$F = Tf = T\tan\rho$$

式中，ρ 为摩擦角。

代入式（3-2），得

$$T\tan\rho\cos\alpha > T\sin\alpha$$

即

$$\tan\rho > \tan\alpha$$

$$\rho > \alpha$$

这就是说，要使物料不断进入辊隙，必须使摩擦角大于或等于接触角，否则便不可能。

事实上，由于对辊筒加热，塑料受热变软变黏，因而其与辊筒间的摩擦总是比较大的。当反复滚压后，由于物料与辊筒以及内部分子的摩擦，料温升高，物料与辊筒间的摩擦会更大，有利于滚压和塑化。

物料经过反复挤压、延展，各组分和颜色可以进一步分散均匀。

为了强化塑炼，通常两辊的转速不一样，使物料除受挤压之外，还受剪切和撕裂作用。物料最后全卷在辊速较慢或温度较高的辊筒上。

② 主要技术参数

a. 辊筒直径与长度　辊筒是开炼机的主要工作零件，其工作部分直径与长度表示机器的规格特征，是选择开炼机的重要依据。我国开炼机规格已列入部颁标准，见表 3-2。

b. 辊筒线速度之比　辊筒的工作速度常用线速度（m/min）来表示。辊筒线速度的大小取决于机器的尺寸和机械化水平，尺寸越大，机械化水平越高，辊筒线速度就可以越高。

线速度高，生产能力大。目前开炼机的线速度正向高速发展，但线速度的提高，受到被加工材料的性质、金属材料的强度，以及开炼机工作条件等的限制，目前国内开炼机的辊筒最高线速度约 32m/min。

表 3-2 部分国产开炼机主要技术参数

型号	辊筒直径 /mm	工作长度 /mm	前辊线速 /(m/min)	速比	一次投料量 /kg	功率 /kW
SK-160	160	320	1.92～5.76	1～1.5	1～2	5.5
SK-230	230	630	11.3	1.3	5～10	10.8
SK-400	400	1000	18.6	1.27	30～35	40
SK-450	450	1100	30.4	1.27	50	75
SK-550	550	1500	27.5	1.28	50～60	95

两辊线速度之比简称速比，若后辊线速度为 V_1，前辊为 V_2，并且 $V_1>V_2$，则速比

$$\lambda=\frac{V_1}{V_2}$$

速比增大，对物料的剪切强烈，可以缩短操作时间。但速比过大，发热多，物料有变色或分解的可能，尤其当辊距很小时，更容易过热。速比的大小，取决于开炼机的用途，通常速比约在 1.2～1.3 范围内。

若辊距为 e，并且物料的速度就是辊筒表面的速度，则物料在辊隙处的速度梯度

$$V_{梯}=(V_1-V_2)/e \qquad (\mathrm{min}^{-1})$$

对塑料混炼，通常速度梯度限制在 $15000\mathrm{min}^{-1}$ 以下。

c. 生产能力　生产能力是单位时间内开炼机的产量，以 kg/h 表示。可按下式计算：

$$Q=\frac{60q\gamma}{t}\alpha \qquad (\mathrm{kg/h})$$

式中，Q 为生产能力，kg/h；q 为一次投料量，L；γ 为物料密度，kg/L；t 为一次塑炼时间，min；α 为设备利用系数，可取 0.85～0.9。

一次投料量 q，是开炼机的合理容量。通常根据物料全部包裹前辊后，并在两辊间存有适量积料来确定的。一般可以用下面的公式计算：

$$q=(0.0065\sim0.0085)DL \qquad (\mathrm{L})$$

式中，D 为辊筒直径，cm；L 为辊筒工作部分长度，cm。

对连续生产的开炼机，生产能力应为：

$$Q=60\pi DnhB\gamma\alpha \qquad (\mathrm{kg/h})$$

式中，D 为辊筒直径，cm；n 为辊筒转速，r/min；h 为料片厚度，cm；B 为料片宽度，cm；γ，α 同前。

影响开炼机生产能力的因素，除了 q、D、L 等以外，辊距、辊速、速比、辊温以及操作方法等都与其有关系，所以，准确计算生产能力是困难的。

d. 功率消耗　影响开炼机功率消耗的因素较多，如工艺方法、操作温度、辊筒规格、辊距、线速度、速比和被加工物料的性质等，因此至今尚无准确的计算公式。一般通过实测或类比法确定。

在每次塑炼开始的短时间内，功率消耗达到最大值，通常为数分钟后功率消耗值的 2～3 倍，因为此时的料温低，料生。若辊筒线速度和速比提高，功率消耗也增大，辊距减小，

功率消耗增大更明显。

开炼机功率消耗是较大的，因为开炼机不仅要维持粗大的辊筒及传动零件高速回转，而且要把黏滞的物料在相当大的宽度上反复碾压。

下面的经验公式，与 $\phi 400\text{mm} \times 1000\text{mm}$ 以上规格的开炼机功率消耗较为接近，可供参考：

$$N = 92L\sqrt{R} \quad (\text{kW})$$

式中，R 为辊筒半径，m；L 为辊筒长度，m。

e. 一次投料量　由于开炼机通常是间歇生产，如果每次加料多些，自然可以提高生产率。但加料过多，会使包覆后辊间的积料量太大，不能及时进入辊隙，使每次操作时间延长，仍然达不到提高生产率的目的。所以必须适当控制一次投料量，以维持适当的积料。

③ 主要零部件

a. 辊筒　辊筒是开炼机的主要工作零件，其内部有加热和冷却功能，其外表面直接与物料接触，并对物料进行挤压和剪切，直接完成塑炼过程。

根据作用力和反作用力的原理，两辊筒受到物料企图使之分离的力的作用，其大小等于辊筒给予物料的挤压力。据计算，这个力是相当大的，通常为几十吨力甚至上百吨力。

由于辊筒表面与物料反复地、成年累月地接触摩擦，因此应具有较高的耐磨性和耐腐蚀性。

为便于辊温的调节，辊筒材料还应有良好的导热性。

通常开炼机辊筒材料为冷硬铸铁，即外表面为白口，内部为灰口，从而达到外表硬、内部韧，强度高又耐磨。

一般说来，由于开炼机并非最后成型设备，表面粗糙度为 0.4～0.8 即可。

b. 调距装置　前面已经知道，辊距的变化影响剪切速率，因而关系到塑炼效果，所以为适应多种物料的工艺要求，通常把开炼机的辊距设计成可调的。当 $D < 450\text{mm}$ 时，辊距约在 0.1～10mm 之间，当 $D > 450\text{mm}$ 时，辊距约在 0.1～1.5mm 范围内。

调距装置的结构形式一般可分为手动、电动和液压传动三种。

(a) 手动调距　手动调距装置如图 3-13 所示。调距时，转动手轮，通过螺旋齿轮、丝杠等带动前辊轴承前后移动。这种调距机构结构简单，工作可靠，但劳动强度大，故适用于小规格的开炼机。

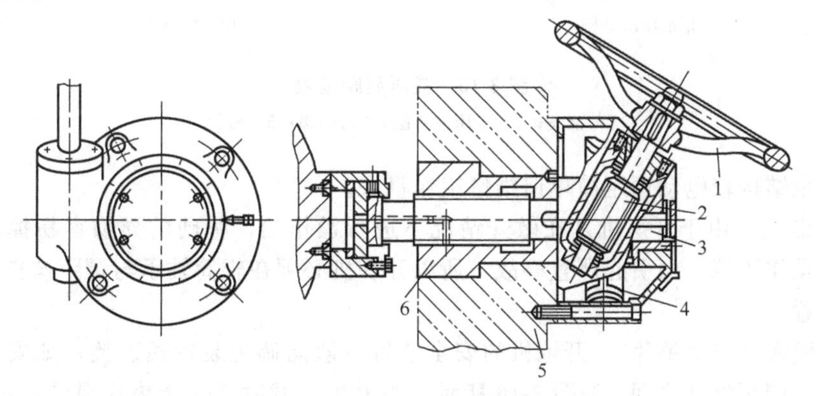

图 3-13　手动调距装置

1—手轮；2—丝杠；3—安全垫片；4—前辊轴承；5—螺母；6—螺旋齿轮

(b) 电动调距　如图 3-14 所示，电动调距与手动调距有所不同。调距时，可启动调距电机，并通过摆线针轮减速机、涡轮、蜗杆减速后，再经螺母、丝杠带动前辊前后移动。

电动调距操作简便，工作可靠，但结构复杂，一般用于大中型开炼机。

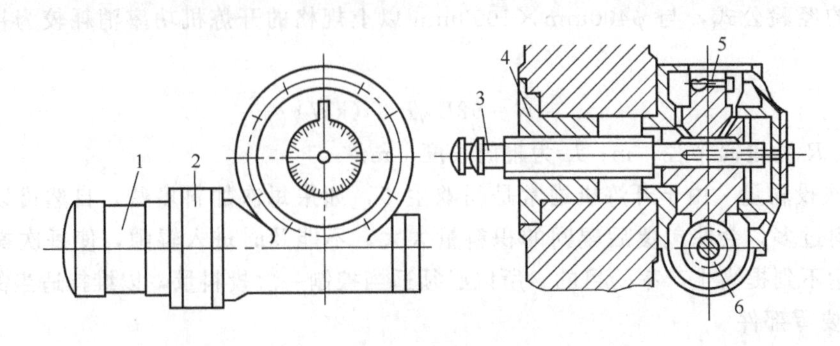

图 3-14　电动调距装置

1—电动机；2—减速器；3—丝杠；4—螺母；5—蜗轮；6—蜗杆

(c) 液压调距　液压调距装置的结构及工作原理如图 3-15 所示。调距时，可开启阀 4，压力油进入增压液压缸，使增压液压缸内油压增高，从而推动轴承体，实现调距。此调距方式具有比电动调距较为简单的结构，操作方便，外形美观，易于实现安全保护，但充油困难，并易泄油。

通过增压液压缸 2 将油压由 $50\sim60\text{kgf/cm}^2$ 增大到 $250\sim380\text{kgf/cm}^2$，而增压液压缸的顶座作用在轴承体上，使辊距减小，当需要调开距离时，打开卸压阀，靠物料的作用力，使辊距开大。

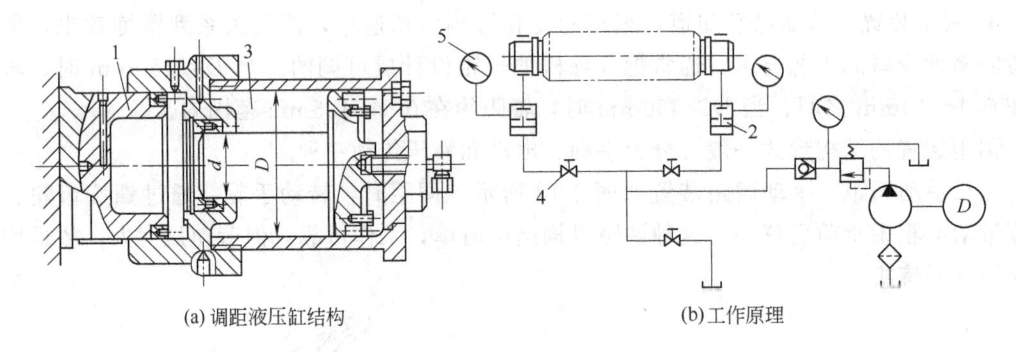

(a) 调距液压缸结构　　(b) 工作原理

图 3-15　液压调距装置

1—顶座；2—增压液压缸；3,4—阀；5—辊筒

液压调距结构较电动调距简单但维修工作量大。

c. 安全装置　由于开炼机是在敞开情况下进行操作的，坚硬的异物容易掉入辊隙，损坏辊面；或操作不慎，而引起严重事故。所以开炼机必须在辊筒轴承与调距丝杠之间装有可靠的安全装置。

(a) 机械式（安全垫片）　开炼机的安全装置一般同调距装置相连接，如安全垫片，设在前辊轴承与调距丝杠之间，如图 3-16 所示。当发生过载时，安全垫片因受力过大被剪断，从而使辊距增大，横向力下降，避免了辊筒、机架等零件的损坏。但是，一旦出现被剪断的情况，便要停车，拆卸更换安全垫片，是比较麻烦的。

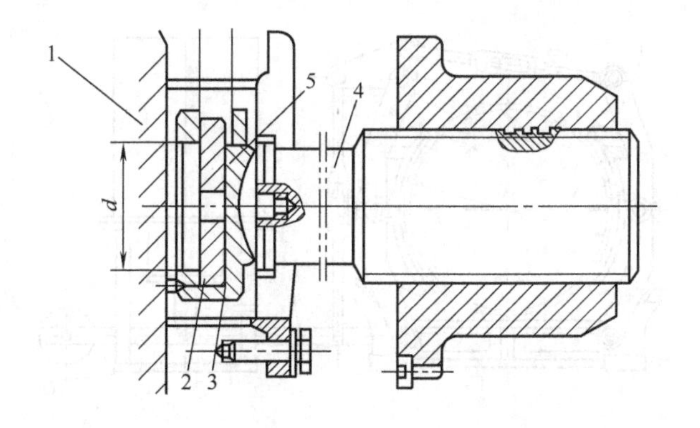

图 3-16　安全装置

1—安全片座；2—安全片；3—前辊轴承；4—调距丝杠；5—球面座

安全片常用 HT150 材料制造，应根据机器受力情况对材料性能进行静压力试验，再确定其厚度，厚度误差应不大于 0.05mm。

(b) 液压安全装置　如图 3-17 所示的液压安全装置，在前辊轴承上装有液压缸，活塞与调距丝杠连接。当机器发生超载时，使液压缸内的油压升高，达到调定数值时，通过电接点压力表的动针升至与调定好的最大横压力固定针相遇时来实现自动停车，再用反转或扩大辊距的方法排除故障，使横压力下降。因此，液压安全装置不用更换零件，操作与控制都很方便，但充油困难，并易泄漏。

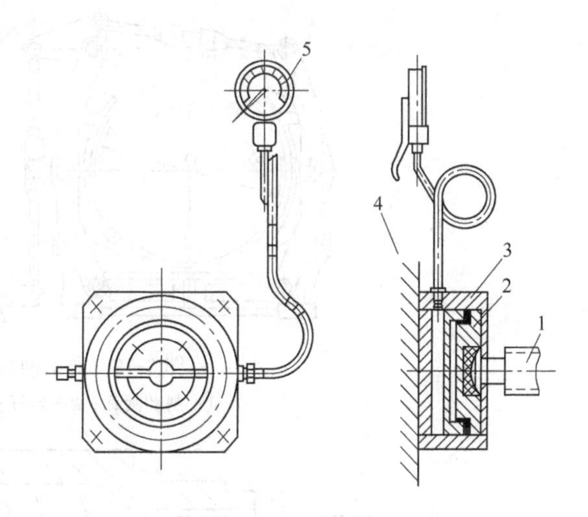

图 3-17　液压安全装置

1—调距丝杠；2—活塞；3—缸体；4—前辊轴承；5—电接点压力表

d. 制动装置（紧急停车装置）　为了防止机械或人身事故的发生，开炼机必须设置操作方便、灵敏可靠的紧急停车装置。当紧急制动后，辊筒继续转动行程不得大于辊筒周长的 1/4。制动装置有断电制动和通电制动两种。

如图 3-18 所示为断电闸块制动器，当停机时，触动安全开关，切断电动机电源，并使电磁铁断电，重锤通过杠杆使制动器抱闸，制动轮停止转动。此种制动器电磁铁耗电量大，易烧坏。

如图 3-19 所示为通电闸块制动器，停机时，触动安全开关，切断电动机的电流，电磁铁通电，通过杠杆作用来制动。此种形式的制动器工作可靠，省电，使用寿命长，应用较普遍。

e. 辊温调节装置　根据塑料工艺要求，开炼机辊筒表面温度应保持在 100℃以上。一般是在辊筒中空的内腔设置加热调节装置。加热介质可用蒸汽、过热水或油。目前，蒸汽加热辊温调节装置（如图 3-20 所示）使用较普遍。

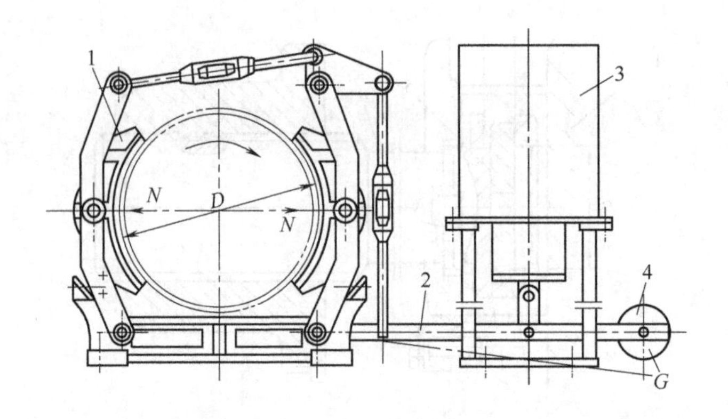

图 3-18　断电闸块制动器

1—制动闸瓦；2—连杆；3—电磁块；4—重锤

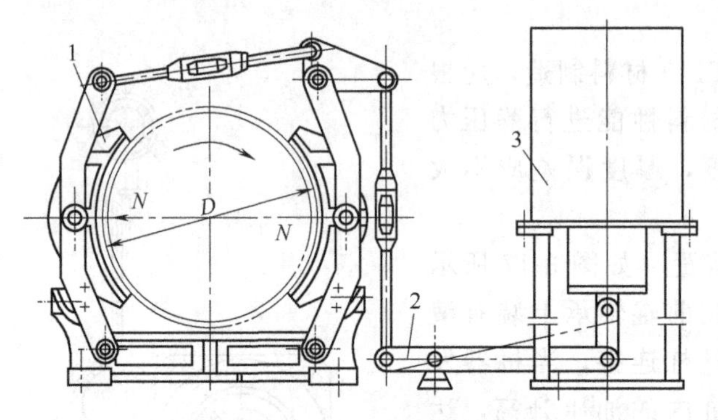

图 3-19　通电闸块制动器

1—制动闸瓦；2—连杆；3—电磁块

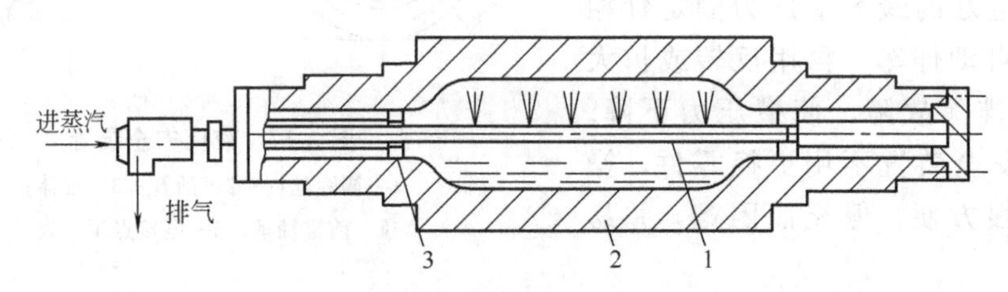

图 3-20　蒸汽加热辊温调节装置

1—喷管；2—辊筒；3—隔热套

④ 维护与操作　开炼机在每次运转前，必须检查制动装置的可靠性。制动作用后，辊筒继续回转不得超过 1/4 圈，否则，就应调整制动器调节螺钉，减少闸瓦与制动轮间的间隙。

辊筒的冷却必须在回转中缓慢进行。冷却过急，筒壁内外温差过大，将导致辊筒损坏。静止中冷却，沿圆周冷却不均，将导致辊筒弯曲。所以，物料卸除完毕，空车继续回转一段时间，待辊温较低时再停车。

开炼机轴承、传动齿轮等承受载荷较大，操作中要经常检查其温升和润滑情况，保证良好的润滑。

投料时，应先沿传动端少量添加，待包辊完毕，再逐渐增加，以避免冲击，引起安全片的破坏或造成速比齿轮的损坏。

要尽量避免金属等坚硬物块进入辊隙，损坏辊面。

开炼机物料塑化质量的控制取决于操作人员的经验，故掌握准确甚难。适当的温度是物料塑化的重要条件；物料热量来自辊筒和摩擦两方面，操作者要密切注意，保证物料在良好的温度条件下塑化。尤其硬质塑料其导热率比较低，易于积热。一般让前辊温度较后辊高5～10℃，使物料包卷在前辊上。

操作开炼机的劳动强度较大，温度高，有粉尘，应注意通风和劳动保护，并努力创新改造，减轻劳动强度。

(2) 密炼机

塑料的塑炼，过去主要采用开炼机来进行，而这种方法粉尘飞扬，塑化时间长，生产效率低。随着生产的发展，这些缺点越来越明显，因此迫切需要发展一种高效能的机械。人们发现，要解决开炼机存在的问题，必须将两个辊筒密闭起来，这样不仅改善了劳动条件，同时也能提高生产能力，使预混料受到连续剪切、撕拉、捏炼等作用。从而出现了目前各种类型的密闭式炼塑机，简称密炼机。密炼机具有一对特定形状并相向回转的转子，是在可调温度和压力的密闭状态下，间歇或连续地进行塑料的炼塑，或将塑料与配合剂混炼的机械。与开炼机相比具有工作密封性好、混炼条件优越、生产能力高、混炼周期短、机械化和自动化程度高、工作安全等优点。

① 密炼机的基本构造与分类　SHM-50型密炼机的基本构造如图3-21所示，它主要由密炼室、转子、压料装置、卸料装置、传动装置和机座组成。还包括加热冷却装置以及传动系统、电控系统等。

密炼机的工作过程大致如下：电动机通过联轴器、减速器带动在密炼室内的一对转子作向内旋转。压料装置的压砣、转子的内腔、密炼室和卸料门均通入蒸汽加热。物料首先从密炼机上部的加料门投入到密炼室，随之将压砣压下。物料在一定压力和高温的作用下，在一对转子之间、转子棱与密炼室之间、转子与卸料门之间受到不断变化的剪切、撕拉、捏炼、压延及摩擦作用，达到均匀混合、塑化。随后打开卸料门将团块状的物料排出。

密炼机可以按以下方法进行分类：

a. 按混炼室的结构可分为上下组合型和前后组合型两种。

b. 按转子转速分为低速（$n=20$r/min）、中速（$n=30\sim40$r/min）和高速（$n>60$r/min）三种。

c. 按转子几何形状分为椭圆形、三棱形和圆筒形三种，如图3-22所示。

(a) 椭圆形转子　如图3-22(a)所示，其转子工作部分的横断面为椭圆形，两个棱转子工作部分的两端，各自以不同的螺旋角（30°和45°）和转向、一长一短互不相通地排列着。由于椭圆形转子有较好的混炼效果，应用时间也长，故使用较广泛，我国生产的密炼机大都属此种形式。因此，后文重点介绍椭圆形转子密炼机。

(b) 三棱形转子　如图3-22(b)所示，转子工作部分断面为三角形，类似由两个沿轴线扭转30°的三棱柱体所组成，在转子的中央形成120°折角。这种形式的转子由于凸棱的排列及构造左右对称，故对预混料形成的运动不如椭圆形转子激烈。

(c) 圆筒形转子　如图3-22(c)所示，转子工作部分的本体是圆筒形的，在圆筒体上有呈螺旋状的凸棱，两个转子上的棱相互啮合，一转子凸面啮入另一转子的凹面中。由于凸面和凹面上各点线速度不同而出现速比，产生摩擦和捏炼作用，凸棱螺旋的推进角大约为40°～42°。这种类型的转子可视为相互啮合但无压缩比的特殊螺杆，因此要求两个转子具有相同的转速。

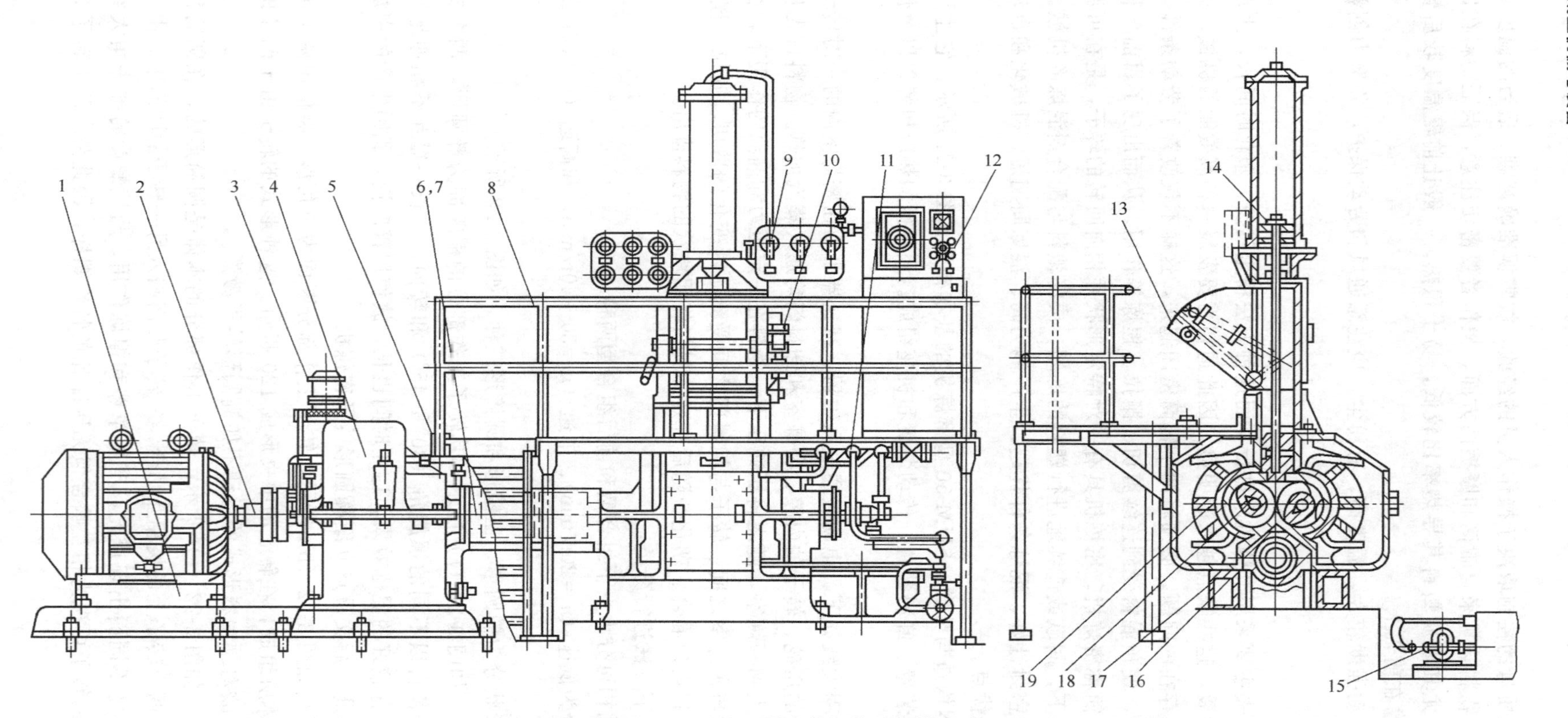

图3-21 SHM-50型密炼机的基本构造

1—传动座；2—弹性联轴器；3—密封装置的润滑系统；4—减速器；5—减速器的润滑系统；6—万向联轴器；7—万向联轴器护罩；8—工作台；9—操纵装置；10—加料斗操作系统；11—加热系统；12—电气控制系统；13—加料斗装置；14—上顶栓及气控制系统；15—吸油站；16—机座；17—下顶栓及气控制系统；18—转子；19—密炼室

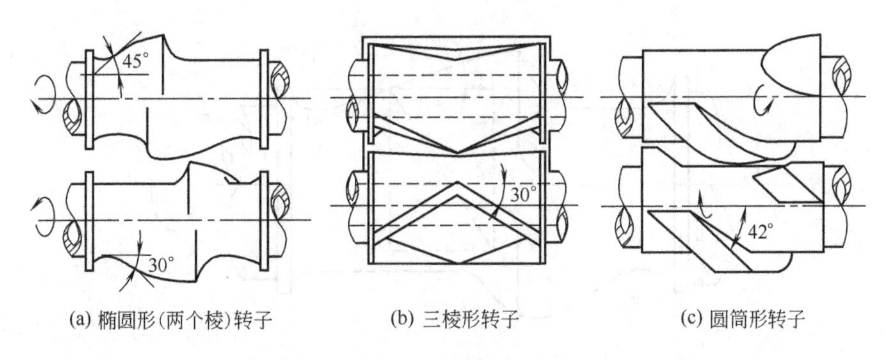

图 3-22　各种形状的转子

② 工作原理　在密炼机的混炼室内，塑料的混炼过程比在开炼机上复杂得多。密炼机与开炼机的区别在于，被加工的塑料是在混炼室内完成的，塑料不仅在两个相对回转的转子间隙中，而且在转子与混炼室壁的间隙中，以及转子与上、下顶栓的间隙中受到不断变化的剪切作用，促使塑料产生剪切变形而进行混炼。

椭圆形转子密炼机的混炼塑化过程（如图 3-23 所示）是通过以下几种作用来达到的。

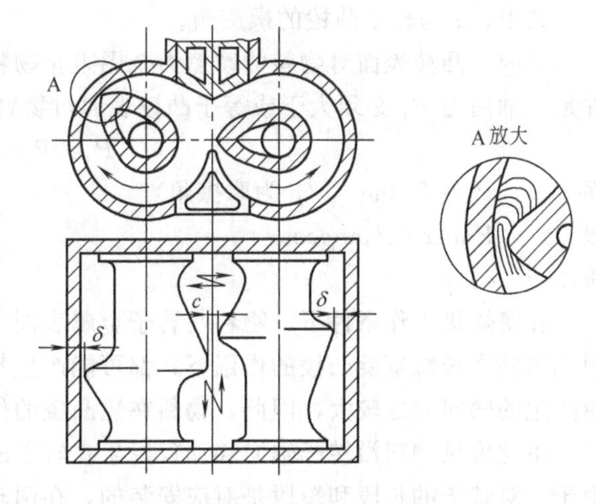

图 3-23　椭圆形转子密炼机的混炼塑化过程

a. 转子椭圆形外表面与密炼室壁之间的剪切、搅拌和挤压作用　由于转子的断面为椭圆形，转子的外表面与密炼室壁之间的间隙是连续变化的。不同规格的密炼机其间隙变化范围是不同的，一般塑料用的密炼机间隙变化范围为 4～83mm，其最小间隙是在转子凸棱的棱端与密炼室内壁之间，如图 3-23A 放大所示。当物料通过最小间隙时便受到强烈的撕拉、剪切和挤压作用，这与开炼机相似，但更强烈，其原因是：

(a) 混炼室壁是固定的，转子凸棱与室壁之间形成的速度梯度大，大约为开炼机的 4～5 倍。

(b) 转子棱峰与混炼室壁所形成的咬角小，塑料受到转子棱峰作用后，又继续受到转子其余表面的作用。

b. 转子的轴向翻捣、捏炼作用　密炼机的转子表面具有两个方向相反、长度不等的螺旋凸棱。长螺旋凸棱的螺旋角一般为 30°，短螺旋凸棱的螺旋角一般为 45°，因此当转子转动时，其凸棱表面对物料将产生一个垂直的作用力 P，P 可分解为两个分力：圆周力 P_r 和轴向力 P_t，如图 3-24 所示。

圆周力 P_r 使物料绕转子轴线转动，其值为

$$P_r = P\cos\alpha$$

轴向力 P_t 使物料沿转子轴向移动，其值为

$$P_t = P\sin\alpha$$

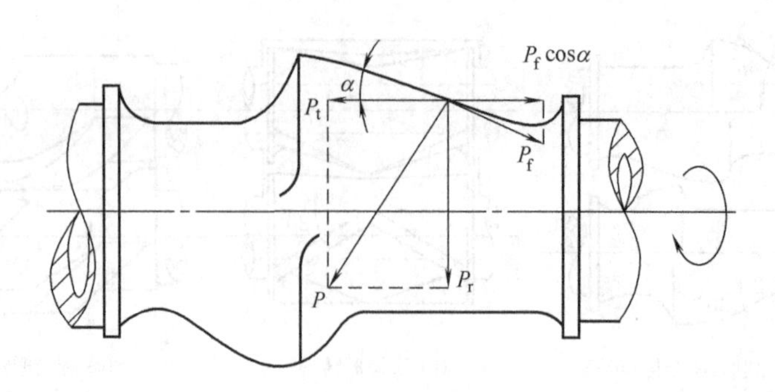

图 3-24 转子的轴向翻捣、捏炼

式中，α 为转子凸棱的螺旋角。

又因为凸棱表面对物料的摩擦力企图阻止物料移动，因此物料沿转子轴向移动的必要条件是：轴向力 P_t 必须大于或等于凸棱表面对物料的摩擦力在转子轴线上的投影，即

$$P_t \geqslant P_f\cos\alpha$$

而 $P_f = P\tan\rho$ （ρ 为摩擦角）

故 $P\sin\alpha \geqslant P\tan\rho\cos\alpha$

所以 $\alpha \geqslant \rho$

在密炼机工作条件下，物料与转子金属表面的摩擦角大多都小于 30°，并且均小于 45°，因此物料在长短螺旋凸棱的作用下，都可能产生轴向移动，但是由于短凸棱的螺旋角较大，所产生的轴向力也较大，因此，物料在短凸棱的作用下都朝着长凸棱一侧作轴向移动。

由此可见物料沿转子轴向移动仅发生在转子的短段上，而转子的长段仅有送料作用。又由于一对转子的长段和短段是对应安装的，在两转子间的物料靠近短段的那一部分主要产生轴向位移，靠近长段的那一部分主要产生圆周运动，两转子间物料的运动方向是轴向和周向两个方向的合成。

c. 两转子之间的捏合、撕拉作用　当物料进入密炼室后，首先是通过两转子之间的间隙，然后被下顶拴的凸棱分为两股，这两股物料经密炼室室壁至转子上部再次汇合，如此循环进行。由于两个转子的转速不同，以及转子表面上的各点与转子轴心线的距离不等，因此两转子表面的线速度之比也不断变化，从而使物料在两转子之间受到较好的捏合、撕拉等作用。

③ 主要性能参数　密炼机的主要性能参数有：密炼机的总容量、预混料的压力、生产能力、转子的转速和功率消耗等。

a. 总容量和工作容量　密炼机的总容量是指混炼室的容积减去转子所占据的体积，它是表示生产能力大小的主要数据。但为了达到比较好的混炼效果，要求一次装料量要适当。如装料量过多，预混料会因没有充分活动空间而影响混炼效果和时间，增大功率消耗。反之，装料量过少，也会因料少而不能形成足够的阻力，从而减弱混炼效果，延长了混炼时间。一次装料量亦称密炼机的工作容量（额定容量），一般用来表示密炼机的规格。如 SM-50/70，即表示工作容量为 50L、转子速度为 70r/min 的密闭式（M）塑（S）炼机。

一次装料量是影响密炼机生产能力的重要因素，它与许多条件有关，如预混料的组成及性质、机器的结构、操作方法和运转条件等。密炼机的工作容量和总容量之间的关系，一般用填充系数 β 表示：

$$V = V_0 \beta$$

式中，V 为一次装料量（工作容量），L；V_0 为总容量，L；β 为填充系数，一般为0.5～0.8。

b. 上顶栓对预混料的压力　加大上顶栓的压力，可以增加料量和缩短混炼时间，从而提高密炼机的生产能力，但功率消耗也随之增加。

上顶栓压力的增加以物料基本上填满密炼室为限，超过此限，物料没有充分的活动空间，引起混炼困难，质量下降，功率消耗增加，混炼时间也不会缩短。目前常用上顶栓压力在 $1 \sim 6\text{kgf/cm}^2$ 之间，但最高压力已发展到 $7 \sim 10\text{kgf/cm}^2$。上顶栓压力可以随物料性质的不同进行调节，加工硬料比软料要求较高的压力。

c. 生产能力　密炼机属于间歇式生产设备，其生产能力根据一次装料量（额定加料容量）和一次塑炼周期来计算。

$$Q = 60 \frac{V\gamma}{t} \alpha$$

式中，Q 为生产能力，kg/h；γ 为物料密度，kg/L；t 为一次塑炼周期，min；α 为设备利用系数，取0.8～0.9；V 为一次装料量，L。

从上式看出，影响生产能力的因素主要是一次装料量和一次塑炼周期。

因密炼机混炼室的总容量 V_0 是固定的，显然 V 值的大小仅取决于 β 值。影响填充系数 β 的因素很多，前面已经谈到，不再重复。

一次塑炼周期 t 对生产能力的影响也是十分重要的，如提高转子转速和上顶栓的压力都可大大缩短时间，提高生产能力。

d. 转子的转速　转子的转速是密炼机的重要性能指标之一，它直接影响到密炼机的生产能力、功率消耗、物料的混炼质量及设备的成本。

密炼机向高速度发展是提高生产效率的最有效办法之一。塑料在混炼过程中转子与密炼室壁之间所产生的剪切速度梯度与转子转速呈正比关系，并与转子凸棱顶端和密炼室壁之间的间隙成反比关系，即大体上可表示为：

$$V_{\text{梯}} = \frac{V}{\delta}$$

式中，$V_{\text{梯}}$ 为剪切速度梯度；V 为转子凸棱线速度；δ 为凸棱顶端与密炼室壁之间的间隙。

由于转子凸棱顶端与密炼壁之间的间隙 δ 是一常数，所以，提高转速可以加大物料的剪切速度梯度，缩短混炼时间。随着加工工艺的发展，密炼机转速普遍都有提高的趋势。

然而，随着转速的提高，电机功率也需相应地提高，这势必对设备的结构提出了更高的要求。另外，剪切速度梯度过大，使混炼温度难以控制，以致难以保证混炼质量。因此，为了获得最有效的混炼，选择最适宜的转子转速是十分重要的。近年来，为适应混炼工艺和满足一机多用的要求，多速或变速密炼机的应用已日益增多。

两转子的速比是为了使物料在塑炼过程中，在两转子之间产生的折卷和往复切割作用更为有效，从而有利于物料的均匀捏合和均匀分散，提高塑炼质量。

e. 功率消耗　密炼机在一个混炼周期中功率消耗的变化是很大的，投入物料，上顶栓压下后，产生强烈的捏炼作用，出现高峰负荷。此后随着温度升高，物料塑性增加，混合渐趋均匀，功率又逐渐下降，如图3-25所示。

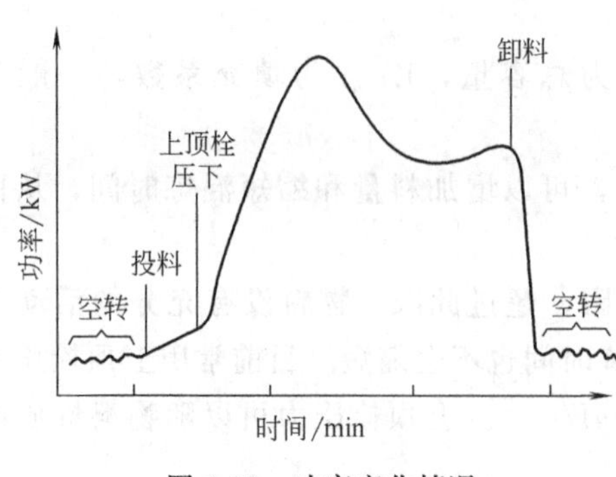

图 3-25　功率变化情况

影响密炼机功率消耗的因素很多，例如物料的性质、工艺条件、投料的方法、上顶栓压力的大小、转子的转速及密炼机的结构和操作情况等，因此至今尚未总结出比较成熟的计算公式。下面介绍一种根据流体力学分析得出的计算式。

假若物料为牛顿型流体，工作过程是等温过程，其功率消耗应是：

$$N=4\mu U^2L_B/\delta$$

式中，N 为功率；μ 为加工物料的黏度；U 为转子的棱端的线速度；L_B 为转子棱端的宽度；δ 为转子棱端和密炼室壁之间的间隙。

由上式可看出：

(a) 功率消耗与转子棱端和混炼室壁之间的间隙 δ 成反比，即间隙越小，功率消耗越大。

(b) 功率消耗与转子转速的平方成正比。

(c) 功率消耗与物料黏度大小有关，黏度大，功率消耗也大。但由于在混炼过程中物料黏度随温度变化，因此不是正比关系。

(d) 功率消耗与转子棱端宽度 L_B 成正比，即宽度越大，功率消耗越大。但从强度和使用寿命考虑，棱宽也不能取得过小。

现将部分国产密炼机的主要性能参数列于表 3-3 中。

表 3-3　部分国产密炼机主要性能参数

项目		单位	型号							
			2L	MLX-25	XSM-30	SHM-50	SM50/35×70	SM-50/35	SM-50/70	SM-50/48
总容量		L	4.3	46	50	75	75	75	75	75
工作容量		L	2	25	30	50	50	50	50	50
转子转速	前转子	r/min	33.25～99.75	30.31	29.1	61/30	30.5/60.9	36.1	72.2	48.2
	后转子	r/min	39.58～118.75	35.16	34.7	70/35	35/70	30.6	61	40.7
电机功率		kW	7.3～22	55	75	220/110	220/110	125	250	160
蒸汽最高压力		kgf/cm^2	8～10	8～10	8～10	4～10	8～10	8～10	8～10	8～10
压缩空气压力		kgf/cm^2	6～8	6～8	6～8	6～8	6～8	6～8	6～8	6～8
卸料形式			滑动	滑动	滑动	滑动	滑动	摆动	摆动	摆动
外形尺寸(长×宽×高)		mm	1505×1085×3037	3535×1210×2973	4000×1850×3500	6600×3800×4000	6500×3800×4000	8000×3000×4800	8000×3000×4800	8000×3000×4800
总重		t	2.5	7.5	11	23	18	17	17	17

④ 密炼机的传动　密炼机同开炼机相似，均属大功率、大速比传动，因此传动部分在整个机器中占有相当大的比重。目前常用的传动形式，主要有以下几种。

a. 带大驱动齿轮的传动　如图 3-26 所示，它是由电动机 1 通过弹性联轴器，带动减速器 2，再通过齿形联轴器，带动一对驱动齿轮 3 和 8，由速比齿轮 4 和 7 使两个转子 5 和 6 相对转动。因齿轮 4 和 7 的齿数不同，故两转子的转速不同。这种传动系统比较分散，安装校正较费事。其中一个转子较长，而且有三个支点，占地面积较大，但结构简单，制造方便。

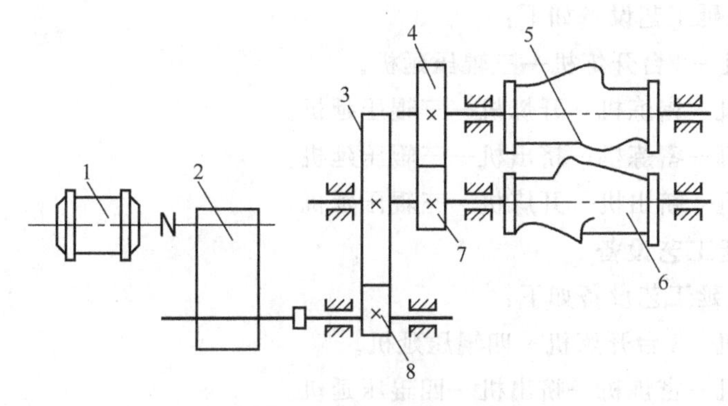

图 3-26　带大驱动齿轮的传动

1—电动机；2—减速器；3—大驱动齿轮；4,7—速比齿轮；5—前转子；6—后转子；8—小驱动齿轮

b. 无大驱动齿轮的传动　如图 3-27 所示，这种传动与上述不同之处主要是取消了一对驱动齿轮，减速器直接传动转子，结构比第一种紧凑可减少一些零件，但转子轴承承受的载荷较大。同时由于少了一对驱动齿轮，使减速器的速比增大，承载能力也增加，致使减速器的结构庞大。

c. 双出轴传动　如图 3-28 所示，这种传动形式的特点是将速比齿轮从两个转子上取下而放在减速器中，减速器的两个出轴用万向联轴器连接，这样可减轻转子轴承的载荷，但减速器比较大而且复杂。

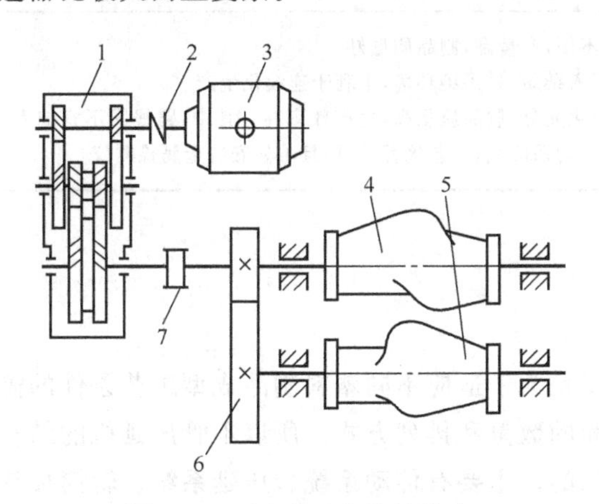

图 3-27　无大驱动齿轮的传动

1—减速器；2—弹性联轴器；3—电动机；4—后转子；5—前转子；6—速比齿轮；7—齿轮联轴器

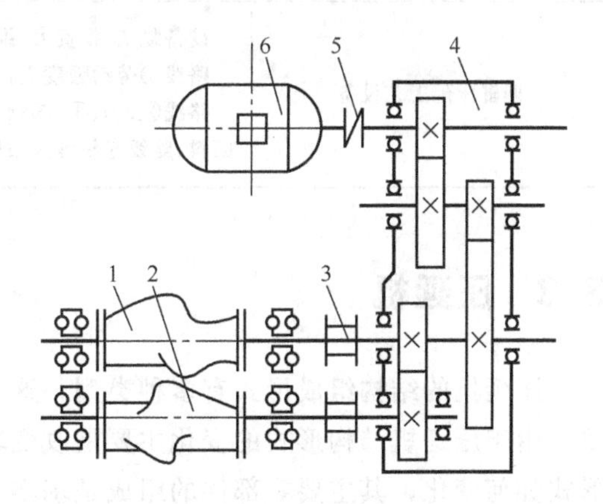

图 3-28　双出轴传动

1,2—转子；3—万向联轴器；4—减速器；5—弹性联轴器；6—电动机

3.2.3 压延工艺设备的选择

由于加工设备和生产情况不同，采用的压延工艺设备各有差异。目前，国内压延成型以生产塑料薄膜制品为主，使用的设备主要是三辊压延机和四辊压延机两种。压延工艺设备有

以下几种。

(1) 三辊压延工艺设备

常见的三辊压延工艺设备如下：

① Z 型捏合机—2 台开炼机—三辊压延机。

② 高速混合机—密炼机—开炼机—三辊压延机。

③ 高速混合机—密炼机—挤出机—三辊压延机。

④ 高速混合机—挤出机—开炼机—三辊压延机。

(2) 四辊压延工艺设备

常见的四辊压延工艺设备如下：

① 高速混合机—3 台开炼机—四辊压延机。

② 高速混合机—密炼机—挤出机—四辊压延机。

③ 高速混合机—低速混合机—密炼机—挤出机—四辊压延机。

④ 高速混合机—低速混合机—挤出机—2 台开炼机—四辊压延机。

⑤ 2 台高速混合机—密炼机—3 台开炼机—四辊压延机。

(3) 三辊压延与四辊压延工艺设备对比

三辊压延与四辊压延工艺设备对比见表 3-4。

表 3-4 三辊压延与四辊压延工艺设备对比

压延工艺设备	特点
三辊压延工艺设备	设备简单，投资小，便于维修，但制品质量差，生产效率低 路线①工艺落后，产量低，制品质量差，劳动强度大，环境污染严重 路线②、③、④降低了劳动强度，可实现连续化生产
四辊压延工艺设备	设备复杂，投资大，维修不便，产量高，制品质量好 路线①劳动强度大，易混入杂质，易污染环境，不利于连续化生产 路线②、③、④、⑤物料塑化充分，制品质量高，生产效率高。其中，路线③不宜加入回料，路线⑤易混入杂质，劳动强度大，工艺流程长，而且不易安装金属检测仪

3.3 压延机

压延机的结构组成形式有多种类型，这主要是为了适应不同塑料制品成型工艺条件的需要。由于压延机结构形式的变化主要是改变辊筒的数量和排列方式，所以不管压延机的结构形式如何变化，其主要零部件的组成是基本相似的，主要有传动系统、压延系统、辊筒加热系统、润滑循环及冷却系统和电控系统，如图 3-29 所示。

3.3.1 压延机的结构组成

(1) 传动系统

传动系统主要由下列零部件组成：电动机（直流电动机、换向器电动机或三相异步电动机）、联轴器、齿轮减速器和万向联轴器等。

目前，四辊压延机上的 4 根辊筒多数采用直流电动机单独驱动。4 根辊筒的转速通常都不相同，根据制品的工艺条件要求，调节成不同的转速比来完成压延机的压延成型工作。

图 3-29 压延机的结构组成

1—传动系统；2—辊筒轴承；3—辊筒；4—辊距调整装置；5—控制系统；6—加热和冷却系统；7—机架；8—机座；9—挡料装置

(2) 压延系统

压延系统主要由下列零部件组成：辊筒（辊筒数量一般在为2～5根，应用最多的为3～4根)、辊筒轴承、机架和机座等，它们是压延机设备上压延系统的主要零件。

轴承座支撑辊筒转动。轴承座安装在机架上，分别在两平行机架的轴承窗内定位。两平行的机架与机座平面垂直，由螺栓紧固相互位置。为了保证机架的平行和工作强度，两机架间还有几根连杆或横梁定位、连接拉紧。另外，压延系统的辅助工作装置还包括辊筒的调距装置、轴交叉装置、拉回装置和挡料板及切边装置。这些装置是为辊筒的压延工作而设置的。用来调整、控制和保证辊筒之间间隙的均匀性及工作可靠性，以保证压延成型塑料制品质量的稳定，使制品的尺寸精度能稳定控制在工艺要求的公差范围内。

(3) 辊筒加热系统

辊筒加热系统是为保证辊筒对制品用原料进行塑化、压延时所需要的工艺温度能控制恒定在一定范围内而设置的，以保证制品质量的稳定，使生产能正常进行。

辊筒的加热方式有：导热油循环加热、过热水循环加热和蒸汽循环加热。设备有电阻丝加热或锅炉加热系统、输送管路和输送泵等。

(4) 润滑循环及冷却系统

润滑循环及冷却系统保证辊筒轴承润滑油系统循环，使高温条件下工作的轴承承受重载荷运转时，能得到循环油良好的润滑。另外，系统中还装有润滑油的冷却降温装置，用来控制润滑油的温度在一定范围内工作，以保证辊筒轴承得到良好的润滑。

润滑循环及冷却系统由齿轮泵、输油管路、冷却循环水管路及润滑油的过滤网和温度显示等零部件组成。

(5) 电控系统

电控系统由电控操作台统一控制，并保证安全供电；控制驱动辊筒旋转传动用电动机的启动、停止及转速的调整；控制压延机设备上各辅助装置用电动机的启动、停止及紧急停车等项工作。

3.3.2 压延机辊筒

辊筒是压延成型的主要部件，也是决定制品质量和产量的关键部件。因此，对辊筒的结构设计、材料选择和加工制造有以下基本要求：

① 辊筒应具有足够的刚性，以确保在重载作用下，弯曲变形不超过许用值。

② 辊筒表面应有足够的硬度，以抵抗长时间的不断磨损，同时应有较好的抗腐蚀能力和抗剥落能力，以确保辊筒工作表面具有较好的耐磨性、耐腐蚀性。

③ 辊筒工作表面应精细加工，以保证尺寸精度和表面粗糙度，粗糙度应不大于 0.2μm，不得有气孔或沟纹。辊筒工作表面的壁厚要均匀，否则会使辊面温度不均匀，影响制品质量。

④ 辊筒材料应具有良好的导热性，通常采用冷硬铸铁，特殊情况下采用铸钢或钼铬合金钢。

⑤ 辊筒要便于加工，造价低。

辊筒的结构形式从外形看都是一样的，基本上是一种形式。如果从辊体的加热空腔形状来看，可分为中空式辊筒和钻孔式辊筒（见图 3-30）。

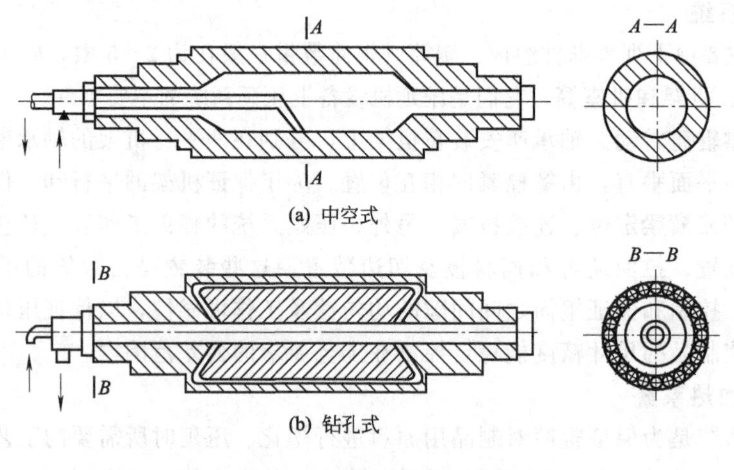

(a) 中空式

(b) 钻孔式

图 3-30 辊筒的结构形式

两种不同内腔辊筒的比较见表 3-5。

表 3-5 两种不同内腔辊筒的比较

辊筒结构形式	特点
中空式	①辊筒的壁厚大，温度分布不均匀，影响加工制品精度，需要借助辅助加热来减小误差 ②由于壁厚大，不易排除辊筒与物料在压延时的摩擦热 ③辊筒内径大（为外径的 55%～62%），使辊筒强度和刚度削弱 ④结构简单，加工制造方便，维修容易，造价低，加热方式多数为蒸汽加热，一般用于对聚氯乙烯薄膜和人造革等制品精度要求不高的产品或中小型压延机
钻孔式	①传热壁厚小，加热介质接近辊面，温差小（在 1℃以下），无死角，传热面积大（是中空式的两倍），流速快，传热效率大为提高，这样就解决了温度对制品精度的影响，并保证了压延制品宽度达到最大值，充分发挥了压延机的生产能力 ②可实现自动控制温度，辊筒工作面的温度改变快 ③内径小（只有外径的 20%），刚性增大，有利于制品精度的提高

① 中空式辊筒　辊筒温度的变化对制品精度有重要的影响，当辊径较大时，尤为明显。例如，辊径 900mm 的冷却铸铁辊筒，当表面温差为 1℃时，其径向线膨胀量达 0.01mm，而塑料薄膜的允许公差一般为±0.01mm，可见辊温对制品精度影响之大。所以为了改善表 3-5 中所提到的辊温不均匀的缺点，提高辊筒的工作面温度和缩小工作面各部位的温差，把蒸汽加热辊筒的方式改为油加热辊筒的方式，用绝缘电热管加热导热介质油，然后用泵循环载热介质油加热辊筒，这样可使辊筒的加热升温速度快（辊筒的工作面温度可达 200℃），各部位的温差也缩小许多，温度趋于一致。同蒸汽加热辊筒相比较，这种加热升温的方法既改善了工作环境又降低了塑料制品的加工成本。

② 钻孔式辊筒　钻孔式辊筒的加热介质，可以用导热油，也可用过热水，辊筒的加热温度可高达 220℃以上。

3.3.3　压延机辊筒挠度及其补偿

从生产实践中知道，辊筒工作时因受到横压力而使辊筒沿整个工作面产生微小的变形，我们称这个变形量为辊筒的挠度。

挠度在辊筒工作面中部最大，两端较小，因而使制品出现中间厚两侧薄的情况。若生产的是薄膜，则会在收卷后，中间张力大于两端薄膜的张力，使得存放时间稍长时，薄膜应力松弛，放卷后摊不平，给下道工序加工（如印花或裁剪）带来困难，辊筒挠度对制品形状的影响如图 3-31 所示。

辊筒挠度虽然数值很小，但是对压延制品精度的影响却很大，这是因为制品本身的厚度小，所允许的公差就更小，轻微的变形就会超过公差值，降低其精度；同时因为四辊压延机的线速度很高，每分钟近百米，一个微小的厚度误差所耗费的原料，累计起来将是一个惊人的数字，所以为了改进制品质量，补偿辊筒产生挠度对制品质量的影响，技术人员设计出辊筒的中高度补偿法、轴交叉补偿法和预负荷补偿法。

(1) 中高度补偿法

为了消除制品中间厚两侧薄的情况，把辊筒工作表面加工成中部直径大、两端直径小的腰鼓形，其中部最大直径和两端最小直径之差称为中高度 E，$E=D_1-D$，如图 3-32 (a) 所示。当然最理想的中高度曲线形状应是辊筒的挠度曲线，但是由于机械加工难以做到，常采用圆弧或椭圆的一部分，近似地予以补偿。实际上精确的中高度曲线也是没有必要的，因为影响横压力大小的因素很多，这些因素变化，横压力也变化，挠度也就随之而变，所以固定不变的中高度补偿法的局限性很大，一般不单独使用。由于中高度补偿法简单易行，应用较普遍。当辊筒在无其他补偿法配合时，其中高度 E 在 0.02～0.1mm 范围内；与其他补偿配合使用时，中高度 E 在 0.02～0.06mm 范围内。例如，ϕ700mm×1800mm 的斜 Z 形四辊压延机采用中高度补偿法，其中第一辊的 E 值为 0.06mm，第二辊的 E 值为 0.02mm，第三辊的 E 值为 0.03mm，第四辊的 E 值为 0.04mm。

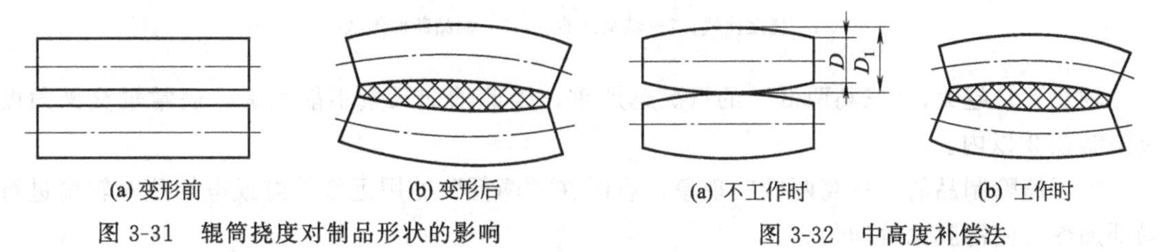

(a) 变形前　(b) 变形后

图 3-31　辊筒挠度对制品形状的影响

(a) 不工作时　(b) 工作时

图 3-32　中高度补偿法

(2) 轴交叉补偿法

两个相邻的辊筒本应安装成相互平行的，以使其间隙均匀一致，然而由于横压力造成挠度的关系，其间隙变成中间大两端小。轴交叉补偿法就是将其中一只辊筒绕两辊筒中点的连线，旋转一个微小的角度（一般在1°以内），使两辊筒的轴心线成空间交叉状态。辊筒交叉示意如图 3-33 所示。辊筒调整轴交叉后的间隙值示意如图 3-34 所示，沿辊筒工作面向两端的间隙是逐渐增大的。

挠度曲线是轴线中部变形大两端变形小；轴交叉曲线的趋势从图 3-34 中可看出与挠度曲线相反，辊筒两端间隙的增量大。这在一定程度上可以补偿辊筒的挠度。

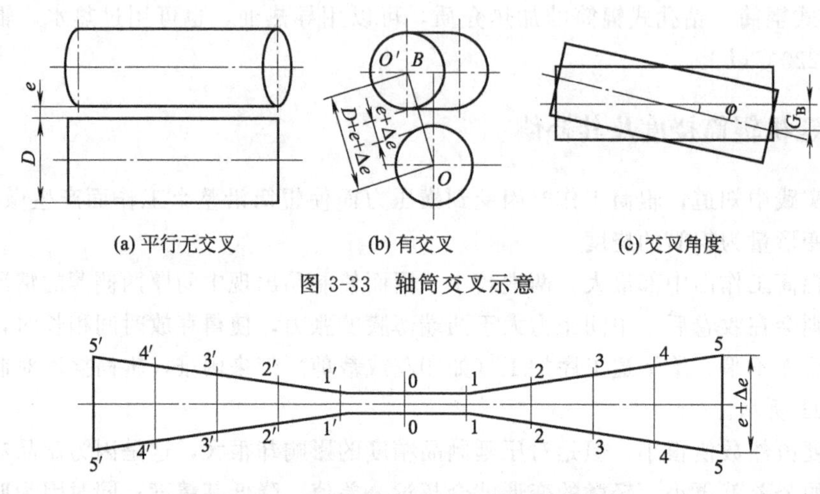

(a) 平行无交叉　(b) 有交叉　(c) 交叉角度

图 3-33　轴筒交叉示意

图 3-34　轴筒调整轴交叉后的间隙值示意

轴交叉只能是一种辅助解决方法，通常与中高度配合使用，因为轴交叉造成的间隙弯曲形状与辊筒的变形造成的弯曲形状并非完全一致，单用轴交叉时，薄膜的横向厚度不均匀，尽管薄膜两端校正到和中间同样的厚度，但还会产生离辊端 1/4 处的薄膜偏薄，结果形成薄膜中间薄两边厚的现象。此时正好与中高度相反，所以要把中高度与轴交叉配合使用，使薄膜变成如图 3-35 所示形状，成为中间与两端厚而靠近中部的两边薄（三高两低）的情况，可以提高制品的厚度均匀性，但是仍会存在不均匀现象。

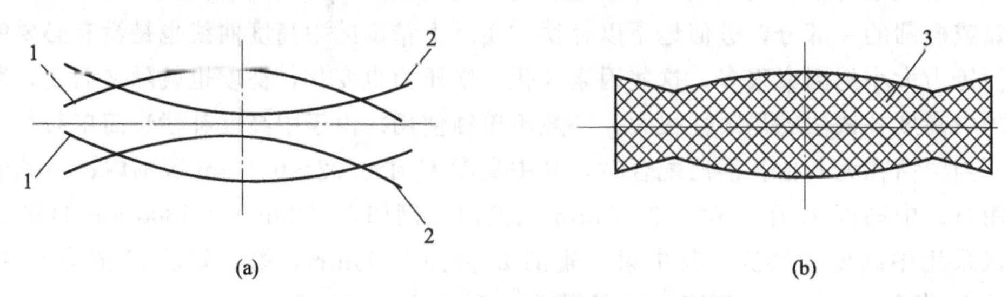

(a)　(b)

图 3-35　轴交叉制品断面形状示意

1—挠度曲线；2—轴交叉曲线；3—制品断面形状

轴交叉量越大，“三高两低”的情况越严重，因此轴交叉量不能太大，通常轴交叉角度应限制在2°以内。

为了消除制品的“三高两低”现象，有时在“两低”处用远红外灯或电加热对辊筒进行局部加热，使薄膜比较均匀。

由于辊筒的轴交叉法和中高度法的结合应用，对压延制品的质量，即横截面厚度偏差的改进效果明显，所以目前应用较多。但在轴交叉的应用中，要注意以下几点：

① 轴交叉装置设在辊筒的轴颈两端，调整时要同时使用；

② 为避免损伤零件，不允许只对处于工作状态的辊筒一端进行轴交叉调整；

③ 调整前，两相邻辊筒工作面间距要相等，轴交叉移动与辊筒调距移动方向要垂直；

④ 调整轴交叉时，是以辊筒的工作面中点为轴心进行转动，调整两端的轴线交叉角要相等；

⑤ 调整轴交叉角度行程部位，为保证机件安全，要设置限位行程开关，控制行程量。

(3) 预负荷补偿法

这种方法是在辊筒没有开始对塑料实行压延工作前，即没有产生挠曲变形前，预先给辊筒一个额外的负荷，其作用方向正好与工作负荷方向相反，这样其所产生的变形与工作负荷引起的变形正好相反，可以抵消一部分，从而达到补偿挠度的目的。预负荷补偿法装置示意如图 3-36 所示。预负荷补偿法只限制在某一定范围内，因为过大的预负荷对辊筒轴承影响太大。

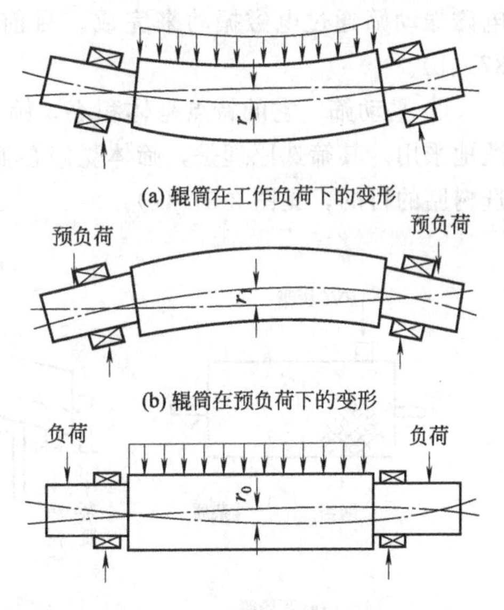

(a) 辊筒在工作负荷下的变形

(b) 辊筒在预负荷下的变形

(c) 辊筒在工作负荷和预负荷同时作用下的变形

图 3-36　预负荷补偿法装置示意

用预负荷补偿辊筒的工作挠度，不能无限制地增大。通常是以辊筒在预负荷作用下，以挠度不超过 0.075mm 为准。因为辊筒受两种变形力作用，增加了辊筒轴承的负荷，所以会降低轴承使用寿命。若预负荷过大，会对辊筒轴颈影响极坏。一般对辊筒施加的预负荷，以使辊筒轴颈实现“零间隙”为止。所谓“零间隙”是为了提高或改善制品质量，把辊筒轴颈固定在某一位置。

表 3-6 所示为三种辊筒挠度补偿方法的比较。

表 3-6　三种辊筒挠度补偿方法的比较

方法	特　点
中高度法	由于中高度是固定的，对于特定的品种或在特定的操作条件下，效果明显，但不能随制品规格和工艺条件的变化而变化，有其局限性。另外，机械加工困难，而且由于辊筒中高度数值不一，不能相互调配使用
轴交叉法	与中高度法并用，可以弥补制品两边薄的问题，但会出现“三高两低”的现象，轴交叉角度可以调节，但轴交叉值越大，“三高两低”现象越严重
预负荷法	此法与轴交叉法接近于实际变形曲线，故有利于提高薄膜厚度的均匀性，但由于辊筒所受到的作用力极大，而且受力几何面积小，会影响轴承使用寿命

3.3.4　压延机其他辅助装置

压延成型是由多种设备组成的一个复杂的工艺流程，而每一组设备的加工是独立完成的。压延机其他辅助装置包括：树脂筛选设备、树脂输送设备、增塑剂的过滤与混合装置、浆料的细化研磨设备等。

(1) 树脂筛选设备

聚氯乙烯树脂颗粒大小不等，为了尽可能使用颗粒大小一致的树脂，必须用一定网目数的筛网来筛选，同时去掉树脂中的杂质及运输过程中的杂物。所有这些对产品质量都有很大的影响。因此树脂使用前一定要进行筛选。

常用筛选设备有：圆筒筛、振动筛、平动筛，下面分别介绍。

① 圆筒筛　由于筛选面积小，筛选效率低，同时也不易清理，粉尘飞扬大，树脂水分大时易堵网眼，所以不常用，见图 3-37（a）。

② 振动筛　分机械与电磁振动两种。机械振动筛结构简单，通过偏心轮来完成，而电磁振动筛通过电磁振动来完成。目前普遍采用机械振动，因为它易维修保养，见图 3-37（b）。

③ 平动筛　它的特点是体积小，筛选效率高，噪声低，封闭操作对环境污染少，被广泛地采用。其筛选原理是，筛体受偏心轴与偏心轮作用，使筛体作惯性平面圆周运动达到筛选树脂的目的，见图 3-37（c）。

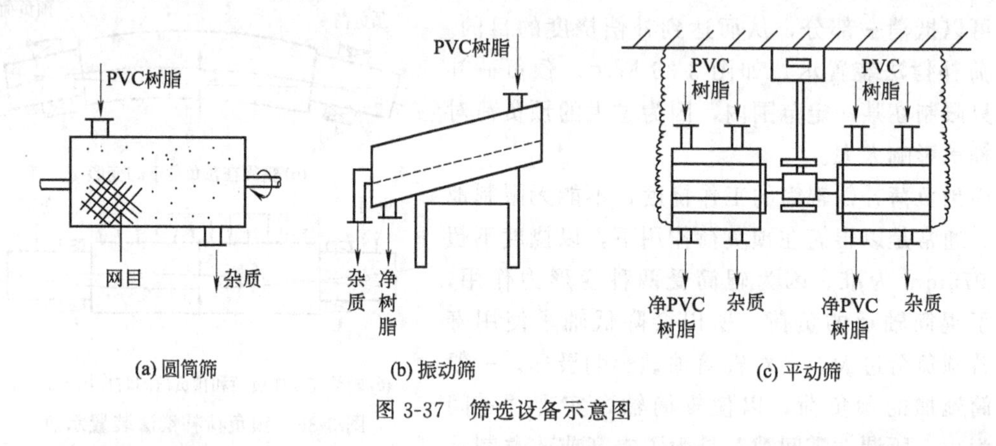

图 3-37　筛选设备示意图

(2) 树脂输送设备

经过筛选后的树脂通过输送设备到达贮仓中存放，以便称量时使用。一般树脂筛选处离贮仓及使用地较远且有一定的高度，这样在连续化大生产情况下不可能用人力或机械运输来完成，必须借助风力来输送。下面介绍两种风力输送装置。

① 气力输送　由高压风机、文氏加料器、管道、旋风分离器及储槽等组成，如图 3-38 所示的循环气力输送系统。

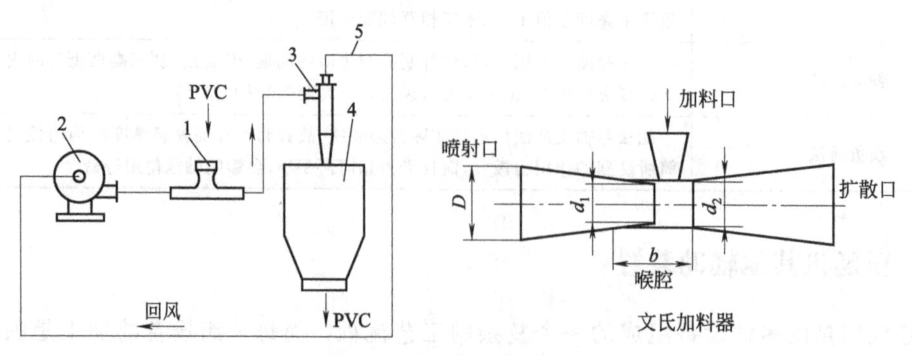

图 3-38　循环气力输送系统

1—文式加料器；2—高压风机；3—旋风分离器；4—储槽；5—管道

采用该装置输送树脂时要注意下列问题。

a. 要根据输送距离、高度来选择高压风机。

b. 要选择适当的文氏加料器。

c. 要注意旋风分离器的分离效果。

d. 要注意整个系统的密闭性能。

使用文氏加料器时，为了防止加料时发生反冲现象，提高加料效率和降低气流阻力，喷嘴的设计要注意以下几点。

a. 喷嘴的锥度在 20°左右，扩散口在 7°左右。

b. 喉腔处的长度 b 应小于 d_1。

c. 喷射口与扩散口的轴线应保持在同一水平线上。

② 脉冲气力输送　所谓脉冲气力输送就是利用信号控制气流，有节奏地把输送管道中的物料“气割”成为一段段的料栓，形成物料与气流栓相间的气固流动系统。每一段料栓都由一股压缩空气推动，推动这种栓状的动力为料栓前后的静压差。

脉冲气力输送的优点如下。

a. 节约动力，气流速度为 1～9m/s 就足够了。

b. 由于采用低速、低压输送，既可减轻物料磨损管道，同时又能降低被输送物料的破碎率。

c. 效率高，不发生粉尘飞扬。

d. 设备简单，例如，用直径为 42mm 的管道，每小时可输送聚氯乙烯树脂 3～3.5t。若用鼓风输送同样数量的树脂，输送管道的直径就要 225mm。

脉冲气力输送装置如图 3-39 所示。

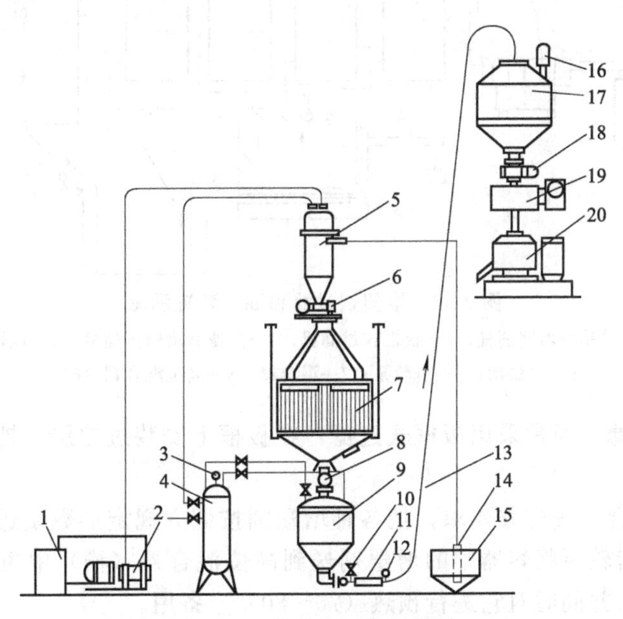

图 3-39　脉冲气力输送装置

1—真空泵；2—气水分离器；3,12—压力表；4—储气罐；5—负压储料罐；6,18—加料器；7—平动筛；8—导阀；9—发送罐；10—电动阀；11—玻璃观察器；13—输送管道；14—吸料器；15—料槽；16—排气布袋过滤器；17—高位料仓；19—计量秤；20—混合机

a. 脉冲气流发生装置　它是由空气压缩机、储气罐、脉冲信号发生器和电磁阀组成的。作用是按需启闭时间进行脉冲式送气，从而把输送的树脂“切割”成相同长度的料栓。脉冲频率可在20～40次/s范围内调节。

b. 发送罐　它实际上是一个受压的树脂容器。上面通入压缩空气，压力为 $(1.5\sim2.0)\times10^4$Pa。目的是把树脂压入输送管道。在发送罐下面输送管道旁接脉冲喷射气流。这一喷入气力要比压缩空气压力稍大一些 [$(2\sim2.5)\times10^4$Pa]。这样就形成了压力差，在脉冲频率不变的情况下，输送能力的大小可通过发送罐脉冲压强来控制。

c. 输送管道　它是由水平部分、垂直部分和弯头部分组成的。为避免发生堵塞，要求管道接头处平滑，弯头处不成直角，有较大的曲率半径。若发生堵塞，可导入压缩空气吹通。

d. 高位料仓　由地面发送罐输送到高位料仓的树脂，由于气力小不会发生粉尘飞扬，为防止树脂逸出只要在排气口装一个大约 $1m^3$ 的布袋就可以了。

(3) 增塑剂的过滤与混合装置

在生产软质聚氯乙烯制品时，为增加软度需要加入一定量的增塑剂。但增塑剂在运输、储存过程中往往会混入杂质，因此要对它进行过滤。

单一的增塑剂无法满足制品的性能要求，所以在配方中要加入多种增塑剂，这样不仅可以提高制品的性能，而且可以有利于加工、降低成本。但需要事先进行混合均匀，增塑剂过滤和混合装置示意如图3-40所示。

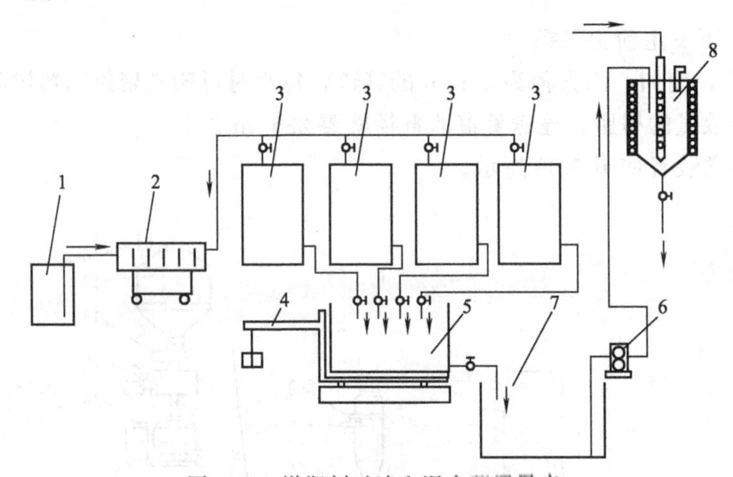

图3-40　增塑剂过滤和混合装置示意

1—单品种增塑剂桶；2—板框式过滤机；3—过滤后增塑剂储槽；4—地秤；5—称量槽；6—齿轮泵；7—混合器；8—高位混合器（槽）

① 增塑剂的过滤　通常采用板框式过滤，在板框上安装过滤层，挡住杂质，以达到过滤的目的。

② 增塑剂的混合　按配方要求，把各种增塑剂按配方规定的数量进行称量，加入到混合器中去，之后用齿轮泵将容器中的增塑剂送到高位混合器（槽）中再用压缩空气进行搅拌，使之混合均匀，并同时对它进行预热（70～80℃）备用。

集中过滤与混合与单批分散称量配料相比，具有以下优点：

① 可提高生产效率，适应连续化生产；

② 减少配料误差；

③ 提高物料分散均匀性；

④ 减轻劳动强度，改善环境卫生。

(4) 浆料的细化研磨设备

为了让着色剂、填充剂和稳定剂等塑料添加剂与聚氯乙烯树脂混合得更均匀，需要用三辊研磨机或其他设备把这些预先和增塑剂配成浆料的添加剂磨细，这样也便于以后自动称量。

浆料研磨设备通常采用三辊研磨机，其筛选设备示意图如图3-41所示，它是由铜挡板、压力调整结构、刮刀和辊筒四个主要部件构成的。研磨时辊筒内通冷水，浆料的细度可以通过压力调整结构调节辊距来达到要求。若达不到规定细度可以再研磨一遍，细度由细度板进行检测。刮刀用来刮下磨出来的浆料。三辊研磨机是用电动机三角橡胶皮带来传动的，经齿轮减速器和联轴器驱动研磨机的中速辊，再由中速辊传动快速辊、慢速辊作相对的传动。

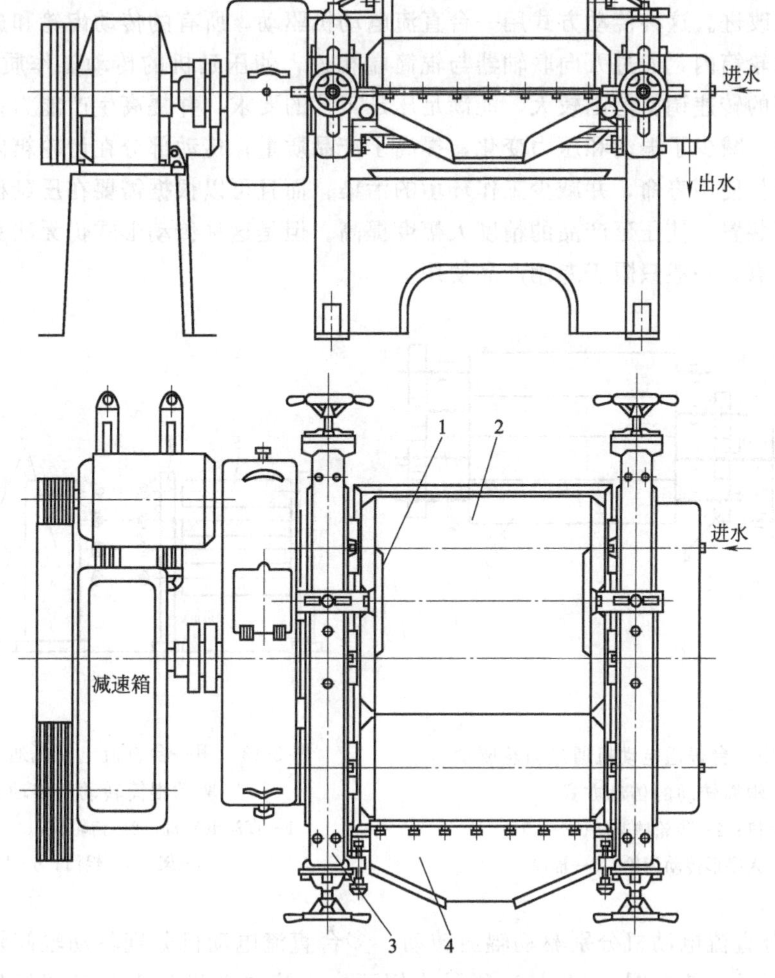

图3-41　三辊研磨机筛选设备示意图

1—铜挡板；2—辊筒；3—压力调整结构；4—刮刀

压延机的传动系统是保证压延成型时辊筒能够高速平稳运转、正常工作的重要系统，首先应有足够的驱动功率，以满足压延成型工艺的要求，同时为满足产品质量的需要，传动系统应运转平稳、振动小、噪声低、寿命长、安全可靠、传动速度稳定、调速范围大、自动化程度高等。压延机的传动系统主要由电动机（直流电动机、换向器电动机或三相异步电动机）、联轴器、齿轮减速器和万向联轴器等组成。各个辊筒的传动既可由一台电动机通过齿轮连接带动，也可以分别由多台电动机带动。

① 用一台普通电动机通过齿轮驱动辊筒转动　用一台普通电动机通过齿轮驱动辊筒转动的传动方式如图 3-42 所示。这种传动的主要零部件有电动机、齿轮减速器、传动齿轮、轴承和辊筒。其特点是结构比较简单，制造容易，造价低。但是由于电动机的调速范围小，生产能力受到限制；传动齿轮和速比齿轮都装在辊筒上，所产生的振动直接影响产品质量，而且不利于设置轴交叉和辊弯曲装置，无法加工厚薄均匀的产品；其各辊之间的速比固定，也不能满足产品多样化的要求。

② 用一台直流电动机通过万向联轴器驱动辊筒转动　用一台直流电动机通过万向联轴器驱动辊筒转动的传动方式如图 3-43 所示。它是在原一台交流电动机驱动辊筒转动的传动方式基础上的改进。这种传动方式用一台直流电动机驱动，所有的传动齿轮和速比齿轮都分别装在两个齿轮箱内，通过万向联轴器与辊筒端相连，使压延机的传动工作质量得到改善。其特点是辊筒的转速调整范围较大，能满足压延工艺的要求，并提高生产能力；由于齿轮都装入齿轮箱内，减少了振动和压力变化，提高了产品质量；传动部分在齿轮箱内，可保护齿轮的精度，延长使用寿命，并减少工作环境的污染；而且可以根据需要在压延机上安装轴交叉、辊弯曲等装置，使压延产品的精度大幅度提高。但是这种传动形式仍无法克服各辊之间速比固定的缺点，一般只限于专用产品使用。

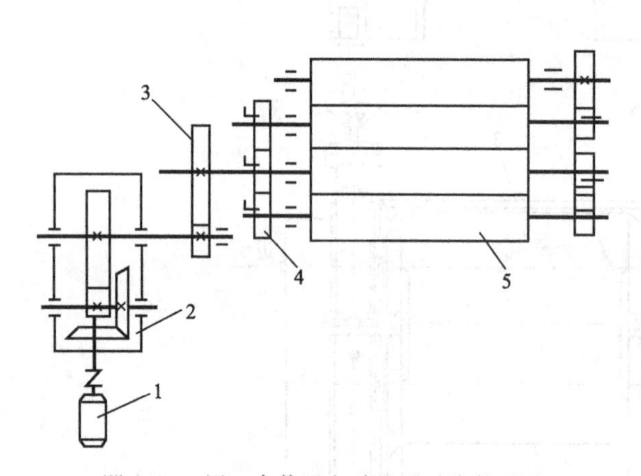

图 3-42　用一台普通电动机通过齿轮驱动辊筒转动的传动方式

1—电动机；2—齿轮减速器；3—齿轮；4—人字形传动齿轮；5—辊筒

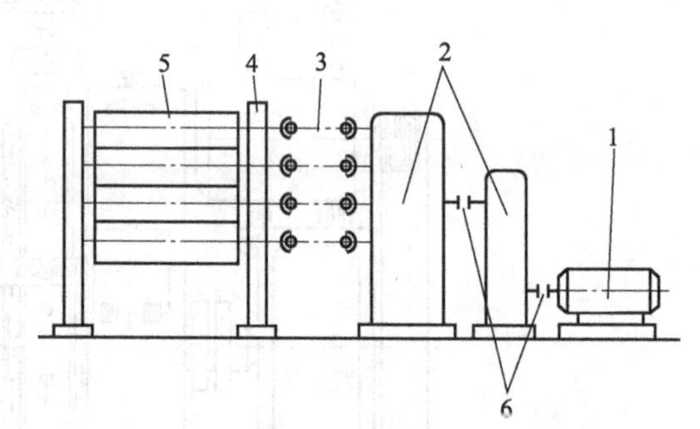

图 3-43　用一台直流电动机通过万向联轴器驱动辊筒转动的传动方式

1—直流电动机；2—齿轮箱；3—万向联轴器；4—机架；5—辊筒；6—联轴器

③ 用多台直流电动机分别驱动辊筒转动　多台直流电动机分别驱动辊筒转动的传动方式如图 3-44 所示。其中图 3-44（a）所示为用两台直流电动机分别驱动四辊压延机上的 1 号、2 号辊和 3 号、4 号辊，这种传动形式的 1 号辊与 2 号辊和 3 号辊与 4 号辊的转速相同，传动比固定，而 2 号辊与 3 号辊之间的转速比可以调整。图 3-44（b）所示为用 4 台直流电动机分别驱动压延机的 4 根辊筒，4 根辊筒的速度可以任意调整，辊间的转速比也可按压延塑料制品的工艺要求调整变化。另外，辊筒的转速和速度比变化大，可提高产量，扩大应用范围，是目前采用较多的传动形式。

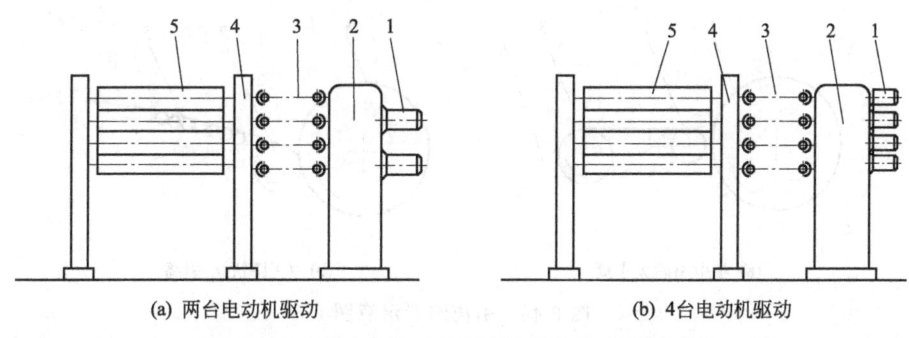

图 3-44 多台直流电动机分别驱动辊筒的传动方式

1—电动机；2—齿轮减速器；3—万向联轴器；4—机架；5—辊筒

3.4 压延成型辅机

无论是压延成型的薄膜、片材还是人造革，均需经过压延后连装置（又称压延成型辅机），如引离、压花（如需要）、冷却、传送、切割或卷取等工序，才能成为成品，这些装置虽然简单，但对制品的质量影响很大。

压延成型辅机的宽度应大于主机（压延机）辊筒的长度，通常大10%～15%。

压延成型辅机的工作速度应与主机速度相适应，而且应是联动的，一般较主机速度高25%～50%。

3.4.1 引离装置

引离装置的作用是从压延机辊筒上将已成型的制品剥离和牵引，同时对薄膜进行拉伸，然后传递给压花装置。一般引离速度要大于压延速度。在四辊压延机上设置此类装置，在小型三辊压延机上不设置此类装置。

引离辊筒的长度与压延辊筒的长度差不多，中间通蒸汽加热，以防止薄膜引离时发生冷牵伸和增塑剂在引离辊上析出。

根据制品工艺条件的要求，剥离辊的转速应与压延机的最后一个辊筒的线速度匹配，一般在生产薄膜时引离速度比主机压延速度高25%～30%，而且为了适应不同制品的工艺条件要求，剥离辊的转速是可以调节的。

为了减小制品离开压延机辊筒时的收缩，剥离辊离压延机辊筒距离应尽量近一些，一般距最后一只压延辊筒的距离大约为70～150mm，位置要低一些，否则由于包辊面大，需要增加引离速度，对薄膜的热拉伸就会有增加，从而影响制品的质量。

目前，为了减少薄膜从压延辊至大引离辊的牵伸而在两者之间设置了小引离辊，见图3-45（a），它的位置是可调节的。另外，有的压延机在引离辊之后安装一些小托辊，见图3-45（b），托住引离出来的薄膜。

3.4.2 压花装置

压花装置的作用不仅是在制品表面压上美丽的花纹，而且还可以使用表面镀铬和高度磨光的所谓平光辊（无花纹）压光以增加表面的光亮度。

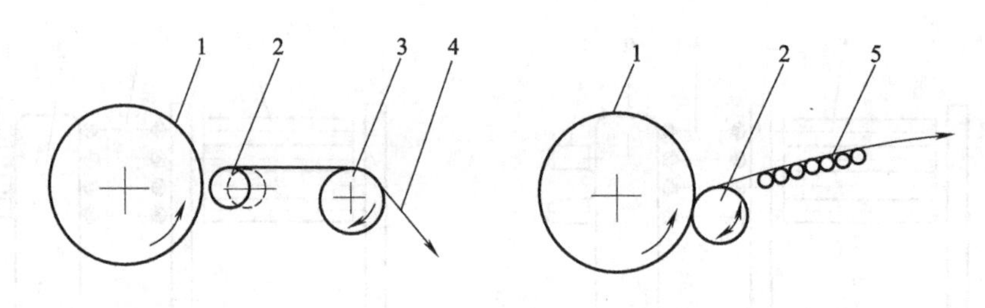

图 3-45 引离装置示意图

1—压延辊；2—小引离辊；3—大引离辊；4—薄膜；5—小托辊

压花装置是由刻有花纹的压花钢辊和橡胶辊组成的，橡胶辊为主动辊，压花钢辊为从动辊。辊体为空腔型，可通冷却水，用于工作时降温。

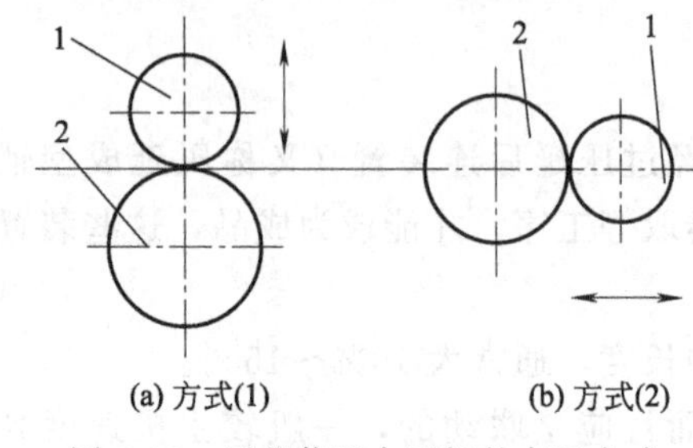

图 3-46 压花装置中两辊的布置方式

1—压花钢辊；2—橡胶辊

压花装置中两辊的布置方式有两种，如图 3-46 所示。图 3-46（a）中为国内应用比较多的一种布置方式，占地小，但操作者安全性差。图 3-46（b）中的方式在引进设备中应用比较多，此方式占地大，但操作者比较安全。

在对表面进行修饰时，要有一定的压力作用在制品的表面上，压力一般为 0.5～0.8MPa。

压花钢辊上的花纹深浅会直接影响到花纹的质量与花纹的清晰度，以及薄膜的撕裂强度。所以压花钢辊花纹不宜太深或带锐角，一般深度为 0.04～0.07mm，生产厚度大的可以适当增加花纹深度。

橡胶辊的辊坯由无缝钢管经焊接成型。工作表面包覆一层厚约 15～30mm 的橡胶，橡胶辊的直径在 300～400mm 之间。

压花时水的流量大小也会影响薄膜的压花质量。流量过大，压花钢辊温度太低，薄膜中某些物料会析出黏附在压花钢辊上或橡胶辊上，影响压花效果。清洗压花钢辊可用汽油，清洗橡胶辊可用硬脂酸。

3.4.3 冷却装置

冷却装置是压延机成型塑料制品的冷却定型设备，是压延机的重要组成部分。压延成型制品从脱离压延机辊筒后，就开始逐渐降温。但是经过剥离辊和压花装置后，制品的温度还是很高，所以需要冷却装置进行专门的冷却才能定型，才能消除制品成型过程中的内应力，才能对制品进行卷取成捆，否则薄膜会发黏、花纹消失以及难以卷取。

冷却装置主要由一组冷却辊组成，其排列布置和工作方式示意如图 3-47 所示。冷却辊采用螺旋式夹套冷却结构形式，内通冷却水。辊面为铝质磨砂，不镀铬，辊筒直径为 200～800mm。辊筒的数量由生产速度、制品厚度、辊筒直径、环境温度以及冷却效率等确定。冷却辊直径较小时，选用辊的数量较多；冷却辊直径较大时，选用辊的数量较少，一般只有 4～8 根。冷却辊的工作速度与前道工序的压花钢辊的工作速度相同，工作速度的调整变化范围也相同。

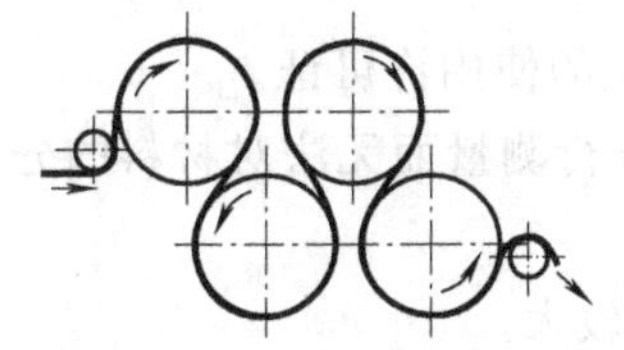
(a) 最常用的两面冷却装置

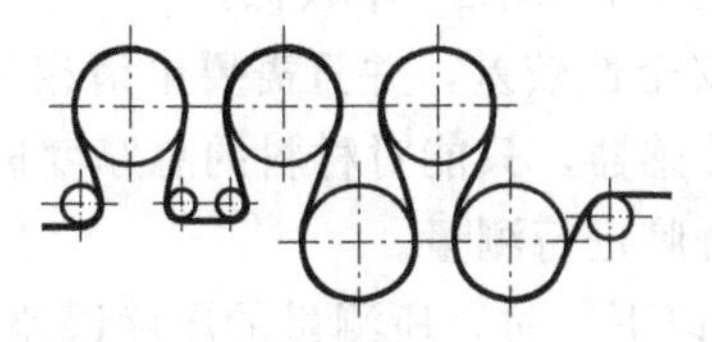
(b) 适用于较厚制品的双面冷却装置

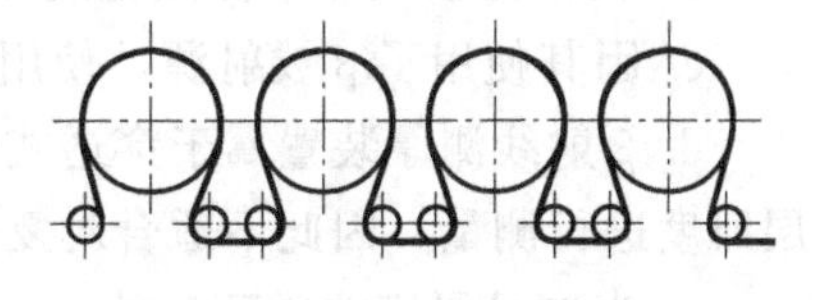
(c) 适用于较薄制品的单面冷却

图 3-47　冷却辊的排列布置和工作方式示意

为确保制品质量，一般每个冷却辊设置一个冷却水量调节阀，以进行自动调节和控制辊温。生产薄膜时，为防止急冷，前方的几个辊筒采用温水或低压蒸汽加热，以消除制品内应力和减少收缩率，同时也可防止增塑剂大量黏附在冷却辊表面。冷却装置的前几个辊筒一般黏附增塑剂较多，需设置增塑剂去除装置。

冷却辊用冷却水是经过处理的软化水，防止因长期工作管内壁结垢，影响冷却效果。

3.4.4　测厚装置

测厚装置是用于制品厚度自动测量及反馈控制的装置。在现代塑料压延制品生产中，对制品厚度的精度要求越来越高，采用人工测量的方式已经不能满足实际需要。在此情况下，为了提高塑料压延制品的质量，在一些高精度的塑料制品压延生产线上，采用了在线测厚装置。在线测厚装置是集精密传感技术、精密机械制造技术、计算机及自动化技术等先进技术于一身的测量与控制设备。这种先进技术的应用，能够对压延制品的厚度进行实时在线监视和反馈控制，使制品的厚度精度得到极大的改善，可以最大限度地节约原材料、减小废品率、降低生产成本，还可以将操作人员从频繁的检测工作中解放出来，极大地提高了塑料压延加工的技术水平。

目前常用的测厚装置有 β 射线测厚装置、γ 射线测厚装置、X 射线测厚装置、激光测厚装置、红外线测厚装置等。

(1) β 射线测厚装置

① β 射线测厚装置的工作原理　β 射线测厚装置是目前世界上应用最普遍的一种在线测量装置，其工作方式如图 3-48 所示。β 射线测厚装置安装在冷却辊组后，制品从 β 射线辐射器和接收器中间通过，穿过制品厚度的射线强度与被测制品的厚度按一定关系衰减。制品厚度增加，β 射线的穿透强度就相应地减弱，则接收器接收到的 β 射线强度也同样减小。检测时，首先检测被测制品的标准厚度，由 β 射线接收器把接收到的 β 射线强度由电脑系统转化为标准厚度。这样，在检测制品厚度时，电脑会把接收到的 β 射线强弱变化与标准制品厚度的 β 射线值比较，得到被测制品的厚度。这种测厚装置可测制品厚度为 0.1～2.1mm，测量精度误差为±0.005mm。

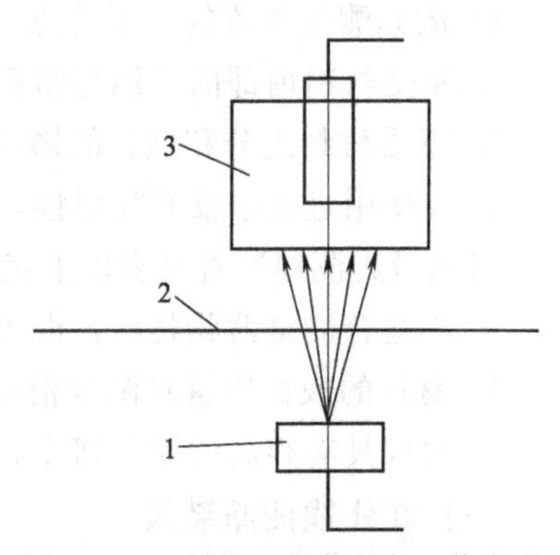

图 3-48　β 射线测厚装置的工作方式

1—β 射线源；2—被测制品；3—β 射线接收器

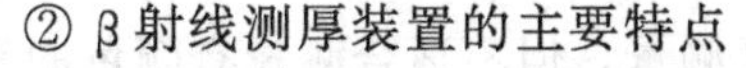

② β 射线测厚装置的主要特点

a. 不受被测量制品材料的颜色、表面质量的影响。

b. 技术比较成熟，性能稳定可靠，故障发生率较低。

c. 因其使用了β放射源，使用安全性较差，并且需要申请相关的使用许可证。

d. β射线测厚装置属于穿透式传感器，只能对材料的总厚度进行测量而无法对材料的分层厚度进行测量，因此不适合对复合膜进行测量。

e. 当制品厚度非常薄（约 8μm 以下）时，所测量的厚度误差较大。

γ射线测厚装置和 X 射线测厚装置的工作原理和β射线测厚装置基本相同。

(2) 激光测厚装置

① 激光测厚装置的工作原理　常用的激光测厚装置有双探头和单探头两种结构形式。双探头结构的激光测厚装置在测量被测物厚度时，每个探头到测量物的距离被测定后，两探头之间的距离 L（L 值可提前进行校准）减去各探头到被测物的距离 a 和 b，就是被测物的厚度值 δ，即 $\delta=L-a-b$，如图 3-49 所示。单探头激光测厚装置在安装时，需同时在被测物的另一侧安装一个金属辊，先校正探头到金属辊的距离 L。在测量被测物厚度时，测出探头到被测量物之间的距离 a，探头到金属辊之间的距离 L 减去探头到被测物之间的距离 a 就是被测量物的厚度值 δ，即 $\delta=L-a$，如图 3-50 所示。

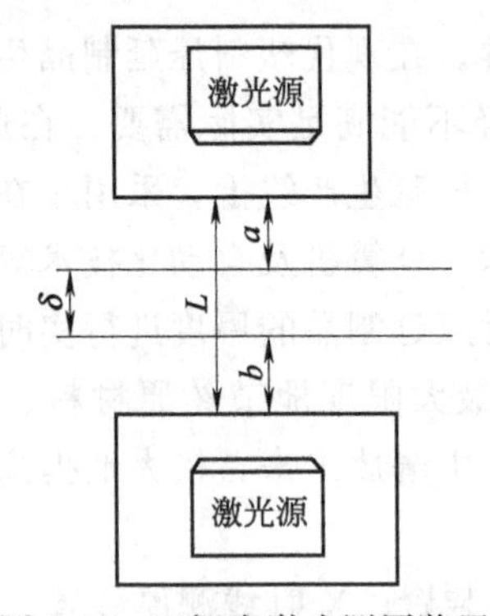

图 3-49　双探头激光测厚装置

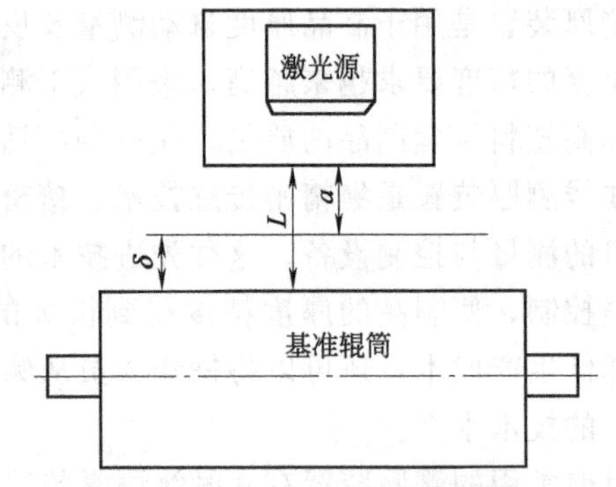

图 3-50　单探头激光测厚装置

② 激光测厚装置的主要特点　同射线测厚装置相比较，激光测厚装置具有以下优点：

a. 不受材料内部的气泡与密度变化的影响。

b. 不受材料组分和颜色的影响。

c. 在使用过程中没有放射性，安全性好。

虽然激光测厚装置具有以上优点，但其使用也有一定的局限性：

a. 不适合测量薄膜材料，但可以用来测量较厚的片材制品。

b. 材料的表面质量对测量精度有较大的影响。

c. 要求具有很高的安装精度，如果安装误差较大，将会对测量的准确性产生不利影响。

(3) 红外线测厚装置

红外线测厚装置是利用成对的红外线探头组成红外线发射和接收系统。当被测塑料薄膜通过这组探头时，由于塑料薄膜吸收红外线而使发出来的红外线发生衰减，这种装置就是通过测量此衰减量，以确定薄膜厚度。它可以测量薄膜制品的总厚度，也可以用来测量复合膜中各层的单独厚度。

红外线测厚装置适用于透明、半透明薄膜制品的厚度测量，但不适合测量有颜色的和表面为雾面的薄膜制品。

3.5　压延成型设备的安全操作与维护

制造、安装大而精密的压延机是很不容易的，因此，精心操作与精心维护是十分重要的。

压延机安装完毕后，要经过运转，先在不加负荷的情况下运转2～3天，以观察传动、啮合、润滑处的运转情况是否正常，然后是慢慢升温，由常温到200℃应在8h内完成，不可太快，一般要求20～100℃以内每分钟升1℃，100～200℃内每分钟升0.5℃，达到加工温度后，保持一段时间，一般为2h，便可开始投料运转。投料时应试投软料，无异常后方可投半硬料，待运转没有问题后，再投硬料试验，如没有问题，此时认为压延机安装没有问题，可以进行试生产软聚氯乙烯制品。

压延机每次开车前，要检查紧急停车装置是否正常、灵敏，金属检测器是否运转正常，喂料传送带是否正常，辊筒之间是否有异物，所有这些必须在开车前检查一遍，并及时处理，调试正常后方可开车。

在开车前要预先将润滑系统中的润滑油加热到80～100℃，并预先开动润滑循环，待见到回油后，方可低速启动，同时开始投料。

为了保护压延辊筒表面，在投料前，不得闭合运转，辊距不得小于2～2.5mm。

当辊筒温度达到加工成型温度，在投料前应做好如下工作。

① 投料前引离辊加热（一般为0.7～0.8MPa蒸汽压力）。

② 检查仪表温度与实测温度（用热电偶表面温度计）是否一致。

③ 按产品要求宽度调整好距离。

④ 调节好投料挡板的距离。

投料时把辊距收紧到1.2～1.5mm才能投料，实际上凭肉眼观察与操作人员的经验来定。

待物料引出后再调节各辊隙及存料量，使制品到达规定厚度要求。如果生产速度很快，还要调整加热温度，否则温度升高，薄膜发黏粘在辊筒上出现断料现象。

在生产即将结束时，在辊隙还有少量物料的情况下，逐步扩开每一对辊隙，松开到2～3mm，清出存料，这样确保压延机辊筒安全。

在设备运行中要随时注意和记录回油温度、轴承温度、电机功率以及辊筒温度、速度等，以便随时调整，同时要检查万向联轴器油量及加热水的水位。

在工作中要特别注意辊筒必须在运转情况下进行加热与冷却。否则会引起辊筒变形。停止加料后，待辊筒温度降到80℃时才能停车。辊筒停车后方可关闭润滑系统回路循环。

如果生产中要用紧急停车装置，必须马上调开辊距，以免碰撞辊筒表面。正常生产中不得使用急停车装置。

压延机操作人员上衣口袋内不得装有物品，以免操作时掉入辊筒间隙中，使辊面或产品损坏，不得用金属物划辊筒表面或花辊表面。

压延机停车时间较长时，辊筒上必须涂上防锈油。

此外，辊筒卸下来后不得在露天存放，一则防止风沙污损辊面，二则冬季时，防止辊筒内水结冰损坏辊筒。一般应在5℃以上存放。存放中要特别注意辊面的防蚀工作。

思考与练习题

1. 简述压延成型的原理。
2. 压延成型的主要特点是什么？和其他成型方法有什么不同？
3. 简述压延成型的工艺流程。
4. 压延机是如何分类的？各有何特点？
5. 压延机的主要参数有哪几个？
6. 高速混合机的构造与Z形捏合机的不同点有哪些？
7. 密炼机的主要构成及主要零部件有哪些？
8. 压延机的结构组成有哪些？
9. 压延机的辊筒的挠度是什么？如何补偿？
10. 压延成型的辅机有哪些？各有何作用？
11. 常用的测厚装置有哪些？各有何特点？
12. 简述压延设备的安全操作注意事项。
13. 怎样维护各种设备？

第4章 液压机

学习成果达成要求

液压机是应用最广的材料成型设备之一，因其没有固定的行程，不会因板材厚度超差而过载，全行程中压力可以保持恒定，可应用于自由锻、模锻、板材及管材成型、挤压、粉末冶金、塑料压制等成型工艺中。

本章主要学习液压机的通用结构、重点掌握冲压液压机和塑料制品液压机、液压机的维护与安全操作。

通过学习，应达成如下学习目标：

① 了解液压机的工作原理、应用范围、类型及性能特点。

② 掌握用液压机实现成型工艺的方法。

③ 具备在考虑健康、安全等因素的前提下根据使用要求选择所需液压机的能力。具有合理使用和维护液压机的基本知识。

④ 了解液压机的前沿知识和发展趋势。

4.1 概述

4.1.1 液压机的工作原理和工作循环

液压机是根据帕斯卡原理制成的，它利用液体压力传递能量，驱动机器工作，以满足各种压力加工要求。液压机的工作原理如图4-1所示。两个充满液体的大小不一的容器（小柱塞和大柱塞的面积分别为 A_1、A_2）连通，并加以密封，使两容器液体不会外泄。当对小柱塞施加向下的作用力 F_1 时，作用在液体上的单位压力为 $p=F_1/A_1$。

根据帕斯卡原理：在密闭的容器中，液体压力在各个方向上是相等的，且压力将传递到容器的每一点。因此，另一容器的大柱塞将产生向上的推力 F_2，有

$$F_2=pA_2=F_1(A_2/A_1)$$

由此可见，只要增大大柱塞的面积，由小柱塞上一个较小的力 F_1，就可以在大柱塞上获得一个很大的力 F_2。这里的小柱塞相当于液压泵中的柱塞，而大柱塞就是液压机中工作缸的柱塞。

液压机的工作循环一般包括：空程向下（充液行程）、工作行程、保压、回程、停止、

顶出缸顶出、顶出缸回程等。上述各个行程动作靠液压系统中各种阀的动作来实现。

液压机的液压系统包括各种泵（高、低压泵）、各种容器（油箱、充液罐等）和各种阀及相应的连接管道。最简单的液压控制系统如图 4-2 所示。在该系统中，液压泵将高压液体直接输送到工作缸中，通过两个三位四通阀来实现液压机的各种行程动作。

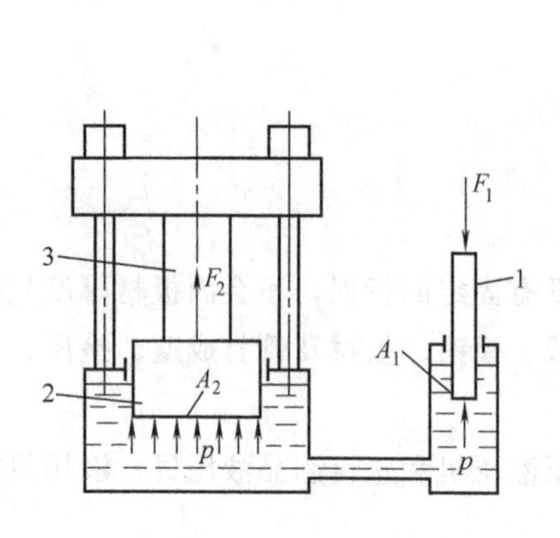

图 4-1　液压机的工作原理

1—小柱塞；2—大柱塞；3—毛坯

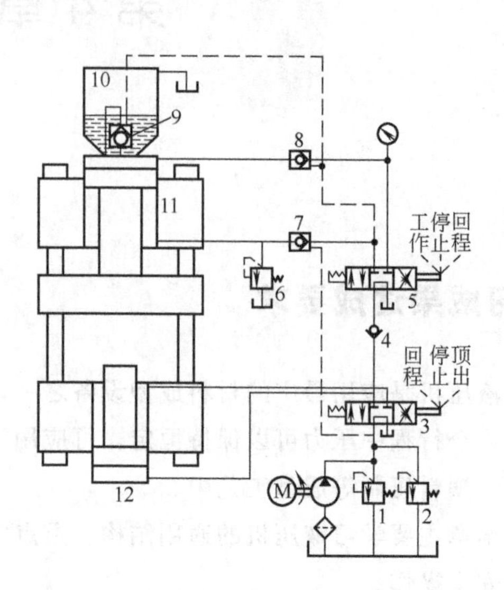

图 4-2　最简单的液压控制系统

1,2,6—溢流阀；3,5—换向阀；4—单向阀；7,8—液控单向阀；9—充液阀；10—充液罐；11—工作缸；12—顶出缸

4.1.2　液压机的特点

液压机与其他机械压力机相比具有以下特点。

(1) 容易获得最大压力

由于液压机采用液压传动静压工作，动力设备可以分别布置，可以多缸联合工作，因而可以制造很大吨位的液压机，如 700000kN 模锻水压机。但大的锻锤有振动，需要很大的砧座与地基来防振，而且曲柄压力机受到曲柄连杆强度等限制，故不宜做得很大。

(2) 容易获得很大的工作行程

液压机容易获得很大的工作行程，并能在行程的任意位置发挥全压。其名义压力与行程无关，而且可以在行程中的任何位置上停止和返回。这样，对于要求工作行程长的工艺（如深拉深），以及安装模具、预压、分次装料或发生故障进行排除等，都十分方便。

(3) 容易获得大的工作空间

因为它没有庞大的机械传动机构，而且工作缸可以任意布置，所以工作空间较大，便于组织自动化生产线。

(4) 压力与速度可以进行无级调节

压力与速度可以在大范围内方便地进行无级调节，而且按工艺要求可以在某一行程作长时间的保压。由于能可靠地控制液压，因而能可靠地防止过载。另外，还便于调速，如慢速合模避免冲击等。

(5) 液压元件标准化

液压元件已通用化、标准化、系列化，这些给液压机的设计和制造带来方便，并且液压操作方便，便于实现遥控与自动化。

由于液压机具有许多优点，所以它在工业生产中得到广泛采用。尤其在锻造、冲压生产、塑料压缩成型、粉末冶金制品压制中应用普遍，在大型件热锻、大件深拉深方面更显其优越性。

但液压机由于采用高压液体作为工作介质，因而对液压元件精度要求较高，结构较复杂，机器的调整和维修比较困难，而且高压液体的泄漏还难免发生，不但污染工作环境，浪费压力油，对于热加工场所还有发生火灾的危险；液体流动时存在压力损失，因而效率较低，且运动速度慢，降低了生产率，所以对于快速小型的液压机，不如曲柄压力机简单灵活。

4.1.3 液压机的型号和分类

(1) 液压机的型号

液压机型号表示方法如下：

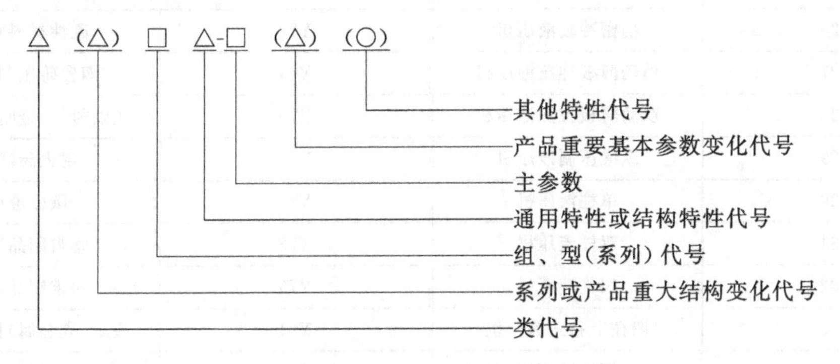

注1：有“()”的代号，如无内容时则不表示，有内容时则无括号。

注2：有“△”符号的，为大写汉语拼音字母。

注3：有“□”符号的，为阿拉伯数字。

注4：有“○”符号的，为大写汉语拼音字母或/和阿拉伯数字。

① 类代号，以汉语拼音首起字母代替，如Y代表液压机。

② 重大结构变化代号，以英文字母表示次要参数在基本型号上所作的改进，依次以A、B、C表示。

③ 液压机组、型代号，以数字表示，具体如表4-1所示。

④ 通用特性或结构特性代号，以字母表示，含义见表4-2。

⑤ 设备工作能力，以数字表示，如160表示压力机公称压力为160×10kN=1600kN。

⑥ 改进设计代号，以英文字母表示，对设备的结构和性能所做的改进，依次以A、B、C表示。

⑦ 其他特性代号，以英文字母表示辅助特性，如不同的数控系统，反映压力机的控制轴数、移动工作台等。

例如，YA32-315表示标称压力3150kN，经过一次变型的四柱立式万能液压机，其中32表示四柱式万能液压机的组型代号。

表 4-1　液压机组、型代号

组型	名称	组型	名称
Y04	手动液压机	Y52	刨花板热压液压机
Y11	单柱式锻造液压机	Y53	纤维板热压液压机
Y12	四柱式锻造液压机	Y55	塑料贴面板液压机
Y14	四柱式模锻液压机	Y58	金属板热压液压机
Y15	框架式模锻液压机	Y61	金属挤压液压机
Y16	多向模锻液压机	Y62	双动金属挤压液压机
Y17	等温锻造液压机	Y63	冷挤压液压机
Y18	专用模锻液压机	Y64	热挤压液压机
Y20	单柱单动拉深液压机	Y65	电极挤压液压机
Y21	单柱冲压液压机	Y66	卧式金属挤压液压机
Y22	单动厚板拉深液压机	Y68	模锻挤压液压机
Y24	双动厚板拉深液压机	Y70	侧压式粉末制品液压机
Y25	快速薄板拉深液压机	Y71	塑料制品液压机
Y26	精密冲裁液压机	Y72	磁性材料液压机
Y27	单动薄板冲压液压机	Y74	陶瓷砖压制液压机
Y28	双动薄板拉深液压机	Y75	超硬材料(金刚石)液压机
Y29	纵梁压制液压机	Y76	耐火砖液压机
Y30	单柱液压机	Y77	碳极液压机
Y31	双柱液压机	Y78	磨料制品液压机
Y32	四柱液压机	Y79	粉末制品液压机
Y33	四柱上移式液压机	Y81	金属(废金属)打包液压机
Y34	框架液压机	Y82	非金属打包液压机
Y35	卧式液压机	Y83	金属屑压块液压机
Y36	切边液压机	Y85	立式打包机
Y38	单柱冲孔液压机	Y86	卧式打包机
Y40	单柱校直液压机	Y90	金属压印液压机
Y41	单柱校正压装液压机	Y91	内高压成型液压机
Y42	双柱校直液压机	Y93	冷等静压液压机
Y43	四柱校直液压机	Y94	热等静压液压机
Y45	龙门移动式液压机	Y95	轴承模压淬火液压机
Y47	单柱压装液压机	Y96	移动回转压头框式液压机
Y48	轮轴式液压机	Y97	多点成型液压机
Y51	胶合板热压液压机	Y98	模具研配液压机

表 4-2　通用特性代号

名称	功　能	代号	读音
数控	数字控制	K	控
自动	带自动送卸料装置	Z	自

续表

名称	功　能	代号	读音
液压传动	机器的主传动采用液压装置	Y	液
气动传动	机器的主传动(力、能来源)采用气动装置	Q	气
伺服驱动	主驱动为伺服驱动	S	伺
高速	机器每分钟行程次数或速度显著高于同规格普通产品,有标准的以标准为准,没有标准的按高出同规格普通产品的 100%以上计	G	高
精密	机器运动精度显著高于同规格普通产品,有标准的以标准为准,没有标准的按高出同规格普通产品的 25%以上计	M	密
数显	数字显示功能	X	显
柔性加工	柔性加工功能	R	柔

(2) 液压机的分类

液压机属于锻压机械中的一类，随着液压机应用范围的扩大，其类型也有很多，但为了操作的方便，多为立式结构。其类型可按以下几种方法分类：

① 按组、型（系列）分类　《GB/T 28761—2012 锻压机械型号编制方法》中对液压机的分类如下：

a. 手动液压机：一般为小型液压机，用于压制、压装等工艺。

b. 锻造、模锻液压机：用于自由锻造、钢锭开坯以及有色与黑色金属模锻。

c. 冲压、拉深液压机：用于各种板材冲压。

d. 一般用途液压机：用于一般用途的压力加工。

e. 校正、压装液压机：用于零件校形及装配。

f. 热压、层压液压机：用于胶合板、刨花板、纤维板及绝缘材料板等的压制。

g. 挤压液压机：用于挤压各种有色金属和黑色金属的线材、管材、棒材及型材。

h. 压制液压机：用于粉末冶金及塑料制品压制成型等。

i. 打包、压块液压机：用于将金属切屑等压成块及打包等。

j. 其他液压机。

② 按动作方式分类

a. 上压式液压机　该类液压机的工作缸安装在机身上部，活塞从上向下移动对工件加压。放料和取件操作是在固定工作台上进行，操作方便，而且容易实现快速下行，应用最广。

b. 下压式液压机　如图 4-3 所示，该类液压机的工作缸装在机身下部，上横梁固定在立柱上不动，当柱塞上升时带动活动横梁上升，对工件施压。卸压时，柱塞靠自重复位。下压式液压机的重心位置较低，稳定性好。此外，由于工作缸装在下面，在操作中制品可避免漏油污染。

c. 双动液压机　通常这种液压机的上活动横梁分为内、外滑块，分别由不同的液压缸驱动，可分别移动，也可组合在一起移动，压力则为内外滑块压力的总和。这种液压机有很灵活的工作方式，通常在机身的下部还配有顶出缸，可实现三种操作。因此特别适合于金属板料的拉深成型，在汽车制造业应用广泛。

d. 特种液压机　如角式液压机、卧式液压机等。

③ 按机身结构分类

a. 柱式液压机　液压机的上横梁与下横梁（工作台）采用立柱连接，由锁紧螺母上下锁紧。压力较大的液压机多为四立柱结构，机器稳定性好，采光情况也较好。

b. 整体框架式液压机　这种液压机的机身由铸造或型钢焊接而成，一般为空心箱形结构，抗弯性能较好，立柱部分做成矩形截面，便于安装平面可调导向装置。也有立柱做成“门”形的，以便在内侧空间安装电气控制元件和液压元件。整体框架式机身在塑料制品和粉末冶金、薄板冲压液压机中获得广泛应用。

图4-4所示为Y71-100塑料制品液压机的机身结构，由两个槽钢作为主体焊接成框架式的机身。机身左右内侧装有两对可调节的导轨，活动横梁的运动精度由导轨来保证，运动精度较高。

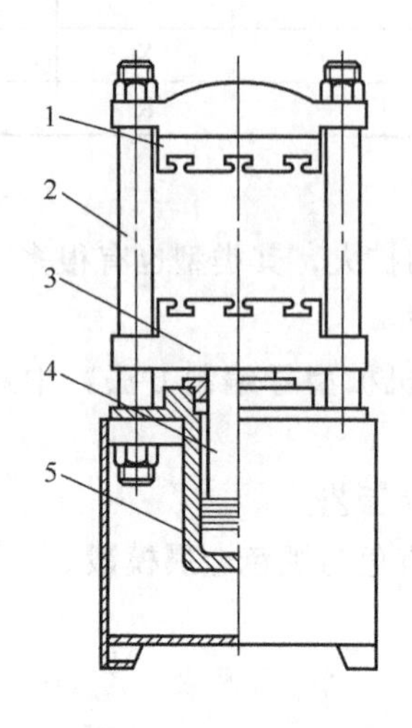

图4-3　下压式液压机
1—上横梁；2—立柱；3—活动横梁；
4—活塞杆；5—工作缸

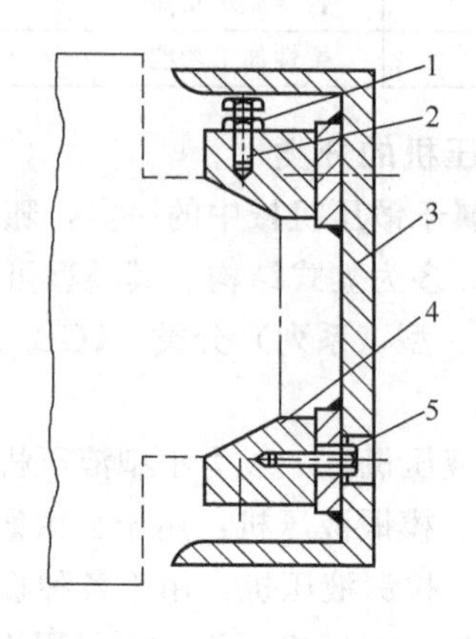

图4-4　Y71-100塑料制品液压机的机身结构
1—锁紧螺母；2—调节螺栓；3—墙板；
4—导轨；5—固定螺栓

④ 按传动形式分

a. 泵直接传动液压机　这种液压机是每台液压机单独配备高压泵，中小型液压机多为这种传动形式。

b. 泵-蓄能器传动液压机　这种液压机的高压液体是采用集中供应的办法提供的，这样可节省资金、提高液压设备的利用率，但需要高压蓄能器和一套中央供压系统，以平衡低负荷和负荷高峰时对高压液体的需要。

这种形式在使用多台液压机（尤其是多台大中型液压机）的情况下，无论在技术或经济上都是合理可行的。

⑤ 按操纵方式分　按操纵方式分为手动液压机、半自动液压机和全自动液压机等。

目前使用较多的是上压式泵直接传动半自动和手动的柱式或框架式液压机。层压机一般采用下压式液压机。液压机的工作介质主要有两种。采用乳化水液作为工作介质的称为水压机，其标称压力一般在10000kN以上。用机械油作为工作介质的称为油压机，其标称压力一般小于10000kN。

4.2　液压机的结构

液压机虽然类型很多，但设备的基本结构组成一般均由本体部分、操纵部分和动力部分组成。

现以 Y32-300 型万能液压机为例加以介绍。如图 4-5 所示为 Y32-300 型液压机外形图，其机身为四立柱式结构。

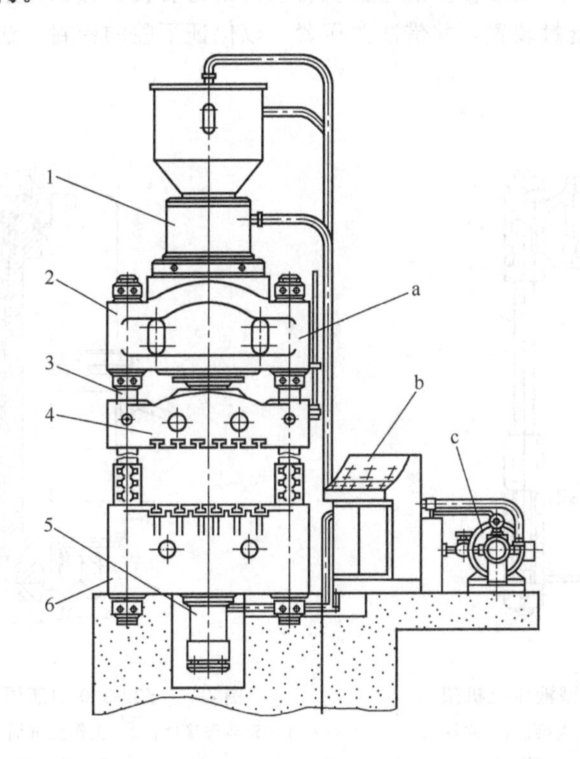

图 4-5　Y32-300 型液压机外形图

1—工作缸；2—上横梁；3—立柱；4—活动横梁；5—顶出缸；6—下横梁；

a—本体部分；b—操纵部分；c—动力部分

4.2.1　本体部分

液压机的本体部分包括机架、工作缸、活动横梁、顶出缸等。

(1) 机架

Y32-300 型液压机机架属于四立柱机架，如图 4-6 所示。目前四立柱机架在液压机上应用最广。我国自行设计与制造的 120000kN 大型水压机也是采用四立柱结构的机架。四立柱机架由上横梁、下横梁和四根立柱组成，每根立柱都有 3 个螺母分别与上下横梁紧固连接在一起，组成一个坚固的受力框架。

液压机的各个部件都安装在机架上，其中上横梁的中间孔安装工作缸，下横梁的中间孔安装顶出缸。活动横梁靠 4 个角上的孔套装在四立柱上，上方与工作缸的活塞相连接，由其带动上横梁上下运动。为防止活动横梁过度降落，导致工作活塞撞击工作缸的密封装置（图 4-7），在四根立柱上各装一个限位套，限制活动横梁下行的最低位置。上、下横梁结构相似，采用铸造方法铸成箱体结构。下横梁（工作台）的台面上开有 T 形槽，供安装模具用。

机架在液压机工作过程中承受全部工作载荷，立柱是重要的受力构件，又兼作活动横梁的运动导轨用，所以要求机身应具有足够的刚度、强度和制造精度。

(2) 工作缸

工作缸采用活塞式双作用缸，如图 4-7 所示，靠缸口凸肩与螺母紧固在上横梁内，在工作缸上部装有充液阀和充液油箱。活塞上设有双向密封装置，将工作缸分成上下腔，在下部缸端盖装有导向套和密封装置，并借法兰压紧，以保证下腔的密封。活塞杆下端与活动横梁用螺栓刚性连接。

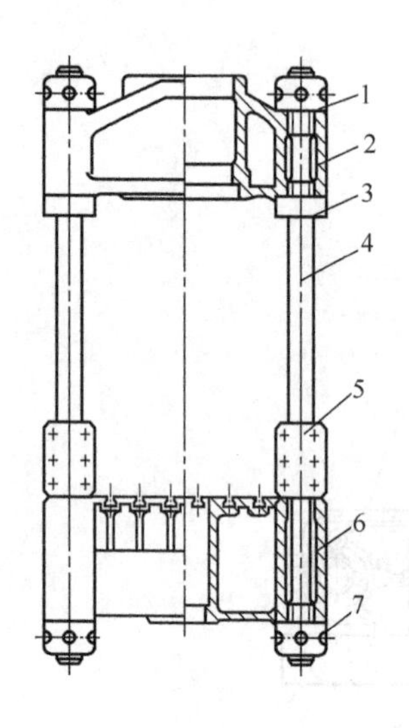

图 4-6 Y32-300 型液压机机架

1,3,7—螺母；2—上横梁；4—立柱；5—限位套；6—下横梁

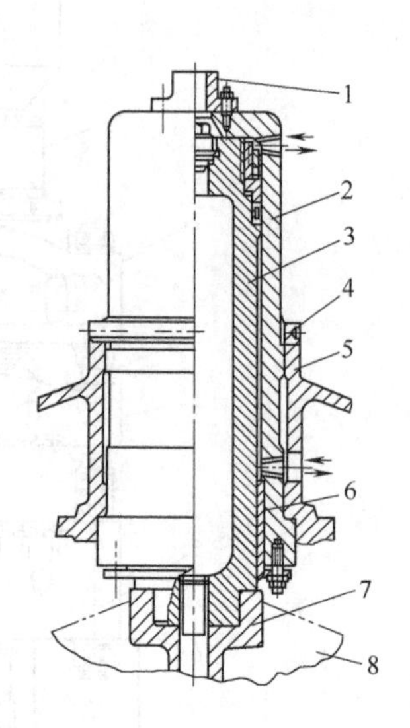

图 4-7 Y32-300 型液压机工作缸结构图

1—充液阀接口；2—工作缸缸筒；3—活塞杆；4—螺母；5—上横梁；6—导向套；7—凸肩；8—活动横梁

当压力油从缸上腔进入时，缸下腔的油液排至油箱，活塞带动活动横梁向下运动，其速度较慢，压力较大。当压力油从缸下腔进入时，缸上腔的油液便排入油箱，活塞向上运动，其运动速度较快，压力较小，这正好符合一般慢速压制和快速回程的工艺要求，并提高了生产率。

Y32-300 型液压机只有一个工作缸，对于大型且要求压力分级的液压机可采用多个工作缸。液压机的工作缸在液压机工作时承受很高的压力，因此必须具有足够的强度和韧性，同时还要求组织致密，避免高压油液的渗漏。目前常用的材料有铸钢、球墨铸铁或合金钢，直径较小的液压缸还可以采用无缝钢管。

(3) 活动横梁

活动横梁是立柱式液压机的运动部件，它位于液压机本体的中间。活动横梁的结构如图 4-8 所示，为减轻重量又能满足强度要求，采用 HT200 铸成箱形结构，其中间的圆柱孔用来与上面的工作活塞杆连接，四角的圆柱孔内装有导向套，在工作活塞的带动下，靠立柱导向作上下运动。在活动横梁的底面同样开有 T 形槽，用来安装模具。

(4) 顶出缸

在机身下部设有顶出缸，通过顶杆可以将成型后的工件顶出。Y32-300 型液压机的顶出缸结构如图 4-9 所示，其结构与工作缸相似，也是活塞式液压缸，安装在工作台底部的中间位置，同样采用缸的凸肩及螺母与工作台紧固连接。

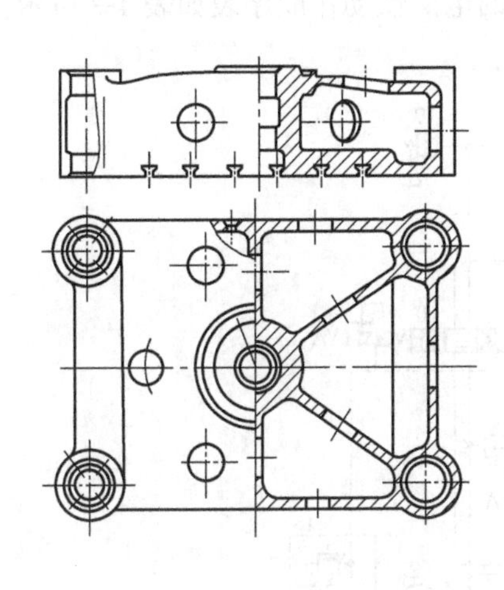

图 4-8　活动横梁的结构

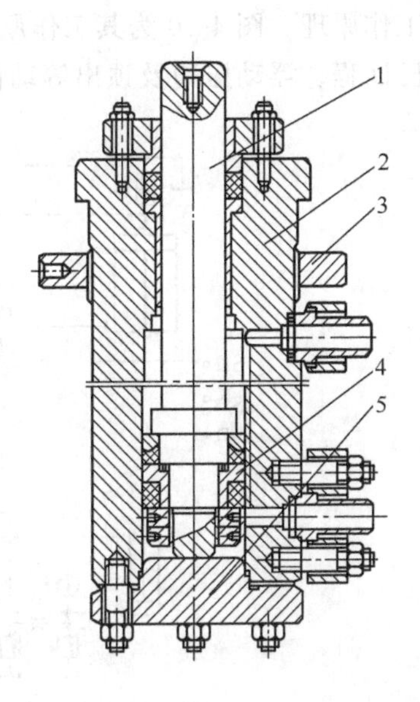

图 4-9　Y32-300 型液压机的顶出缸结构

1—活塞杆；2—顶出缸筒；3—螺母；4—活塞；5—缸盖

4.2.2　液压系统

(1) 液压系统概述

液压机的液压系统是液压机的主要组成部分之一，其作用是通过各种液压元件来控制液压机及其辅助机构完成各种行程和动作。液压机的液压传动系统是以压力变换为主，系统压力高，流量大，功率大。因此，它既要全面准确地满足成型工件的各种工艺要求，又应特别注意提高能量利用率和防止卸压时产生冲击和振动，保证安全可靠。

液压机根据成型工艺要求主缸能完成“快速下行—减速压制—保压延时—卸压回程—停止（任意位置）”的基本工作循环，而且压力、速度和保压时间需能调节。顶出液压缸主要用来顶出工件，要求能实现顶出、退回、停止的动作，如薄板拉深时又要求有顶出液压缸上升、停止和压力回程等辅助动作。有时还需用压边缸将坯料压紧，以防止周边起皱。

对液压机的液压系统的要求如下：

① 在操作特点上，要求能实现对模时的调整动作，手动操作和半自动操作。

② 在行程速度上，要求能实现空程快速运动和回程快速运动，以节省辅助时间。

③ 在工作液体压力上，一般为 20～32MPa，对标称压力较小而结构空间较大的，取较低的工作压力；对工件单位变形力大，液压机标称压力大而台面尺寸又不太大的，取较高的工作液体压力。

④ 在工艺特点上，对于小型液压机一般不进行压力分级，对于中型以上的液压机，一般要求具有分级的标称压力，以满足不同工艺的需要。

⑤ 在工作行程结束，回程将要开始之前，一般要求对主缸预卸压，以减少回程时的冲击振动等。

(2) 典型液压系统分析

① Y32-315 型液压机液压系统分析　现以 Y32-315 型通用液压机的液压系统为例介绍

液压系统工作原理。图 4-10 为其工作原理图，可完成空程快速下降、慢速下降、工作加压、保压、卸压回程、浮动压边及顶出等动作。该液压系统的电磁铁动作顺序表如表 4-3 所示。

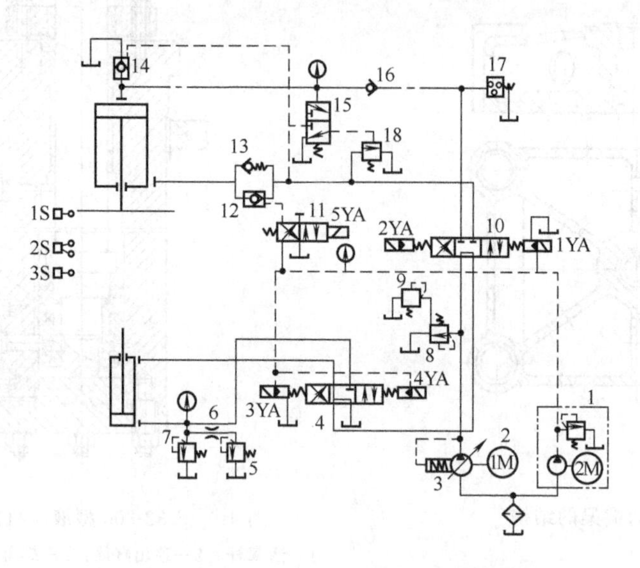

图 4-10　Y32-315 型通用液压机工作原理图

表 4-3　Y32-315 型通用液压机电磁铁动作顺序表

液压缸	动作名称	电磁铁				
		1YA	2YA	3YA	4YA	5YA
主缸	空程快速下降	+				+
	慢速下降及加压	+				
	保压					
	卸压回程		+			
	停止					
顶出缸	顶出			+		
	退回				+	
	停止					

注：“+”表示电磁铁通电。

a. 电动机启动　液压泵电动机启动时，全部换向阀的电磁铁处于断电状态，泵输出的油经三位四通电液换向阀 10（中位）及阀 4（中位）流回油箱，泵空载启动。

b. 活动横梁空程快速下降　电磁铁 1YA 及 5YA 通电，阀 10 及阀 11 换至右位，控制油经阀 11（右位）打开液控单向阀 12，主缸下腔油经阀 12、阀 10（右位）及阀 4（中位）排回油箱；活动横梁在重力作用下快速下降，此时主缸上腔形成负压，上部油箱的低压油经充液阀 14 向主缸上腔充液，同时泵输出的油也经阀 10（右位）及单向阀 16 进入主缸上腔。

c. 活动横梁慢速下降及工作加压　活动横梁降至一定位置时，触动行程开关 2S，使 5YA 断电，阀 11 复位，液控单向阀 12 关闭，主缸下腔油需经支承阀 13 排回油箱，活动横梁不再靠重力作用下降，必须依靠泵输出的压力油对活塞加压，才能使活动横梁下降，活动横梁下降速度减慢。此时活动横梁速度决定于泵的供油量，改变泵的流量即可调节活动横梁的运动速度。同时主缸上腔油压较高，液动滑阀15在油压作用下，恒处于上位的动作状态。

d. 保压 电磁铁1YA断电，利用单向阀16及充液阀14的锥面，对主缸上腔油进行密封，依靠油及机架的弹性进行保压。

当主缸上腔油压降至一定值时，压力继电器17发出信号，使电磁铁1YA通电，泵向主缸上腔供油，使油压升高，保证保压压力，而当油压超过一定值时，压力继电器17又发出信号，使1YA断电，液压泵停止向主缸上腔供油，油压不再升高。

e. 卸压回程 电磁铁2YA通电，阀10换至左位，压力油经阀10（左位）使充液阀14开启，主缸上腔油经阀14排回油箱，油压开始下降。但当主缸上腔油压大于液动滑阀15的动作压力时，阀15始终处于上位。压力油经阀10（左位）及阀15（上位）使顺序阀18开启，压力油经阀18排回油箱。顺序阀18的调整压力应稍大于充液阀14所需的控制压力，以保证阀14开启。但此时油压并不是很高，不足以推动主缸活塞回程。

当主缸上腔油压卸至一定值时，阀15复至下位。顺序阀18的控制油路被换至油箱，阀18关闭，压力油经阀12进入主缸下腔，推动活塞上行。同时主缸上腔油继续通过阀14排回上部油箱，活动横梁开始回升。

f. 浮动压边 当需要利用顶出缸进行压边时，可先令电磁铁3YA通电，阀4换至左位，压力油经阀10（中位）及阀4（左位）进入顶出缸下腔。顶出缸上腔油经阀4（左位）排回油箱，顶出缸活塞上行。当接触压边圈后，令3YA断电。

坯料进行反拉深时，顶出缸活塞在活动横梁压力作用下，随活动横梁一起下降。顶出缸下腔油经节流阀6及溢流阀5排回油箱，由于节流阀6有一定的节流阻力，因而产生一定的油压，相应使顶出缸活塞产生一定的压边力。调节溢流阀5即可改变浮动压边力。

g. 顶出缸顶出及退回 电磁铁3YA通电，阀4换至左位，顶出缸活塞上行、顶出。而电磁铁4YA通电，阀4换至右位，则顶出缸活塞下行、退回。

h. 停止 全部电磁铁处于断电状态，阀4和阀10处于中位，液压泵3输出的油经阀10（中位）及阀4（中位）排回油箱，泵卸载。液控单向阀12将主缸下腔封闭，活动横梁悬空停止不动。

另外，溢流阀8及远程调压阀9作系统安全调压用，溢流阀7则作顶出缸下腔安全限压用。

② HD-026型双动拉深液压机的液压系统分析

HD-026型双动拉深液压机的液压系统原理图如图4-11所示。其电磁铁动作顺序如表4-4所示。该机的液压系统采用了插装阀集成装置，具有结构紧凑、外观美观、连接管道少、密封性能好、动作反应快等优点。该液压系统的工作原理如下：

a. 双动拉深

(a) 启动 液压泵电动机1M、2M启动，驱动液压泵15，此时全部的电磁铁均处于断电状态，泵输出的油液经阀29排回油箱，液压泵在卸载状态下运转。

(b) 拉深梁和压边梁快速下行 电磁铁5YA通电，阀22开启，主缸活塞下腔的油液经阀22流回油箱，拉深梁和压边梁因失去支承，在重力作用下快速下降。同时电磁铁1YA、8YA、9YA得电，使阀29关闭、阀24开启，且电磁换向阀9换位，由液压泵来的压力油顶开阀30和阀24进入活塞上腔，另一部分压力油经阀9进入充液阀1的控制腔，将充液阀1打开，压力机顶部充液箱中的油液经充液阀大量充入到主缸上腔。

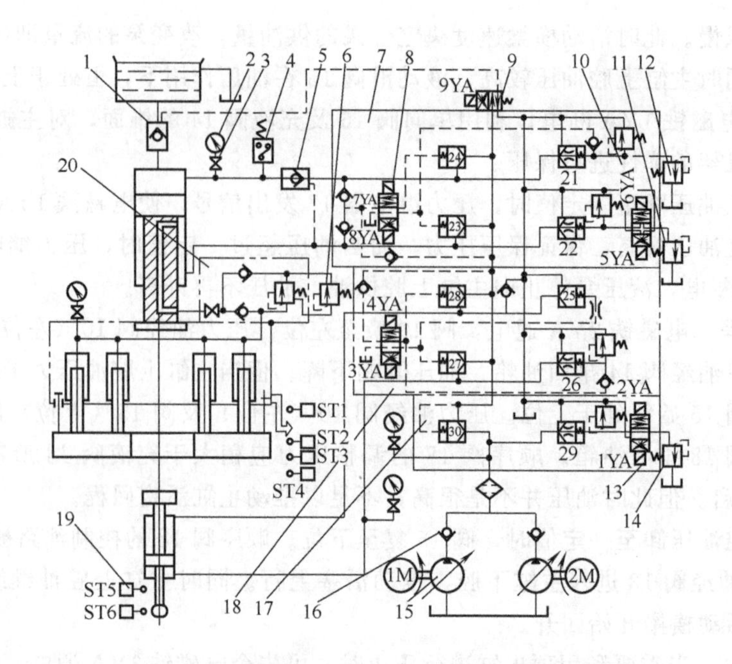

图 4-11　HD-026 型双动拉深液压机液压系统原理图

1—充液阀；2—电接点压力表；3—截止阀；4—压力继电器；5—液控止回阀；6,11,12,14—远程调压阀；7—动梁支撑阀块；8,9,10,13—电磁换向阀；15—液压泵；16—止回阀；17—调压卸载阀块；18—顶出缸控制阀块；19—行程开关；20—压边缸控制阀块；21～30—插装阀

表 4-4　电磁铁动作顺序

动作	电磁铁								
	1YA	2YA	3YA	4YA	5YA	6YA	7YA	8YA	9YA
启动									
快速下行					+			+	+
慢速下行	+					+		+	
加压	+				+			+	
保压									
卸压		+					+		
回程	+						+		+
顶出缸顶出	+			+					
顶出缸回程	+		+						
停止									

注："+"表示电磁铁通电。

(c) 慢速下行　当压边梁接近毛坯时行程开关 ST2 发出信号，使 5YA、9YA 断电，1YA、6YA、8YA 得电，此时，插装阀 22 的控制腔接远程调压阀 11，在主缸下腔产生背压(其压力大小可由远程调压阀 11 进行调节)，同时使阀 9 换向，充液阀关闭，此时拉深梁和压边梁的下行靠液压泵向主缸上腔供液驱动，拉深梁和压边梁的下行速度减慢，避免了模具与毛坯发生撞击。

(d) 加压　当压边梁与工件接触后即停止运动，由四个压边缸向毛坯施加压边力，并且行程开关 ST3 发出信号，使 6YA 断电，1YA、5YA、8YA 得电，阀 22、阀 24 开启，此时拉深梁继续下降，使四个压边缸中的油液受到压缩，多余油液经溢流阀、止回阀及主缸活塞杆上的孔进入主缸下腔，与主缸下腔的油液一同经阀 22 排入油箱。压边力的大小可由远程调压阀 6 来调节。压制力的大小由调压阀 12 来控制。

(e) 卸压　液压机在工作时，主缸上腔的压力较高，若突然换向，则会产生很大的压力冲击，并造成管道等的振动。在本系统中专门设置了卸载动作，延长卸载时间，以防引起压力冲击。卸载时，2YA 和 7YA 得电，此时液压泵的输出压力由远程调压阀 14 控制，阀 23 打开，压力油经阀 30、阀 23 进入液控止回阀 5 的控制腔，并打开其中的卸载阀（此时止回阀 5 的主阀芯不打开），使主缸上腔压力油经卸载阀上很小的阀口逐渐卸压。

(f) 回程　当主缸上腔油压下降到一定值时，压力继电器 4 发出信号，使 1YA、7YA、9YA 得电，2YA 断电，插装阀 29 关闭，插装阀 23 开启，且阀 9 换向，压力油经阀 30、通过阀 23 进入主缸下腔，使拉深梁回程，并且经阀 9 至充液阀的控制腔将其打开，这样，主缸上腔油液经充液阀流回充液罐内。在拉深梁回程初期，压边梁不动，液压泵输入到主缸下腔的油液一部分经活塞杆上的孔通过止回阀向压边缸中补油，直到拉深梁回程一段距离后，两边拉杆再带动压边梁回程至预定位置，这时，行程开关 ST1 发出信号，使电磁铁全部断电，阀 29 开启，液压泵卸载，拉深梁和压边梁停止不动。

(g) 顶出缸顶出　1YA、4YA 得电，使阀 25、阀 27 开启，液压泵所输出的压力油经阀 30、阀 27 进入顶出缸的下腔，顶出缸上腔油液经阀 25 流回油箱，这样顶出活塞上升，顶出工件。

(h) 顶出缸退回　1YA、3YA 得电，阀 26、阀 28 开启，压力油经阀 30、阀 28 进入顶出缸上腔，顶出缸下腔油液经阀 26 排入油箱。

b. 单动拉深　该液压机用于单动拉深时，将拉深梁与压边梁用拉杆固定，并关闭阀块 20 中的截止阀，这时两个梁即为一个整体，模具可安装在压边梁上。

作单动拉深时液压机有如下动作：(a) 动梁快速下行；(b) 动梁减速慢行；(c) 加压；(d) 保压；(e) 卸压；(f) 动梁回程；(g) 顶出缸顶出；(h) 顶出缸回程。

上述各动作中电磁铁动作顺序均与双动时相同，不再叙述。

保压时，当主缸上腔压力达到预定值后，由电接点压力表 2 发出信号，全部电磁铁断电，液压泵卸载，同时，时间继电器开始保压延时（0～20min）。在此过程中，若主缸上腔压力下降到规定值以下，则压力表 2 发出信号，使 1YA 得电，对主缸进行补压。

4.3 冲压液压机

4.3.1 冲压液压机的特点和应用

冲压液压机属于冲压、拉深液压机类，是用来进行板料的冲裁、弯曲、拉深成型等工序的，由于液压机在压力、行程、速度等参数的调节及过载保护等方面都比较简单易行，安全可靠，本体结构也不复杂，因此板料冲压液压机有很广泛的应用。

与一般液压机相比较，冲压用液压机在结构上通常具有较大的工作台面，为便于更换模具，还应装有可动工作台，为扩大其应用范围，使其适应于多种工艺，还可以装设液压垫装置。

4.3.2 冲压液压机分类及常见机型

冲压液压机种类繁多，按作用力方式分为单动和双动冲压液压机；按照液压机本体结构分为单臂式、三梁四柱式、框架式冲压液压机；按传动介质分为以水（乳化液）和以油为介质的两大类；按用途又可分为通用型液压机、橡皮囊液压机、汽车纵梁液压机、液压板料折弯机、液压剪板机等。

冲压液压机的常见机型有单动薄板冲压液压机和橡皮囊冲压液压机等。

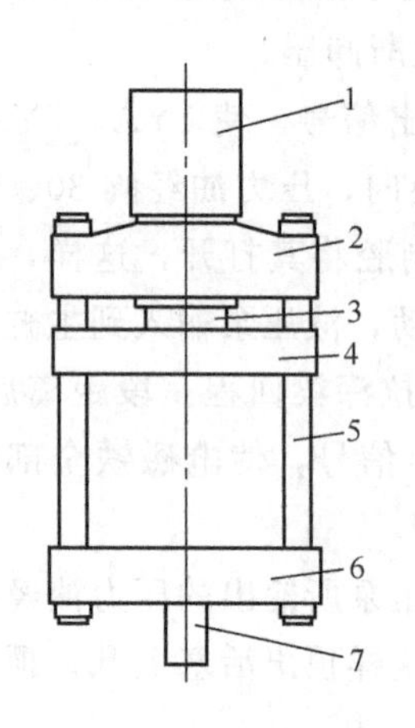

图 4-12 单动薄板冲压液压机的结构

1—充液罐；2—上梁；3—主缸及活塞；4—动梁；5—立柱；6—下梁；7—顶出缸

(1) 单动薄板冲压液压机

单动薄板冲压液压机的结构如图 4-12 所示。上梁内装有主工作缸，带动活动横梁上下运动，完成各种冲压工作。下横梁下部装有顶出缸，可将冲压完的制件从模具内顶出。顶出缸还可起液压垫作用，供拉深时压边用。有的单动薄板冲压液压机的下梁内由液压马达驱动，通过齿轮、齿条传动可将工作台移动，便于更换模具，改善了劳动条件，提高了生产效率。

(2) 橡皮囊冲压液压机

橡皮囊冲压液压机适用于冲压面积较大的板材制件，它以橡皮囊为上模，下模为常规结构。液压机结构采用厚壁圆筒或厚壁椭圆筒，外壁缠绕高强钢丝作为承载机架，安全可靠。一次可以成型多种不同形状的零件，不仅适用于航空航天部门和多品种小批量产品生产，还在汽车、拖拉机部门得到推广。

图 4-13 为我国自己设计制造的 XY-1200 型橡皮囊冲压液压机。图 4-13（a）为液压机外形图。液压机总压力为 11760kN，液囊容框单位压力可达 98MPa，并可在成型过程中按预定要求变化，实现自动控制。

液压机的主要结构包括机架、液囊容框、工作缸等部分。机架采用缠绕式结构，由上、下两个半圆梁和两根柱组成框架，周围用材料为 65Mn、截面为 1mm×4mm 的高强度扁钢带在预应力下缠绕成一个整体。这种结构受力合理、结构紧凑、重量轻、制造方便。工作缸为一双作用伸缩式套筒液压缸，内缸装有压边圈、活塞杆，活塞杆上又安装凸模，使两个缸合二为一，大大降低了液压机的总高度。弹性凹模为伸缩式封闭容框，成型时容框缸套可自由伸缩，自动补偿液囊容积的变化。

图 4-13（b）～图 4-13（e）为液压机工作过程图。

4.3.3 冲压液压机的技术参数与选用

(1) 技术参数

冲压液压机的技术参数是根据它的工艺用途和结构特点确定的，它反映了液压机的工作能力，是设计液压机的基础参数，也是选用液压机最重要的指标。

① 公称压力　液压机的最大总压力，或称液压机的吨位，是表示机器压制能力大小的主要参数，一般表示机器的规格。例如，YA32-315 表示公称压力为 315tf，即 3150kN 的液压机。

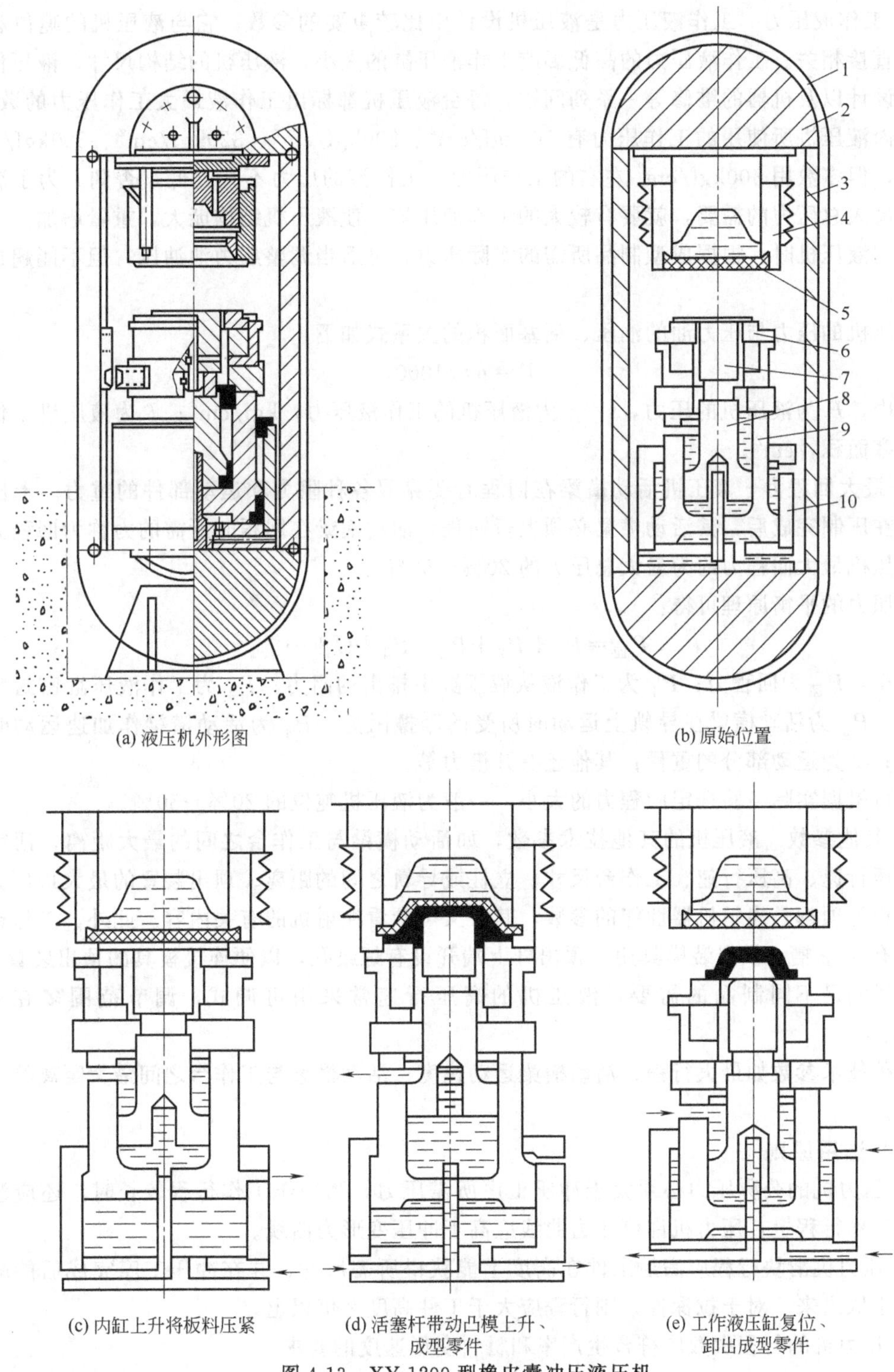

(a) 液压机外形图　(b) 原始位置

(c) 内缸上升将板料压紧　(d) 活塞杆带动凸模上升、成型零件　(e) 工作液压缸复位、卸出成型零件

图 4-13　XY-1200 型橡皮囊冲压液压机

1—钢带；2—上横梁；3—立柱；4—液囊容框；5—橡皮隔膜；6—压边圈；7—凸模；8—活塞杆；9—内液压缸；10—外液压缸

常见的冲压液压机的公称压力有 63tf、100tf、150tf、200tf、250tf、300tf、315tf、500tf、630tf、800tf 等。

② 工作液压力　工作液压力是液压机设计中比较重要的参数，它与液压机的吨位和压制能力直接相关。工作液压力的高低影响工作液压缸的大小，液压机的结构尺寸、液压传动系统的设计以及机器的维修等一系列问题。每台液压机都标出工作液最大工作压力的数值，目前国内液压机所使用的工作压力有 160kgf/cm^2、300kgf/cm^2、320kgf/cm^2、500kgf/cm^2 等数种，但多数用 300kgf/cm^2 左右的工作压力。工作液的压力不宜过低，否则，为了满足液压机最大总压力的需要，就要有较大的工作液压缸，使液压机结构庞大，重量增加。

使用液压机时，根据成型制品所需的实际压力，可适当调整压力油油压，但不能超过其最大值。

液压机的压力与压力油的油压、活塞面积的关系式如下：

$$P=pf/1000$$

式中，P 为液压机的压力，t；p 为液压机的工作液压力，kgf/cm^2；f 为液压机工作液压缸活塞面积，cm^2。

③ 最大回程力　液压机活动横梁在回程时要克服各种阻力和运动部件的重力。上压式液压机在压制完成后，其活动横梁必须上行回程，活动横梁在回程时所需的力称为回程力。

液压机最大回程力约为最大总压力的 20%～50%。

按照力的平衡原理可得：

$$P_{回}=P_1+P_2+P_3+P_4+G+\cdots$$

式中，$P_{回}$ 为回程力；P_1 为工作液从液压缸中排出的阻力；P_2 为工作液压缸密封装置的阻力；P_3 为活动横梁在导轨上运动时所受的摩擦阻力；P_4 为活动横梁作加速运动时的惯性力；G 为运动部分的重量；其他还有开模力等。

也可根据实际经验选定回程力的大小，一般为液压机吨位的 20%～50%。

④ 其他参数　液压机的其他技术参数，如活动横梁与工作台之间的最大距离，活塞行程、低压行速、高压行速、工作台尺寸、立柱或导轨之间的距离、顶出装置的最大顶出力和顶出行程等项都是表示机器性能的参数，其含义可参看注射机的有关内容。此外，工作台上一般开有 T 形槽，供安装模具用，顶出杆上端开设有螺纹孔，以便连接模具的顶出装置。

为了满足不同制品的需要，液压机的高压行速常采用可调式，调节范围多在 0～6mm/s。

其他技术参数如最大行程、活动横梁运动速度、活动横梁与工作台之间最大距离等，不再细述。

(2) 选用原则

① 压力机的公称压力必须大于冲压工序所需压力，当冲压工作行程较长时，还应注意在全部工作行程上，压力机许可压力曲线应高于冲压变形力曲线。

② 压力机滑块行程应满足工件在高度上能获得所需尺寸，并在冲压工序完成后能顺利从模具上取出来。对于拉深件，则行程应大于工件高度 2 倍以上。

③ 压力机的行程次数应符合生产率和材料变形速度的要求。

④ 压力机的闭合高度、工作台面尺寸、滑块尺寸和模柄孔尺寸等都应能满足模具的正确安装要求。

(3) 选用实例

要加工如图 4-14 所示的铝制冲压件，厚度为 0.8mm，制件精度要求一般，需冲孔、弯曲，大批量生产。

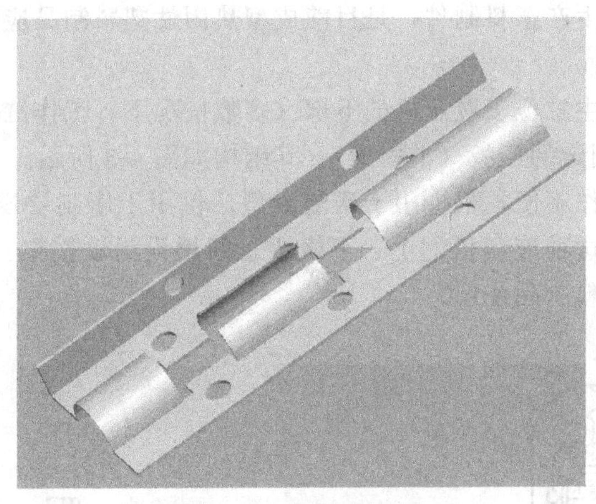

图 4-14 铝制冲压件

设计的冲压模具中，闭合高度为 197mm，在冲裁过程中总的冲压力 174kN，结合模具的闭合高度，为防止设备过载，可按公称压力的 1.3 倍来选择压力机。因此，本模具选择 250kN 的液压机，具体型号为 Y32-25。

校验工作台尺寸、活动横梁最大行程等其他参数，均可符合需要。

4.4 塑料制品液压机

塑料制品液压机是热固性塑料压缩和压注成型所用的主要设备，又被称为平板硫化机，其主要功能是提供硫化所需的压力和温度，压力由液压系统通过液压缸产生，温度由加热介质（通常为蒸汽、导热油等）所提供。在通用锻压机中，该液压机的组型代号为 71。与金属加工用的机械压力机相比，它具有压力低，设备简单，能适应多品种生产的特点，以及近年来大幅度发展的增强塑料主要用此法成型，因此压制成型被广泛应用。

4.4.1 塑料制品液压机的分类

塑料制品液压机按机身结构不同分为柱式和框式液压机；按动作方式分为上压式、下压式和双压式液压机；按操纵方式分为手动式、半自动式和全自动式液压机等。按传动方式可分为泵直接传动和泵-蓄压器传动液压机。

从目前塑料制品液压机的使用和发展情况看，使用较多的是上压式泵直接传动半自动的柱式或框式液压机。因为上压式的工作液压缸装在机器的上方，下横梁是固定的，比起工作液压缸在下面的下压式使用方便，国产塑料制品液压机基本上均属此种类型，但对层压塑料，一般以下压式为多。成型大中型热固性塑料，常采用泵-蓄压器传动的液压机，即集中供应高压油的办法，避免各台压机单独配备液压系统。这样节省资金，提高液压设备的利用率，但需要高压蓄压器和一套中央供压系统以平衡低负荷和高峰负荷时对高压液体的需要。

4.4.2 塑料制品液压机的本体结构

(1) 上压式液压机

图 4-15 所示为上压式液压机。其工作缸位于液压机上方。上压式液压机可供各类压缩

模及移动式压注模批量生产塑料制件，是目前成型热固性塑料制品应用最广泛的一种设备。

(2) 下压式液压机

这种液压机的工作主缸位于液压机的下部（多数情况下，工作缸带有差动活塞，以保证合模和开模），上部是固定的压板（上横梁），其结构如图 4-3 所示。

下压式液压机因操作不便，很少用于压塑成型。仅用于压制层压板、层压塑料齿轮坯、硬聚氯乙烯板等。若在这种液压机的上、下横梁之间增设活动横梁，如图 4-16 所示，则可供固定式压注模成型塑料制品使用。

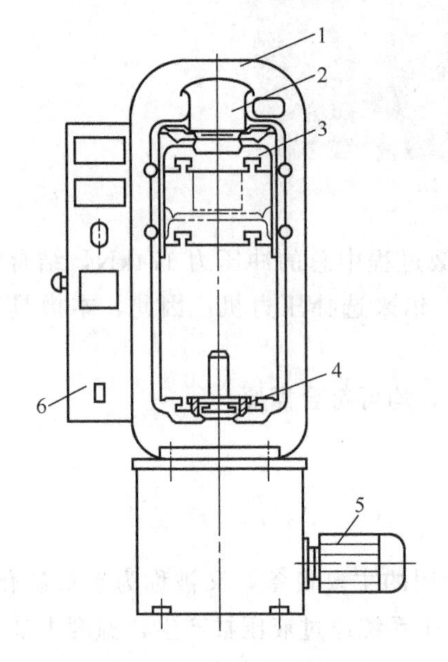

图 4-15 上压式液压机

1—机身；2—工作缸；3—活动工作台；4—顶出缸；5—电机；6—电器箱

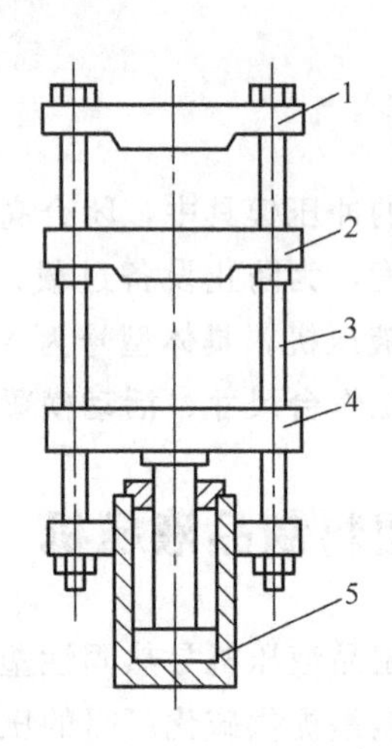

图 4-16 下压式液压机结构

1—上横梁；2—活动横梁；3—立柱；4—下工作台；5—工作液压缸

(3) 双压式液压机

双压式液压机的结构特点是有上、下两个工作压缸，这两个工作压缸中的活塞所产生的压力按相反方向互相作用。两个压缸中，一个用来闭合锁紧模具，称为主缸；另一个用来把模具加料室中的塑料挤入模腔，称为辅助缸。主缸的压力要比辅助缸大得多，以防溢料。这种液压机主要用于固定式压注模生产塑料制件。

(4) 直角式液压机

直角式液压机中的主要零件用机架固定，上压缸和旁压缸互相垂直，上压缸供压制塑料用，而旁压缸供开、闭模具用，下部还设有顶出缸，供顶出制件用。

具有侧凹的塑料制件，用整体式模具是无法取出的，因此必须将模具做成横向可拆的形式。但这种模具在普通上压式液压机上成型带侧凹的大制件时，用手工拆开大模具取出制件的劳动很繁重，且难以用手工分开。为此采用这种直角式液压机成型带有侧凹的复杂制件。

4.4.3 塑料制品液压机的选用

与其他液压机相比，塑料制品液压机的主要特点在于提供交联反应所需的温度，温度则由加热板提供，热板内安装有加热器，加热方式可根据用户需要选择电热、汽热、油热等，压力由液压系统提供。下面举例说明如何选用塑料制品液压机。

现需要压制一个聚酰胺试样，外形尺寸为长×宽×厚＝150mm×10mm×5mm，所需的成型压力为196.8kN。故初选YA71-45液压机。

对应的模具设计，在工作平面的尺寸为250mm×100mm，可选配420mm×420mm的加热板。聚酰胺的成型温度范围为220～300℃，可选用电加热的方式。

4.5　液压机的维护与安全操作

4.5.1　液压机的维护

正确的液压机保养和维护可以提高液压机寿命，也可保证操作人员的安全和健康。日常的维护包括以下几方面：

(1) 班前保养

① 检查油池、油位、油标是否符合规定标准，若不符合应及时补油。

② 检查按钮是否灵活，有无卡阻。

③ 检查电机接地线是否松动、脱落或损坏。若有松动应紧固，脱落或损坏应通知维修人员处理。

④ 检查安全防护装置是否完整可靠。

⑤ 检查各手柄是否灵活。

⑥ 紧固松动的各部位螺母。

(2) 班中保养

① 启动液压泵，检查液压泵作用是否良好，各密封部位和管路有无堵塞和泄漏。

② 检查限位开关作用是否良好，碰块定位是否正常。

③ 要随时注意各运转部件温升和声响是否正常。

(3) 班后保养

① 检查、清扫各活动部位。

② 各操控手柄（开关）置于空挡（零位）。

③ 检查、清扫、整理工作面及工作区域。

(4) 润滑系统

① 清洗油泵和过滤网。

② 擦洗、检查、疏通油路，实现润滑良好，并消除漏油。

③ 擦洗各连接处并及时加油润滑，实现操纵灵活。

④ 检查拧紧上下缸盖、电机座和锤身地脚螺栓，保证紧固牢靠。

4.5.2　液压机的安全操作

(1) 操作之前注意事项

检查机床，查看各个零件之间是否牢靠，机器运转的各个部分是否存在障碍物，机器液压储油箱的油量是否加满，油的质量是否正常。

在机器运转之前一定要擦拭运行导轨和油缸活塞裸露部分并涂新油，同时按规定进行润滑。

机器运转4～5min之后，检查各个运行零件、开关、限位的装置是否灵活，确认液压系统压力正常、工作横梁运动灵活，确认无误后方可开始工作。

（2）操作时注意事项

在操作时要将模具放在机器工作面的中间和主轴同心的地方，将物件放平，并紧固牢靠。

在工作过程中不能用手扶着被压的工件，以免伤到手。

压头要慢慢地接近工件，避免工件受力迸出伤到操作员。

为了避免造成不必要的经济损失和人体伤害，每个大型机器操作员都要能正确使用机器，按照正确操作步骤来进行操作。

思考与练习题

1. 液压机的工作原理是什么？具有哪些特点？
2. 液压机的主要技术参数都有哪些？如何选用？
3. 液压机主要结构由哪些部分组成？各部分作用是什么？
4. 液压机液压系统有何要求？简要分析Y32-315型液压机的液压系统。

第5章 曲柄压力机

学习成果达成要求

曲柄压力机属于机械传动类压力机，是采用曲柄滑块机构的锻压机械，能进行各种冲压与模锻工艺，直接生产出零件或毛坯。它是材料成型中广泛使用的压力机，应用在汽车、电子、机械制造、国防及日用品等行业。

本章主要学习曲柄压力机的结构组成、工作原理，重点掌握曲柄压力机的技术参数和选用、维护与安全操作。

通过学习，应达成如下学习目标：

① 了解曲柄压力机的工作原理、应用范围、类型及性能特点。

② 掌握用曲柄压力机实现成型工艺的方法。

③ 具备在考虑健康、安全等因素的前提下根据使用要求选择所需曲柄压力机的能力。具有合理使用和维护曲柄压力机的基本知识。

④ 了解曲柄压力机的前沿知识和发展趋势。

5.1 概述

5.1.1 曲柄压力机的工作原理及结构组成

(1) 曲柄压力机的工作原理

曲柄压力机通过曲柄滑块机构，将电动机的旋转运动转变为冲压加工生产所需要的直线往复运动，从而使坯料获得确定的变形，制成所需的零件。

如图 5-1 所示为开式双柱可倾式压力机外形图，图 5-2 所示为 JC23-63 压力机运动原理图。将上模固定在滑块 12 上，下模固定于工作台垫板 15 上，压力机对置于上、下模之间的材料加压，实施压力加工。离合器 7 可使机器在开动后间歇性运动，制动器 10 可在离合器分开后对从动部分进行刹车以及对滑块 12 进行制动。压力机在整个工作周期内有负荷的工作时间短，大部分时间为空行程，为了使电动机负荷均匀和有效地利用能量，在传动轴端装有飞轮，起到储能作用。其中大带轮 3 和大齿轮 6 也起到飞轮的作用。

图 5-3 所示为闭式压力机外形图，图 5-4 所示为 J31-315 曲柄压力机运动原理图，由图可以看出开式压力机与闭式压力机的原理是完全相同的。

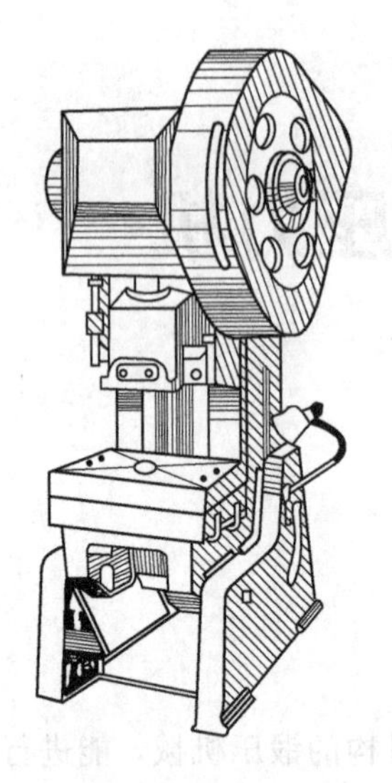

图 5-1　开式双柱可倾式压力机外形图

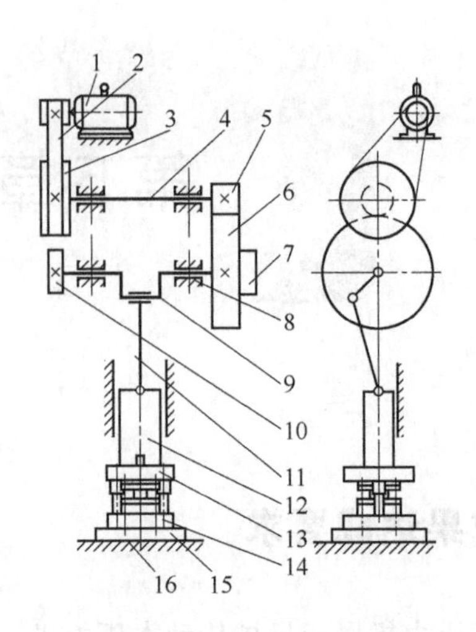

图 5-2　JC23-63 压力机运动原理图

1—电动机；2—小带轮；3—大带轮；
4—中间传动轴；5—小齿轮；6—大齿轮；
7—离合器；8—机身；9—曲轴；10—制动器；
11—连杆；12—滑块；13—上模；14—下模；
15—垫板；16—工作台

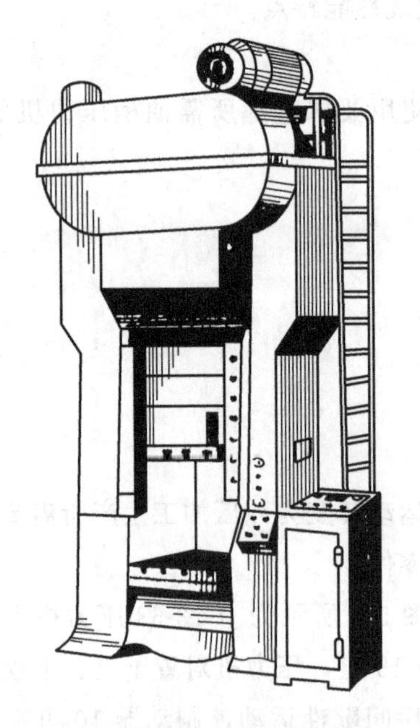

图 5-3　闭式压力机外形图

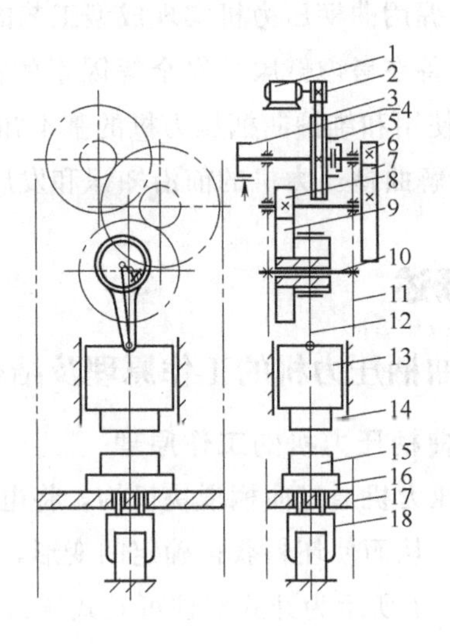

图 5-4　J31-315 曲柄压力机运动原理图

1—电动机；2—小带轮；3—大带轮；4—制动器；
5—离合器；6，8—小齿轮；7—大齿轮；9—偏心齿轮；
10—心轴；11—机身；12—连杆；13—滑块；14—上模；
15—下模；16—垫板；17—工作台；18—液压气垫

(2) 曲柄压力机的组成

根据曲柄压力机各部分零件的功能，一般由以下几部分组成。

① 工作机构 一般为曲柄滑块机构，由曲轴（或偏心齿轮等）、连杆、滑块等零件组成，将旋转运动转换为直线运动。

② 传动系统 包括皮带传动和齿轮传动，将电动机的能量和运动传递给工作机构，起能量传递作用和速度转换作用。

③ 操纵系统 包括离合器、制动器等部件，用以控制工作机构的工作和停止。

④ 能源系统 由电动机、飞轮组成。飞轮能将电动机空行程时的能量储存起来，在成型时再释放出来。

⑤ 支撑部件 主要指机身、工作台等。它把压力机所有部分连接为一个整体。承受全部工作变形力和各种装置的重力，并保证整机要求的精度和强度。

除上述基本部分外，还有多种辅助系统和装置，如润滑系统、安全保护装置、滑块平衡装置以及气垫等。

5.1.2 曲柄压力机的分类及特点

曲柄压力机的类型很多，其不但用于板料冲压，还用于体积模锻和剪切工艺等，本章以介绍通用曲柄压力机为主，因此，此处主要介绍通用曲柄压力机的分类。

通用曲柄压力机主要适用于板料的冲裁、弯曲、浅拉深和成型，是冲压生产中最常见的机械压力机。目前其分类方法很多，常用的几种分类方法如下。

(1) 按机身形式分类

按机身的形式通用压力机可分为开式压力机（图 5-1）和闭式压力机（图 5-3）两种。开式压力机根据其机身的特点又可分为单柱开式压力机和双柱开式压力机。

开式压力机的特点是：机身采用“C”形结构，使操作者可从前、左、右三个方向靠近工作台，便于模具安装、调整、操作。其不足是：工作时“C”形结构刚度较差，容易产生弹性变形。对冲压件的精度和模具寿命有较大的影响。单柱开式压力机的机身中段是一整体立柱，上接曲轴支承，下连工作台。双柱开式压力机的机身中部前后敞开，形成两个立柱，工件或废料可通过两立柱间向压力机后方排出。

开式压力机按照工作台的结构特点又可分为固定台式压力机（图 5-5）、可倾式压力机（图 5-1）和升降台式压力机（图 5-6），固定台式压力机的稳定性较好，工作台的刚性较好。可倾式压力机的机身可以向后倾斜一定的角度（一般为 20°～30°），便于工件和废料靠自重或其他因素从压力机的后部排出。升降台式压力机适用于模具高度变化较大的情况，其刚度、强度较差。

闭式压力机的机身左右两侧是封闭的，操作者只能从前后两个方向接近工作台，不太方便。但机身的强度、刚度高，工作时机身弹性变形较小，对模具的影响小，精度较高。这种形式多用于大、中型压力机。

(2) 按同一滑块的驱动点数分类

按作用在同一滑块上的连杆数目（或称驱动点数）曲柄压力机可分为单点压力机和多点压力机（如双点压力机、四点压力机）。图 5-7 为双点压力机外形及工作原理示意图。

多点压力机的特点是：具有较大的滑块底面和工作台面，并有一定的刚度和强度，适用于较大工件的落料、冲孔、弯曲和浅拉深等工艺，也可用于多工位冲压。由于有两个以上的连杆作用，滑块对偏载不太敏感。

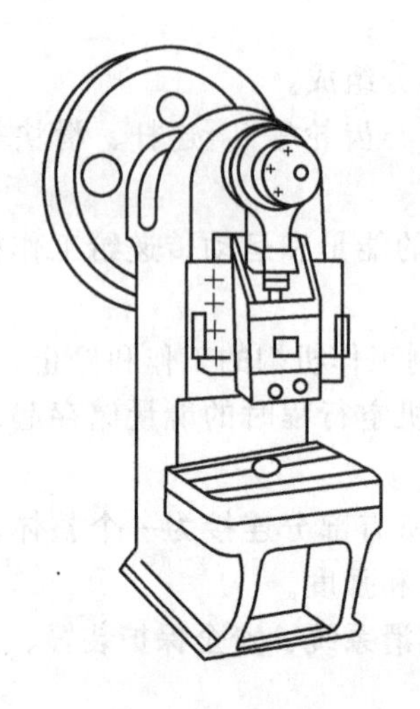

图 5-5　固定台式压力机

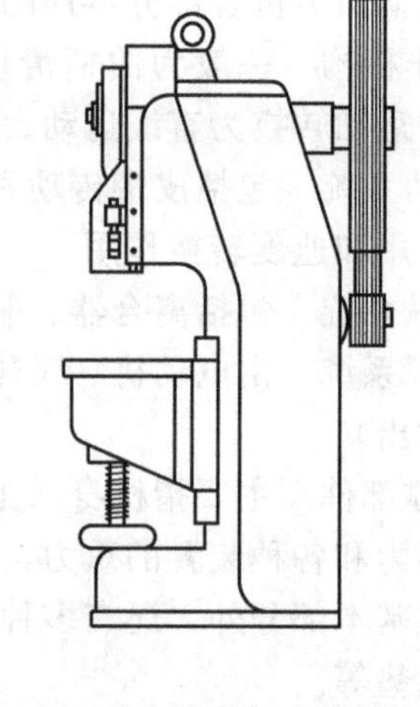

图 5-6　升降台式压力机

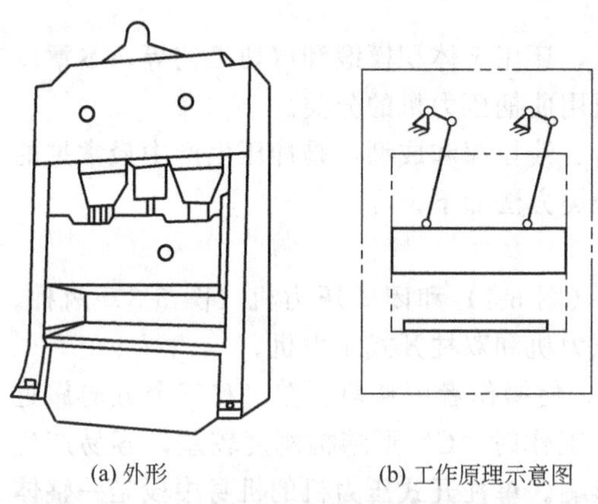

(a) 外形　(b) 工作原理示意图

图 5-7　双点压力机外形及工作原理示意图

(3) 按压力机动作和传动机构所在位置分类

按压力机动作分为单动压力机、双动压力机、三动压力机等。只有一个滑块工作的称为单动压力机，适用于冲裁、弯曲，以及中小型制件的拉深。双动压力机有内、外两个滑块工作，外滑块压料，内滑块拉深，适用于大型制件拉深。三动压力机除内、外滑块外，还有一个下滑块，可以完成反方向的拉深。如图 5-8 所示为单动、双动、三动压力机的结构原理图。按传动机构所在位置分有上传动压力机（传动机构位于工作台上方）和下传动压力机（传动机构位于工作台下方，如图 5-9 所示）。

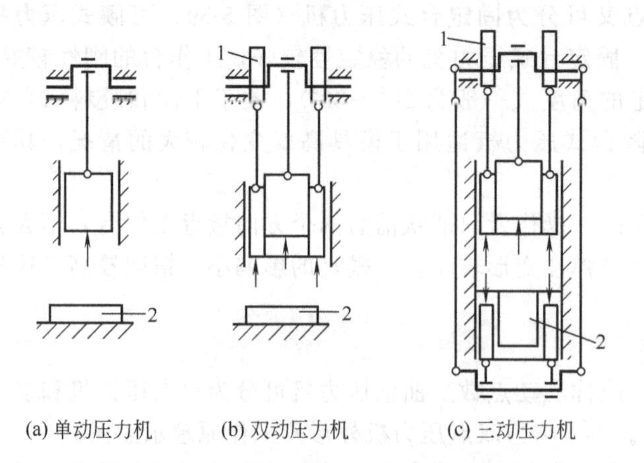

(a) 单动压力机　(b) 双动压力机　(c) 三动压力机

图 5-8　单动、双动、三动压力机的结构原理图

1—凸轮；2—工作台

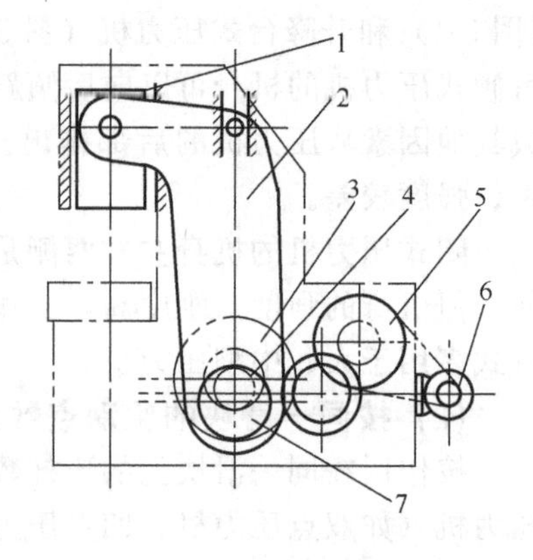

图 5-9　下传动压力机

1—滑块；2—连杆；3—齿轮；4—偏心轴；5—大皮带轮；6—电动机；7—偏心套

5.2 曲柄压力机的主要技术参数与选用

5.2.1 曲柄压力机的主要技术参数

压力机的技术参数反映一台压力机的工艺能力、所能加工制件的尺寸范围以及有关生产率指标，同时也是人们选择、使用压力机和设计模具的重要依据。曲柄压力机的主要技术参数有：公称压力、滑块行程、滑块行程次数、封闭高度等。

(1) 公称压力

通用压力机的公称压力（或称额定压力）是指滑块滑动至下死点前某一特定距离（或称公称压力行程），或曲柄旋转到离下死点前某一特定角度（或称公称压力角）时，滑块上所容许承受的最大作用力。

例如，J21-315压力机的公称压力为3150kN，是指滑块离下死点前10.5mm（相当于公称压力角为20°）时，滑块上所允许承受的最大作用力。

一般曲柄压力机产生公称压力的行程仅为滑块行程的5%～7%，按我国原第一机械工业部的标准规定：开式压力机的公称压力行程为3～15mm，闭式压力机的公称压力行程为13mm。而在行程的中间点，压力仅为公称压力的40%～50%。

通用压力机一般以公称压力为主参数，其他技术参数为基本参数。

(2) 滑块行程

滑块行程是指滑块从上死点到下死点所经过的距离。对于曲轴压力机来说，滑块行程是曲轴偏心距的两倍，一般为定值。而对于偏心压力机而言，因滑块行程可以通过偏心轴和偏心套的相对位置调整，故为一定范围内的某值。

滑块行程反映了压力机的工作范围。行程较长，则能生产高度较大的零件，通用性较强，但压力机的曲柄尺寸要加大，随之而来的是齿轮模数和离合器尺寸要增大，压力机造价要增加，而且模具的导柱导套可能脱离，影响工作精度和模具寿命。选用压力机时，应使滑块行程满足工艺要求，便于制件进出模具，满足操作要求。

(3) 滑块行程次数

滑块行程次数是指滑块每分钟从上死点到下死点，然后再回到上死点，如此往复的次数。行程次数越多，压力机的生产率越高，但次数超过一定数值后，必须配备机械化自动化送料装置，否则不可能实现高生产率。行程次数提高后，机器的振动和噪声也将增加。

(4) 封闭高度及封闭高度调节量

封闭高度是指滑块在下死点时，滑块底面到工作台上表面的距离。当滑块调整到上极限位置时，封闭高度达到最大值，为最大封闭高度；相反，当滑块调整到下极限位置时，其封闭高度为最小封闭高度。二者差值为封闭高度调节量。

设计模具时要考虑压力机的装模高度。压力机的装模高度是压力机的封闭高度减去工作台垫板的厚度。同理，压力机有最大装模高度和最小装模高度，模具闭合高度要在二者之间。

(5) 工作台板及滑块底面尺寸

工作台板尺寸（前后×左右）和滑块底面尺寸（前后×左右）是与模架的平面尺寸有关的尺寸。

通常对于闭式压力机，这二者的尺寸大体相同，而对于开式压力机，滑块底面尺寸则小于工作台板尺寸。为了用压板对模座进行固定，这二者尺寸应比模座尺寸大出必要的加压板空间。

对于小脱模力的模具，通常上模座只是用模柄固定到滑块上，这时，可不考虑加压板空间。如直接用螺栓固定模座，则虽不用留出加压板空间，但必须考虑工作台板及滑块底面上放螺栓的T形槽大小及分布。

(6) 模柄孔尺寸

冲模模柄尺寸应和模柄孔尺寸（直径×孔深）相适应。大型压力机无模柄孔，取而代之的是T形槽，用螺栓来紧固上模。

(7) 喉口深度

喉口深度系指滑块的中心线到机身的距离。它是开式压力机和单柱压力机的特有参数。模具模柄至模具后边缘面的距离应在喉口深度尺寸的范围内，模具方能被安装到压力机上。

我国已制定通用压力机的技术参数标准，如表5-1～表5-3所示。

表5-1 闭式单点压力机技术参数（JB 1647—77）

名称		符号	量值											
标称压力		F_g/10kN	160	200	250	315	400	500	630	800	1000	1250	1600	2000
标称压力行程		s_g/mm	13	13	13	13	13	13	13	13	13	13	13	13
滑块行程	Ⅰ型	s/mm	250	250	315	400	400	400	500	500	500	500	500	500
	Ⅱ型	s/mm	200	200	250	250	315	—	—	—	—	—	—	—
滑块行程次数	Ⅰ型	n/(次/min)	20	20	20	16	16	12	12	10	10	8	8	8
	Ⅱ型	n/(次/min)	32	32	28	28	25	—	—	—	—	—	—	—
最大装模高度		H_1/mm	450	450	500	500	550	550	700	700	850	850	950	950
装模高度调节量		ΔH_1/mm	200	200	250	250	250	250	315	315	400	400	400	400
导轨间距离		A/mm	880	980	1080	1200	1330	1480	1580	1680	1680	1880	1880	1880
滑块底面前后尺寸		B_1/mm	700	800	900	1020	1150	1300	1400	1500	1500	1700	1700	1700
工作台板尺寸	左右	L/mm	800	900	1000	1120	1250	1400	1500	1600	1600	1800	1800	1800
	前后	B/mm	800	900	1000	1120	1250	1400	1500	1600	1600	1800	1800	1800

表5-2 闭式双点压力机技术参数

名称			符号	量值														
标称压力			F_g/10kN	160	200	250	315	400	500	630	800	1000	1250	1600	2000	2500	3150	4000
标称压力行程			s_g/mm	13	13	13	13	13	13	13	13	13	13	13	13	13	13	13
滑块行程			s/mm	400	400	400	500	500	500	500	630	630	500	500	500	500	500	500
滑块行程次数			n/(次/min)	18	18	18	14	14	12	12	10	10	10	10	8	8	8	8
最大装模高度			H_1/mm	600	600	700	700	800	800	950	1250	1250	950	950	950	950	950	950
装模高度调节量			ΔH_1/mm	250	250	315	315	400	400	500	600	600	400	400	400	400	400	400
导轨间距离	普通型		A/mm	1980	2430	2430	2880	2880	3230	3230	3230	3230	3230	5080	5080	7580	7580	10080
	大规格型		A/mm	—	—	—	—	—	—	—	4080	4080	4080	6080	7580	—	10080	—
滑块底面前后尺寸			B_1/mm	1020	1150	1150	1400	1400	1500	1500	1700	1700	1700	1700	1700	1700	1900	1900
工作台板尺寸	左右	普通型	L/mm	1900	2350	2350	2800	2800	3150	3150	4000	4000	4000	6000	7500	7500	7500	10000
		大规格型	L/mm	—	—	—	—	—	—	—	4000	4000	4000	6000	7500	—	10000	—
	前后		B/mm	1120	1250	1250	1500	1500	1600	1600	1800	1800	1800	1800	1800	1800	2000	2000

表 5-3　开式压力机技术参数

名称			符号	量值														
标称压力			F_g/10kN	4	6.3	10	16	25	40	63	80	100	125	160	200	250	315	400
标称压力行程			s_g/mm	3	3.5	4	5	6	7	8	9	10	10	12	12	13	13	15
滑块行程	固定行程		s/mm	40	50	60	70	80	100	120	130	140	140	160	160	200	200	250
滑块行程	调节行程		s/mm	40	50	60	70	80	100	120	130	140	140	160	—	—	—	—
滑块行程	调节行程		s/mm	6	6	8	8	10	10	12	12	16	16	20	—	—	—	—
标称行程次数（不小于）			n/(次/min)	200	160	135	115	100	80	70	60	60	50	40	40	30	30	25
快速型	标称压力行程		s_g/mm	1	1	1.5	1.5	2	2	2.5	2.5	3	—	—	—	—	—	—
快速型	滑块行程		s/mm	20	20	30	30	40	40	50	50	60	—	—	—	—	—	—
快速型	标称行程次数（不小于）		n/(次/min)	400	350	300	250	200	200	150	150	120	—	—	—	—	—	—
最大封闭高度	固定和可倾		H/mm	160	170	180	220	250	300	360	380	400	430	450	450	500	500	550
最大封闭高度	活动台	最低	H_2/mm	—	—	—	300	360	400	460	480	500	—	—	—	—	—	—
最大封闭高度	活动台	最高	H_1/mm	—	—	—	160	180	200	220	240	260	—	—	—	—	—	—
封闭高度调节量			ΔH/mm	34	40	50	60	70	80	90	100	110	120	130	130	150	150	170
标准型	滑块中心到机身距离（喉深）		C/mm	100	110	130	160	190	220	260	290	320	350	380	380	425	425	480
标准型	工作台尺寸	左右	L/mm	280	315	360	450	560	630	710	800	900	970	1120	1120	1250	1250	1400
标准型	工作台尺寸	前后	B/mm	180	200	240	300	360	420	480	540	600	650	710	710	800	800	900
标准型	工作台孔尺寸	左右	L_1/mm	130	150	180	220	260	300	340	380	420	460	530	530	650	650	700
标准型	工作台孔尺寸	前后	B_1mm	60	70	90	110	130	150	180	210	230	250	300	300	350	350	400
标准型	工作台孔尺寸	直径	D_1/mm	100	110	130	160	180	200	230	260	300	340	400	400	460	460	530

5.2.2 曲柄压力机的型号规格

根据 JB/T 28761—2012（锻压机械型号编制方法），曲柄压力机型号规格由汉语拼音、英文字母和数字表示，表示方法如下：

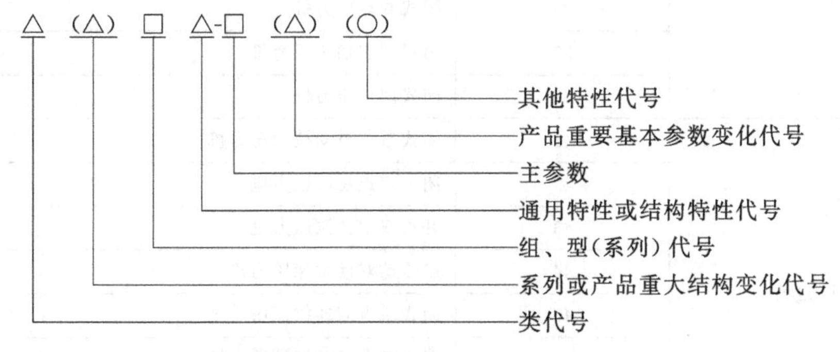

注 1：有“（）”的代号，如无内容时则不表示，有内容时则无括号。

注 2：有“△”符号的，为大写汉语拼音字母。

注 3：有“□”符号的，为阿拉伯数字。

注 4：有“○”符号的，为大写汉语拼音字母或/和阿拉伯数字。

① 类代号，以汉语拼音首起字母代替，如J代表机械压力机。

② 重大结构变化代号，以英文字母表示次要参数在基本型号上所作的改进，依次以A、B、C表示。

③ 压力机组、型代号，以数字表示，具体如表5-4所示。

表5-4 压力机组、型代号

组	型	名称
手动台式、单柱压力机	01	齿条式压力机
	02	螺旋压力机
	03	杠杆式压力机
	04	台式压力机
	06	单柱固定台式压力机
	07	单柱活动台式压力机
	08	单柱台压力机
伺服驱动压力机	13	伺服驱动压力机
	14	开式双点伺服压力机
	16	闭式单点伺服驱动压力机
	17	闭式双点伺服驱动压力机
	18	闭式四点伺服驱动压力机
开式压力机	21	开式固定台压力机
	22	开式活动台压力机
	23	开式可倾压力机
	25	开式双点压力机
	27	半闭式压力机
	29	开式底传动压力机
闭式压力机	31	闭式单点压力机
	32	闭式单点切边压力机
	33	闭式侧滑块压力机
	36	闭式双点压力机
	37	闭式双点切边压力机
	39	闭式四点压力机
拉深压力机	41	闭式单点单动拉深压力机
	42	闭式双点拉深压力机
	43	开式双动拉深压力机
	44	底传动双动拉深压力机
	45	闭式单点双动拉深压力机
	46	闭式双点双动拉深压力机
	47	闭式四点双动拉深压力机
	48	闭式三动拉深压力机

续表

组	型	名称
螺旋压力机	53	双盘摩擦压力机
	54	精压双盘摩擦压力机
	55	离合器螺旋压力机
	57	液压螺旋压力机
	58	电动螺旋压力机
	59	气液螺旋压力机
压制压力机	61	单面粉末制品压力机
	62	双面粉末制品压力机
	63	转轮式粉末制品压力机
	66	机械式粉末制品压力机
	67	摩擦压砖机
	69	复合式摩擦压砖机
高速、自动压力机	71	闭式多工位压力机
	72	开式多工位压力机
	75	闭式高速精密压力机
	76	开式高速精密压力机
	77	闭式多点高速精密压力机
	78	开式多点高速精密压力机
精压、挤压压力机	82	多工位挤压压力机
	84	精压压力机
	87	立式曲柄挤压压力机
	88	卧式肘杆挤压压力机
	89	立式肘杆挤压压力机
其他压力机	91	分度台(坐标)压力机
	92	冲模回转头压力机
	93	多冲模压力机
	94	底传动精密压力机
	95	步冲压力机
	99	冲压、激光切割复合机

④ 通用特性或结构特性代号，以字母表示，具体如表 4-2 所示。

⑤ 设备工作能力，以数字表示，如 160 表示压力机公称压力为 160×10kN＝1600kN。

⑥ 改进设计代号，以英文字母表示，对设备的结构和性能所作的改进，依次以 A、B、C 表示。

⑦ 其他特性代号，以英文字母表示辅助特性，如不同的数控系统，反映压力机的控制轴数、移动工作台等。

5.2.3 曲柄压力机的选用

压力机的选用是冲压工艺设计的一项重要内容。它直接关系到设备的安全及合理使用、产品质量、模具寿命、生产效率和成本等一系列重要问题。

压力机的选用主要包括压力机类型和规格的选择。

(1) 压力机类型的选择

一般根据冲压制件的类型、规格尺寸大小、要求，来合理选择压力机的种类、形式。

对于中小型冲裁件、弯曲件或浅拉深件，多选用开式压力机。虽然开式压力机的刚性较差，床身的弹性变形会破坏冲模的间隙均匀分布，影响冲裁件的精度，降低冲模的寿命。但是，它的机身三面敞开，操作方便，容易安装机械化的附属设备，且成本低廉，目前是中小冲压件生产的主要设备。

对于大中型或精度较高的冲压件，应选用闭式压力机及多点压力机。

对于校平、校正弯曲、整形等冲压工艺，应选用具有较高强度和刚性的压力机。

表 5-5 所示为冲压类型与冲压设备选用对照表。

表 5-5 冲压类型与冲压设备选用对照表

冲压设备	冲压类型					
	冲裁	弯曲	简单拉深	复杂拉深	整形校平	成型
小行程通用压力机	√	○	×	×	×	×
中行程通用压力机	√	○	√	○	○	×
大行程通用压力机	√	○	√	○	√	√
双动拉深压力机	×	×	○	√	×	×
高速自动压力机	√	×	×	×	×	×
摩擦压力机	○	√	×	×	×	√

注：表中√表示适用；○表示尚可适用；×表示不适用。

(2) 压力机规格的选用

选用压力机规格时，应进行以下方面的计算与校核。

① 公称压力　所选压力机的公称压力应大于冲压时所需的工作压力，而且，制件负荷曲线应不超过压力机许用负荷曲线。一般选择原则如下：

冲裁、校正弯曲时，最大冲压力不大于公称压力的 80%～90%；深拉深时，最大拉深力不大于公称压力的 50%～60%；浅拉深时，最大拉深力不大于公称压力的 70%～80%。

冲裁弯曲或冲裁拉深复合冲压时，应视其具体情况和所用机床的许用负荷曲线来确定其公称压力值。

对于较厚的冲压件，不仅要考虑压力机的允许压力，而且要考虑压力机的功率大小。

② 最大封闭高度及封闭高度调节量　选用压力机时，模具的闭合高度应介于压力机的最大封闭高度与最小封闭高度之间。

由于连杆磨损后会缩短，日后修模会使模具闭合高度减小等，因此设计模具时模具的高度一般取接近压力机的最大装模高度。

③ 滑块行程、行程次数及推料杆行程　对向上顶出制件的拉深、弯曲、挤压成型而言，为了便于安放毛坯和取出制件，一般要求滑块行程为制件高度的 2.5 倍，而冲裁件及精压件

所需的滑块行程较小。

如果冲模是利用滑块中的活动横梁推件的，则推件行程应小于活动横梁在滑块孔内的浮动量。

为较好地发挥机器生产效率，手工操作时，不要选用行程次数太多的机床；自动冲压时，尽可能选行程次数多的机床。深拉深时，不能选用行程次数太多的机床，因为拉深太快，材料来不及充分变形，零件容易拉裂。

④ 工作台板及滑块尺寸　模具的下模板安装固定于压力机工作台板上，当采用压板、T形螺栓固定下模时，安装方位有不小于50～70mm的安装尺寸；当采用T形螺栓直接固定下模时，下模板略小于工作台板尺寸即可。

对于大多数压力机，滑块在上死点位置时的下平面低于压力机机身导向部分，对于某些开式机身压力机，滑块在上死点位置时的下平面高于压力机机身导向部分，这时上模板外形尺寸必须小于滑块外形尺寸。

⑤ 工作台板漏料孔　当小型模具的下模板尺寸接近工作台板漏料孔尺寸时，应增加附加垫板，当下模板漏料范围尺寸大于工作台板漏料孔尺寸时，应增加附加垫板。

当下模安装通用弹顶器时，弹顶器的外形尺寸应小于工作台板漏料孔尺寸。

5.3 曲柄压力机的结构

冲压生产中，通用曲柄压力机虽然有各种结构形式，但其组成部分基本相同。主要包括曲柄滑块机构、机身、离合器与制动器、动力与传动系统（5.5节）及其辅助装置等。下面分别对其加以介绍。

5.3.1 曲柄滑块机构

常见的曲柄滑块机构主要有曲轴式、曲拐轴式、偏心齿轮式等，下面分别介绍。

(1) 曲轴式曲柄滑块机构

① 结构　图5-10所示为JB23-63压力机的曲轴式曲柄滑块机构结构图，它主要由曲轴3、连杆（连杆体1和调节螺杆6）和滑块5组成，当曲轴旋转时，连杆作摆动和上下运动，使滑块在导轨中作上下往复直线运动。

在滑块中有夹持模具的装置模具夹持块11和顶出工件的装置打料横杆4，在连杆支撑座和滑块5之间，装有过载保护装置8，称为压塌块式保护装置。

② 封闭高度调节　在图5-10中，球头调节螺杆6与连杆体1之间为螺纹连接，松开锁紧螺钉9，转动球头调节螺杆可以改变连杆长度，从而改变滑块在压力机中的上、下位置，达到调节封闭高度的目的。压力机封闭高度调节机构，主要为适应不同高度的模具能在同一台压力机上安装、使用而设置。在小型压力机中，由于滑块重量较轻，用扳手就可转动球头调节螺杆，故称为手动调节。在压力机封闭高度调好后，为保证压力机在工作过程中滑块不松动，使封闭高度保持不变，需要靠锁紧螺钉9锁紧球头调节螺杆。

由图5-10可见，由于连杆体是直接套在曲柄上的，这种曲柄滑块机构由于曲柄半径固定不变，故压力机的行程一般不能调节。

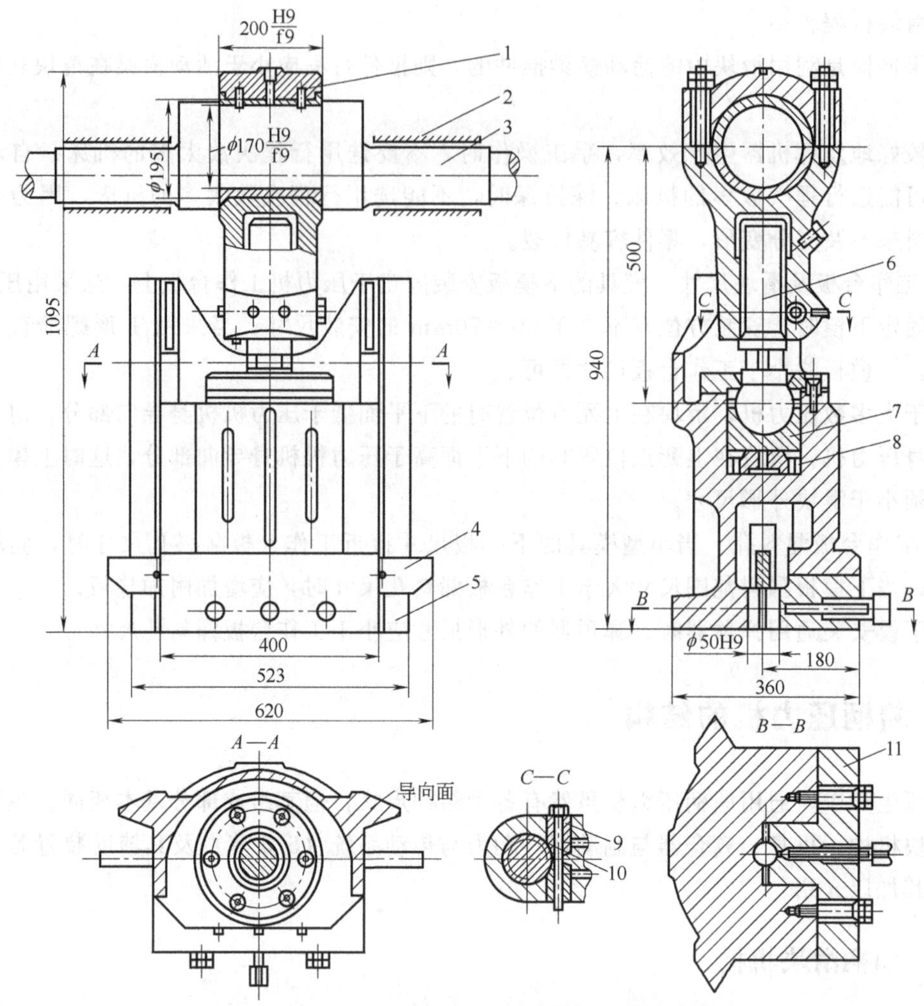

图 5-10　JB23-63 压力机的曲轴式曲柄滑块机构结构图

1—连杆体；2—轴瓦；3—曲轴；4—打料横杆；5—滑块；6—调节螺杆；7—下支承座；8—保护装置；9—锁紧螺钉；10—锁紧块；11—模具夹持块

(2) 曲拐轴式曲柄滑块结构

图 5-11 所示为曲拐轴式曲柄滑块机构，主要由曲拐轴 2、连杆 3 和滑块 4 组成。在曲拐轴上装有偏心套 1，偏心套与曲拐轴用花键相连接，连杆 3 套在偏心套的外圆上，构成了一套行程调节装置。一般压力机在偏心套上面或曲拐轴的端面有行程刻度值，若要调整行程时先把压板卸下，将偏心套从曲拐轴拉出，找到所需的行程刻度，根据刻度值把偏心套旋转一定的角度，与曲拐轴上的标记对准后重新套入并与其连接，再装好压板，即改变了曲柄的长度，从而完成了压力机的行程调节。

图 5-11　曲拐轴式曲柄滑块机构

1—偏心套；2—曲拐轴；3—连杆；4—滑块

图 5-12 所示是压力机行程调节状态，压力机的曲柄半径是偏心套外圆中心 M 与主轴中心 O 的距离

MO，压力机行程为$2MO$。当偏心套处于图5-12（a）所示位置时，行程最小，其值为

$$S_{min}=2MO=2(AO-AM)$$

式中，S_{min}为压力机最小行程，mm；AO为主轴偏心距，mm；AM为偏心轴销中心与偏心套外圆中心的距离，mm。

若将偏心套旋转180°，如图5-12（b）位置所示，则行程为最大，其值为

$$S_{max}=2MO=2(AO+AM)$$

若将偏心套旋转至图5-12（c）位置时，压力机行程为

$$S=2MO=2\sqrt{AO^2+AM^2-2AO\times AM\times\cos\alpha}$$

在工作时，行程不需要计算，可按偏心套端面上的刻度值直接调节。

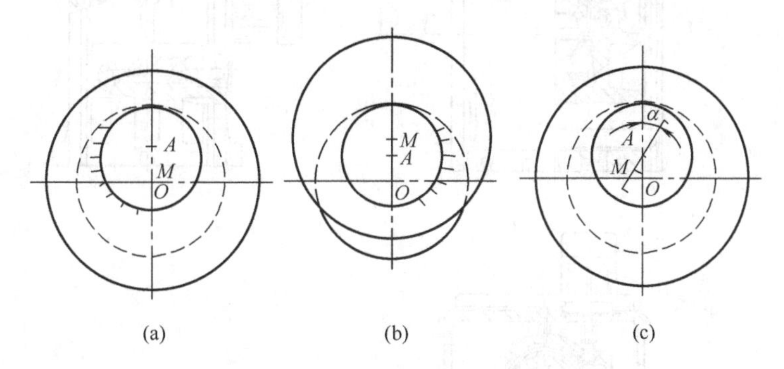

图5-12 压力机行程调节状态

O—主轴中心；A—偏心轴中心；M—偏心轴外圆中心

(3) 偏心齿轮式曲柄滑块机构

① 结构　图5-13所示为JB31-315压力机的偏心齿轮式曲柄滑块机构。它主要由偏心齿轮7、连杆体1、滑块3和芯轴8等组成。偏心齿轮的偏心颈与芯轴有一偏心距，相当于曲柄半径。芯轴两端支撑在机身上，当偏心齿轮旋转时，就相当于偏心颈在芯轴上旋转，即曲柄旋转，并通过连杆使滑块作上下运动。

② 封闭高度调节　如图5-13所示，蜗杆10与电动机连接，蜗轮5与拨块4通过键连接，调节蜗杆的球头侧面用两销子与拨块连接。当蜗轮转动时，带动拨块转动，拨块转动带动调节螺杆2转动，使连杆长度发生变化，即达到调节压力机封闭高度的目的。调节螺杆长度由限位开关控制，这种调节方法称为机动调节，主要用于大中型压力机中滑块较重的场合。

上述的曲柄滑块机构都是通过改变连杆的长度来实现压力机封闭高度的调节。图5-14是JB31-160A压力机封闭高度调节装置，这种结构连杆3是整体，用连杆销8与调节螺杆2、滑块6连接，通过蜗轮4和蜗杆5的转动，能驱动调节螺杆2与滑块产生相对移动，实现封闭高度的调节。

① 连杆　连杆是曲柄滑块机构中的重要构件，将曲柄和滑块连接在一起，并通过其运动将曲柄的旋转运动转变为滑块的直线往复运动，在这个过程中，连杆相对于曲柄转动而相对于滑块摆动。因此，连杆和曲柄及滑块都必须是铰接。常用的连杆有球头式连杆、柱销式连杆、柱面式连杆、三点传力柱销式连杆、柱塞导向连杆等，下面分别作简要介绍。

a. 球头式连杆　如图5-10所示，连杆不是一个整体，而是由连杆体和调节螺杆所组成。调节螺杆下部的球头与滑块连接，连杆体上部的轴瓦与曲轴连接。

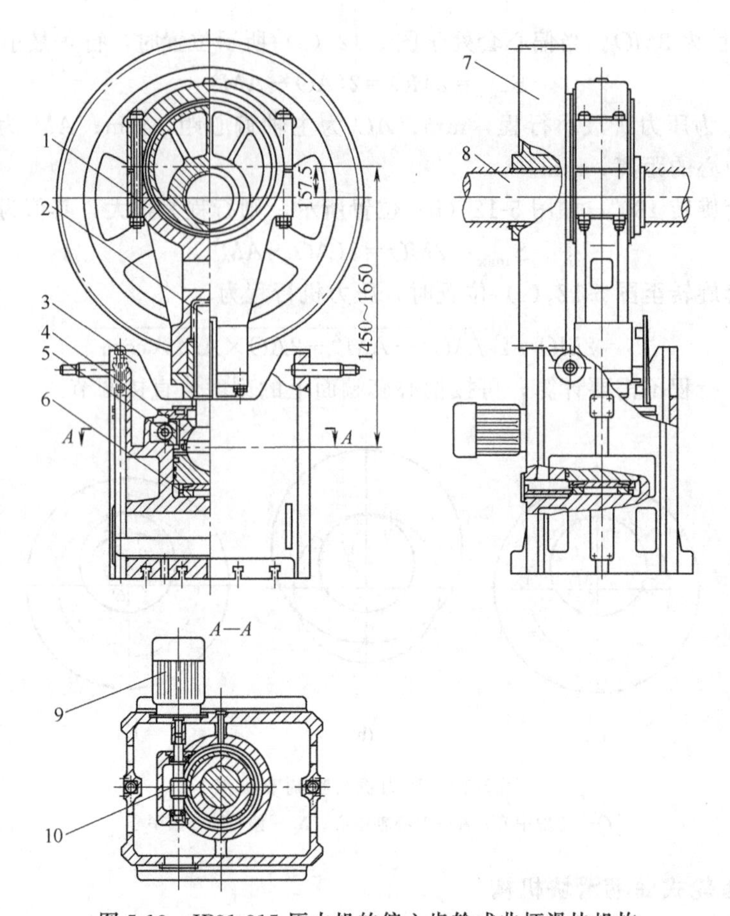

图 5-13　JB31-315 压力机的偏心齿轮式曲柄滑块机构

1—连杆体；2—调节螺杆；3—滑块；4—拨块；5—蜗轮；6—保护装置；7—偏心齿轮；8—芯轴；9—电动机；10—蜗杆

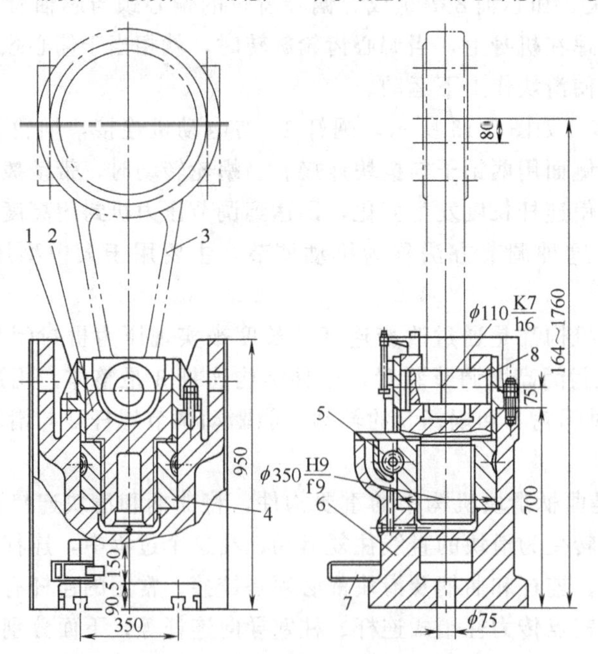

图 5-14　JB31-160A 压力机封闭高度调节装置

1—导套；2—调节螺杆；3—连杆；4—蜗轮；5—蜗杆；6—滑块；7—顶料杆；8—连杆销

球头式连杆结构较紧凑，压力机高度可以降低，但连杆的调节螺杆容易弯曲，且球头加工也较困难。

b. 柱销式连杆 如图 5-14 所示，连杆 3 是个整体，其长度不可调节。柱销式连杆结构没有球头式连杆紧凑，但其加工较容易。柱销在工作中承受很大的弯矩和剪切力，因此大型压力机不宜采用柱销式连杆结构。

c. 柱面式连杆 如图 5-15 所示是针对柱销式连杆的缺点改进设计的柱面式连杆结构。其销与连杆孔有间隙，工作行程时，连杆端部柱面与滑块接触，传递载荷；销子只在回程时承受滑块的重量和脱模力，大大减轻了销的负荷，销的直径可以减小许多，但柱面加工的难度加大了。

d. 三点传力柱销式连杆 如图 5-16 所示结构，在调节螺杆与柱销配合面上多了一个中间支点，而与柱销配合的连杆轴瓦的主要承力面（上表面）没有变化，因此工作载荷通过 3 个支点传给柱销，再传给连杆，柱销的弯矩和剪切力大大减小。三点传力柱销式连杆既保持了柱销式连杆加工容易的优点，又解决了柱销受力状态恶劣的问题，便于在大中型压力机上使用。

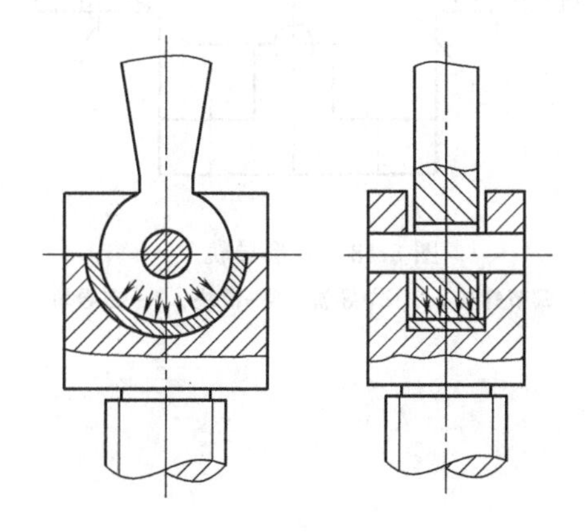

图 5-15 柱面式连杆结构

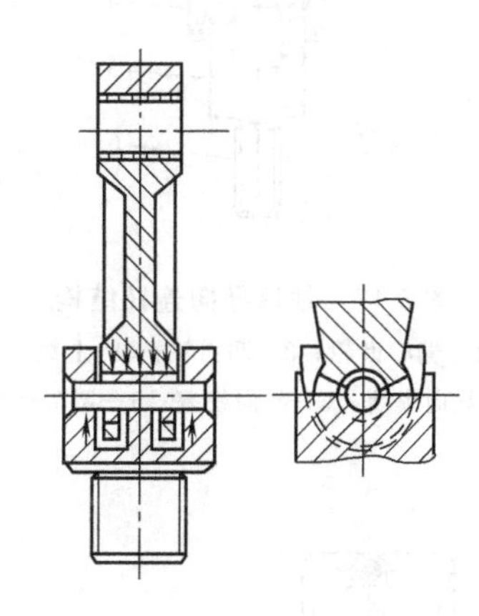

图 5-16 三点传力柱销式连杆结构

e. 柱塞导向连杆 如图 5-17 所示结构，连杆不直接与滑块连接，而是通过一个导向柱塞 5 及调节螺杆 6 与滑块连接。这样，偏心齿轮可以被密封在机身的上梁中，浸在油中润滑，减少齿轮的磨损、降低传动噪声。此外，导向柱塞在导向套筒 4 内滑动，相当于加长了滑块的导向长度，提高了压力机的运动精度。因此，在大中型压力机中得到广泛应用。但其加工和安装比较复杂，同时压力机高度有所增加。

连杆常用铸钢 ZG270-500 和铸铁 HT200 铸造。球头式连杆中的调节螺杆常用 45 钢锻造，调质处理，球头表面淬火，硬度 42HRC。柱销式连杆中调节螺杆因不受弯矩，故一般用球墨铸铁 QT500-5、QT500-7 或灰铸铁 HT200 制造。

② 滑块与导轨 压力机上的滑块是一个箱形结构，它的上部与连杆连接，滑块的底面开有 T 形槽（见图 5-14）或有模柄孔（见图 5-11），用于固定上模。模具上模的模柄安装在滑块的模柄孔中，用压紧螺钉压紧。滑块带动上模运动，完成冲压工作。滑块沿着机身上的导轨作上下直线运动。由于导轨的导向作用，使得滑块运动平稳。一般情况下压力机滑块的底平面具有一定的垂直度。为了使滑块在工作中不致倾斜，受力状态良好，连杆对滑块的加力点和滑块中心线是重合的。滑块的精度对冲压件的精度和冲模寿命有很大影响。

压力机的导轨有两种基本类型：一种是用在小型压力机上的V形且左右对称布置的导轨，如图5-18所示；另一种是用在大中型压力机上的四角布置的导轨，如图5-19所示的J31-315滑块导轨图。目前国内外高性能压力机还采用图5-20所示的矩形导轨，其导向精度高，而摩擦损失小，但间隙调整比V形导轨困难。

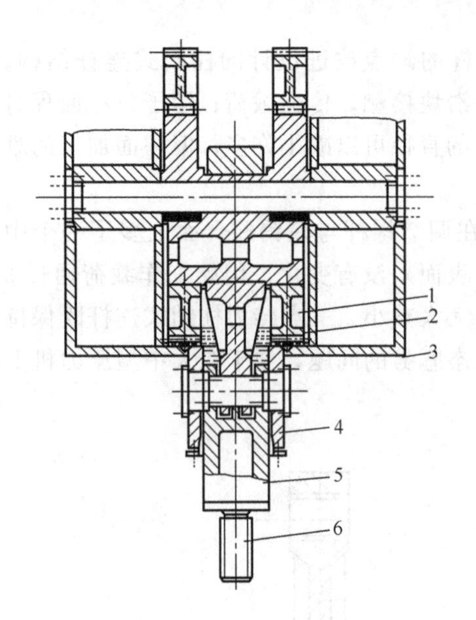

图5-17　柱塞导向连杆结构

1—偏心齿轮；2—润滑油；3—上梁；4—导向套筒；5—导向柱塞；6—调节螺杆

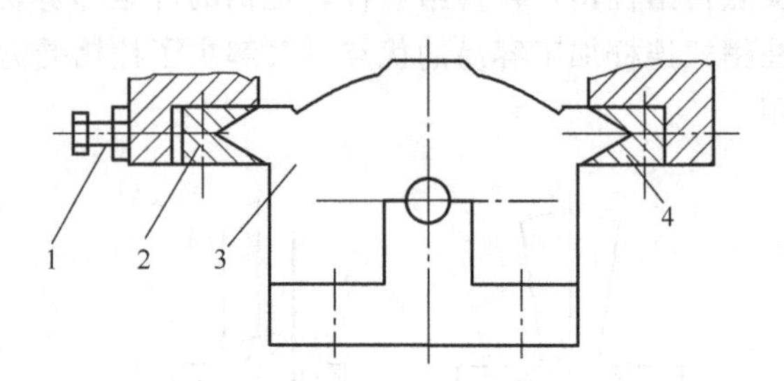

图5-18　V形导轨

1—调节螺栓；2—左导轨；3—滑块；4—右导轨

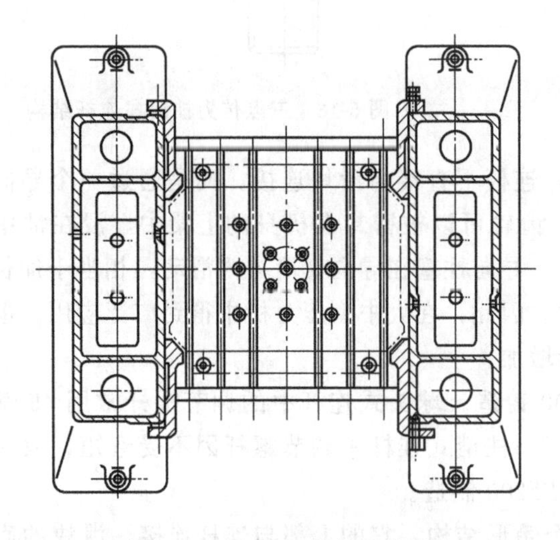

图5-19　J31-315滑块导轨图

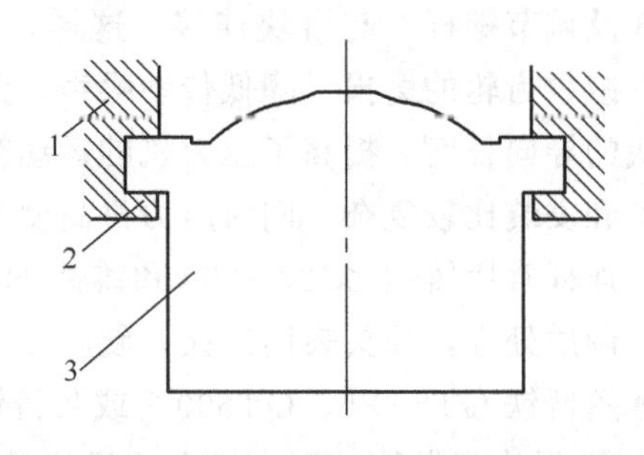

图5-20　矩形导轨

1—立柱；2—导轨；3—滑块

导轨与滑块的导向面之间有适当的间隙，用于保证一定的导向精度。导轨与滑块导向面之间的间隙随压力机类型和压力机的能力不同而有差异，通用压力机的间隙一般在0.04～0.25mm之间。

由图 5-18 可知，通过调节螺栓 1，可使左导轨 2 左右移动来调节导轨间隙值，确保滑块在给定间隙运动。图 5-19 所示有四个导轨，其四个导轨均可通过各自的一组推拉螺钉进行单独调整，因而能够提高滑块运动精度，但调节困难。有些压力机的导轨做成两个固定的、两个可调的，并使固定的导轨承受滑块侧向力，这样调节较容易，但精度较低。

近年来，在部分通用压力机上采用八面导轨，8 个导轨面可以单独调节，每个调节面都有一组推拉螺钉。如图 5-21、图 5-22 所示，这种结构导向精度高，调节方便。此外高速压力机上滑块导向还采用滚针加预压负荷的结构，消除了间隙，可以保证滑块进行高速精密运转。

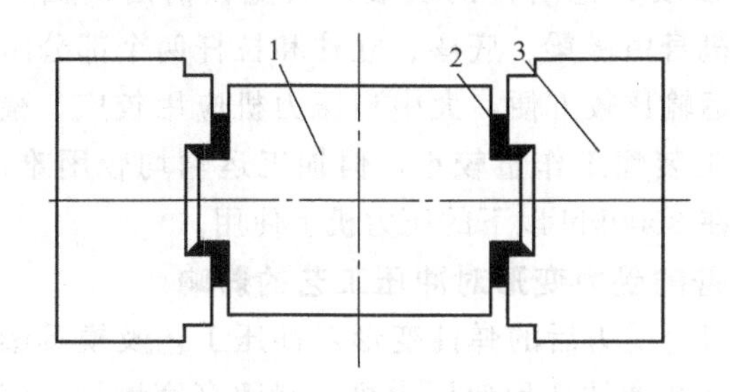

图 5-21　八面导轨示意图

1—滑块；2—导轨；3—立柱

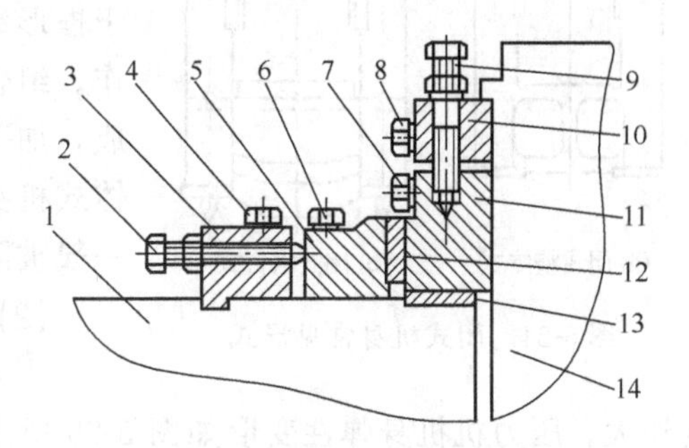

图 5-22　八面导轨间隙调节结构图

1—滑块；2,9—推拉螺钉组；3,10—固定挡块；4,6,7,8—固定螺钉组；5—调整块；11—导轨；12,13—导向面镶条；14—机身立柱

5.3.2　机身

机身是压力机的一个基本部件，所有零件都在机身上面。压力机工作时，机身要承受所有的工作变形力，机身的变形对冲压工艺有很大影响。

(1) 机身的类型及特点

压力机机身的形式与压力机类型密切相关，常见有两种类型，即开式机身和闭式机身。开式机身常见形式如图 5-23 所示。图 5-23（a）为双柱可倾式机身，图 5-23（b）为单柱固定台式机身，图 5-23（c）为单柱升降台式机身。不同形式的机身承载能力有所差异，工艺用途也不同。双柱可倾式机身便于从机身背部出料，有利于冲压工作的机械化和自动化。但

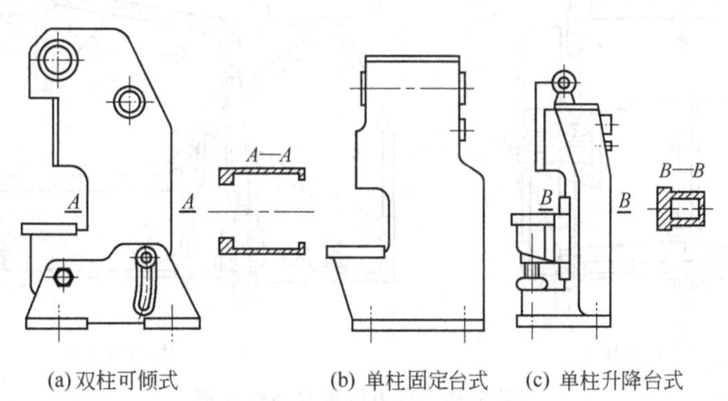

(a) 双柱可倾式　(b) 单柱固定台式　(c) 单柱升降台式

图 5-23　开式机身常见形式

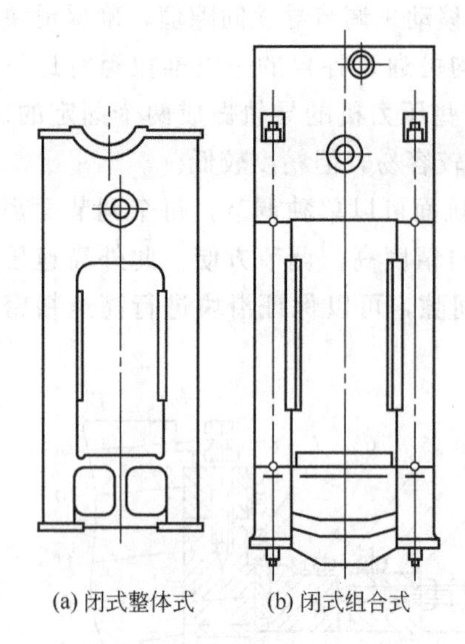
(a) 闭式整体式　(b) 闭式组合式

图 5-24　闭式机身常见形式

随着压力机速度的提高和气动顶推装置的普及，可倾式机身的作用将逐渐变小。升降台式机身可以在较大范围内改变压力机的装模高度，应用工艺范围较广，但其承载能力相对较小。单柱固定台式机身承载能力相对较大，所以，一般用于公称压力较大的压力机。

闭式机身常见形式如图 5-24 所示，有整体式和组合式两种。闭式机身承载能力大，刚度较好。所以，从小型精密压力机到超大型压力机大都采用这种形式。但由于框形结构以及其他附件的安装，只能在前后两面操作。组合式机身由横梁、底座、立柱和拉杆四个部分组成，加工、运输比较方便，大中型压力机应用较广。整体式机身加工装配工作量较小，但加工运输均较困难，一般被限制在 3000kN 以下的压力机上使用。

(2) 机身的受力变形对冲压工艺的影响

压力机机身受力后的弹性变形对冲压工艺及模具影响较大。压力机机身弹性变形如图 5-25 所示，这些弹性变形使压力机的封闭高度增加，使滑块与导轨之间间隙不均匀，对开式压力机除上述变形外，还有角变形 $\Delta\alpha$。压力机角变形对模具的影响情况如图 5-26 所示，压力机的角变形引起冲模的凸模和凹模倾斜一个角度。

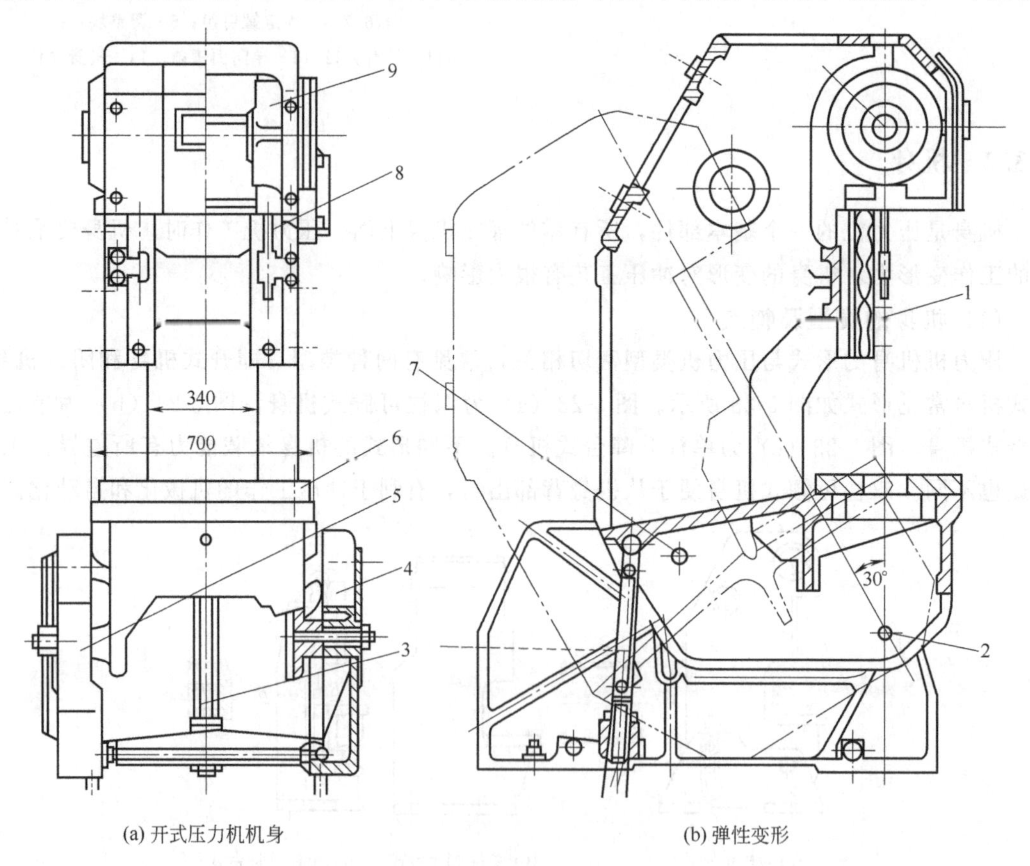

(a) 开式压力机机身　(b) 弹性变形

图 5-25　压力机机身弹性变形

1—导轨；2—紧定螺栓；3—调节螺栓；4,5—左、右支架；6—工作垫板；7—导向螺钉；8—打料螺钉；9—机身使凸、凹模的间隙不均匀，造成冲模刃口的不均匀磨损，因而降低了模具的寿命，使冲压件的精度降低，严重时会导致成型件的壁厚不均匀。另外，在压力机冲压工作过程中，机身内部储存的弹性变形能量，在冲压结束瞬间释放出来，于是滑块和工作台产生了相向加速运动，使凸模过分插入凹模中（也称失重插入），加速了模具的磨损，严重时会啃坏模具。为此，在选择设备时，要求压力机必须有足够的刚度，确保模具的寿命，以冲出合格的零件。

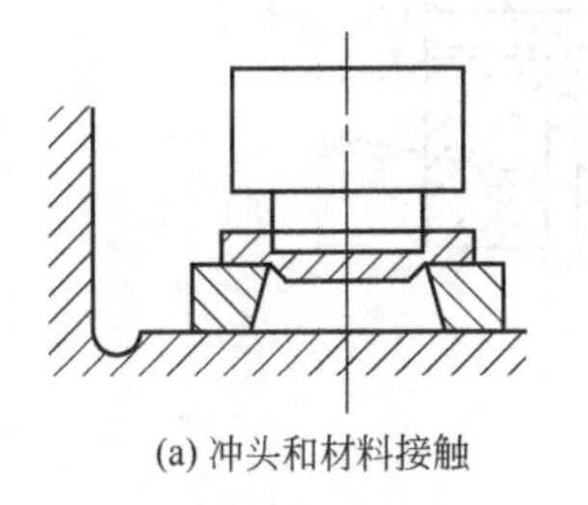

(a) 冲头和材料接触

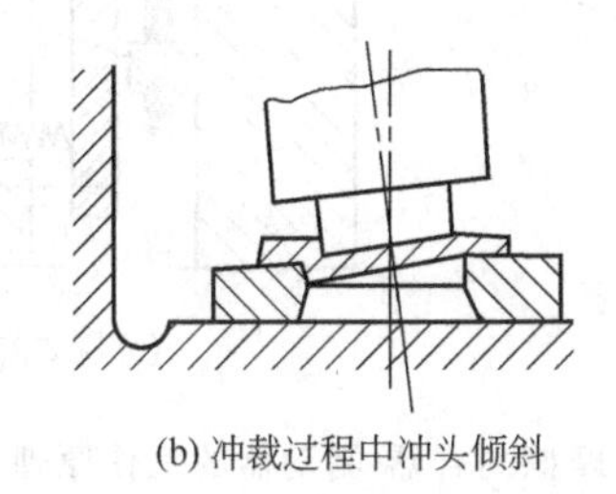

(b) 冲裁过程中冲头倾斜

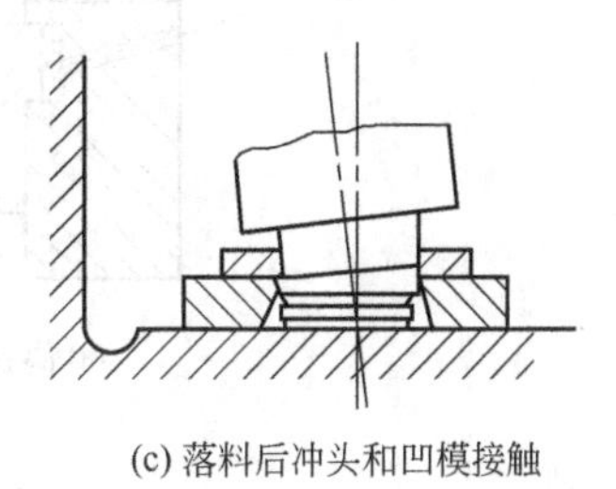

(c) 落料后冲头和凹模接触

图 5-26　压力机角变形对模具的影响情况

5.3.3　离合器与制动器

离合器与制动器是曲柄压力机中的主要操纵部件，一般设置在装有蓄能飞轮的轴上，它的作用是控制压力机工作机构的启动和停止。在压力机的传动中，电动机和蓄能飞轮一直不停地转动，而曲轴和滑块需要经常时动时停。当滑块运动时，需使离合器接合，制动器脱开。当滑块停止运动时，需使离合器脱开，制动器工作，起制动作用。一般压力机在不工作时，离合器总是处于脱开状态，而制动器总是处于制动状态。

曲柄压力机采用的离合器有摩擦离合器和刚性离合器两大类。采用的制动器有圆盘式制动器和带式制动器。离合器和制动器的类型较多，此处主要介绍常用的离合器和制动器。

(1) 摩擦离合器-制动器

用于曲柄压力机上的摩擦离合器-制动器的结构形式很多，按工作情况分为干式和湿式两种，干式离合器和制动器的摩擦面暴露在空气中，而湿式的则浸在油里。按其摩擦面的形状，又有圆盘式、浮动镶块式等。

① 工作原理　摩擦离合器是借助摩擦力使主动部分与从动部分结合起来的；而摩擦制动器是靠摩擦传递扭矩、吸收动能的，如图 5-27 所示。图 5-27 (a) 为离合器，图 5-27 (b) 为制动器，从运动状态上分为主动、从动和静止三部分，通过摩擦盘使主动和从动、从动和静止部分产生结合和分离状态，常态下弹簧力使离合器中摩擦盘分开、制动器中摩擦盘压紧，工作时气压力使离合器中摩擦盘压紧、制动器中摩擦盘分开。

② 圆盘式摩擦离合器-制动器　图 5-28 所示为气动圆盘式摩擦离合器-制动器。左端是离合器，右端是制动器，它们之间用推杆 5 等零件刚性联锁。主动部分由大带轮 7、离合器内齿圈 8、主动摩擦片 9 等组成。大带轮 7 与空心传动轴 4 之间装有滚动轴承。在带轮上固接离合器内齿圈 8，与主动摩擦片 9 的轮齿相啮合。从动部分由小齿轮 14、空心传动轴 4、从动摩擦片 6、离合器外齿圈 3、制动器外齿圈 13 和制动摩擦片 12 组成。在空心轴上固接离合器外齿圈，与从动摩擦片 6 的轮齿相啮合。接合件是主动摩擦片和从动摩擦片。它们可以在内、外齿圈中滑动。操纵系统由气缸 1、活塞 2 和压缩空气控制系统等组成。

压力机启动时电磁空气分配阀通电而开启，压缩空气进入离合器气缸 1，向右推动活塞

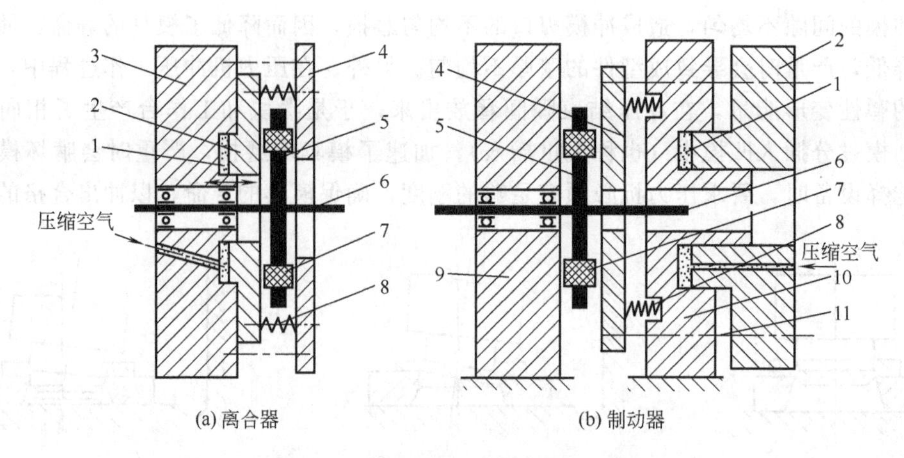

图 5-27 摩擦离合器-制动器的工作原理

1—气室；2—活塞；3—飞轮；4—主动摩擦片；5—从动摩擦片；6—主轴；
7—摩擦镶块；8—弹簧；9—固定摩擦盘；10—气缸；11—螺栓

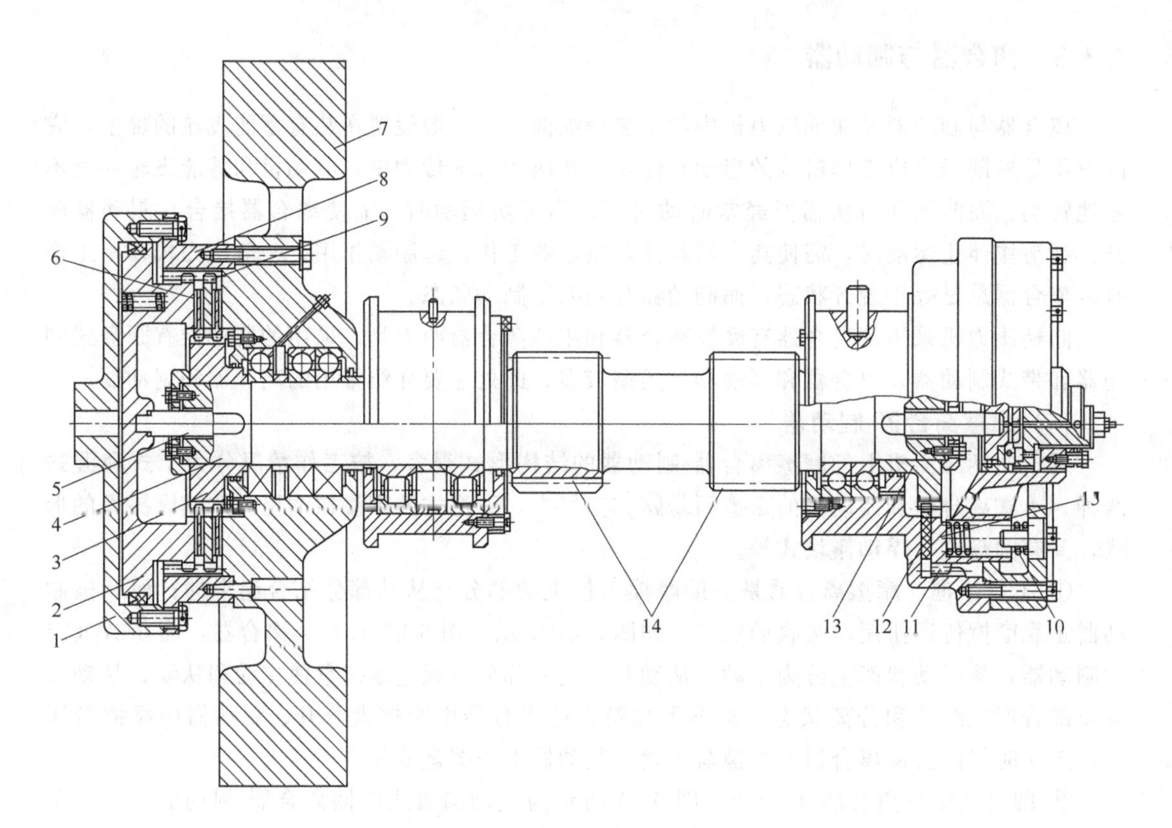

图 5-28 气动圆盘式摩擦离合器-制动器

1—气缸；2—活塞；3—离合器外齿圈；4—空心传动轴；5—推杆；6—从动摩擦片；7—大带轮；
8—离合器内齿圈；9—主动摩擦片；10—制动弹簧；11—制动器内齿圈；12—制动摩擦片；
13—制动器外齿圈；14—小齿轮；15—制动压紧块

2，离合器中的主动摩擦片 9、从动摩擦片 6 被压紧，并在此产生足够的摩擦力矩，于是大带轮便可以带动空心传动轴 4 转动；空心传动轴 4 内的推杆 5 向右移动，压缩制动弹簧 10，使制动摩擦片 12 与制动盘脱开，于是，制动器在离合器接合之前松开。制动时，电磁空气分配阀断电，离合器气缸 1 与大气相通，在制动弹簧 10 作用下，空心传动轴内的推杆 5 推动活塞向左移动，离合器中的主动摩擦片 9 与从动摩擦片 6 脱开，制动器的摩擦片 12 被压紧，产生制动作用，迫使从动部分停止运动。离合器和制动器的接合与分离的先后次序是靠顶杆来完成的，故又称机械联锁（刚性联锁）离合器-制动器。

为使摩擦片具有耐磨、耐热、较大的摩擦系数和一定的抗胶合能力，这种离合器-制动器的摩擦片多用铜基粉末冶金制成。在离合器和制动器中，摩擦面之间的间隙为 0.5～1.2mm，当磨损达到 3mm 时，摩擦片不能再使用，应及时更换摩擦片。当摩擦片磨损后，要松开制动器右端的锁紧螺钉和圆螺母，调节制动螺栓压缩制动弹簧 10 即可。

③ 浮动镶块式摩擦离合器-制动器　图 5-29 所示为单盘浮动镶块式摩擦离合器-制动器。离合器装于传动轴 9 的左侧，制动器装于右侧。离合器采用气动操纵，制动器采用弹簧力制动，离合器与制动器为机械（刚性）联锁。

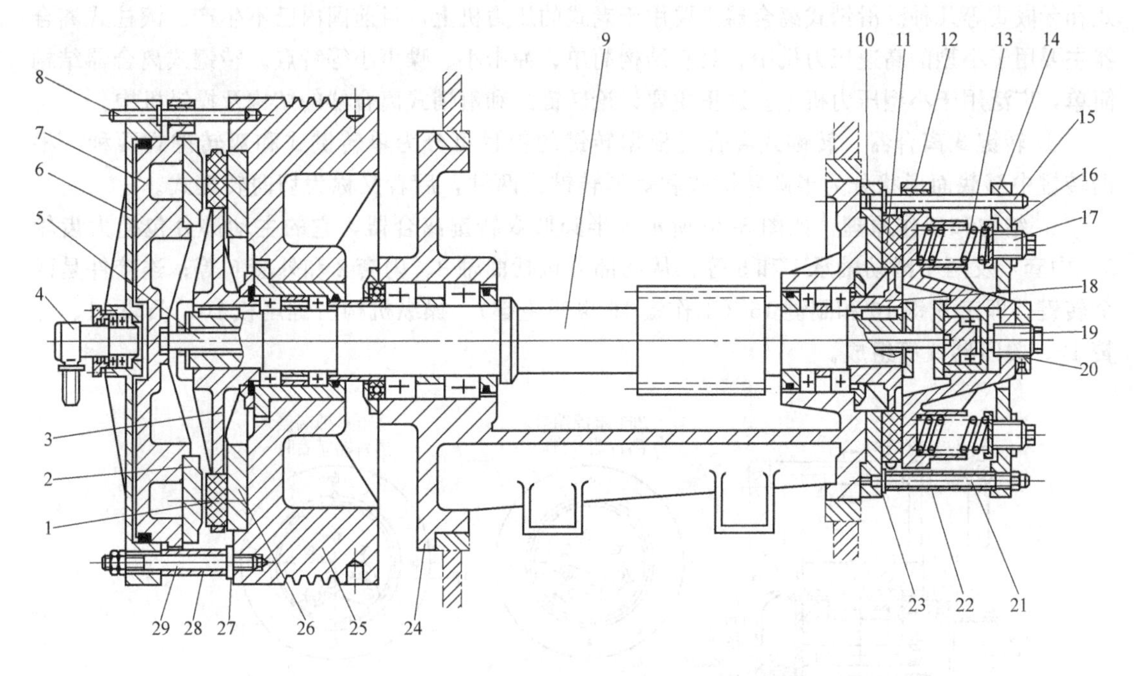

图 5-29　单盘浮动镶块式摩擦离合器-制动器

1,11—摩擦块；2,26—主动盘；3,18—保持盘；4—导气旋转接头；5—推杆；6—气缸；7—活塞；8,15—导向杆；9—传动轴；10,12—制动盘；13—弹簧；14—盖板；16,20—锁紧螺母；17—调整螺钉；19—调整螺套；21,29—双头螺钉；22,28—定距套管；23,27—调整垫片组；24—托架；25—飞轮

离合器的主动部分由飞轮 25、主动盘 2 和 26（分别用螺钉及销钉固定在飞轮 25 和活塞 7 上）、气缸 6、活塞 7 和推杆 5 组成。气缸和飞轮用双头螺钉 29 固定在一起，其间有定距套管 28 和调整垫片组 27，活塞 7 固定于气缸和飞轮的导向杆 8 上，可轴向滑动。离合器的从动部分由传动轴 9、保持盘 3、摩擦块 1 等组成，其中保持盘 3 用键与传动轴相连接。

离合器的动作过程如下：当离合器接合时，要接通电磁空气分配阀，压缩空气进入离合器气缸 6，推动活塞 7。主动盘 2、推杆 5 和制动盘 10 克服弹簧 13 的阻力向右移动。使制动盘与保持盘 18 中的摩擦块 11 松开，即先失去制动作用。接着主动盘 2 和 26 夹紧保持盘上的摩擦块 1，使之产生摩擦力矩，使离合器的从动部分转动，即把皮带轮的旋转运动传递给传动轴。若气缸6排气，则在弹簧13的作用下，制动盘12向左移动，通过推杆5推动活塞7左移；使主动盘2与摩擦块1脱开。与此同时，制动盘12压紧转动的摩擦块11，靠摩擦力产生制动力矩，迫使传动轴停止转动。

由上述内容可知，摩擦离合器-制动器采用了刚性联锁，使得二者动作协调、可靠。即离合器接合前，制动器必须松开，制动器制动前，离合器必须脱离。离合器的接合由气动控制，制动器的接合由弹簧作用。摩擦离合器与制动器能随时使压力机的工作机构启动和停止，因此压力机可实现微量行程，便于模具的安装与调整。目前，此类机构在大、中、小型压力机中均有使用。

(2) 刚性离合器

刚性离合器一般由离合器主体和操纵机构两部分组成。刚性离合器的主体一般是靠接合零件把主动部分和从动部分刚性连接起来。根据接合零件的不同，可分为转键式、滑销式、滚柱式和牙嵌式等几种。滑销式离合器主要用于老式的压力机上，目前国内已不生产。滚柱式离合器主要用于小型的高速压力机中，具有结构简单、冲击小、噪声小等特点。转键式离合器结构简单，广泛用于小型压力机上。这里主要讨论转键式和滑销式离合器的结构及操纵机构。

① 转键式离合器　转键式离合器根据转键的数目可分为单转键式和双转键式两种。根据转键中部截面形状分为半圆转键式和矩形转键式两种，后者又称为切向转健式。

a. 结构和工作原理　如图5-30所示为半圆形双转键离合器，它的主动部分包括大齿轮8、中套4及两个滑动轴承1和5等；从动部分包括曲轴3、内套2和外套6等；连接件是两个转键，即工作键16和副键15（工作键16也叫主键）；操纵机构由键尾板10、凸块11、弹簧12、关闭器9等组成。

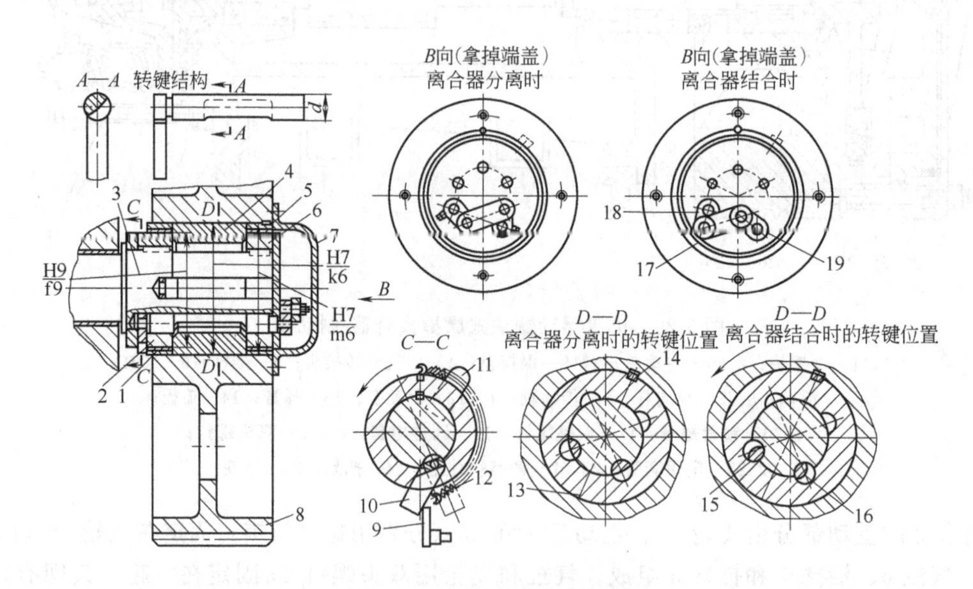

图5-30　半圆形双转键离合器

1,5—滑动轴承；2—内套；3—曲轴（右端）；4—中套；6—外套；7—端盖；8—大齿轮；9—关闭器；10—尾板；11—凸块；12—弹簧；13—润滑棉芯；14—平键；15—副键；16—工作键；17—拉板；18—副键柄；19—工作键柄

双转键离合器工作部分的构造关系如图5-31所示，中套5装在大齿轮内孔中部，用平键与大齿轮连接，跟随大齿轮转动；内套4和外套6分别用平键与曲轴2连接。内、外套的

内孔上各加工出两个缺月形的槽，而曲轴的右端加工出两个半月形的槽，两者组成两个圆孔，主键7和副键9便装在这两个圆孔中，并可在圆孔中转动。转键的中部（与中套相对应的部分）加工成与曲轴上的半月形槽一致的半月形的截面，当这两个半月形轮廓重合时，与曲轴的外圆组成一个完整的圆，这样中套便可与大齿轮一起自由转动，不带动曲轴，即离合器脱开，如图5-30中$D—D$剖面的左图所示。中套内孔开有四个缺月形的槽，当转键的半月形截面转入中套缺月形槽内时，如图5-30的$D—D$剖面的右图所示，则大齿轮带动曲轴一起转动，即离合器接合。

主键的转动是靠关闭器9和弹簧12对尾板10的作用来实现的（图5-30的$C—C$剖面）。尾板与主键连接在一起（图5-31），当需要离合器接合时，使关闭器9转动，让开尾板10，尾板连同工作键在弹簧12的作用下，有向反时针旋转的趋势。所以，只要中套上的缺月形槽转至与曲轴上的半月形槽对正，弹簧便立即将尾板拉至图示虚线位置（图5-30的$C—C$剖面），主键则向反时针方向转过一个角度，镶入中套的槽中，如图5-30的$D—D$剖面右图，曲轴便跟随大齿轮向反时针方向旋转。与此同时，副键顺时针转动，镶入中套的另一个槽中。如欲使滑块停止运动，可将关闭器16转动一角度，挡住尾板，而曲轴继续旋转，由于相对运动，转键转至分离位置，如图5-30的$D—D$剖面左图，大齿轮空转，装在曲轴另一端的制动器把曲轴制动。

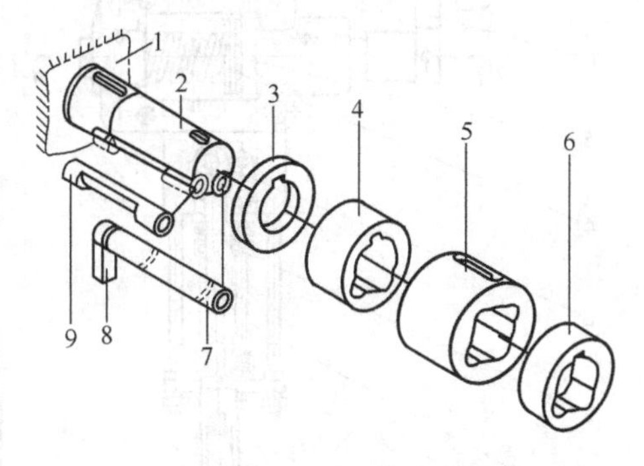

图5-31 双转键离合器工作部分的构造关系

1—机身立柱；2—曲轴（右端）；3—挡圈；4—内套；5—中套；6—外套；7—主键；8—尾板；9—副键

副键总是跟着工作键转动的，但二者转向相反。其运动联系是靠装在键尾的四连杆机构来完成的，如图5-30的B向视图所示。副键与主键的旋转方向正好相反。副键的作用是：防止滑块的“超前”运动，避免撞击，副键的另一作用是在调整模具时，能使曲柄反转。“超前”是指在下行时由于滑块自重使曲轴转速大于驱动齿轮转速，或在拉深时若采用弹性压边圈或拉深垫压边时，压力机滑块上行时曲轴转速会大于驱动齿轮转速。

图5-32为矩形转键离合器，它与上述转键离合器的主要区别在于转键的中部呈近似的矩形截面，强度较好，但转动惯量较大，冲击较大。

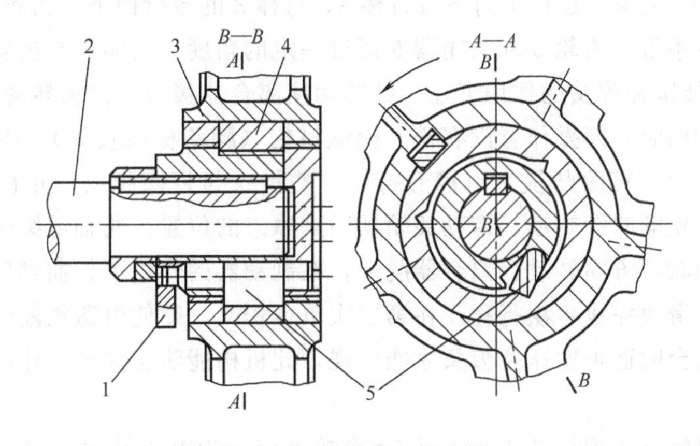

图5-32 矩形转键离合器

1—尾板；2—曲轴；3—大齿轮；4—中套；5—矩形转键

b. 转键式离合器的操纵机构　图 5-33 所示是一转键式离合器的电磁控制操作系统，可以完成单次和连续行程的操作。

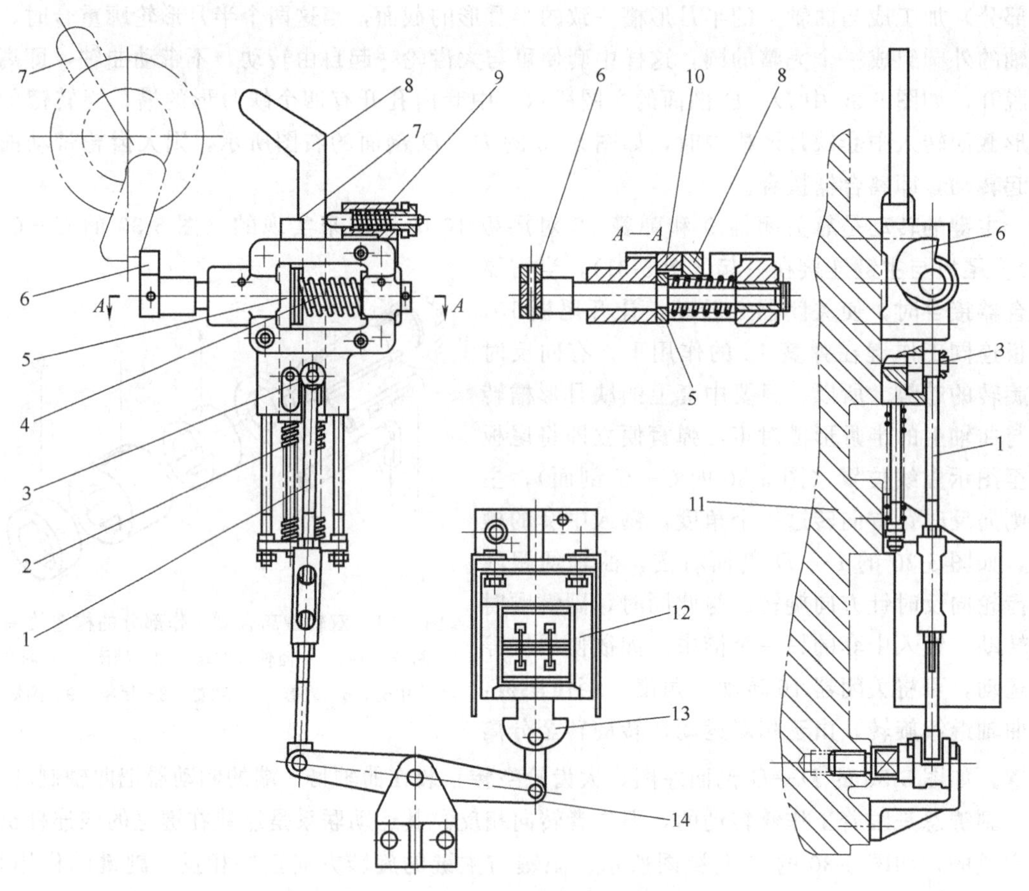

图 5-33　转键式离合器的电磁控制操作系统

1—拉杆；2,4,9—弹簧；3—销子；5—齿轮；6—关闭器；7—凸块；8—打棒；10—齿条；11—机身；12—电磁铁；13—衔铁；14—摆杆

单次行程：先用销子 3 把拉杆 1 与打棒 8 连起来，然后踩下脚踏板或按下按钮，使电磁铁 12 通电，衔铁 13 上吸，拉杆 1 向下拉打棒 8，打棒 8 的台阶面下压齿条 10 的上面，迫使齿条向下移动，齿条带动齿轮 5 和关闭器 6 摆过一定的角度（关闭器与齿轮均固定在同一轴上），此时尾板与转键在弹簧的作用下逆时针转动使离合器接合，曲轴转动，滑块向下运动。在曲轴旋转未满一周时，即操作者没有松开操纵机构（脚踏板或按钮），电磁铁仍处于通电状态，随着曲轴一起旋转的凸块 7 将撞开打棒，使齿条与打棒脱离，并在下端弹簧的作用下，齿条上行，齿轮顺时针转动，带动关闭器回到原来的位置。曲轴继续转动，关闭器挡住尾板，迫使转键顺时针方向转动，离合器脱开，在制动器的作用下，曲轴停止转动。一般滑块停止在上死点，滑块完成单次行程。在第二次单行程时，须使电磁铁断电，打棒在弹簧的作用下复位，使其台阶面再次压住齿条才能实现，此机构能防止由于操作不当而产生的重复行程。

连续行程：用销子 3 把拉杆 1 与齿条 10 直接连接，当电磁铁通电时，拉杆直接把齿条拉下，关闭器 6 摆过一定角度，离合器接合，曲轴转动。此时凸块与打棒不再起作用，压力机得到连续行程，若要使离合器脱开，曲轴停止转动，必须切断电磁铁的电源。

② 滑销式离合器 图 5-34 所示为滑销式离合器结构。滑销式离合器的滑销可装于飞轮上，也可装在从动盘上，如图 5-34 所示为后一种形式。它的主动部分为飞轮 10；从动部分包括曲轴 7、从动盘 9 等；接合件是滑销 5；操纵机构由滑销弹簧 2、闸楔 4 等组成。当操纵机构通过拉杆 3 将闸楔向下拉，使之离开滑销侧的斜面槽时，滑销便在滑销弹簧的推动下进入飞轮侧的销槽中，即实现飞轮与曲轴的结合。若要使离合器脱开，只要让闸楔向上顶住从动盘颈部的外表面，当滑销跟随曲轴转至闸楔时，在滑销随曲轴转动的同时，闸楔便插入滑销侧的斜面槽，通过斜面的作用，将滑销从飞轮侧的销槽中拔出，如图 5-34 中 A 向视图所示，曲轴就与飞轮分离了。从上述滑销离合器的工作情况可以看出，这种离合器必须有能使曲轴准确停止旋转的制动器装置，如制动慢了，闸楔将超出离合器返回的范围，且闸楔要承受很大的制动力。如制动早了，离合器滑销不能完全被拉回，有碍于旋转部件的旋转，将产生振动并发出噪声，振动大了甚至有促使滑块二次下落的危险。因此，滑销式离合器断开时的冲击大，可靠性也低于转键式离合器。它的突出优点是价格低，一般用于行程速度不高的压力机。

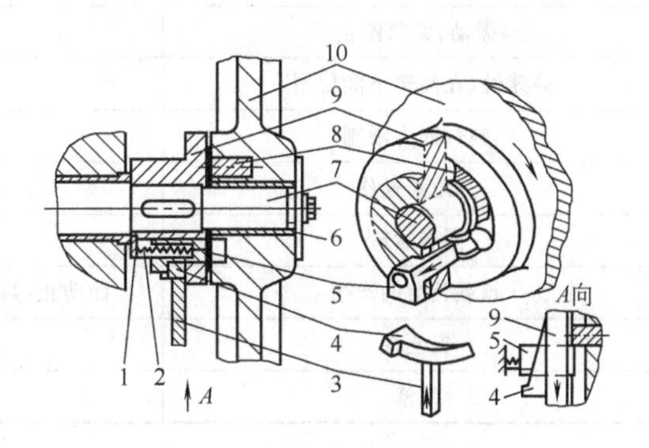

图 5-34 滑销式离合器结构

1—压板；2—滑销弹簧；3—拉杆；4—闸楔；5—滑销；6—滑动轴承；7—曲轴；8—镶块；9—从动盘；10—飞轮

表 5-6 所示为滑销式离合器与双转键离合器允许的最高工作速度。表 5-7 所示是二者的性能比较。

表 5-6 滑销式离合器与双转键离合器允许的最高工作速度 mm/s

压力机压力/kN	滑销离合器	双转键离合器	压力机压力/kN	滑销离合器	双转键离合器
＜200	150	300	＜500	100	150
＜300	120	220	＞500	50	100

表 5-7 滑销式离合器与双转键离合器的性能比较

项 目	滑销式离合器	转键式离合器
接合时的冲击	大	小
离合器工作间隙	一般有	无
可使用最高转速	约 150r/min	约 300r/min
可靠性	低	高
维修	所用时间多	所用时间少

综上所述，刚性离合器结构简单，零件的数目较少，容易制造，但接合零件由于刚性连接，冲击较大，容易损坏，同时噪声也较高。另外，它只能使压力机在上死点附近停车，不能实现紧急停车，给压力机的安全操纵带来困难。因此这类离合器一般用在 1000kN 以下的小型压力机上。表 5-8 所示是摩擦离合器与刚性离合器的性能比较。

表 5-8　摩擦离合器与刚性离合器的性能比较

项　目	摩擦离合器	刚性离合器
在任何曲柄位置（或角度）都能接合与脱开	能	不能
微动、紧急停止	能	不能
高速性（在高速下能使用）	良好	不良
吨位能力限制	无	不能用于大吨位
远距离操作	容易	困难
同步运转	容易	不能
超载负荷的产生	能防止（具有安全的机能）	不能防止
安全性	良好	比摩擦离合器差
维修	容易	比摩擦离合器差

(3) 制动器

曲柄压力机常用的制动器有两种类型，圆盘式制动器和带式制动器。圆盘式制动器一般与圆盘式摩擦离合器配合使用，其结构前面已介绍过。带式制动器一般与刚性离合器配合使用，主要安装于小型压力机上。带式制动器有三种形式，偏心带式制动器、凸轮带式制动器和气动带式制动器。

① 偏心带式制动器　图 5-35 为偏心带式制动器结构示意图。由制动轮 6、制动钢带（Q235 或 50 钢）4、摩擦材料（石棉铜）5、制动弹簧 2、调节螺钉 1 等组成。制动轮 6 相对曲轴的轴线有一偏心距，并紧固于曲轴一端。摩擦材料铆接在制动钢带内层。钢带的一端（紧边）装在机身上，制动弹簧 2 的张力拉紧制动带，其张力的大小可以通过调节螺钉 1 来实现。这类制动器是周期性起制动作用，而其周期性制动作用是靠制动轮的偏心距来实现的，即曲轴转动时，利用偏心使制动轮对制动钢带的张力时大时小，当滑块下行时，偏心的作用逐渐减小，则制动钢带的张力逐渐减小，当滑块上行时，偏心的作用逐渐增大，制动钢带逐渐被拉紧，当滑块靠近上死点时（一般压力机的曲轴转到上死点前 10°左右），制动钢带被拉得最紧，它对旋转的曲轴产生最大的制动力矩，能够克服曲轴的转动动能，使其在上死点停止转动。这就是采用刚性离合器的压力机，其滑块停在上死点的原因。在一般情况下，钢带对制动轮保持有一定的摩擦力矩，主要用于克服压力机滑块的“超前”现象。但制动带与制动轮的长期摩擦，不仅会发热，消耗能量，而且会加速磨损，这样会使制动力矩减小，严重时滑块超越上死点位置才停止，因此必须经常对制动钢带进行调整，既不能过松，也不能过紧。在使用压力机时，严禁往制动带上涂油或其他物质，以免打滑，影响制动效果。

② 凸轮带式制动器　图 5-36（a）所示是凸轮带式制动器，制动带 6 的张紧是靠制动弹簧 5，而松开是靠凸轮 1、滚轮 3 和杠杆 4，因此，压力机在非制动行程时，可以完全松开制动带，能量损耗较小。应说明的是，由于小型压力机一般没有滑块平衡装置，因此，在压力机空程向下时，为了防止连杆滑块等零件的“超前”现象，制动器应提供一定的制动力矩，故非制动行程一般指滑块回程。

③ 气动带式制动器　图 5-36（b）和图 5-37 所示为气动带式制动器示意图。它有一套使制动带张紧，放松制动带的装置，由气缸、活塞、弹簧等组成。制动力是由制动弹簧产生的。气缸进气，推动活塞压缩制动弹簧，制动带松开；排气时，在制动弹簧的作用下拉紧制

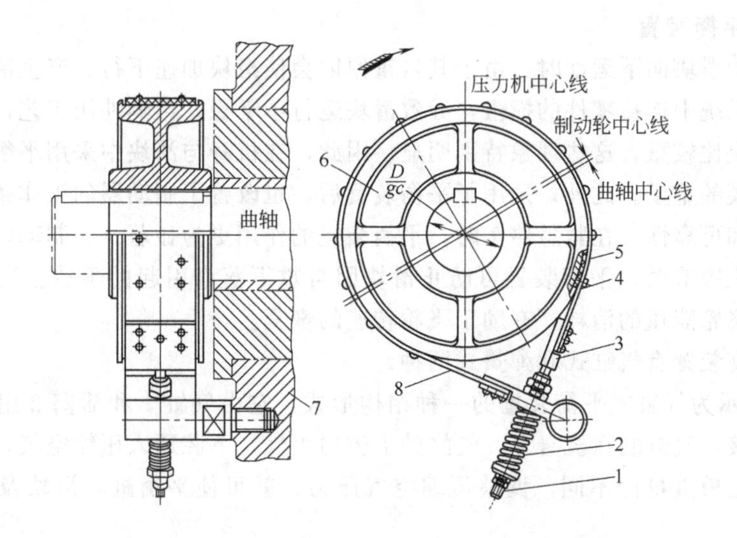

图 5-35　偏心带式制动器结构示意图

1—调节螺钉；2—制动弹簧；3—松边；4—制动钢带；5—摩擦材料；
6—制动轮；7—机身；8—紧边

动带，产生制动作用。气动制动器一般与摩擦离合器配合使用，可以在任意角度制动曲轴。这种制动器在非制动时，制动带与制动轮完全不接触，故能量损耗最小。

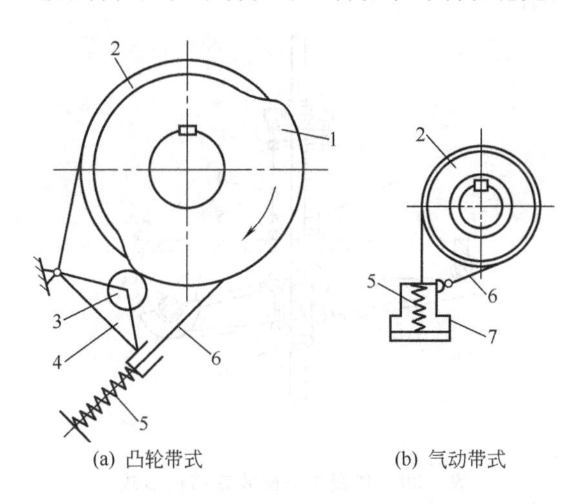

图 5-36　带式制动器

1—凸轮；2—制动轮；3—滚轮；4—杠杆；
5—制动弹簧；6—制动带；7—气缸

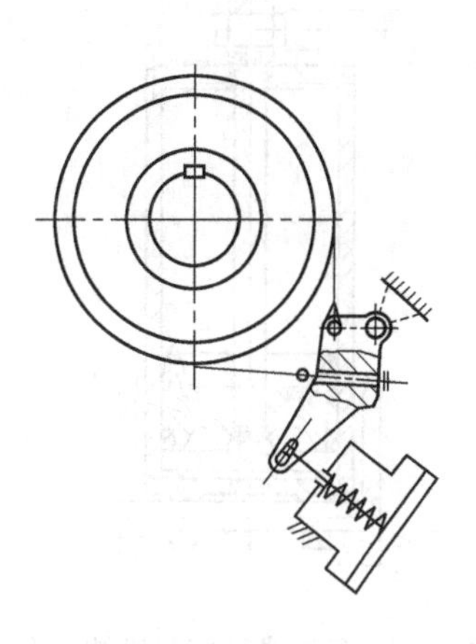

图 5-37　气动带式制动器

5.3.4　辅助装置及润滑

曲柄压力机除前述的主要工作部件外，还有一些辅助装置，它们包括滑块平衡装置、超载保护装置、拉深垫及顶料装置等。这些装置在一台压力机的正常运转中起着重要作用，可以保证机器安全运转，扩大工艺范围，提高劳动生产率等。对压力机进行润滑，可以减少零部件相对运动中的磨损，保持压力机的运动精度，延长压力机的使用寿命。

(1) 滑块平衡装置

当压力机的滑块向下运动时，由于其自重原因会使滑块加速下行，产生滑块“超前”现象，造成传动系统中连接零件的撞击，导致滑块运行不平稳，影响冲压工艺，尤其在中、大型压力机中滑块比较重，这些现象特别明显。因此，在机身与滑块中采用平衡装置，以平衡滑块部件与上模的重量。此外，采用了平衡装置后，也改善了制动器的工作条件，提高了制动器的灵敏度和可靠性，在紧急停车时，平衡装置的作用更为显著。当制动器失灵或其他原因使连杆与滑块脱节时，平衡装置可防止滑块因自重下落而引起的事故。当滑块向上回程时，还可减少飞轮能量的消耗，有助于飞轮转速的恢复。

常见的平衡装置有气缸式和弹簧式两种。

图 5-38 所示为气缸式平衡装置的一种结构形式，它由气缸 1 和活塞 2 组成。活塞杆的上部与滑块连接，气缸装在机身上。气缸的上腔通大气，下腔通入压缩空气，就能把滑块托住。根据所装上模重量的不同，调整压缩空气压力，就可使平衡缸和滑块及上模保持相应平衡。

图 5-39 所示为弹簧式平衡装置的一种结构形式。它由压力弹簧 3、双头螺柱 4 及摆杆 1 等组成。摆杆一端与机身铰接，一端支托滑块，中间靠压力弹簧通过螺杆将它吊起，从而起到平衡滑块重量的作用。弹簧式平衡装置，往往要随装模高度的改变而调节其平衡位置。另外，变速压力机还要根据选用的行程次数调整平衡力。滑块行程次数越大，需要的平衡力也越大。平衡力通过调节锁紧螺母 6 来调节。

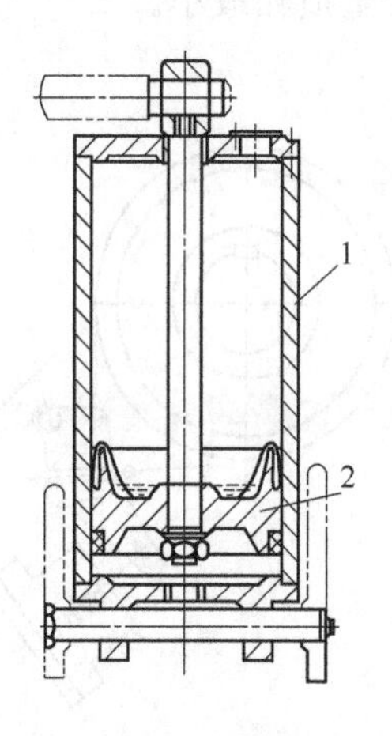

图 5-38　气缸式平衡装置结构形式

1—气缸；2—活塞

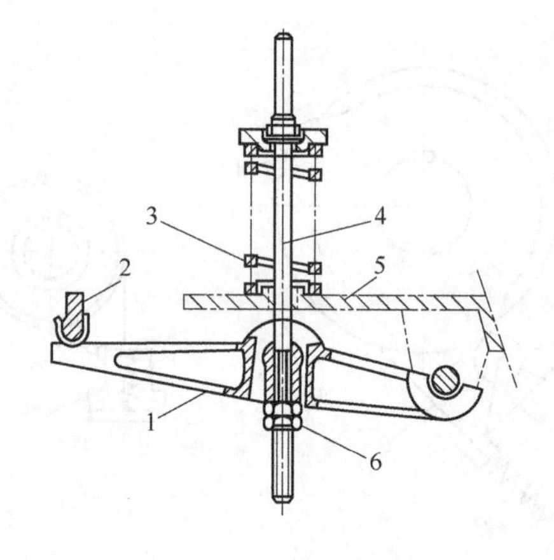

图 5-39　弹簧式平衡装置结构形式

1—摆杆；2—滑块；3—压力弹簧；4—双头螺柱；5—机身；6—锁紧螺母

(2) 过载保护装置

曲柄压力机在使用过程中，如果压力机选择不当或模具在调整和操作中失误等都会引起压力机过载。为了防止压力机过载而引起的设备事故，一般在压力机中均装有过载保护装置。目前常见的过载保护装置有压塌块式和液压式两种，前者常用于小吨位的压力机上，后者常用于大中型压力机上。

① 压塌块式保护装置　图 5-40 是 JH23-40 压力机滑块部件中设置的超载保护装置——压塌块。在压力机工作时，压塌块要承受全部的冲压工作力，当压力机超载时，I—I 处被

剪断，于是连杆与滑块产生一个相对移动，而不传递过大的力，故保证了压力机各主要受力件免遭破坏。在图5-40中，尺寸H一般均大于压力机的压力行程，所以当超载后，曲轴也能带动连杆转过下死点，而不与滑块发生顶死现象。H的大小与所用材料有关，JH23-40压力机中压塌块材料为铸铁。压塌块破坏后，只要从滑块前面的窗口卸出，更换新的压塌块，压力机即可正常工作。压塌块式过载保护装置结构简单，制造方便。但由于压塌块的破坏实际上不仅与滑块上作用力的大小有关，而且还与材料的疲劳有关，有时载荷尚未超过允许的数值，压塌块已发生疲劳破坏，因此这种装置不可能准确地限制过载力，并且也不宜用于双点或四点压力机上，因为超载时不能保证两个或四个连杆下面的压塌块同时断裂，鉴于上述缺点，可以采用液压保护装置。

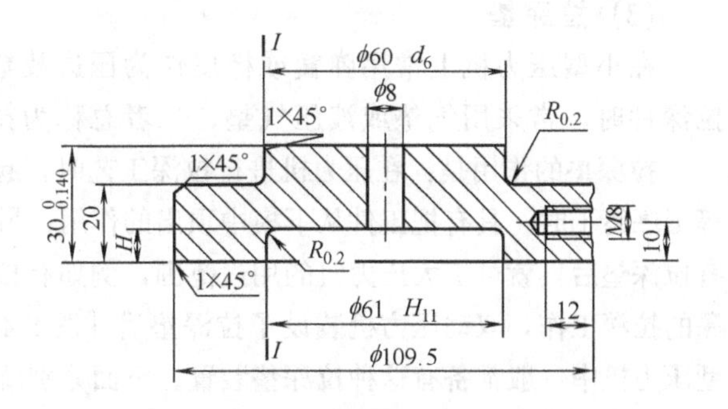

图5-40 JH23-40压力机压塌块

② 液压式过载保护装置 图5-41所示是J39-800闭式四点压力机的液压保护装置原理图。该压力机每个液压垫都设有卸荷阀，其中之一还设有限位开关。工作原理如下：高压液压泵2打出的高压油流经单向阀、卸荷阀5中的单向阀而进入液压垫6的液压缸内，使液压垫内连杆支承座抬起。当压力机在公称压力下工作时，液压垫中油的压力使卸荷阀关闭，但进油端内油压及弹簧的作用力之和大于输出端的总压力，因此压力机可以正常工作。

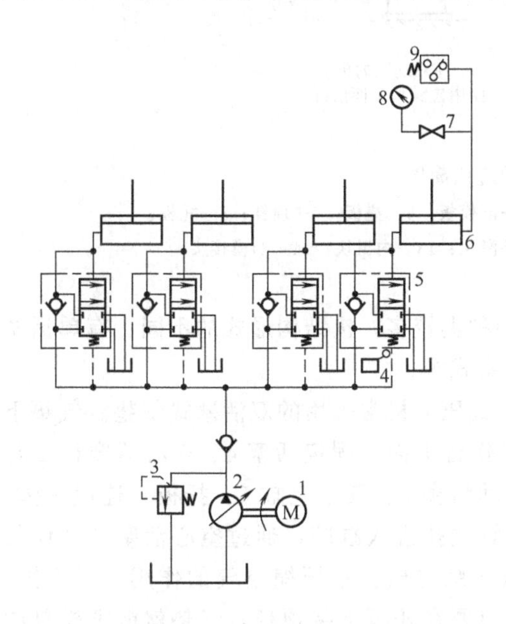

图5-41 J39-800闭式四点压力机的液压保护装置原理图

1—电机；2—高压液压泵；3—溢流阀；4—限位开关；5—卸荷阀；6—液压垫；7—压力表开关；8—压力表；9—压力继电器

当压力机超载时，液压垫中的油压升高，当其压力大于进油端的总压力时，迫使阀芯动作，使液压垫中的油排回油箱，压力机迅速卸载。

当卸荷阀阀芯移动时，阀芯上的斜面螺母触动限位开关，限位开关迫使油泵电机的电源和离合器的控制线路被切断，油泵停止供油，压力机亦紧急停车。待消除过载后，卸荷阀复位，油泵再次向液压垫中供油，压力机随即又可重新工作。

液压垫中的油压力应按每个液压垫所承担的压力以及其结构设计所允许的面积大小来选定。为了避免液压垫的初始压力选得过低或过高，设有压力继电器9，以便控制过高或过低的油源压力。

液压式过载保护装置的过载临界点可以准确地设定，且过载后设备容易恢复，它广泛应用于大中型压力机上。

(3) 拉深垫

在小型压力机上常用弹簧或橡皮作为压边装置。但在大型压力机上成型大型零件或深的拉深件时，常采用气垫或液压气垫，二者总称为拉深垫。

拉深垫的作用是：在压力机进行拉深工艺时，起压边和卸件作用；在压力机进行冲裁、挤压等工序终了时，具有把工件从下模中顶出的作用；另外，还可作工件底部局部成型用。压力机装有拉深垫后，就可扩大压力机的用途范围，例如有拉深垫的通用压力机［图 5-42 (a)］能进行较深的拉深工作，双动压力机装设了拉深垫后［图 5-42 (b)］，可以做三动压力机用。所以在大中型压力机中一般都备有这种拉深垫装置。下面分别就气垫和液压气垫进行讨论。

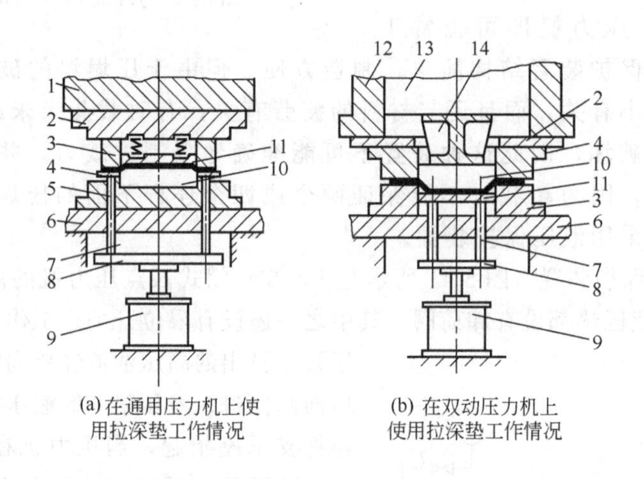

图 5-42　拉深垫的应用简图

1—滑块；2—上模板；3—凹模；4—压边圈；5—下模板；6—垫板；7—顶杆；8—托板；9—拉深垫；10—凸模；11—卸料板；12—外滑块；13—内滑块；14—凸模接头

① 气垫　气垫的种类较多，按结构形式的不同，有单活塞式、双活塞式和三活塞式等。

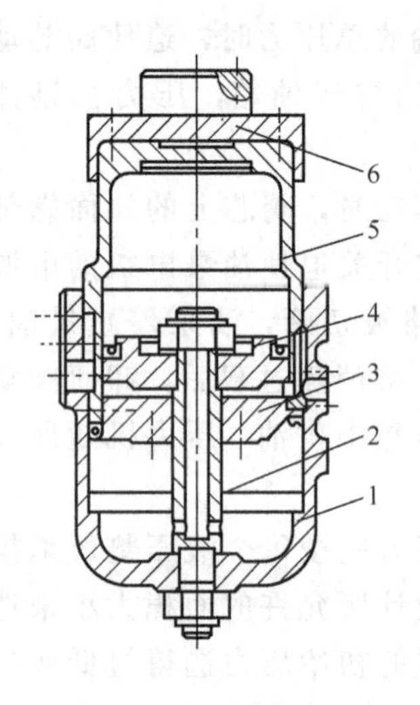

图 5-43　双活塞式气垫

1—气垫下缸；2—空心活塞杆；3—活动活塞；4—固定活塞；5—气垫上缸；6—托板

图 5-43 所示为开式压力机常采用的双活塞式气垫。气垫下缸 1 固定在压力机工作台下面，固定活塞 4、空心活塞杆 2 与上缸连接在一起，活动活塞 3、气垫上缸 5、托板 6 连成一体。当压缩空气经气垫下缸侧孔进入缸腔，通过空心活塞杆 2 使气垫上缸 5 同时也进入压缩空气。在压缩空气的作用下，上缸、托板一起向上运动，只要在托板上装顶杆，气垫就能把模具中的工件顶出，也可在拉深模中把拉深坯料的周边压紧。当滑块向下行程时，活塞在滑块的作用下随着下降，气垫上、下缸中的压缩空气被排出，此时气路系统可使气缸中的空气压力在一定的数值范围内保持恒定。如在拉深模中，会使模具对材料的压边力保持恒定。待滑块下行完毕上行时，活塞又可在压缩空气的作用下上升，进行重复工作。

气垫力的大小取决于气垫活塞面积，活塞个数及空气压力。当气垫结构确定后，可通过调节气路系统中的空气压力来获得所需的气垫力，以满足不同冲压工艺的需要。并且该力在冲压的整个过程中，可以保持基本不变。一般压力机中采用何种形式的气垫结构，要根据产品的冲压工艺特征和压力机工作台的大小而定，单活塞气垫径向尺寸较大，产生的力等于压缩空气压力乘以活塞面积，它多用于工作台下空间较大的压力机中；双活塞式气垫的径向尺寸小，广泛用于各类压力机中；三活塞式气垫主要用于大型压力机中。

② 液压气垫　对于大型单点压力机、多工位压力机等，由于工作台台孔尺寸的限制以及要求较大压边力，当采用多活塞的纯气式气垫也不易满足要求时，则采用液压气垫。

图 5-44 所示为 J31-315 压力机的液压气垫。工作缸 2 内充满采自液气罐 9 的油液。工作缸和液气罐经工作阀（由工作阀杆 5 和工作阀座 4 组成）和管道互相连通。液气罐的上层除油液外还充有压缩空气，控制缸 6 的下腔充有压缩空气，它是由空气分配阀 10 来控制的。当滑块回程到某个位置时，由于凸轮开关的作用，空气分配阀的进气阀关闭，控制缸的下腔处于进气状态。因此，控制活塞 7 连同工作阀芯向下移动，工作阀座的阀门（以下简称工作阀门）被打开，液气罐内的油液，在其上部压缩空气的作用下，通过管道压向工作腔，并将工作缸 2 和托板 1 顶起，一直达极限位置。压力机开始工作时，工作活塞一直保持上述状

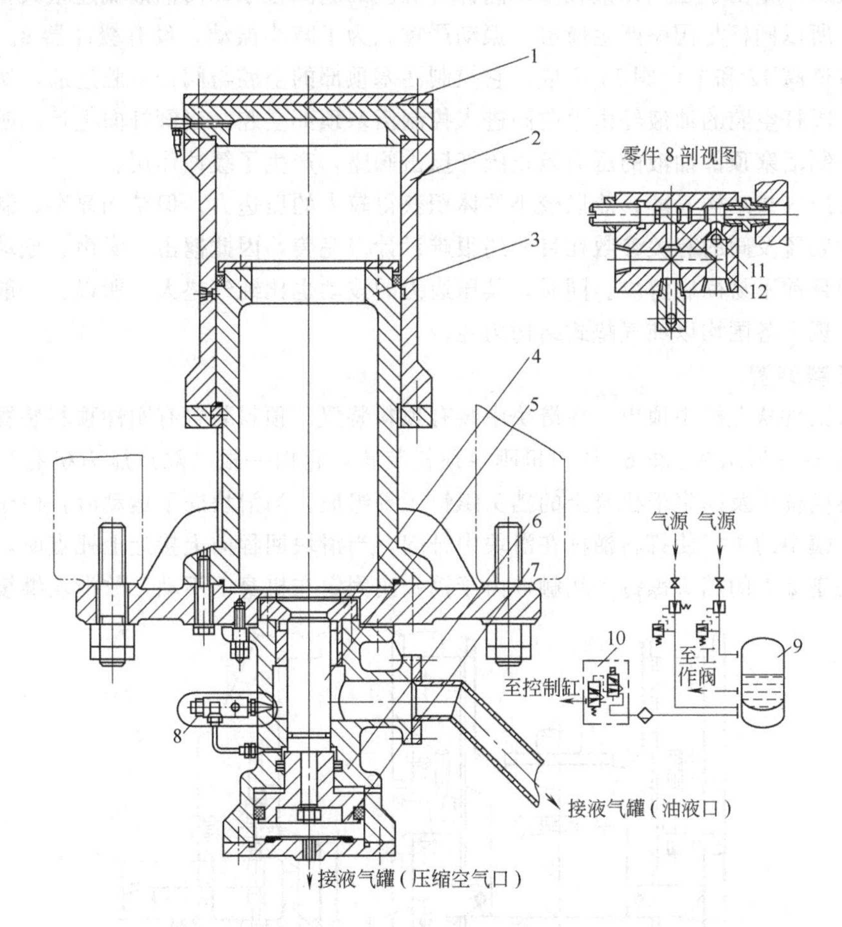

图 5-44　J31-315 压力机的液压气垫

1—托板；2—工作缸；3—工作活塞；4—工作阀座；5—工作阀杆；6—控制缸；7—控制活塞；8—缓冲器；9—液气罐；10—空气分配阀；11—单向阀；12—缝隙节流阀

态，直到曲柄转到某一角度时，由于凸轮开关的作用，空气分配阀 10 的进气阀被打开，控制活塞在压缩空气作用下向上移动，关闭工作阀门。当滑块继续向下运动并压到气垫托板时，工作缸内的油压升高。当此压力升高到一定程度（约 36×10^5Pa）后，工件缸中的油液推开工作阀门，克服堵住工作阀门的阻力，并经管道流回液气罐。于是托板便保持一定的压力，并跟随滑块向下移动到下死点，完成工件的拉深工作。

当滑块离开下死点开始回程时，托板上的压力消失，工作缸中的油压也随即降低，工作阀门再次关闭，托板停止不动。当滑块向上回程到某一位置时，凸轮开关把空气分配阀的进气阀关闭，排气阀开启。于是控制缸中的压缩空气排出，控制活塞向下移动，工作阀门打开。在压缩空气作用下，液气罐的油液进入工作缸，工作缸连同托板一起上升到上极限位置，顶出下模内的工件，并为下次工作作好准备。

在某些冲压工艺中只需要进行顶料动作时，可切断空气分配阀的进气阀，使工作阀门始终打开，于是工作活塞也就经常在液气罐内的压缩空气作用下，随着滑块上下移动，完成顶出工件的动作。

这种液压气垫由于在工作过程中，阀杆与阀座的缝隙很小，而油液流速很大，压力波动频率很高，所以阀杆与阀座产生撞击，振动严重。为了减小振动，设有缓冲器 8。此缓冲器由一缝隙节流阀 12 和单向阀 11 组成。它控制活塞顶部的空腔与阀杆空腔连通，所以阀杆向下运动时，阀杆空腔的油液经由单向阀进入控制活塞顶部空腔，当阀杆向上运动时，由于有节流阀，控制活塞顶部油液的压力阻止阀杆撞击阀座，产生了缓冲作用。

这种液压气垫结构紧凑，能以较小的体积获得较大的压边力。但结构复杂，制造工作量较大。缓冲装置及阀的有关参数在目前还很难设计得完美，因此撞击、噪声、振动及由振动引起的漏油目前不易彻底解决。同时，其压边力的波动也比纯气垫大，所以，一般已不采用液压气垫，现在各国均以纯气垫式结构为主。

(4) 顶料装置

为了将工件从上模中顶出，在滑块中装有顶料装置。顶料装置有刚性顶料装置和气动顶料装置，图 5-45 所示为 J23-63 压力机刚性顶料装置，它由一根（双点压力机有数根）穿过滑块的打料横杆 4 及固定于机身上的挡头螺钉 1 等组成。当滑块向下运动时，由于工件的作用，通过上模中的顶杆使打料横杆在滑块中升起，当滑块回程向上接近上死点时，打料横杆与拧在挡头座 2 上的挡头螺钉 1 相触，由于挡头座固定在机身上不动，故滑块继续上升而打

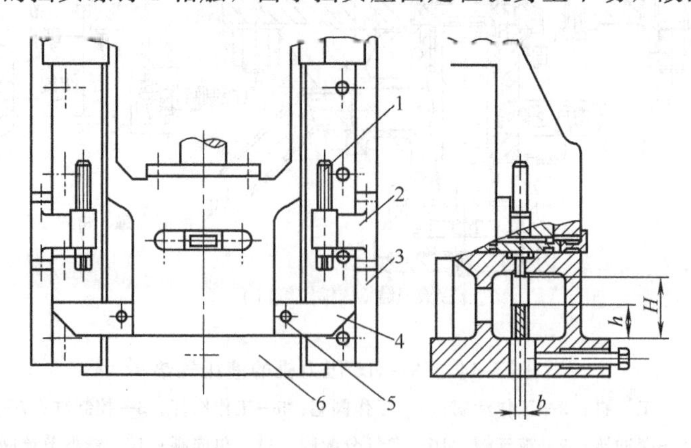

图 5-45　J23-63 压力机刚性顶料装置

1—挡头螺钉；2—挡头座；3—机身；4—打料横杆；5—挡销；6—滑块

料横杆不动，因此通过上模中的顶料杆将工件顶出。

必须注意，调节压力机装模高度时，必须相应地调节挡头螺钉位置，以免发生设备事故。

刚性顶料装置结构简单，动作可靠，应用广泛，缺点是顶料力及顶料位置不能任意调节。

图 5-46 所示为气动顶料装置示意图，它由双层气缸 2 和一根打料横杆 5 组成，双点压力机有几组顶料装置。双层气缸与滑块连接在一起，它的活塞杆 4 以铰销和打料横杆的一端相连。气缸进气时，即推动打料横杆动作，将工件顶出。气缸的进排气由电磁空气分配阀控制，它可以使顶料在回程的任意位置下进行。这种装置的顶料力和顶料行程容易调节，因此便于使用机械手，为实现冲压机械自动化创造了有利条件。

气动顶料装置结构较为复杂，由于受到气缸尺寸与气压大小的限制，在个别冲压工艺中有顶料力不够的现象。

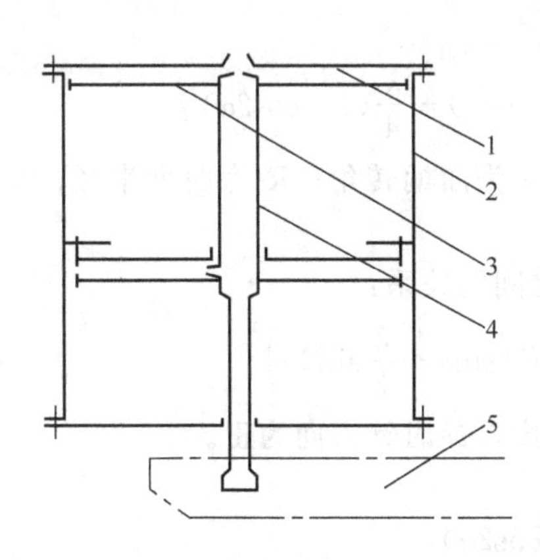

图 5-46 气动顶料装置示意图

1—气缸盖；2—气缸；3—活塞；4—活塞杆；5—打料横杆

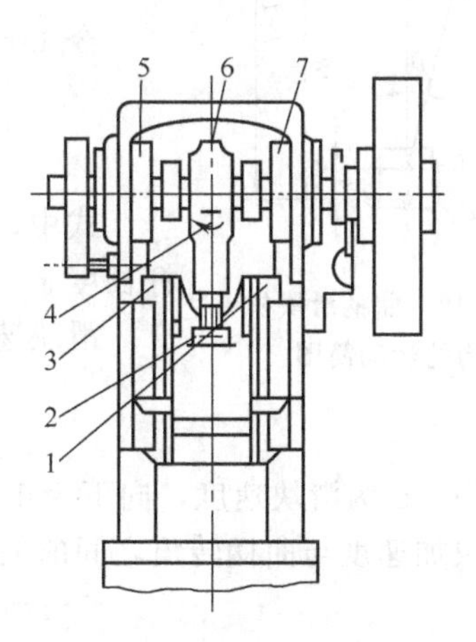

图 5-47 压力机润滑图

1～7—润滑点位置

(5) 润滑及润滑装置

为保证压力机正常工作和延长压力机零部件的使用寿命，要对压力机进行合理润滑。

图 5-47 所示为压力机润滑图。由手动油泵通过油管向各润滑点供油进行润滑，或用其他装置对压力机进行局部润滑。目前国产的小型压力机多采用集中和分散式稠油润滑，大中型压力机多采用集中式稠油润滑。分散式稠油润滑常用油枪将稠油注入润滑点。集中式稠油润滑，采用手动稠油泵和机动稠油泵供油。手动稠油泵常装于小型压力机上，机动稠油泵常装于大中型压力机上。

目前，在开式压力机上，根据各运动部件的工作情况，常采用以下润滑剂及润滑方式：曲轴和连杆接合处的滑动轴承、导轨采用稠油集中润滑；滚动轴承、连杆下支承（螺杆球头）等处用油枪定期注入稠油进行润滑；齿轮是由人工定期用稠油涂抹进行润滑；用油雾器将稀油喷成雾状，然后润滑离合器活塞及平衡缸活塞。

5.4 曲柄滑块机构的运动分析与受力分析

5.4.1 曲柄滑块机构的运动分析

曲柄滑块机构的运动简图如图 5-48 所示，O 点表示曲轴的旋转中心，A 点表示连杆与曲柄的连接点，B 点表示连杆与滑块的连接点，OA 表示曲柄半径，AB 表示连杆长度。当 OA 以角速度 ω 作旋转运动，B 点则以速度 v 作直线运动。现讨论滑块的位移、速度和加速度与曲柄转角之间的关系。

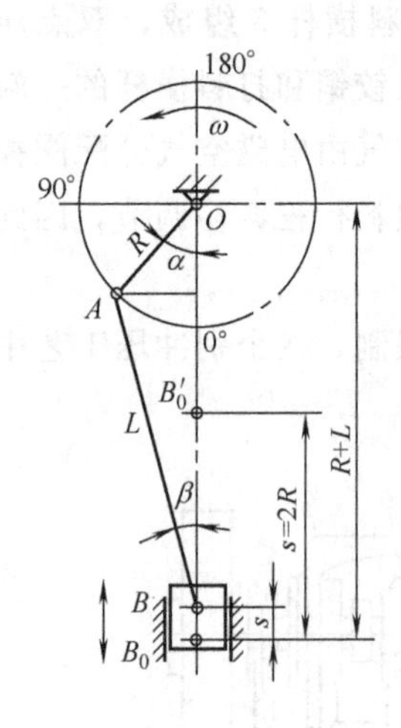

图 5-48 曲柄滑块机构的运动简图

由机械原理可知，滑块位移、速度和加速度与曲柄转角之间满足如下关系。

滑块位移与曲柄转角之间的关系：

令 $\lambda=\dfrac{R}{L}$

$$s=R\left[(1-\cos\alpha)+\frac{\lambda}{4}(1-\cos2\alpha)\right] \tag{5-1}$$

式中，s 为滑块行程；α 为曲柄转角；R 为曲柄半径；L 为连杆长度。

滑块速度与曲柄转角之间的关系：

$$v=\omega R\left(\sin\alpha+\frac{\lambda}{2}\sin2\alpha\right) \tag{5-2}$$

式中，v 为滑块速度，向下为正；ω 为曲柄角速度，逆时针方向为正。

滑块加速度与曲柄转角之间的关系：

$$a=-\omega^2R(\cos\alpha+\lambda\cos2\alpha) \tag{5-3}$$

式中，a 为滑块加速度。

利用式（5-1）、式（5-2）、式（5-3）可以很方便地求出滑块的位移、速度、加速度。图 5-49 为结点正置曲柄滑块机构运动曲线图。

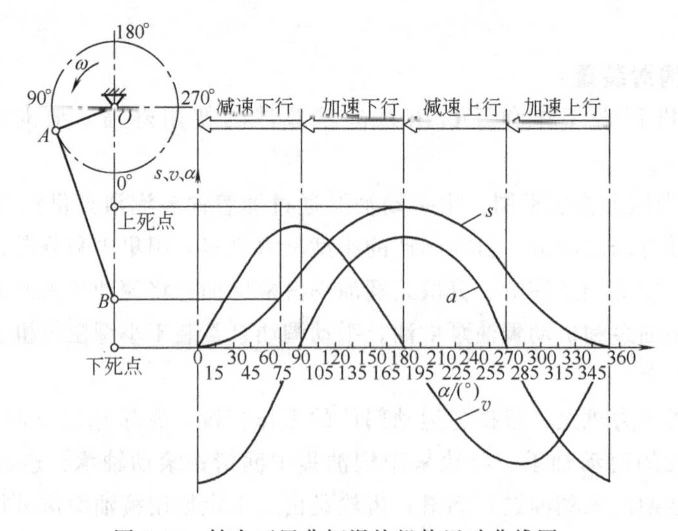

图 5-49 结点正置曲柄滑块机构运动曲线图

由于滑块的运动与冲压工艺有关，研究滑块的位移、速度、加速度，有利于设备的正确选择。例如滑块运动速度高，可以提高普通冲裁件的断面质量，但对拉深工艺不利，容易引起拉深件的拉裂。另外不同的材料要求不同的成型速度及加速度。目前国产通用压力机滑块最大速度为0.135～0.435m/s。为了提高生产效率，压力机滑块速度有提高的趋势。

5.4.2 曲柄滑块机构的受力分析

(1) 理想状态下连杆及导轨受力

理想状态即忽略机器在运行时各节点及滑动部分的摩擦力。图5-50为曲柄滑块机构受力简图，考虑B点平衡得：

$$F_{AB}=\frac{F}{\cos\beta}$$

$$Q=F\tan\beta$$

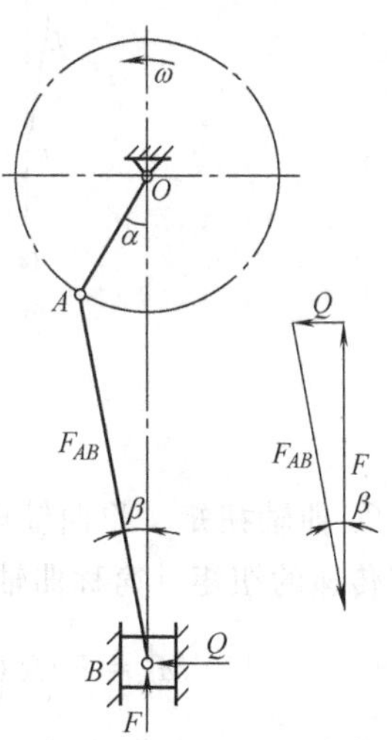

图5-50 曲柄滑块机构受力简图

一般情况下，特别是对通用压力机，$\lambda<0.3$，对应$\cos\beta>0.95$，因此以上两式可简化为：

$$F_{AB}\approx F \tag{5-4}$$

$$Q\approx F\lambda\sin\alpha \tag{5-5}$$

式中，F_{AB}为连杆作用力；Q为导轨作用力；F为工件变形力；λ为连杆长度系数；α为曲柄转角。

(2) 曲轴扭矩

① 理想状态下曲轴所受扭矩　图5-51是曲轴（或偏心齿轮）受力简图。F_{AB}是连杆给予曲轴的力，在其作用下，曲轴上所受理想扭矩为：

$$M_{t}=FR\left(\sin\alpha_{g}+\frac{\lambda}{2}\sin2\alpha\right) \tag{5-6}$$

式中，R为曲轴半径；M_t为曲轴所受理想扭矩；其余符号意义同前。

式(5-6)为理想状态下曲轴上所受扭矩的公式。从公式可以看出，虽然所受的工件变形力F一定，但曲轴所受的扭矩却随曲柄转角α变化而变化，α越大，M_t越大。即在较大的曲柄转角下工作时，曲柄上所受的扭矩较大，当曲柄转角等于公称压力角，即$\alpha=\alpha_g$时，曲轴上所受的理想扭矩为理想公称扭矩，即

$$M_{gt}=FR\left(\sin\alpha_{g}+\frac{\lambda}{2}\sin2\alpha_{g}\right) \tag{5-7}$$

此公称扭矩是设计曲轴、齿轮和离合器的基础。

② 摩擦扭矩　上述计算是在理想状态下（即忽略摩擦时）的情况，但实际上压力机是有摩擦的，特别是在转动零件上由于摩擦所增加的摩擦扭矩是不可忽略的。

曲柄滑块中摩擦主要发生在四处：滑块导轨面的摩擦[见图5-51(e)]；曲轴支撑颈和轴承之间的摩擦[见图5-51(b)、图5-51(c)]；曲柄颈上的偏心和连杆大端轴承之间的摩擦[见图5-51(b)、图5-51(c)]；连杆销（或球头）与连杆小端轴承（或球头座）之间的摩擦[见图5-51(e)、图5-51(d)]。用能量法首先分别求出各运动环节的摩擦力或力矩，然后用功率平衡原理求出总的摩擦扭矩。最后得出摩擦扭矩计算公式为：

$$M_{\mu}=\frac{1}{2}F\mu[(1+\lambda)d_A+\lambda d_B+d_0] \tag{5-8}$$

式中，d_0 为曲轴支撑颈直径；d_A 为曲轴曲柄颈直径；d_B 为连杆销或球头直径；μ 为摩擦系数；其余符号意义同前。

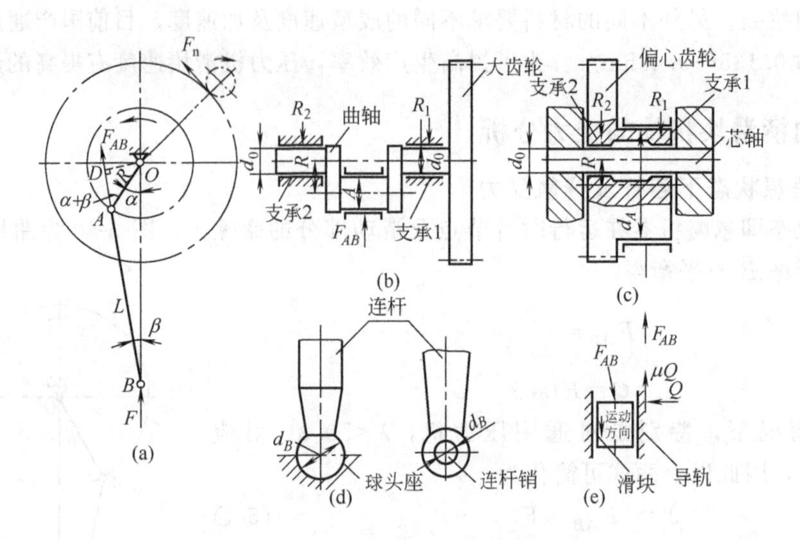

图 5-51 曲轴（或偏心齿轮）受力简图

③ 曲轴扭矩 将曲轴理想状态下所受扭矩与摩擦扭矩相加，即可得到考虑摩擦后曲轴所需传递的扭矩（简称曲轴扭矩）：

$$M_q=F\left(R\left\{\left(\sin\alpha+\frac{\lambda}{2}\sin2\alpha\right)+\frac{1}{2}\mu[(1+\lambda)d_A+\lambda d_B+d_0]\right\}\right) \tag{5-9}$$

式中，M_q 为曲轴扭矩；其余符号意义同前。

将式（5-9）可改写为如下形式：

$$M_q=Fm_q \tag{5-10}$$

$$m_q=R\left(\sin\alpha+\frac{\lambda}{2}\sin2\alpha\right)+\frac{1}{2}\mu[(1+\lambda)d_A+\lambda d_B+d_0] \tag{5-11}$$

式中，m_q 为当量力臂。

(3) 曲柄压力机滑块许用负荷

利用前面对曲柄滑块机构进行受力分析的结果，就可以对压力机主要传动零件进行强度校核。强度校核计算主要针对齿轮和曲轴进行，其产生的应力均与曲轴上的扭矩有关，而曲轴上的扭矩又是曲柄转角的函数，因此就可得到如图 5-52 所示的滑块许用负荷曲线。不同的压力机由于其曲轴的形状、尺寸、支承形式及所用材料的不同，其许用负荷曲线也不相同。

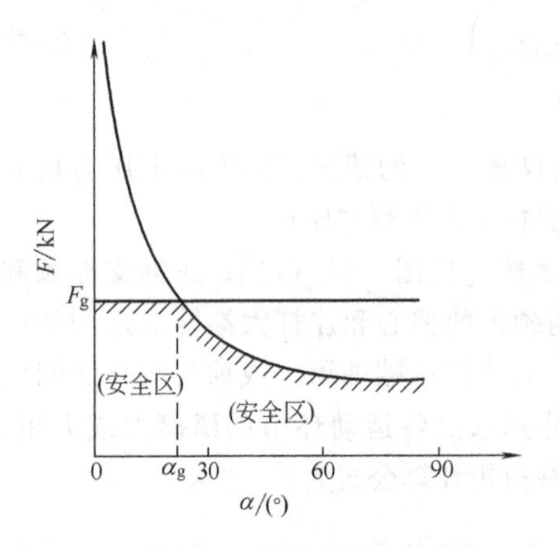

图 5-52 滑块许用负荷曲线

在冲压生产中，要求其冲压力的分布曲线要包络在所用压力机的许用负荷曲线的安全区内（阴影线内），否则压力机将会超载。例如进行同一工艺，若在 α_1 下进行则安全，而在 α_2 下进行则不安全。又如图 5-53 所示，在图 5-53（a）中压力曲线分布全部被包络在安全区内，压力机工作安全，在图5-53（b）中压力曲线分布没有完全被包络在安全区内，工作时压力机将会超载。因此，在使用角压力机时，必须确切了解各冲压工艺的压力分布曲线和压力机的许用负荷曲线，以确保压力机的安全生产，用通用压力机进行冷挤压工艺或用复合模进行冲压工作时尤其应该注意。

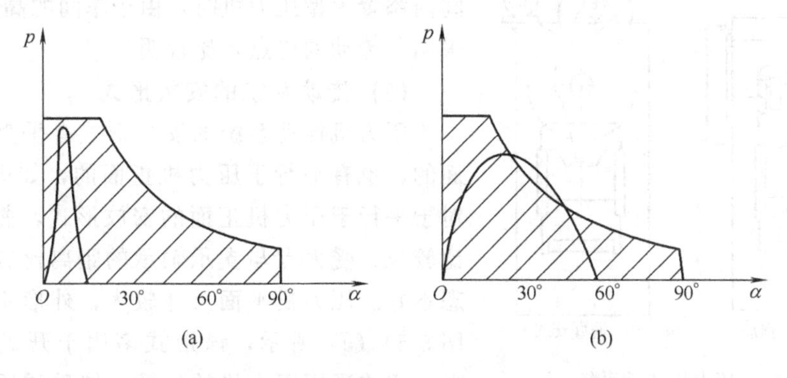

图5-53 冲压力曲线在压力机负荷曲线中的分布

在设计压力机时，需检验在特定的工作角度下许用负荷是否等于或稍大于所需设计的压力机公称压力，如果小于公称压力，则需加大曲轴或齿轮的有关尺寸。这一特定的工作角度称为公称压力角（或称额定压力角）。公称压力角定得较大，压力机固然能在较大的角度下用公称压力进行工作，但储备过大，造成浪费；反之，定得较小，会限制压力机的工艺范围。一般公称压力角取下述范围：对小型压力机，$\alpha_g=30°$；对大中型压力机，$\alpha_g=20°$。

为了使用方便，在压力机的说明书或铭牌上，常将公称压力角转换成公称压力行程s_g，即以s_g作为标准。

5.5 曲柄压力机的传动系统

传动系统的作用是将电动机的运动和能量按照一定要求传给曲柄滑块机构。传动系统的布置、传动级数及速比分配，离合器和制动器安装位置的确定是传动系统的三个比较重要的问题，它将影响压力机的外形尺寸及美观、结构组成及维修、能量损耗以及整机和各部件的工作性能等各个方面。

5.5.1 传动系统的布置方式

(1) 上传动与下传动

压力机的传动系统可置于工作台之上，也可置于工作台之下。前者称上传动，后者称下传动。

下传动的优点是：①压力机的重心低，运转平稳，能减少振动和噪声，劳动条件较好；②压力机地面高度较小，适宜于高度较矮的厂房；③从结构上看，有增加滑块高度和导轨长度的可能性，因而能提高滑块的运动精度，延长模具的寿命，改善工件的质量；④由于拉杆承受工件变形力，故机身的立柱和上梁的受力情况得到改善。

下传动的缺点是：①压力机平面尺寸较大，而总高度和上传动相差不多，故压力机总重量比上传动的约大10%～20%，造价也较高；②传动系统置于地坑之中，检修传动部件时，不便于使用车间内的吊车。拉深垫夹在传动部件和底座之间，维修不方便，且地坑深，基础庞大，造价较高。

因此，是否采用下传动结构，需经全面的技术、经济比较后才能确定。现有的通用压力机采用上传动较多，下传动较少。通常认为在旧车间内添置大型压力机时，由于车间的高度受到限制，采用下传动的优点才比较明显。

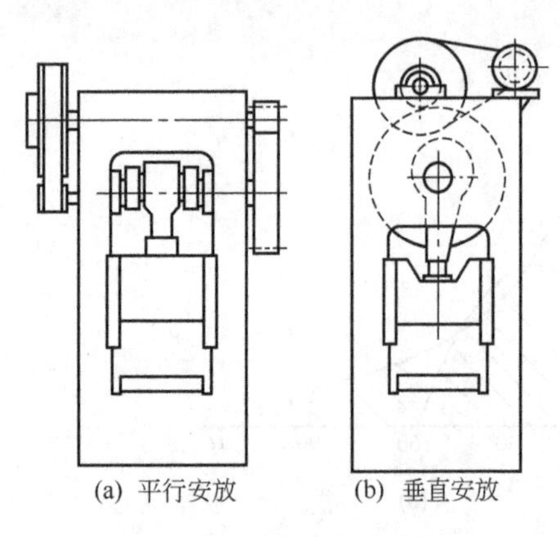

图 5-54　压力机传动系统安放形式示意图

(2) 传动系统的安放形式

压力机传动系统的安放形式有垂直于压力机正面的，也有平行于压力机正面的，如图 5-54 所示。对于平行于压力机正面的安放形式，曲轴和传动轴比较长，受力点与支承轴承的距离比较大，受力状态不好。压力机平面尺寸较大，外形不够美观。如图 5-54（a）所示，该形式多用于开式双柱压力机上。闭式通用压力机的传动系统采用垂直于压力机正面安放的形式，如图 5-54（b）所示。

(3) 齿轮安装位置及驱动形式

齿轮可以放在机身之外，也可以放在机身之内。前一种形式，齿轮工作条件较差，机器外形不美观，但安装和维修方便；后一种形式，齿轮的工作条件较好，外形较美观，如将齿轮浸入油池中，则大大降低齿轮传动的噪声，但安装维修较困难，近年来，许多压力机制造厂都倾向后一种形式。

齿轮传动也可设计成单边传动或双边传动。采用后一种形式，可以缩小齿轮的尺寸，但加工装配比较困难（两边齿轮必须精确加工，装配时要保证对称，否则可能发生运动不同步的情形）。

5.5.2　传动级数和各级速比分配

压力机的传动级数与电动机的转速和滑块每分钟的行程次数有关，行程次数低，总速比大，传动级数就应多些，否则每级的速比过大，结构不紧凑。行程次数高，总速比小，传动级数可少些。现有压力机传动系统的级数一般不超过四级。行程次数在 70 次/min 以上的用单级传动，30～70 次/min 的用两级传动，3～10 次/min 的用三级传动，10 次/min 以下的用四级传动。

采用低速电动机可以减少总速比和传动级数，但这类电动机的外形尺寸较大，成本较高(与同功率的高速电动机比较)，因此不一定适合。通常两级和两级以上的传动系统采用同步转速为 1500r/min 或 1000r/min 的电动机，单级传动系统一般采用 1000r/min 的电动机，行程次数小于 80 次/min 的单级传动才采用 750r/min 的电动机。

各传动级的速比分配要恰当。通常三角皮带传动的速比不超过 6～8，齿轮传动不超过 7～9。速比分配时，要保证飞轮有适当的转速，也要注意布置得尽可能紧凑、美观以及长、宽、高尺寸比例要恰当。通用压力机的飞轮转速通常取 300～400r/min 左右。因为转速太低，会使飞轮作用大大削弱；转速太高，会使飞轮轴上的离合器发热严重，造成离合器和轴承的损坏。

5.5.3 离合器和制动器的安装位置

单级传动压力机的离合器和制动器只能置于曲轴上。

采用刚性离合器的压力机，离合器应置于曲轴上，这是因为刚性离合器不宜在高速下工作，而曲轴的转速较低，故离合器置于曲轴上比较合适，在此情况下，制动器必须也置于曲轴上。

采用摩擦离合器时，对于具有两级和两级以上传动的压力机，离合器可置于转速较低的曲轴上，也可置于中间传动轴上。当摩擦离合器安装在低速轴上时，加速和制动从动部分所需的功和离合器接合时所消耗的摩擦功都比较小，因而能量消耗较小。离合器工作条件也较好。但是低速轴上的离合器需要传递较大的扭矩，因而结构尺寸较大。此外，从传动系统布置来看，闭式通用压力机的传动系统近年来多封闭在机身之内，并采用偏心齿轮结构，致使离合器不便安装在曲轴（偏心齿轮轴）上，通常只好置于转速较高的传动轴上。

一般来说，行程次数较高的压力机（如热模锻压力机）离合器最好安装在曲轴上，因为这样可以利用大齿轮作为飞轮，能量损失小，离合器工作条件也较好。行程次数较低的压力机，由于曲轴转速低，最后一级大齿轮的飞轮作用已不显著，为了缩小离合器尺寸，降低其制造成本，并且由于结构布置的要求，离合器多置于转速较高的传动轴上，一般是在飞轮轴上。制动器的位置则随离合器的位置而定。因为传动轴上制动力矩较小，可缩小制动器的结构尺寸。

5.6 专用曲柄压力机

5.6.1 挤压机

(1) 挤压工艺特点及对挤压机的要求

挤压工艺分冷挤压工艺和热挤压工艺，这里只涉及冷挤压工艺。冷挤压工艺是在冷状态下对钢或有色金属进行体积变形，有如下特点：

① 冷挤压工件尺寸精度高，表面粗糙度低。

② 模具的冲头细长，单位压力大，容易折断。

③ 冲头与冷态毛坯接触时产生冲击，模具容易损坏。

④ 由于毛坯的尺寸不符，热处理不好或润滑不良，设备容易过载。

⑤ 挤出的工件杆部较长或筒壁较高，工件容易滞留在模具中。

⑥ 工艺负荷图近似为矩形，需要较大的变形能量。

因此对挤压机提出如下要求：

① 刚度要求高，整机应具有足够的刚度。挤压机的总刚度计算公式如下：

$$C_h = K\sqrt{F_g} \tag{5-12}$$

式中，C_h 为挤压机总刚度，kN/mm；F_g 为标称压力，kN；K 为刚度系数，不同类型挤压机 K 值不同，对曲柄式挤压机 $K>(28\sim35)$，对肘杆式挤压机 $K\geq38$。

② 滑块导轨具有较高的导向精度。由于挤压模的硬度很高，而韧性差，若滑块的导向精度不高或受偏载时会引起凸模弯曲折断，一般通过加大滑块导轨长度与宽度比值来提高导向精度。

③ 具有缓冲装置。一般认为较好的挤压速度为0.15～0.4mm/s，为了减少因凸模速度较高在模具接触毛坯瞬间产生的冲击，需要在滑块内设置液气缓冲装置。

④ 具有过载保护装置。挤压过程中，往往由于毛坯下料尺寸超差，或材质不均匀及其他原因造成过载。为了保护模具及设备，必须具有可靠的过载保护装置。

⑤ 可靠的顶出装置。一般挤压件多数留在下模中，要求其顶出力一般为公称压力的10%～20%。

⑥ 有足够功率的电动机，并设计合适的飞轮。在冷挤压过程中，工件变形能量大，在冷挤压动力设备中，即使与通用曲柄压力机公称压力相同的设备，也选用大得多的电动机和飞轮。

(2) 挤压机的类型与特点

挤压机有两种类型：机械式挤压机和液压式挤压机。目前常用机械式挤压机，机械式挤压机按照工作机构的结构形式可分为偏心式、肘杆式和拉力肘杆式三种，它们的工作原理见图5-55。

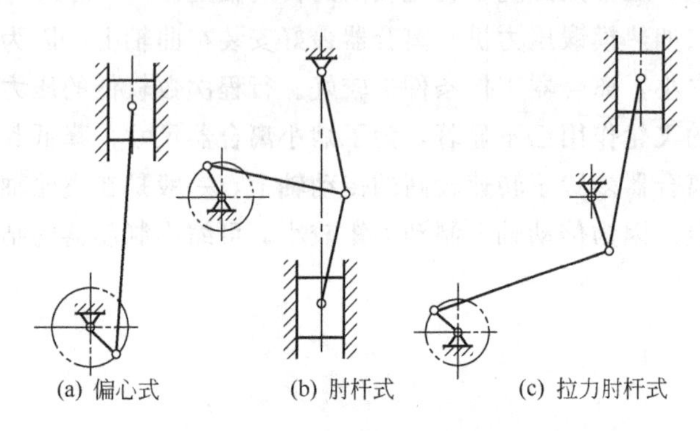

图5-55　挤压机工作原理

① 偏心式挤压机　偏心式挤压机［图5-55 (a)］结构简单，使用较广，总体上它们与通用压力机的差别是：机身大多采用焊接结构，从而大大加强了机身的刚度，在工作时，机身的弹性变形小，有助于提高挤压件的精度和模具寿命；滑块的导向精度提高，有些挤压机采用塑料导轨，使导轨与滑块间隙减小到0.05mm以下，这类挤压机由于滑块的速度变化较大(按正弦规律变化)，对挤压件的塑性变形有较大的影响。

② 肘杆式挤压机　肘杆式挤压机［图5-55 (b)］的特点是：滑块在开始挤入时速度较小，冲头对模具的冲击较小，挤压过程中滑块速度变化较平缓，但行程受到机构的限制不能很大，挤压时的压力行程（有效行程）也较小，故不宜挤压工作行程较大的零件。

③ 拉力肘杆式挤压机　拉力肘杆式挤压机［图5-55 (c)］，具有肘杆式挤压机的优点，并日滑块速度在工作行程中运行更为均匀，对挤压工件的塑性变形极为有利。

图5-56所示为三种类型挤压机的行程-转角曲线，由图可见拉力肘杆式挤压机在接近下死点时行程曲线较平缓，即加压时的速度很慢，而偏心式挤压机在接近下死点时行程曲线较陡，即加压时的速度比其他均快，但拉力肘杆式和肘杆式的行程都比较短，只适合挤压较短的工件，偏心式适合挤压较长的工件。

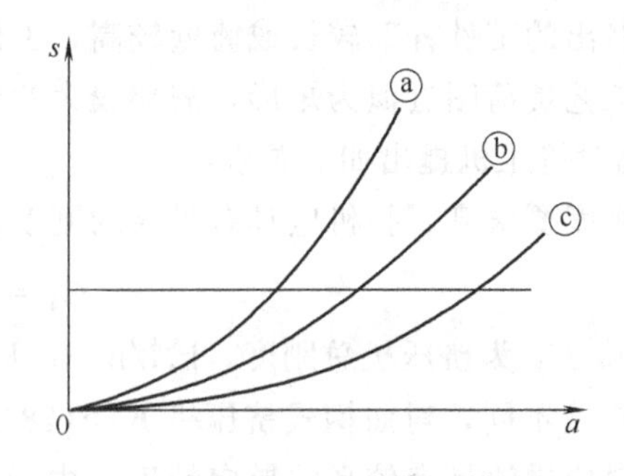

图5-56　三种类型挤压机的行程-转角曲线

ⓐ—偏心式；ⓑ—肘杆式；ⓒ—拉力肘杆式

(3) 挤压机的结构

图5-57所示为J87-400型偏心式下传动挤压机的结构总图，图5-58所示为此挤压机的主传动系统简图。它是通过皮带轮、齿轮的四

级减速使装在偏心齿轮上的连杆带动滑块作上下往复运动。

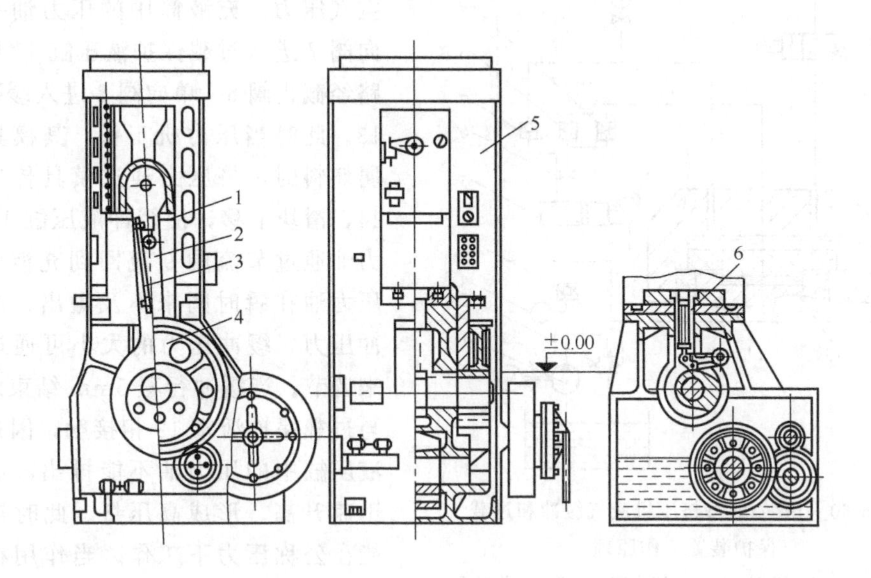

图 5-57 J87-400 型偏心式下传动挤压机的结构总图

1—滑块；2—连杆；3—伸长仪；4—偏心齿轮；5—机身；6—下顶料装置

图 5-59 所示是此挤压机的封闭高度调节机构传动示意图，它由固定在滑块体上的调节电机来驱动，通过两级蜗轮蜗杆减速，使螺母旋转，由螺杆带动滑块与滑块体相对移动，改变压力机的封闭高度，并通过周转轮系来指示出封闭高度的调节量。它的精确度可达 0.01mm。

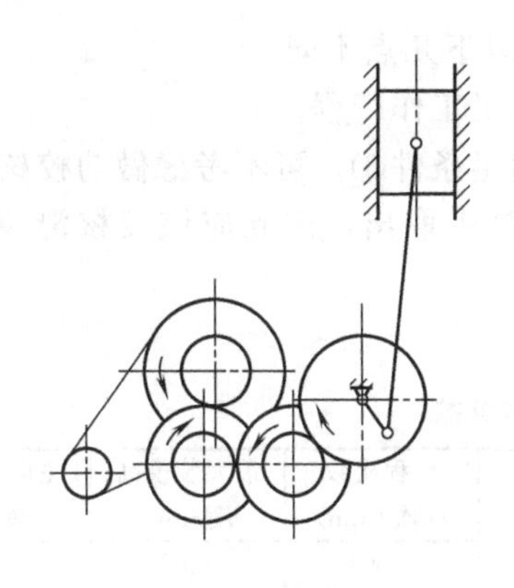

图 5-58 J87-400 型挤压机主传动系统简图

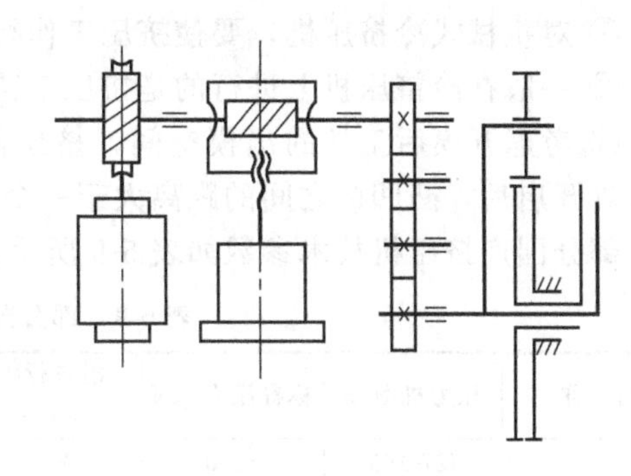

图 5-59 J87-400 型挤压机封闭高度调节机构传动示意图

J87-400 型挤压机工作时为了减小模具与金属坯料的瞬间冲击，确保模具有一定的使用寿命，在其滑块内安装了液气缓冲和过载保护装置，其工作原理如图 5-60 所示。液气缓冲与过载保护油缸内的压力油由液压泵 1 供给，压力油经单向阀 4 进入充液阀 5，为保护管道系统不过载，设有溢流阀 2，管道压力可以从压力表 3 中读出。充液阀分成两容室，中间由浮动活塞隔开，一端通压缩空气，一端通入压力油。当充液阀右端压力油加满并达到一定值时，推动浮动活塞左移，浮动活塞上的顶杆与行程开关相碰，发出信号，使油泵停止供油。

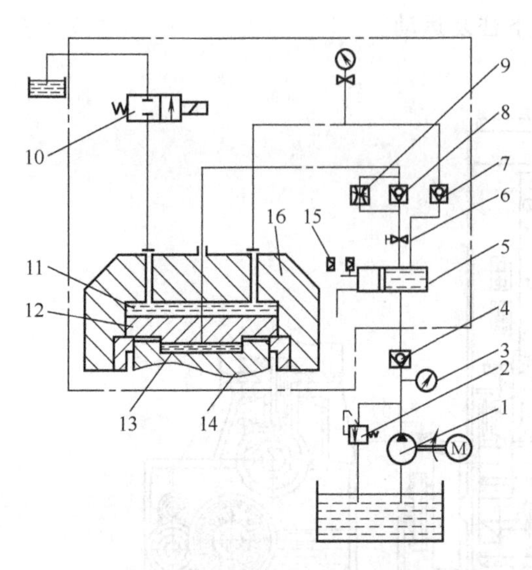

图 5-60　J87-400 型挤压机液气缓冲和过载保护装置工作原理

1—液压泵；2—溢流阀；3—压力表；4,7,8—单向阀；5—充液阀；6—截止阀；9—节流阀；10—电磁换向阀；11—过载保护液压缸；12—过载保护活塞；13—缓冲液压缸；14—滑块；15—微动开关；16—滑块体

此时浮动活塞两边压力相等，均为压缩空气压力。充液筒中的压力油一路经单向阀 7 进入过载保护液压缸 11 中，另一路经截止阀 6、单向阀 8 进入缓冲液压缸 13。此时当压力机工作，其模具接触金属坯料时，挤压力通过模具传递给滑块 14，滑块上移，使缓冲液压缸 13 中的压力油通过节流阀 9 流回到充液阀中。但压力油在瞬时间来不及溢出，产生了缓冲压力，缓冲压力的大小可通过节流阀来调节。当缓冲行程 5mm 结束时，滑块与过载保护活塞 12 相接触，因过载保护液压缸中的压力油不能排出，而使油压迅速升高，形成高压垫。此时挤压机才能在公称压力下工作。当作用在滑块上的力超过公称压力的 25%时，装在连杆上的伸长仪就使行程开关动作并发出信号，在离合器脱开的同时，电磁换向阀 10 动作，过载保护液压缸内的压力油便从电磁换向阀中排出，过载保护活塞便向上移动，使模具空间增大，达到保护目的。其过载保护行程为 40mm。

(4) 挤压机的选用

冷挤压机的选用过程同通用曲柄压力机相比，仅有以下几点不同：

① 对机械式冷挤压机，要使挤压工作行程小于挤压机工作行程。

② 一般在冷挤压机上进行的是挤压工艺，故只需满足条件①，可不考虑做功校核。

③ 考虑开模后工件的出模空间，挤压件一般从模具中取出，因此应该校核滑块行程，使模具开启后，凸凹模之间的距离大于一个工件长度。

部分国产挤压机技术参数如表 5-9 所示。

表 5-9　部分国产挤压机技术参数

名　称	压力机型号	标称压力/kN	滑块行程/mm	标称压力行程/mm	行程次数/(次/min)	最大装模高度/mm	主电动机功率/kW
偏心式下传动挤压机	J87-160	1600	230	25	34	385	30
	J87-300	3000	300	40	33	550	55
	J87-400	4000	250	40	25	670	100
	J87-630	6300	300	40	18	750	130
卧式曲轴挤压机	JA88-200	2000	273	5	65	480	13
	JA88-315	3150	400	55	16	715	75
	JA88-500	5000	420	60	16	835	115
开式拉力肘杆挤压机	J88-100	1000	60	4	60	265	5.5
	J88-200	2000	160	4	30	420	22
闭式拉力肘杆挤压机	J88-160	1600	70	4	80	265	5.5
	J88-400	4000	160	10			40

5.6.2　拉深压力机

(1) 拉深压力机特点及分类

拉深压力机用于将板料拉深成各种筒形件、盒形件以及像汽车覆盖件那样的复杂空心件，或用于进一步改变制件形状的成型。对于材料相对厚度比较小及复杂零件的拉深，为防止变形区起皱，需要较大的压边力。因此拉深压力机一般有需压边装置、有合适的工作速度、有较大的工作能量等特点。

目前用于拉深工艺的压力机种类较多，对小型零件多用通用压力机，对中、大型零件拉深多用专用的拉深压力机。专用的拉深压力机从动作分有单动、双动和三动拉深压力机。单动拉深压力机利用气垫压边，目前使用较少。双动拉深压力机应用最广。三动拉深压力机是在双动拉深压力机的工作台中增设气垫，气垫可进行局部拉深。

(2) 双动压力机的特点

由于在双动拉深压力机上完成拉深工艺较单动压力机有明显的优点，故外形较复杂的深拉深件，一般在双动压力机上完成，本节主要讨论双动拉深压力机。

图 5-61 所示是双动拉深压力机工作部分简图。在结构上有两个滑块，即内滑块和外滑块。外滑块 2 用以压紧毛坯的边缘，防止在拉深中坯料边缘起皱，内滑块 1 用于拉深毛坯成型。

外滑块在机身导轨上作往复运动，它的运动是由曲轴经过曲柄连杆、肘杆或凸轮来驱动。内滑块有的在外滑块的内导轨中往复运动（在上传动的压力机中），有的在机身导轨上移动（在下传动压力机中）。双动拉深压力机具有以下特点可满足拉深工艺的要求。

① 内、外滑块的行程与运动配合　拉深压力机具有较大的压力机行程，其曲柄的压力角（拉深角）一般在 50°以上，可适应具有一定高度的工件拉深。内、外滑块的运动有特殊的规律。图 5-62 所示是双动拉深压力机内、外滑块行程图，外滑块的行程要小于内滑块的行程。在内滑块开始拉深之前，外滑块先要压紧拉深坯料的边缘（提前约 10°压紧），在内滑块拉深过程中（拉深角度为 80°）外滑块应以不变的压力保持压紧状态（外滑块保持不动），待拉深完毕，内滑块在回程到一定行程后，外滑块才回程（大约要滞后 10°左右），其目的是外滑块不但要起压边作用，而且要在拉深结束后给凸模卸件，以免拉深件箍在凸模上。

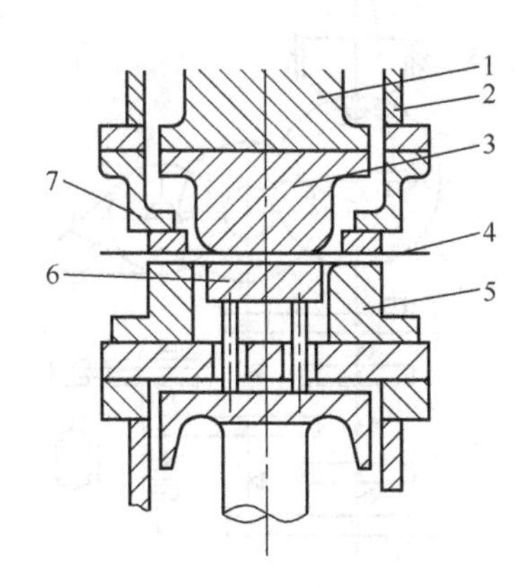

图 5-61　双动拉深压力机工作部分简图

1—内滑块；2—外滑块；3—凸模；

4—板料；5—凹模；6—托板；

7—压边圈

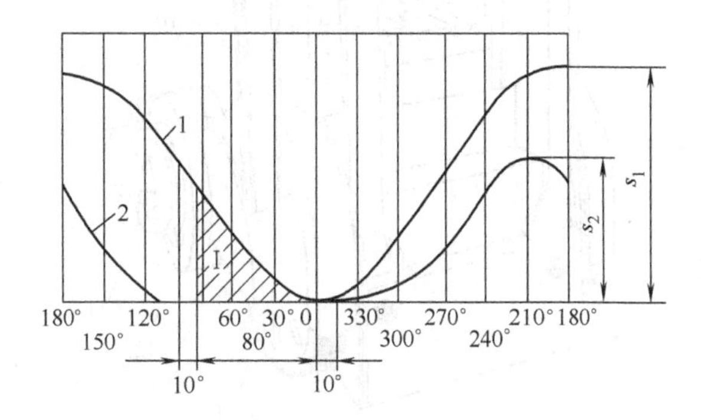

图 5-62　双动拉深压力机

内、外滑块行程图

Ⅰ—拉深区；s_1—内滑块行程；s_2—外滑块行程；

1—内滑块；2—外滑块

② 内、外滑块的速度　内滑块的速度不仅与压机的传动机构有关，而且还受到材料拉深速度的限制，一般内滑块的拉深速度均较低。外滑块在压边时，处于极限位置，它的运动速度接近于零，因此对材料冲击较小，压边较平稳。对于下传动的双动拉深压力机内滑块的速度较低，每分钟的行程次数较少，为了提高生产率，提高滑块的行程次数，目前生产的大中型双动拉深压力机多采用变速机构，即内滑块的运动速度在空程时较快，拉深时较慢，使用效果较好。这些采用变速机构的双动拉深压力机多采用上传动形式。

③ 外滑块有一定的刚度且压边力可调　一般外滑块有四根螺杆支承，亦称四个加力点，它们可以产生较大的压边力，在拉深中保持不变，由于四根螺杆对称作用于滑块上，使滑块刚度较好，受力后的变形较小。外滑块的四根螺杆可以调整，使压边力可调，并可以满足不同形状的工件拉深。

(3) J44-55B 型双动拉深压力机简介

① 工作原理　图 5-63 所示是双动拉深压力机外形，采用下传动结构。其传动原理如图 5-64 所示，采用三级减速的对称传动，由电动机、传动飞轮经摩擦离合器、减速齿轮使凸轮 1 旋转，工作台 5 在凸轮的圆弧面上被驱使上下运动。当凸轮转到等半径的圆弧面上时，工作台可保持在最高位置，其保持的时间决定于弧面所对圆心角的大小。此时装有凹模的工作台可与压边滑块将坯料压紧，凸轮外侧两个大齿轮上的偏心轴 3 可通过连杆 6 使拉深滑块

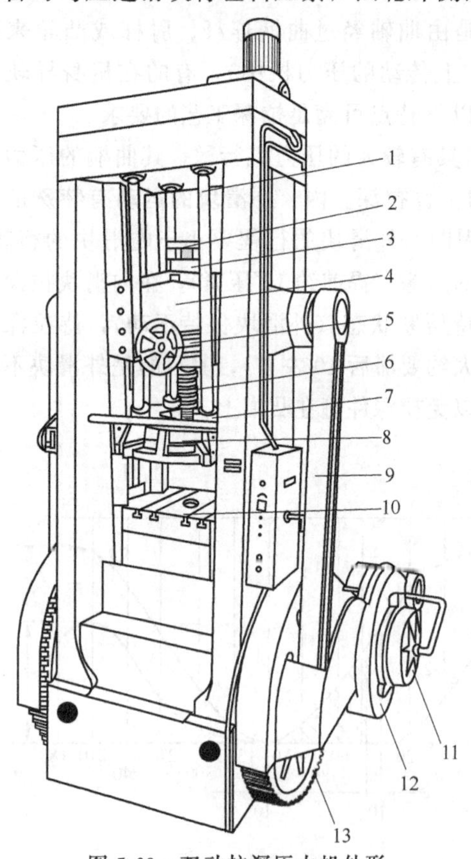

图 5-63　双动拉深压力机外形

1—压边螺杆；2—手轮；3—锁紧手轮；4—拉深滑块；5—上模调节手轮；6—装模螺杆；7—菱形压板；8—压边滑块；9—连杆；10—工作台；11—离合器；12—飞轮；13—大齿轮

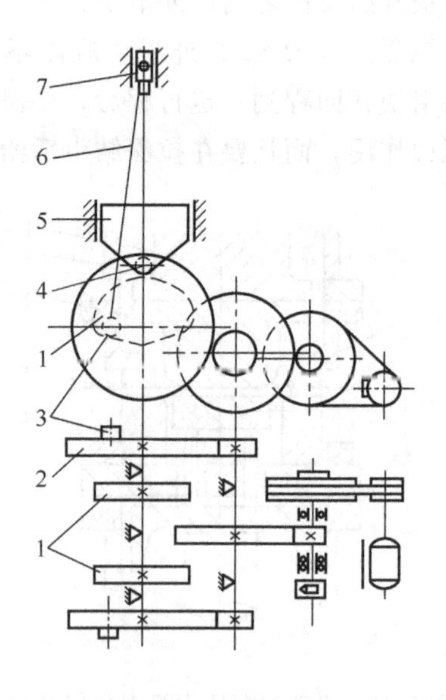

图 5-64　传动原理

1—凸轮；2—大齿轮；3—偏心轴；4—滚轮；5—工作台；6—连杆；7—拉深滑块

7下降，从而借助凸模对坯料进行拉深。拉深结束后靠偏心轴的作用，使滑块上升，工作台下降。工作台孔下面装有顶出装置，可以将工件从凹模中顶出。此压力机的压边滑块在调整好位置后，一般不动，工作台上下运动，这是下传动压力机与上传动压力机明显的区别。

② 装模高度的调整　该机滑块的封闭高度无法调整，只能调整压力机的装模高度。装模高度的调整如图5-65所示，装模螺杆5用于装拉深凸模，改变它的上下位置，可以改变拉深压力机的装模高度。装模过程调整如下：先装入下模，使工作台处于最高位置，拉深滑块处于最低位置，将上模拧紧于装模螺杆5上，松开锁紧手轮1，旋转手轮6通过伞齿轮使螺杆5转动，以改变上模的位置。待模具闭合高度调整好后，锁紧螺杆。一般在双动拉深压力机上拉深的零件较大，可将拉深凸模直接紧固于装模螺杆上。

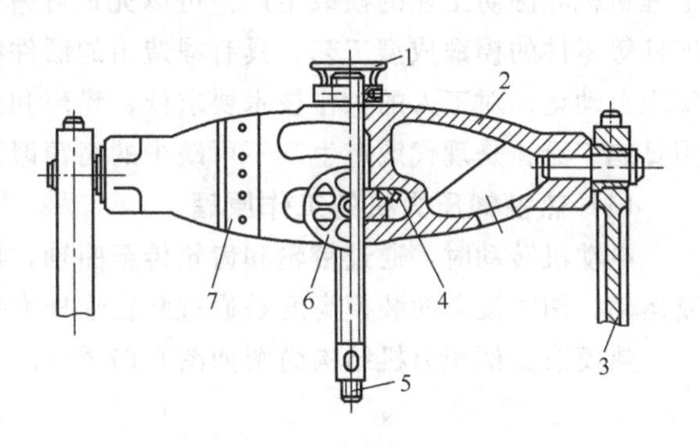

图5-65　J44-55B型双动拉深压力机装模高度的调整
1—锁紧手轮；2—滑块；3—连杆；4—锥齿轮；5—装模螺杆；6—手轮；7—导滑面

J44-55B型双动拉深压力机的压边滑块装置如图5-66所示。滑块1与四根螺杆3连接，螺杆可通过电动机5、蜗杆9、蜗轮使螺杆转动，以改变滑块的高低位置，四根螺杆一起转动是通过机身顶部的轮系传递的，如图5-66中的A向所示。滑块位置调整时，首先将工作台处于最高位置模具压边圈装于压边滑块上，然后开动电动机进行微量调节，达到所需高度。此压边滑块也可分别调整四根螺杆，以使压边滑块四角产生不同的压边力。调整时应将四根螺杆底部的菱形压板2的螺钉松开，用撬杆通过调节螺杆孔a，使螺杆3微量转动，从而改变压边力。调整完毕，紧固菱形压板螺钉。压边滑块的调整是一个很细致的工作，其位置要调整恰当，过高会使压边力不足，过低会使压边力过大，严重时会损坏横梁。

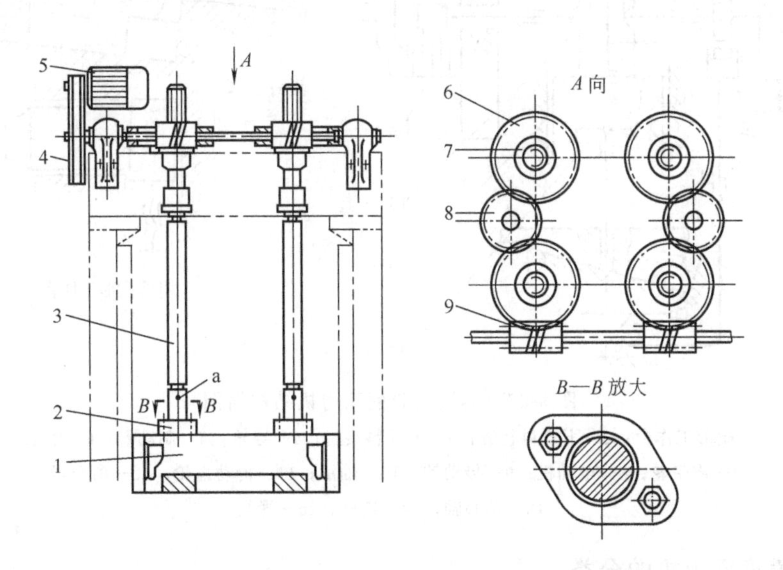

图5-66　J44-55B型双动拉深压力机的压边滑块装置
1—滑块；2—菱形压板；3—螺杆；4—传动带；5—电动机；6—斜齿轮；7—调节螺母；8—中间齿轮；9—蜗杆

目前，小吨位的双动拉深压力机多采用下传动曲柄连杆、肘杆机构，广泛用于日用品工业中。大吨位的双动拉深压力机多采用上传动、多连杆变速机构，广泛用于汽车、电机行业。随着科学技术的发展，板料冲压生产线的不断涌现，多连杆变速机构为主传动将成为拉深压力机的发展方向之一。

5.6.3 热模锻压力机

热模锻压力机是成批生产和大量生产黑色及有色金属体积模锻的专用锻压设备。

热模锻压力机广泛用于汽车工业、农业机械、轴承工业、阀门、五金工具、石油工业、工程机械和国防工业的模锻生产。可以完成叶片、羊角、齿轮、阀门、扳手、推土机链板、连杆等零件的模锻成型工艺。具有锻造出的锻件精度高、材料的利用率高、生产率高、易于实现自动化、对工人的操作技术要求低、噪声和振动小等优点，因而在现代锻压生产中的应用日趋广泛，是现代锻造生产不可缺少的高精锻设备。

(1) 热模锻压力机的工作原理

电动机转动时，通过带轮和齿轮传至曲轴，再通过连杆驱动楔块使滑块沿导轨作上下往复运动，调整设备的装模高度是通过装在连杆大头上的偏心蜗轮来实现的。

热模锻曲柄压力机结构简图如图 5-67 所示。

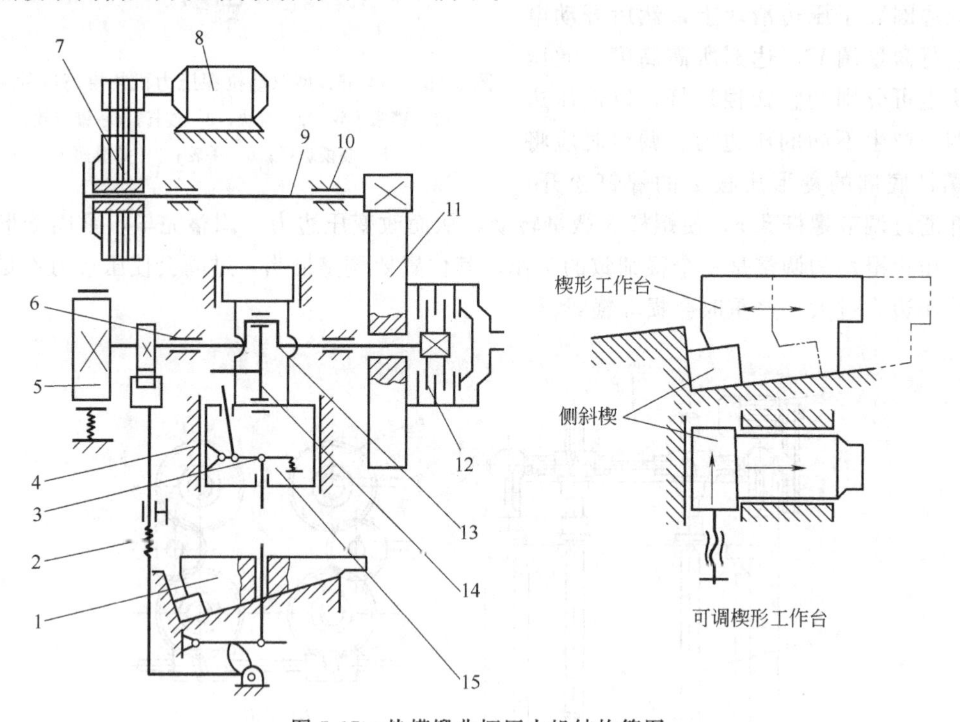

图 5-67　热模锻曲柄压力机结构简图

1—楔形工作台；2—下顶料装置；3—上顶料装置；4—导轨；5—制动器；6—轴承；7—皮带轮；8—电动机；9—传动轴；10—轴承；11—传动齿轮；12—离合器；13—偏心轴；14—连杆；15—滑块

(2) 热模锻压力机的分类

按照压力机工作的机构的类型分类：分为连杆式热模锻压力机、双滑块式热模锻压力机、楔式热模锻压力机及双动式热模锻压力机等几大类，下面介绍其中两种。

① 连杆式热模锻压力机　又称 Mp 型压力机，采用了和通用的曲柄压力机相似的曲柄滑块机构，在热模锻压力机中应用最多。

对于连杆式热模锻压力机传动的系统，压力机用一级的传送带和一级齿轮这两级传动，离合器和制动器分别装置在曲轴左右两边，采用气动联锁装置，多数采用盘式摩擦片的结构，滑块采用有附加导向的象鼻式结构的滑块，采用双楔式楔形的工作台来完成装模高度的调整。机身分为机架和底座两个部分，是用四根拉紧螺栓连接成为整体的。

② 楔式热模锻压力机　又称 Kp 型压力机，它的传动方式是在连杆与滑块之间增加了一个楔块，滑块不是由连杆直接带动的，而是由楔块驱动滑块来完成。在连杆大头端装有偏心蜗轮，用来调节连杆长度从而达到调节装模高度的目的。

这种压力机因为在垂直的方向没有曲轴连杆，故垂直刚度比较高。由于是楔块传动，支承的面积比较大，抗倾斜的能力比较强，特别适合于多模腔的模锻压力机。

热模锻压力机的典型结构如下：

① 装模高度的调节机构是出于对压力机刚度的要求，所以通用压力机上通过调节螺杆来改变装模高度的方式不能用于热模锻压力机。热模锻压力机的装模高度的调节方式可以分为两大类：上调节式和下调节式，上调节式是指调节工作机构使滑块下死点位置变化，通常是采用偏心销、偏心蜗轮或偏心轴承等结构；下调节方式是指通过楔形工作台来调节工作台的高度。由于调节比较困难，一般热模锻压力机装模高度的调节值比较小，一般在 10～30mm 之间。

a. 楔形工作台式装模高度调节机构。它又分为两种：单楔式与双楔式。

双楔式楔形工作台，是在工作台的下面安装两对楔形调整块，即主楔形调整块和副楔形调整块。当需调整装模高度的时候，先松开锁紧螺钉使副楔块后退，再通过调节螺钉来调节工作台的左右位置，同时由于倾斜面的作用，工作台的高度位置也会改变，达到调节装模高度的目的。装模高度调整好以后，通过锁紧螺钉使副楔的正面紧贴，并且锁紧。

双楔式装模高度调节机构是利用一个副楔来平衡在锻造时主楔所产生的水平分力，工作可靠。所以 a 角可选取较大的值，使调节的灵敏度增加，同时 a 值和 B 值应协调选择，即 a 较大的时候，水平侧向的分力大，B 值就应该取较小的值，反之也是。常用的数值有 $a=14.5°$，$B=12°$；$a=12°$，$B=16°$。

楔形工作台的优点是刚度好，降低了从动部分转动的惯量，同时可以采用撞杆的方式来解决“闷车”的现象。但是由于楔形的工作台在模具下面，容易被氧化皮、油泥等污染和堵塞，使其调节困难，近年来多采用上调节的方式。

b. 偏心蜗轮式装模高度调节机构。在上调节方式中使用偏心蜗轮式，也是应用最广的。

Mp 系列压力机装模高度调节机构将偏心的蜗轮安装在滑块上，电动机的动作通过传动系统来使偏心蜗轮转动，连杆和滑块的节点位置发生改变，使滑块的下平面高度发生变化，从而达到调节装模高度的目的。另外还可将偏心蜗轮安装在连杆的大、小头上，通过调节连杆长度来达到调节装模高度的目的。

② 上顶件机构和通用压力机不同的是，热模锻压力机要求在滑块上行开始后就应该使上顶件机构工作，将工件从上模里面顶出，缩短锻件与模具的接触时间。上顶件力要求 0.5%～1%的标称压力，顶出行程要求 1.5%～2.5%的滑块行程。

象鼻式滑块上采用的顶件机构是在滑块回程的时候，利用连杆的摆动，使凸块推动推杆，横杠杆将顶件杆压下，进行顶件。完成顶件以后，弹簧可以使整个机构复位。用调节螺钉调节楔块的左右位置，可以改变横杠杆的起始位置，从而调节顶件机构的顶件行程。因此这种机构工作平稳、冲击小，但是行程不大。

③ 下顶件机构按传动类型，可以分为机械式、液压式和气动式，其中以机械式比较多用，下顶出力一般是1.5%的标称压力，行程是2%～4.5%滑块行程，同时为了便于操作，下顶出在顶起后需要保持一段时间。

典型的机械式下顶件机构，是由安装在曲轴上的凸轮驱动，通过上摆杆、上拉杆和下拉杆带动下摆杆摆动，下摆杆装在顶件轴的一端，并且能绕其轴心摆动。在顶件轴的另一端，装有摆架，摆架有足够的宽度，在其上可以并排布置五根顶件杆，在下摆杆摆动时，摆架也作相应摆动，因而推动顶件杆顶件。

弹簧可保证滚轮与凸轮紧密接触，通过调节螺母可改变拉杆的总长度，从而调节顶出行程。气缸可控制顶杆在最高位置处停留一段时间。

5.6.4 高速压力机

高速压力机是指滑块每分钟行程次数为相同公称压力通用压力机的5～9倍，并借助各种自动送料机构对板料进行冲压的特殊曲柄压力机，又称高速自动压力机。目前高速压力机的行程次数已从每分钟几百次发展到每分钟一千多次，吨位也从几百千牛发展到上千千牛，主要用于电子、仪器仪表、轻工、汽车等行业中的特大批量冲压件的生产。近年来，高速压力机的应用范围在不断扩大，数量也在不断增加。预计不久的将来，高速压力机在冲压压力机中的比例将会明显增大。图5-68所示为高速压力机及其附属机构。

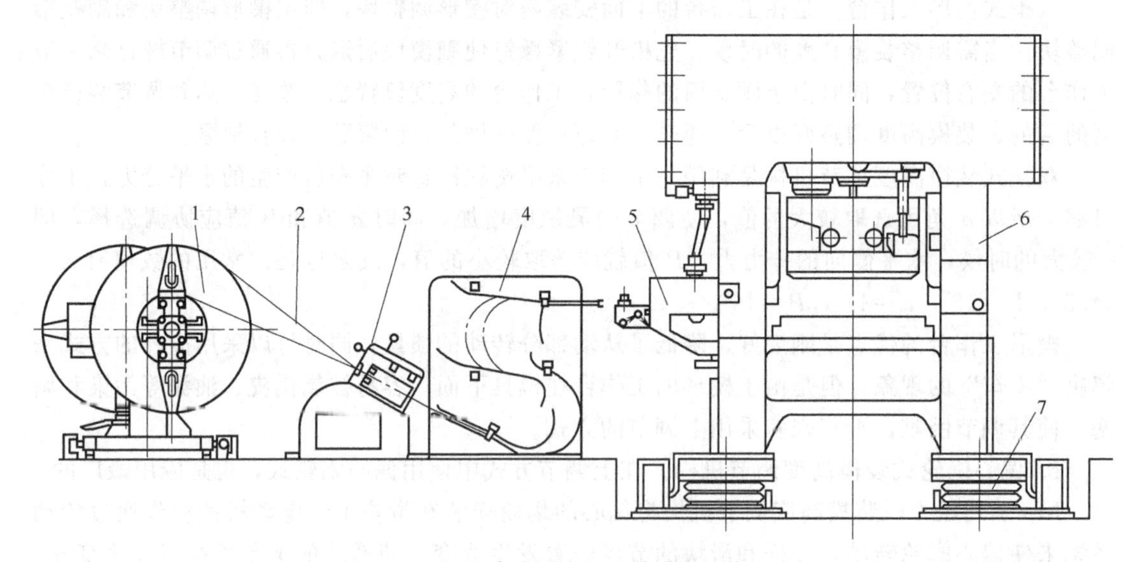

图5-68　高速压力机及其附属机构

1—开卷机；2—卷料；3—校平机构；4—供料缓冲机构；5—送料机构；6—高速压力机；7—弹性支撑

(1) 高速压力机的特点

① 滑块行程次数高。这是高速压力机的一个重要特性，它直接反映压力机的生产效率。目前，国外中小吨位的高速压力机行程次数可达1000～3000次/min。

② 精度高。高速压力机的精度分为动态精度和静态精度两部分。动态精度是指冲压过程中滑块相对工作台面在纵向、横向和垂直方向的位移。静态精度决定于制造精度。

③ 刚度高。高速压力机按连杆数可分为单点、双点和四点等，按床身结构可分为开式、闭式和四柱式三种。就刚性而言，闭式双点为最佳结构。开式高速压力机刚性差，角变形大，模具寿命短，但操作方便，造价也比较低。

④ 振动和噪声要小。由于高速压力机的滑块行程次数很高，如果回转部件和往复运动部件不能达到动态平衡，就会引起剧烈振动，轻者影响机床的精度和模具的寿命，重者使机床无法正常工作。

⑤ 设有紧急制动装置。高速压力机的制动性能至关重要，不但可以保障人身安全，而且可以减少废品。

⑥ 辅助机械配备齐全。高速压力机需要配备开卷校平机、送料机和废料剪切机等辅助机械才能实现自动化生产。

(2) 高速压力机的类型及主要参数

高速压力机按机身结构分，可分为开式、闭式和四柱式等。按传动方式分，可分为上传动式、下传动式两类。按连杆数目分，可分为单点式、双点式两类。但从工艺用途和结构特点上分类，可分为以下2大类。

① 采用硬质合金材料的级进模或简单模来冲裁卷料，它的特点是行程很小，但行程次数很高。

② 以级进模对卷料进行冲裁、弯曲、浅拉深和成型的多用途高速自动压力机，它的行程大于第一类压力机，但行程次数要低些。

部分国产高速自动压力机的主要技术参数如表5-10所示。

表5-10 部分国产高速自动压力机的主要技术参数

名称型号	J75G-30	J75G-60	JG95-30	SA95-80	SA95-125	SA95-200
公称压力 F_N/kN	300	600	300	800	1250	2000
滑块行程次数 n/(次/min)	150～750	120～400	150～500	90～900	70～700	60～560
滑块行程 s/mm	10～40	10～50	10～40	25	25	25
最大封闭高度 H/mm	260	350	300	330	375	400
封闭高度调节量 ΔH/mm	50	50	50	60	60	80
送料长度 L/mm	6～80	5～150	80	220	220	220
宽度 B/mm	5～80	5～150	80	250	250	250
厚度 t/mm	0.1～2	0.2～2.5	2	1	1	1
主电动机功率 P/kW	7.5		7.5	38	43	54
生产厂	上海第一锻压机床厂	通辽锻压机床厂	齐齐哈尔第二机床厂			

(3) 高速压力机的结构

① 机身结构　高速压力机的机身结构是保证高速冲压的关键部件。除小吨位的高速压力机采用开式结构外，大部分高速压力机都采用闭式结构，以提高机身的刚度，常见的有铸铁整封闭架结构和钢板框架式焊接结构。为了提高滑块的导向精度和抗偏载能力，部分压力机常将机身导轨的导滑面延长到模具工作面以下。

② 传动原理　高速压力机的主传动一般采用无级调速。高速压力机按传动布置方式分为上传动和下传动两种。在高速压力机行程次数还不很高时，下传动形式曾处于主导地位。同上传动相比，下传动高速压力机体积要小得多，重心低，稳定性能好，是理想的高速压力机传动形式。图5-69所示是一台下传动高速压力机传动原理图。电动机经过带轮（兼飞轮2)、离合器3将运动传到曲轴12上，曲轴12转动使拉杆5带动滑块7作上下往复运动。由

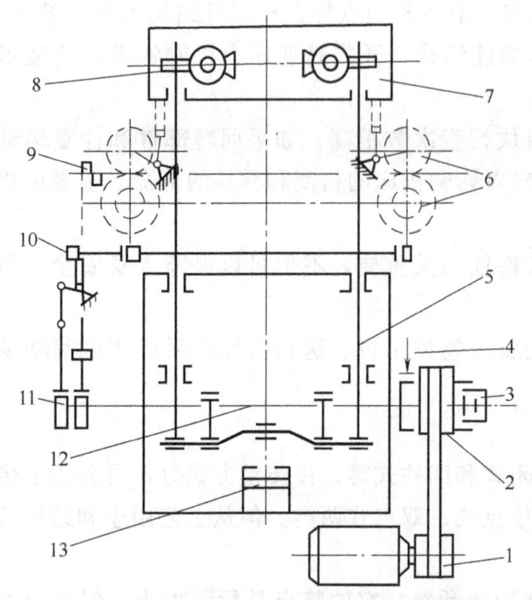

图 5-69 下传动高速压力机传动原理图

1—电动机（无级调速）；2—飞轮；3—离合器；4—制动器；5—拉杆；6—辊式送料装置；7—滑块；8—封闭高度调节机构；9—剪断机构；10—辊式送料传动机构；11—凸轮；12—曲轴；13—平衡器

于滑块是电动机通过带轮（一级减速）直接驱动的，所以行程次数很高。被冲材料由辊式送料装置 6 送进，剪断机构 9 由凸轮 11 通过拉杆驱动，将冲压后的材料（与工件连成一体）或废料剪断，以完成冲压件自动生产。平衡器 13 的作用是平衡滑块在高速下产生的往复惯性力，减小压力机的振动。

下传动压力机的往复运动部分除连杆、滑块本身质量外，还增加了传动轴以下部分即横梁和导柱的质量，由于往复运动部件质量的增加，在提高压力机的行程次数时，往复运动部件质量所产生的巨大惯性力不仅使机床在地基上的安装出现问题，而且还严重影响机床的正常运转和滑块下死点动态精度。高速压力机滑块行程次数的大幅度提高，不断推动着高速压力机向上传动的形式发展，并逐步占主导地位。

③ 送料装置　高速压力机的送料装置，目前以蜗杆凸轮式传动箱带动的辊式送料装置为主。蜗杆凸轮以等角速度旋转，与蜗杆凸轮啮合的是一个带有 6 个滚动轮子的从动盘。6 个轮之间的相互位置精度为 $60°\pm30'$。蜗杆凸轮在转动一周的过程中，有 180°角的蜗杆螺旋升角为零，而另外 180°角内为不等距螺旋面。蜗杆凸轮与滚轮啮合传动，可使从动盘作间歇运动，再用传动箱从动盘的输出轴带动送料辊，实现间歇送料。这种机构本身加工精度高，又由于蜗杆凸轮螺旋面的特殊形状，使得加工比较困难。另外它不能进行无级调速，当要改变送料长度时，必须更换送料辊和交换齿轮。它在大批量连续冲压中得到了广泛的应用。在这种传动箱中，由于蜗杆凸轮螺旋面的特殊形状，使得传送板料在启动和停止时的加速度为零，无惯性力。同时，这种装置还有调整蜗杆凸轮和滚轮的传动间隙机构，可使从动盘的滚轮与蜗杆螺旋面之间达到无间隙，从而使送料误差在±0.03mm。

除了辊式送料装置外，夹钳式送料装置在高速压力机中也有应用，且以机械传动式夹钳送料装置居多，气动和液压式夹钳送料装置较少见。

(4) 开卷机

① 卷料供料装置　卷料绕制时，通常会形成一个内圈，内圈可供卷料支架装夹卷料用；卷料的外圈、宽度则按相关标准、系列制造。

对卷料进行冲压加工时，根据卷料的宽度和重量的不同，供料装置的结构也有所区别，主要有卷料支架、托架、开卷机等形式。一般而言，重量轻的卷料使用卷料支架作供料装置，重量重的卷料使用开卷机作供料装置。供料装置又分为带动力和不带动力两种形式。下面介绍的是几种常见的卷料供料装置。

a. 卷料支架　卷料支架是支承卷料、展放卷料（开卷）的一种简单装置，常用于较轻的卷料（或带料），卷料支架的结构如图 5-70 所示。卷料支承在垂直的十字架中回转。

卷料支架有不带动力和带动力两种形式，前者依靠送料装置（或校平装置）的辊轴或夹钳的拉力实现展卷；后者依靠电动机展卷，它可减轻送料或校平装置的负担，能防止送料时卷料的滑移。为了防止展卷速度过快造成的材料下垂过量或展卷过慢造成的送料装置的负担，可用限位开关和杠杆来保证展卷速度与进给速度的协调。杠杆压在材料上，材料下垂到一定位置时，杠杆另一端接触限位开关，切断电路，电动机停止转动。当下垂的卷料逐渐提升到一定位置时，电路闭合，展卷重新开始。

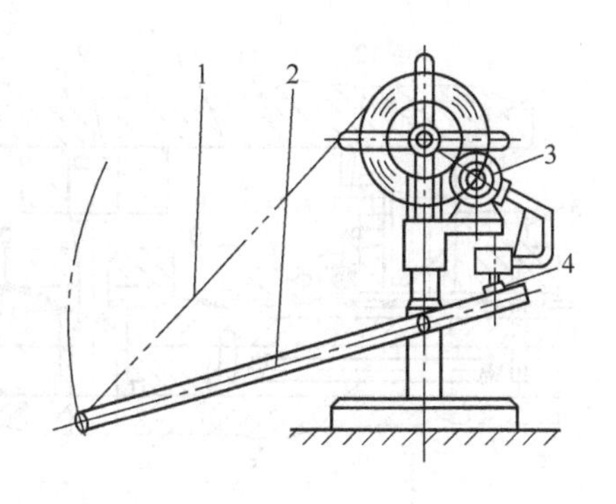

图 5-70　卷料支架

1—卷料；2—杠杆；3—电动机；4—限位开关

卷料支架和送料装置之间要有一定的距离，以防电动机启动频繁而产生送料故障，影响送料进给精度。

b. 托架　托架是支承中等重量卷料的一种装置，它通常采用活动夹板箱体结构。在箱体的侧面和底面适当配置数个小型辊子（或滚轮），用这些小辊子支承卷料的外侧。送料滚轮和托架机体连接成一体，通常托架上还附有校平装置。送出材料的动力是校平装置的弹压辊与材料摩擦产生的摩擦力。校平装置利用电动机驱动，限位传感器控制卷料的供给。

这种装置的特点是卷料的装入简便，调节活动夹板可适应不同宽度的卷料。不足之处是滚轮与卷料表面、机体侧板与卷料端部摩擦，卷料表面及端部容易擦伤，所以装料时要注意。

c. 开卷机　用于支承卷料。将料头松开，板料进入送料辊，然后按一定速度进入生产线。开卷机有芯轴式和锥式两种。

为了减少辅助时间，装载小车上经常装有卷料，一旦开卷机上的卷料用完，装载小车很快将卷料装进开卷机继续生产。

芯轴式开卷机的芯轴在水平方向悬臂支承卷料，展卷依靠电动机带动。为保证展卷速度和送料速度的协调，在芯轴的轴端设计一限位传感器，用于控制展卷放料速度和止动。

② 多辊板料校平装置　用于对弯曲变形的板材施加交变载荷，使其产生正反方向的多次弯曲，材料的变形逐渐减小或消失。多辊板料校平机由上下两排交错排列的工作辊和支承辊组成，工作原理如图 5-71 所示。

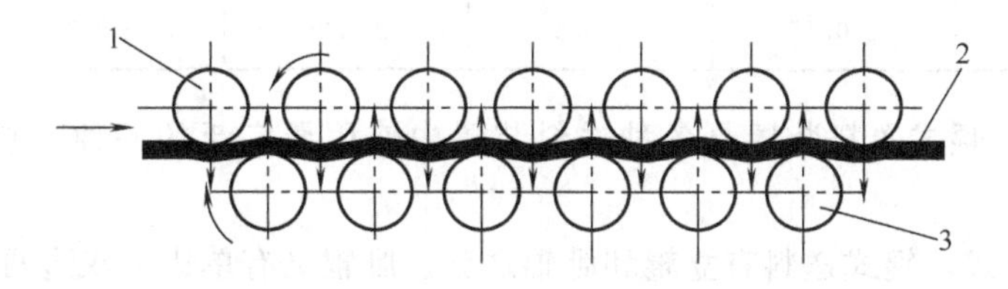

图 5-71　多辊板料校平装置工作原理图

1—上工作辊；2—校平板材；3—下工作辊

(5) 自动送料装置

① 钩式送料　钩式送料装置是条料、卷料送料装置中结构最简单的一种，送料钩子可由冲床滑块驱动，也可由冲模的上模驱动。现以由上模驱动的钩式送料装置为例说明其动作

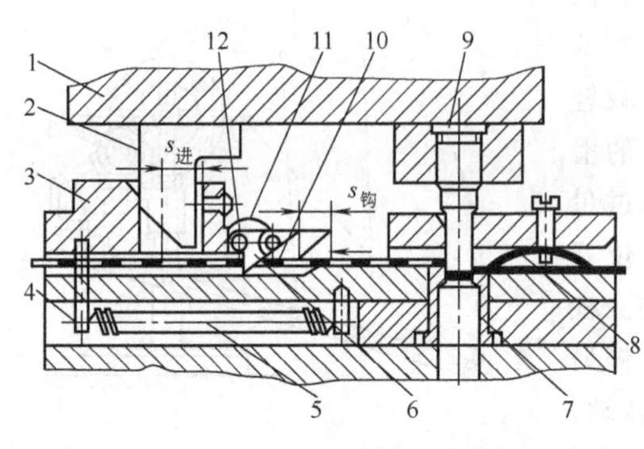

图 5-72 钩式自动送料装置

1—上模座；2—斜楔；3—滑块；4—螺钉；5—复位弹簧；6—送料钩；7—凹模；8—压料弹簧片；9—凸模；10—T 形导轨板；11—压簧片；12—圆柱销

原理及一般结构。

钩式自动送料装置如图 5-72 所示。将斜楔 2 紧固在上模座 1 上，其下端的斜面推动滑块 3 在 T 形导轨板 10 内滑动。滑块的右端用圆柱销 12 连接送料钩 6，它在压簧片 11 的作用下始终与卷料接触。滑块 3 下面通过螺钉连接复位弹簧 5，滑块向左移动时弹簧被拉长，斜楔回程后，滑块在弹簧作用下右移复位。送料钩用 T10A 钢制造，淬火硬度要求达到 54～58HRC，滑块用 Cr12 钢制造，淬火硬度 56～60HRC。

送料工作原理：当上模带动斜楔向下移动时，斜楔 2 推动滑块 3 向左移动，卷料在送料钩 6 的带动下向左送进，当斜楔的斜面完全进入送料滑块 3 时，卷料送进完毕，此后冲模进行冲孔或落料。上模回程时，送料滑块及送料钩在复位弹簧 5 的作用下向右复位，送料钩滑入卷料的下一个料孔。卷料被压簧片 11 压紧而不能退回，此外可在 T 形导轨座上安设定位销，以保证滑块复位时的固定位置，从而提高送料精度。但此送料是在滑块下降时进行的，因此，卷料的送进必须在冲压前结束。

由以上所述的工作原理可知：

a. 钩式送料是用钩子拉着卷料的搭边进行送料，因此只适用于料厚度大于 0.5mm，宽度在 100mm 以下，搭边宽度大于 1.5mm 的卷料和条料。

b. 开始几件需用手工送进，送料钩进入搭边空档时才能开始自动送料。

c. 送料进距由冲床滑块行程与斜楔压力角而定，一般不超过 75mm。

钩式送料可达到的送料精度如表 5-11 所示，其精度由送料装置的结构及送料孔的精度而定。

表 5-11 钩式送料可达到的送料精度

进距/mm	＜10	10～20	20～30	30～50	50～75
送料精度/mm	±0.15	±0.2	±0.25	±0.3	±0.3

② 辊式送料　辊式送料装置是各种送料装置中使用最广泛的一种，它既可用于卷料，又可用于条料。

按辊子安装形式，辊式送料有立辊和卧辊之分。卧辊又有单边和双边两种，单边卧辊一般是推式的，少数也用拉式，双边卧辊是一拉一推式的，其通用性更大。

图 5-73 是立辊送料装置的示意图。材料通过辊轮 4、9 送进，安装在曲轴端部的可调偏心轮 1，通过拉杆 2 带动杠杆 3 作来回摆动，实际上是一个曲柄摇杆机构。摇杆的下端与齿条铰接，齿条 6 和齿轮 5 啮合，在齿轮中装有超越离合器 7、辊轮 4 的轴通过超越离合器和齿轮相连。这样，齿条的往复运动由于超越离合器的单向啮合性能，而使辊轮单向旋转，带着材料前进。弹簧 10 的弹簧力通常做成可调节的，使辊轮对材料的侧面产生一定的压紧力，

防止送进时产生打滑。

③ 夹持式送料　在冲压生产中还大量采用夹持式送料装置，它主要有夹刃、夹滚两种。

④ 夹刃　夹刃式送料是冲压生产送给条料中结构最简单的一种，它有表面夹刃与侧面夹刃两种形式，表面夹刃条料会出现夹伤现象，所以一般用在夹持硬的材料或冲压件表面要求不高处。侧面夹刃可以用于送进方的、扁的、圆的材料，以避免表面夹伤。表面夹刃和侧面夹刃也可以一起使用，送料用侧面夹刃，出废料用表面夹刃。夹刃式送料的精度可以达到 0.15mm 以下。

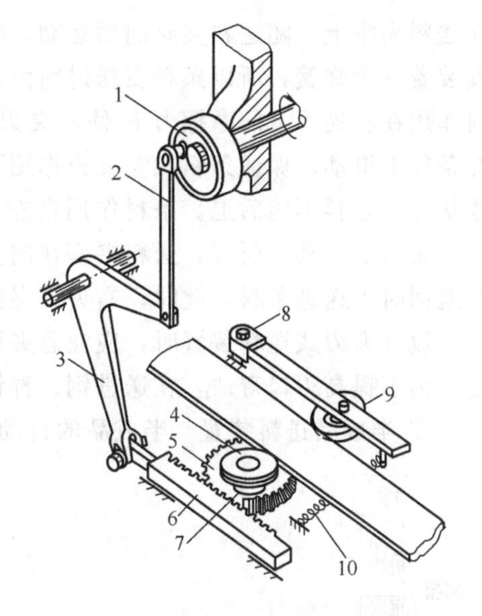

图 5-73　立辊送料装置的示意图

1—偏心轮；2—拉杆；3—杠杆；4,9—辊轮；5—齿轮；6—齿条；7—超越离合器；8—支点；10—弹簧

夹刃式送料装置由两部分组成，如图 5-74 所示。

Ⅰ为送料夹座，Ⅱ为止退夹座。送料夹座可由斜楔、气缸等驱动，实现往复运动。当它向左运动时，夹刃带着料送进。向右退回时，料被止退夹座上的夹刃夹住不能后退，而送料夹座上的夹刃在料上滑动，从而完成送进和退回。从图 5-74 中取出两片夹刃。分析它们的受力情况，了解其工作原理。图 5-74（b）中的 a、b 为圆销，a 固定

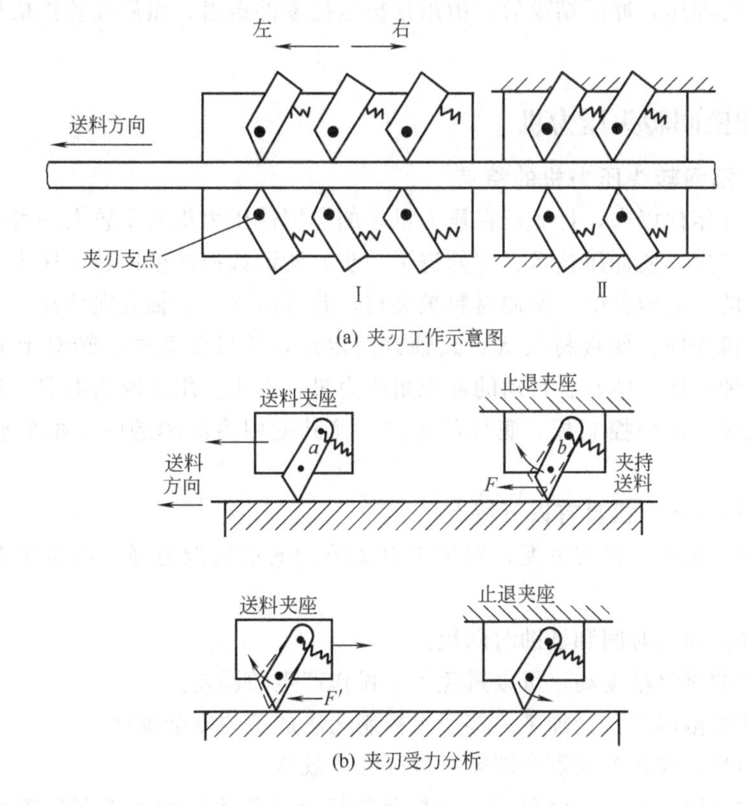

图 5-74　夹刃送料装置

在送料夹座上，随送料夹座前后运动，b 固定在止退夹座上，不能前后运动。由于夹刃上端安装着一个弹簧，所以条料在送进前由弹簧力使夹刃压紧条料，当送料夹座向左送进时，条料作用在右夹刃上的摩擦力 F 使右夹刃绕 b 圆销顺时针方向转动，上端弹簧被拉长，刃尖在条料上滑动，保证条料在左夹刃作用下送进。当送料夹座向右退回时，由于右夹刃处于压紧状态，条料不能后退。条料作用在左夹刃上的摩擦力使左夹刃绕 a 圆销顺时针转动，刃尖在条料上滑动。所以，送料夹座在向左运动时送进条料，此时，右夹刃放松，送料夹座向右退回时不送进条料，此时，右夹刃夹紧，左夹刃放松，这样就实现了间歇送进运动。

设计夹刃式送料装置时，应注意夹刃装置形式的选择、夹刃形状的选用及送料精度的控制。为了提高刃口寿命，在送进钢、青铜、黄铜条料时，最好用硬质合金的夹刃。

⑤ 半成品送料装置　半成品的自动送料是冲压自动化生产的重要方面。由于半成品冲压件的形状多种多样，如有片状和块状零件、无凸缘的和带凸缘的圆筒形零件、旋转体和异形零件等，致使送料装置的形式繁多。但就其组成部分而言，不外乎是由送料机构、料斗、分配机构、料槽、出件机构和理件机构等部分组成，如图 5-75 所示。

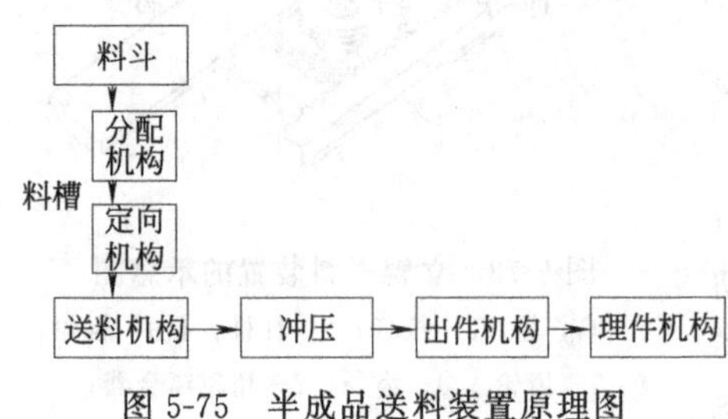

图 5-75　半成品送料装置原理图

半成品送料装置的工作路线是：把待加工的半成品零件装入料斗中，零件从料斗出来以后，经过分配机构和定向机构使具有正确方位的单个零件通过料槽进入送料机构中，再由送料机构送到模具上进行冲压，冲压结束后，由出件机构把零件送出，然后经理件机构使零件按顺序排列整齐。

5.6.5　数控冲模回转头压力机

(1) 数控冲模回转头压力机的特点

自 20 世纪 70 年代以来，计算机在压力机中的应用使压力机有了较大的发展。数控冲模回转头压力机的产生，使冲压技术大大前进了一步。所谓数控冲模回转头压力机是将若干套模具装于压力机的一对转盘中，所冲材料被夹持，并可沿 X、Y 轴方向移动，工作时根据冲件所编制的计算机程序，使板材在 X、Y 轴方向定位，并可任意选择转盘上的模具进行冲压。目前这是一种高速、精密、自动的冲压用压力机，它主要用于家用电器、仪表仪器，计算机，纺织机械等行业中控制板、底板的生产，尤其适用多品种的中小批量或单件的板材冲压。

数控冲模回转头压力机具有以下特点：

① 转塔刀库容量大，换刀方便，对加工对象改型的适应能力强，适应于多品种小批量生产的需要。

② 生产率高，加工时间和辅助时间短。

③ 同批零件的重复精度高，可以避免手工操作产生的误差。

④ 机床的使用范围广，能加工一些手工控制无法加工的复杂零件。

⑤ 减少在制品，加速流动资金周转，提高经济效益。

⑥ 能够自动编程，存储优化程序。数控化的机床可作为柔性加工制造单元，进一步组成柔性制造系统，实现生产管理现代化。

(2) 数控冲模回转头压力机的类型及主要技术参数

数控冲模回转头压力机近年来发展很快，出现了许多形式。按照主传动驱动方式分为机械式和液压式。按模具的调换方式分为手工快速换模式、转塔自动换模式和直线移动换模式。按机身形式分为开式和闭式。按移动工作台的布置方式分为内置式、外置式和侧置式。

数控冲模回转头压力机的主要技术参数有公称压力、最大加工板料尺寸、最大板料厚度、最大模具尺寸、工位数和步冲每分钟行程次数等。最大加工板料尺寸是可安装在移动工作台上板料的最大尺寸，最大模具尺寸取决于压力机转塔或模具配接器的有关尺寸。

数控冲模回转头压力机主要技术参数如表5-12所示。

表5-12　数控冲模回转头压力机主要技术参数

参　数	型号			
	J92K-25	J92K-40	JCQ2025	J93K-30
公称压力/kN	250	400	200	300
最大加工板料尺寸/mm×mm	1000×2000	1250×2500	1000×2000	750×2000
最大板料厚度/mm	6	6	6.4	3
最大模具尺寸/mm	110	110	100	
工位数	24	32		9
步冲行程次数/(次/min)	180	180		150

(3) 数控冲模回转头压力机结构

数控冲模回转头压力机结构可以分为机械、液压和控制系统三大部分。机械部分主要包括机身、工作台、冲模回转头。液压部分包括液压站和冲头（液压控制总成）。控制系统包括控制计算机（数控）、工作台控制驱动和液压缸电控部分。

① 工作原理　数控冲模回转头压力机的工作原理常见有两种形式，其一是电动机驱动曲柄连杆滑块机构，使滑块上下往复运动，其二是电动机通过蜗轮蜗杆驱动连杆-肘杆机构，使滑块上、下往复运动。图5-76是第一种形式的传动原理示意图，主电动机1通过小皮带轮和V形皮带2带动飞轮3转动，再通过离合器-制动器4、偏心轴5、滑块6带动打击器7以最高270次/min的行程次数冲孔。上、下转盘14、13由直流伺服电机10驱动，它通过转盘减速器9、链传动8带动上、下转盘同向转动，选择模具冲孔。转盘上装有24套模具，上模座装在上转盘上，下模座装在下转盘上，为使上、下转盘准确定位，上、下转盘侧面设有锥形定位套，气缸22推动锥销插入定位套中。板料的进给机构由X、Y轴和夹钳三部分组成，Y轴上的移动工作台15由伺服电机17经齿形皮带18移动和滚珠丝杠副16带动。移动工作台15上装有X轴移动滑架，滑架上装有两副夹钳21，由气缸推动，以夹紧板件。X轴驱动方式同样是由伺服电机19、齿形皮带和滚珠丝杠副来实现的。

② 冲压方式　数控冲模回转头压力机的冲压方式与在普通压力机上进行的冲压方式相比有较大的差异，例如有这样一批外轮廓较大的零件，按照常规冲法是剪板下料，然后在压力机上装一副模具，在一批板料上把与模具相对应的孔冲完，再换一副模具，冲另外的孔。这种冲压力方式板材上、下搬动次数较多，换模时间较长，工人劳动的强度较大，生产率较低。如果在回转头压力机上冲孔，只要装夹一次板材就能把其上的所有孔全部冲出，其冲压方法是：当一种孔冲好后，需要换模时，回转头压力机把装于上、下转盘中的另一副模具传

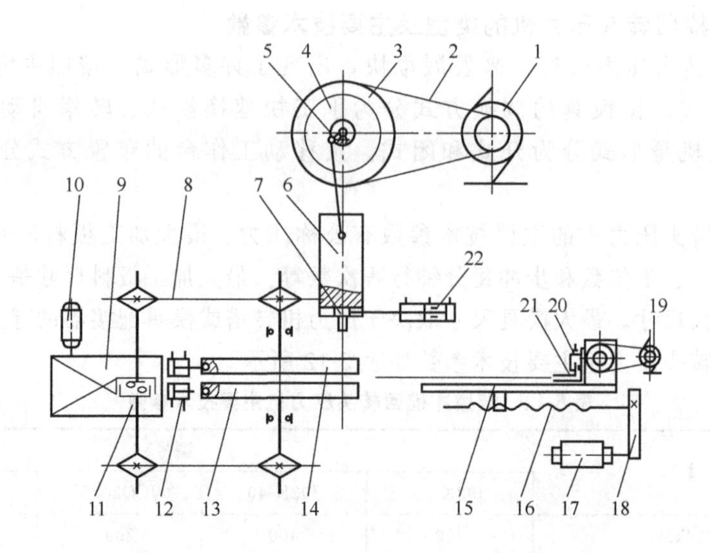

图 5-76　数控冲模回转头压力机的传动原理示意图

1—主电动机；2—V 形皮带；3—飞轮；4—离合器-制动器；5—偏心轴；6—滑块；7—打击器；8—链传动；9—转盘减速器；10—直流伺服电动机；11—转盘离合器；12—转盘定位气缸；13—下转盘；14—上转盘；15—移动工作台；16—滚珠丝杠副；17—Y 轴伺服电机；18—齿形皮带；19—X 轴伺服电机；20—夹钳气缸；21—夹钳；22—气缸

至滑块下，移动工作台带动板材移到所冲位置即可冲孔。还可利用组合冲裁法冲出较复杂的孔，或利用分步冲裁法冲出冲孔力大于压力机公称压力的孔。

③ 主要部件

a. 机身　冲模回转头压力机机身多数是钢板焊接结构，且大部分采用开式机身（即 C 形或 J 形机身），只有少数厂商采用闭式机身（即 O 形机身）。为了减小开式机身变形，提高机身刚度，各厂商在设计阶段进行有限元分析优化设计并采取相应措施对薄弱处加强。目前来看，公称力在 400kN 以下时，两种床身形式的数控冲床对机床的性能基本上没有影响。在加工制造、用户操作观察方面，开式床身比闭式的更好一些。当然，大吨位冲床在床身重量一样时，闭式床身对减少机床的变形更有利。

b. 工作台　焊接结构，由本体（机身的一部分）、活动拖架和滑动夹钳组成。活动拖架由装在本体上的伺服电机、滚珠丝杠驱动。还配有冲击缓冲器、限位传感器来防止因失控产生的撞击损坏。

c. 主传动　由液压站、控制回路、液压缸组成。控制回路根据数控系统的指令控制由液压站往液压缸供油，完成相应的冲压动作。现阶段在板料移动步距 25mm 的冲压频率可以达到 200～900hpm[1]，步冲频率可达 1500hpm。

d. 转塔（冲模回转头）　由上下两个转盘组成，模具装在转盘上面（如图 5-77 所示）。一般转塔可装模具数在 18～72 副。上下转盘的外柱面上开有与模具位数量相等的锥形定位销孔，锥销插入销孔后可完成准确定位。有些机型的转塔在部分模位还装有转模机构，可使模具沿着本身轴线旋转。转模机构可提高加工的灵活性，以增加模具数量，供加工时任意选用。

---

[1] hpm 表示每分钟工作次数。

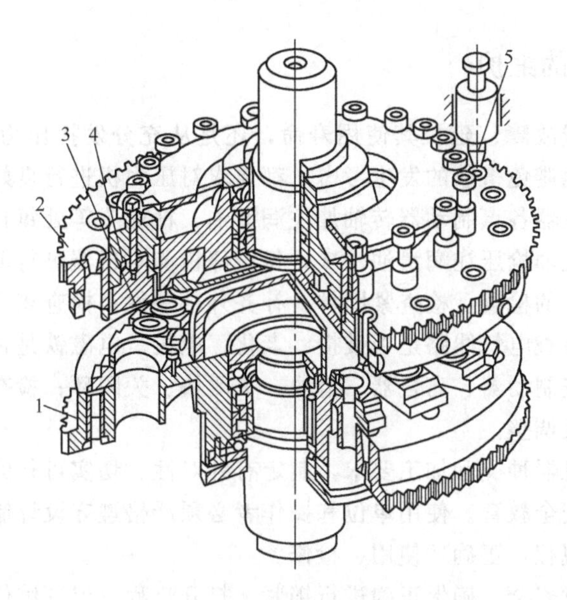

图 5-77 转塔结构

1—下转盘；2—上转盘；3—下模；4—上模；5—定位销

5.7 曲柄压力机的维护与安全操作

5.7.1 压力机的安全操作要求

压力机本身安全和采用安全装置是压力作业安全的基础和前提，使用与管理是安全的保证，如制定合理的安全操作规程、创造良好的环境和舒适的工作条件、采用辅助安全措施等以防止冲压事故，是一个复杂、综合性的工作，应予以足够的重视。

操作设备前，要检查压力机的操纵部分、离合器和制动器是否处于有效状态，安全防护装置是否完整好用，曲柄滑块机构各部分有无异常。发现异常应立即采取必要措施，不得带“病”运转，严禁拆卸和损坏安全装置。正式作业前须经空转试车，确认各部分正常后方可工作。开机前应清理工作台上一切不必要的物品，防止开车振落击伤人或撞击开关引起滑块突然启动。操作时必须使用工具，严禁用手直接伸进模具取物，工具等不得放在模具上。

操作设备时，特别是在模口区调整工件位置或有工具在模具内的工件时，脚必须离开脚踏板。多人操作同一台压力机应有统一指挥，信号清晰，待对方做出明确应答，并确认离开危险区再动作。突然停电或操作完毕应关闭电源，并将操纵器恢复到离合器空挡，制动器处在制动状态。

对压力机进行检修、调整以及在安装、调整、拆卸模具时，应在机床断开能源（如电、气、液）、机床停止运转的情况下进行，并在滑块下加放垫块可靠支护。机床启动开关处挂牌通告警示。

冲压作业单调、重复，容易引起操作疲劳；噪声和振动使操作意识下降，这也是导致事故的重要原因之一。如果操作的姿势不正确，会加速疲劳，增加危险性，所以操作位置和姿势，以及周围环境诸因素都应给予充分注意。

5.7.2 曲柄压力机的维护

无论是从减少机械故障、延长其使用寿命，还是从充分发挥压力机功能、保证产品质量，或者是最大限度地避免事故的发生考虑，都要求对压力机进行良好的日常维护。

每班操作前向操纵器各点制动器转轴加注润滑油，杆球头等处每日班前加注机械油，离合器部位每天班前用机油枪压注润滑油一次。每班停机前对机器进行清扫。

对机器进行各方面的检查。检查紧固件，补齐外部缺件；检查离合器和弹簧、皮带；检查机床各润滑装置；检查电气线路是否破损、老化，电机、电磁铁是否正常；检查曲轴导轨精度及磨损情况；检查制动器、离合器、滑块、关闭块、关闭环；检查电气控制部分；机身工作台联接螺栓检测及调整。

根据压力机不同机器种类和加工要求，制定有针对性、切实可行的安全操作规程，并进行必要的岗位培训和安全教育。使用单位和操作者必须严格遵守设计制造单位提供的安全使用说明的规定和操作规程，正确地使用、检修。

在维修过程中注意安全，确保正确进行锁紧、打开流程以保证维修人员的安全，确保在进行制动器维护工作之前将套筒置于行程的最底部。

定期更换润滑油和滤网。

思考与练习题

1. 曲柄压力机由哪几部分组成？各部分的功能如何？
2. 分析曲柄滑块机构的受力，说明压力机许用负荷图的准确含义。
3. 曲柄压力机的技术参数有哪些？如何选用？
4. 曲轴式、曲拐轴式和偏心齿轮式曲柄压力机有什么区别？各有什么特点？
5. 压力机的封闭高度、装模高度及调节量各表示什么？
6. 比较压塌块式过载保护装置和液压式过载保护装置。
7. 转键离合器的操作机构是怎样工作的？它是怎样保证压力机的单次操作的？
8. 分析摩擦离合器-制动器的工作原理，常态离合器、制动器的状态如何？
9. 如何调节滑块与导轨之间的间隙？间隙太大或太小会出现什么问题？
10. 拉深垫的作用是什么？气垫和液压气垫各有何特点？
11. 曲柄压力机滑块位移、速度、加速度变化规律是怎样的？它们与冲压工艺的联系是什么？
12. 根据冷挤压工艺对设备的要求，分析冷挤压机与通用曲柄压力机的不同点。
13. 分析双动拉深压力机工作循环图，结合拉深工艺描述设备拉深过程。
14. 板料多工位压力机类型及各类型的特点是什么？
15. 高速压力机有何特点？如何判定压力机是否高速？
16. 数控冲模回转头压力机是如何工作的？其主要适用于哪些场合？

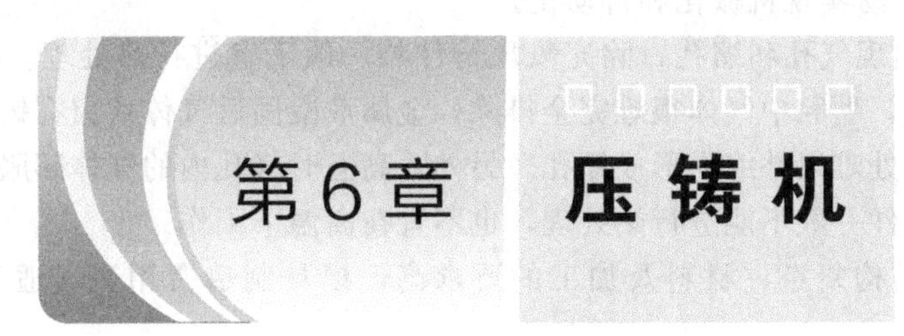

学习成果达成要求

压铸机是压铸生产的专用设备，是指在压力作用下把熔融金属液压射到模具中冷却成型，开模后得到固体金属铸件的一系列工业铸造机械。压铸机可以满足压铸工艺的各种不同的要求，以适应生产各种类型和要求的压铸件，应用范围极广。

本章主要学习压铸机的结构组成、工作原理，重点掌握压铸机的技术参数和选用、维护与安全操作。

① 了解各类压铸机的工作原理、应用范围，以及性能特性。

② 掌握采用冷室压铸机和热室压铸机实现成型工艺的方法。

③ 具备在考虑应用场景、适用范围，以及安全等因素的前提下，根据使用要求选择所需压铸机的能力。具有合理使用和维护压铸机的基本知识。

④ 了解压铸机相关的前沿知识和发展趋势。

6.1 压铸机的分类和应用

6.1.1 压铸成型的特点

压力铸造简称压铸，其实质是在高压作用下，使液态或半液态金属以较高的速度充填压铸模型腔，并在压力下成型和凝固而获得铸件的方法，是发展较快的一种少或无切削加工制造金属制品的方法。高压和高速是压铸区别于其他铸造方法的重要特征。

与其他铸造方法相比，压铸主要有以下特点：

① 压铸件尺寸精度和表面质量高。尺寸精度一般可达IT11～IT13，最高可达IT9。表面粗糙度可达Ra3.2～0.4μm。制品可不经机械加工或少量表面机械加工就可直接使用。

② 可以制造形状复杂、轮廓清晰、薄壁（最小壁厚约为0.3mm）深腔的金属零件。因为熔融金属在高速高压下保持高的流动性，因而能够获得其他工艺方法难以加工的金属零件。

③ 压铸件组织致密，具有较高的强度和硬度。因熔融合金在压力下结晶，冷却速度快，故表层金属组织致密，强度高，表面耐磨性好。

④ 可采用镶铸法简化装配和制造工艺。压铸时将不同的零件或嵌件先放入压铸模内，一次压铸将其连接在一起，可代替部分装配工作量，又可改善制品局部的性能。

⑤ 生产率高，易实现机械化和自动化。

⑥ 压铸件易出现气孔和缩孔，除充氧压铸件外一般不宜进行热处理。由于压铸时液体金属充填速度极快，型腔中气体很难完全排除，金属液凝固后气体残留在铸件内部，形成细小的气孔，而壁厚处难以补缩易形成缩孔。另外，高温时气孔内的气体膨胀会使压铸件表面鼓泡，因此，压铸件一般不能进行热处理，也不宜在高温下工作。

⑦ 压铸模具结构复杂、材料及加工的要求高，模具制造费用高，适于大批量生产的制品。

6.1.2 压铸机的分类

常用压铸机可分为热压室压铸机和冷压室压铸机两大类。冷压室压铸机又可分为立式、卧式和全立式三种类型。

(1) 热压室压铸机

热压室压铸机指金属熔炼和保温与压射装置连为一体的压铸机。热压室压铸机的结构形式如图 6-1 所示。

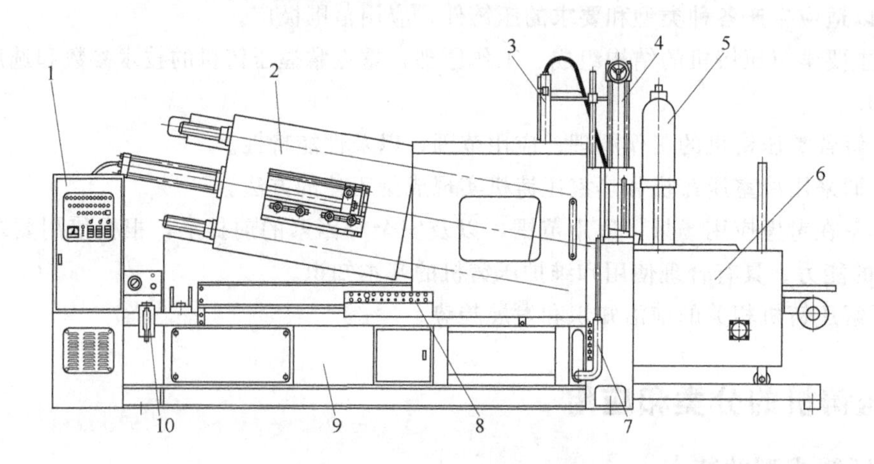

图 6-1 热压室压铸机的结构形式

1—电气控制柜；2—合模部分；3—机械手；4—压射装置；5—增压蓄能器；6—合金熔炉；7—冷却装置；8—操作面板；9—床身；10—手动润滑泵

(2) 卧式冷压室压铸机

卧式冷式室压铸机指金属熔炼部分与压射装置分开单独设置，压射冲头水平方向运动，锁模装置呈水平分布的压铸机。J1116 型卧式冷压室压铸机的结构形式如图 6-2 所示。

(3) 立式冷压室压铸机

立式冷压室压铸机指金属熔炼部分与压射装置分开单独设置，压射冲头垂直方向运动，锁模装置呈水平分布的压铸机。J1513 型立式冷压室压铸机的结构形式如图 6-3 所示。

(4) 全立式压铸机

全立式压铸机指金属熔炼部分与压射装置分开单独设置，压射冲头垂直方向运动，锁模装置呈垂直分布的压铸机。其中按压射冲头方向的不同还可分为上压式和下压式两种，上压式为压射冲头由下往上压射的压铸机；下压式为压射冲头自上而下压射的压铸机。全立式压铸机的结构形式如图 6-4 所示。

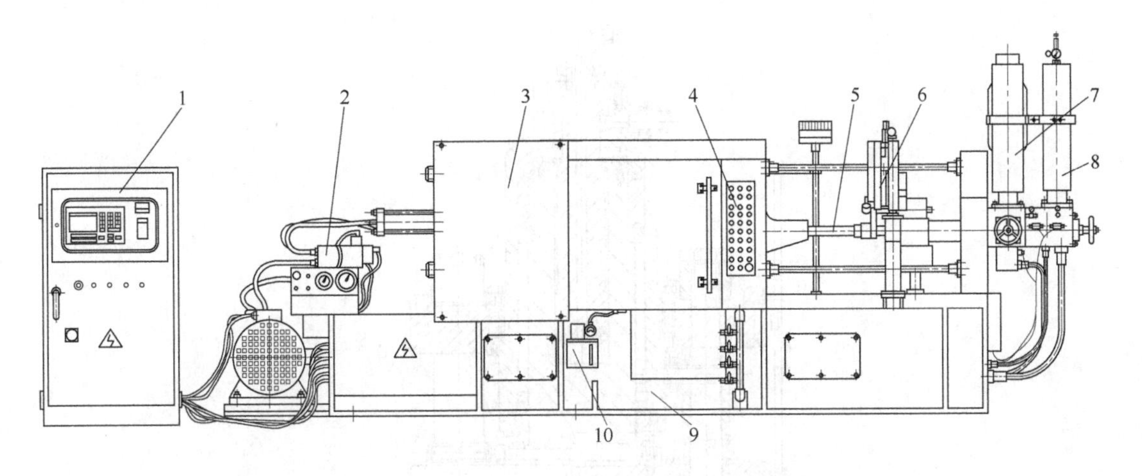

图 6-2 J1116 型卧式冷压室压铸机的结构形式

1—电气控制柜；2—液压系统；3—锁模装置；4—操作面板；5—压射装置；6—机械手；7—快速压射蓄能器；8—增压蓄能器；9—床身；10—自动润滑系统

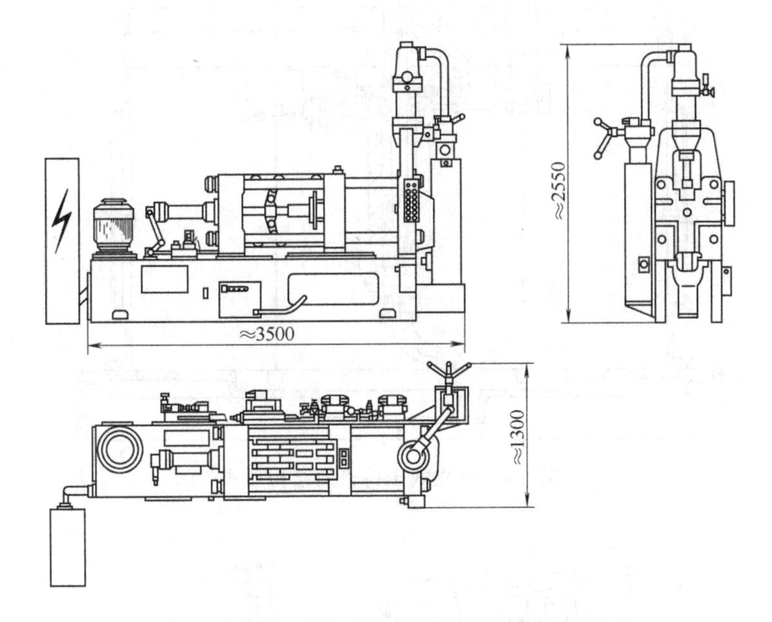

图 6-3 J1513 型立式冷压室压铸机的结构形式

6.1.3 压铸机的工作过程及特点

(1) 热压室压铸机

热压室压铸机与冷压室压铸机的合模机构是一样的，其区别在于压射、浇注机构不同。热压室压铸机的压室与熔炉紧密地连成一个整体，而冷压室压铸机的压室与熔炉是分开的。其压铸过程如图 6-5 所示。装有金属液的坩埚 6 内放置一个压室 5，压室与模具之间用鹅颈管相通。金属液从压室侧壁的压室通道 a 进入压室内腔和鹅颈通道 c，鹅颈嘴 b 的高度应比坩埚内金属液最高液面略高，使金属液不致自行流入模具模腔。压射前，压射冲头 4 处于压室通道 a 的上方；压射时，压射冲头向下运动，当压射冲头封住压室通道 a 时，压室、鹅颈

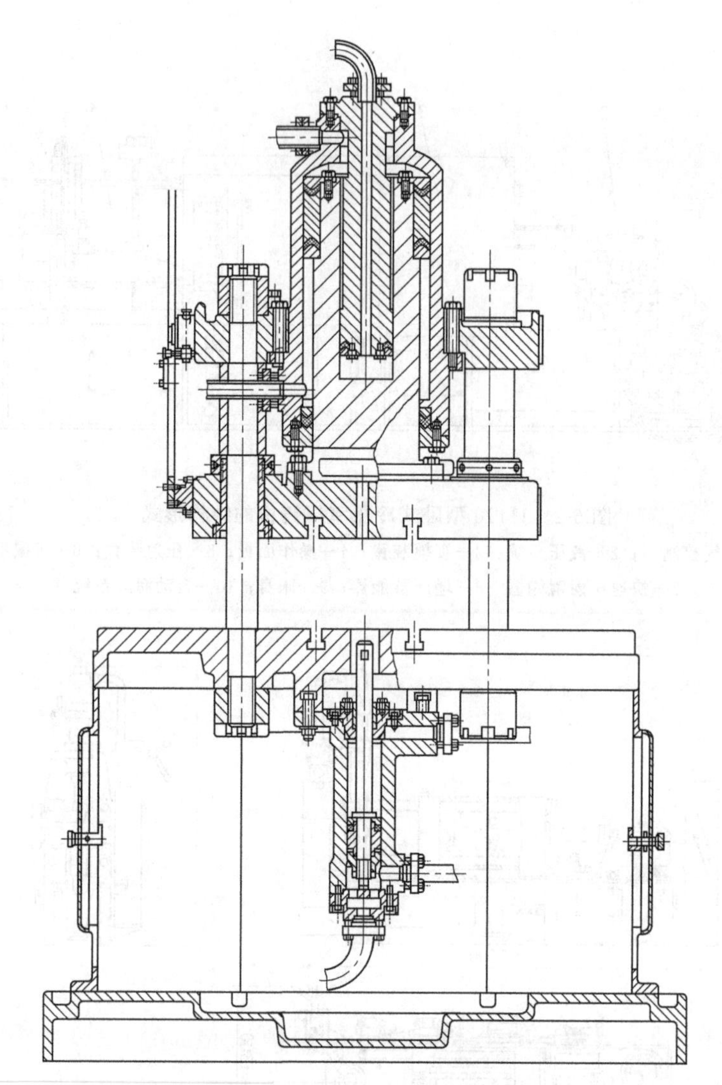

图 6-4　全立式压铸机的结构形式

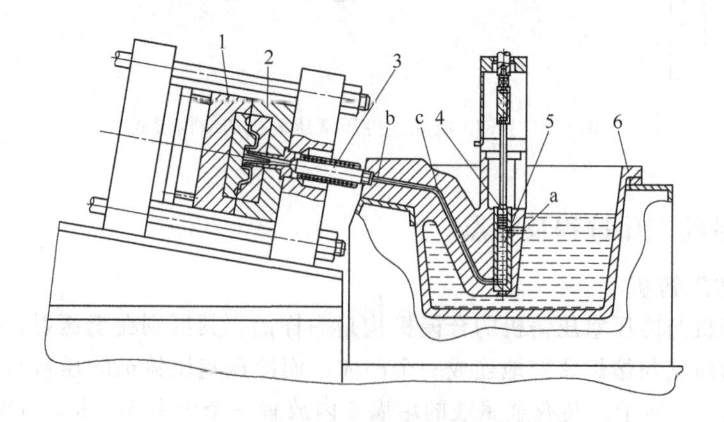

图 6-5　热压室压铸机压铸过程

1—动模；2—定模；3—喷嘴；4—压射冲头；5—压室；6—坩埚；

a—压室通道；b—鹅颈嘴；c—鹅颈通道

通道及模腔构成密闭的系统。压射冲头以一定的推力和速度将金属液压入模腔充满型腔并保证适当时间后压射冲头提升复位。鹅颈通道内未凝固的金属液流回压室，坩埚内的金属液又向压室补充，直至鹅颈通道内的金属液面与坩埚内液面呈水平，待下一循环压射。

热压室压铸机的特点如下：

① 操作程序简单，不需要单独供料，压铸动作能自动进行，生产效率高。

② 金属液由压室直接进入型腔，温度波动范围小。

③ 浇注系统较其他类型的压铸机所消耗的金属材料要少。

④ 金属液从液面下进入压室，不易带入杂质。

⑤ 压室和压铸冲头长期浸于熔融金属液中，易受侵蚀，缩短使用寿命。经长期使用会增加合金中的铁含量。

⑥ 压铸比压较低。

⑦ 通常仅适用于压铸铅、锡、锌等低熔点合金，也可用于镁合金的压铸。

(2) 卧式冷压室压铸机

卧式冷压室压铸机的压室中心线是水平的，其压铸过程如图 6-6 所示。压铸时，将金属液 c 注入压室中［图 6-6 (a)］；而后压射冲头 4 向前压射，将金属液经模具内浇道 a 压射入模腔 b，保压冷却成型［图 6-6 (b)］；冷却时间到开模，同时压射冲头继续前推，将余料 e 推出压室，让余料随动模 1 移动，压射冲头复位，等待下一循环。动模开模结束，顶出压铸件 d，再合模进行下一循环工作。

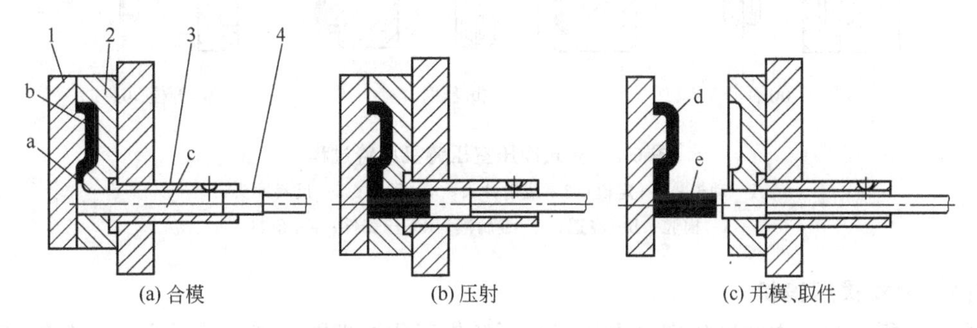

图 6-6 卧式冷压室压铸机压铸过程

1—动模；2—定模；3—压室；4—压射冲头；

a—内浇道；b—模腔；c—金属液；d—压铸件；e—余料

卧室冷压室压铸机的特点如下：

① 金属液进入型腔时转折少，压力损耗小，有利于发挥增压机构的作用。

② 卧式压铸机一般设有偏心和中心两个浇注位置，或在偏心与中心间可任意调节，供设计模具时选用。

③ 压铸机的操作程序少，生产率高，维修方便，也容易实现自动化生产。

④ 金属液在压室内与空气接触面积大，压铸时容易卷入空气和氧化夹渣。

⑤ 适用于压铸有色及黑色金属。

⑥ 对需要设置中心浇口的铸件，模具结构较复杂。

(3) 立式冷压室压铸机

立式冷压室压铸机的压室中心线是垂直的，其压铸过程如图 6-7 所示。压铸时，模具闭合，从熔炉或金属液保温炉中舀取一定量金属液倒入压室内，此时反料冲头 5 应上升堵住浇道 b，以防金属液自行流入模具型腔［图 6-7（a)］。当压射冲头 3 下降接触金属液时，反料冲头随压射冲头往下移动，使压室与模具浇道相通，金属液在压射冲头高压作用下，迅速充满模腔 a 成型［图 6-7（b)］。压铸件冷却成型后，压射冲头上升复位，反料冲头在专门机构推动下往上移动，切断余料 e 并将其顶出压室，接着进行开模顶出压铸件［图 6-7（c)］。

立式冷压室压铸机的特点如下：

① 金属液注入直立的压室中，有利于防止杂质进入型腔。

② 适用于需要设置中心浇口的铸件。

③ 压射机构直立，占地面积小。

④ 金属液进入型腔时经过转折，消耗部分压射压力。

⑤ 余料未切断前不能开模，影响压铸生产率。

⑥ 增加一套切断余料机构，使压铸机结构复杂化，维修不便。

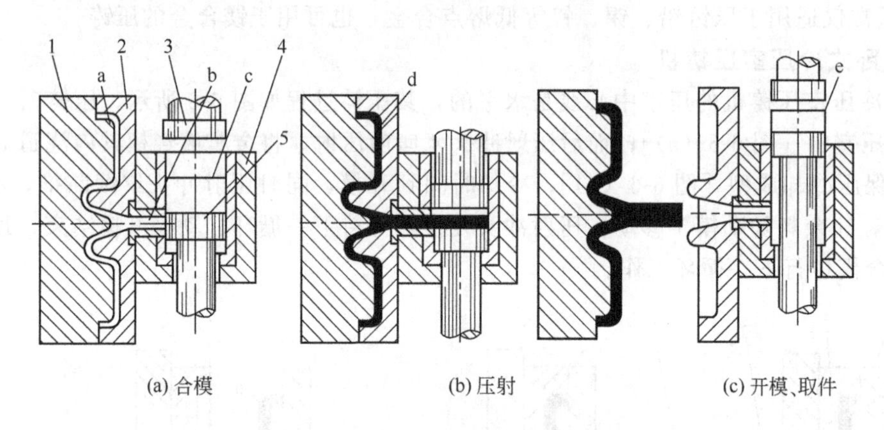

图 6-7 立式冷压室压铸机压铸过程

1—动模；2—定模；3—压射冲头；4—压室；5—反料冲头；
a—模腔；b—浇道；c—金属液；d—压铸件；e—余料

(4) 全立式压铸机

图 6-8 所示为全立式冷压室（上压式）压铸机工作原理图，其压铸过程为：金属液 2 倒

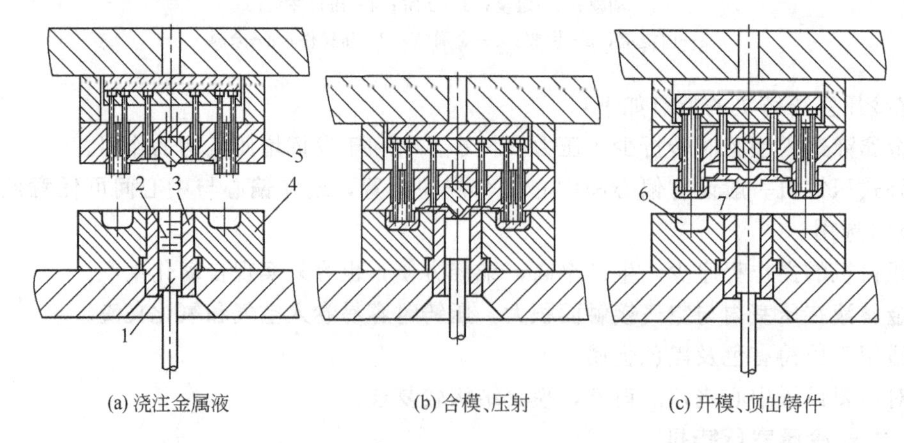

图 6-8 全立式冷压室（上压式）压铸机工作原理图

1—压射冲头；2—金属液；3—压室；4—定模；5—动模；6—模腔；7—余料

入压室3后，模具闭合，压射冲头1上压，使金属液经过浇注系统进入模腔6，冷却成型后开模，压射冲头继续上升，推动余料7随铸件移动，通过模具顶出机构即可顶出压铸件及浇注系统余料，同时压射冲头复位。

图6-9所示为全立式冷压室（下压式）压铸机工作原理图，其压铸过程为：模具闭合后，将金属液3浇入压室2内，此时反料冲头在弹簧5作用下上升封住横浇道6，当压射冲头1下压时，迫使反料冲头后退，金属液经浇道进入模腔，冷却成型后开模，压射冲头复位，顶出机构顶出铸件及浇注系统余料。推出机构复位后，反料冲头在弹簧作用下复位。

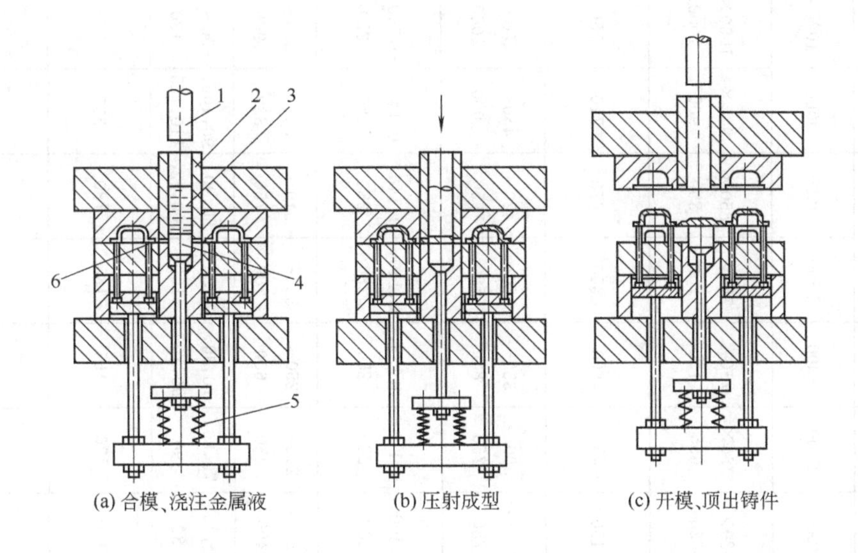

图6-9 全立式冷压室（下压式）压铸机工作原理图

1—压射冲头；2—压室；3—金属液；4—反料冲头；5—弹簧；6—横浇道

全立式压铸机的特点如下：

① 模具水平放置，稳固可靠，放置嵌件方便，广泛用于压铸电机转子类及带硅钢片的零件。

② 冲头上下运行，十分平稳，金属液注入压室中占用一定的空间，带入型腔空气较少。

③ 金属液的热量集中在靠近浇道的压室内，热量损失少。

④ 金属液进入型腔时转折少，流程短，减少压力的损耗。

⑤ 占地面积小。

6.2 压铸机的主要技术参数与选用

6.2.1 压铸机的型号

目前生产中多采用卧式冷压室压铸机，其型号和参数见表6-1。

国产热压室压铸机目前主要用于锌合金压铸，主要参数见表6-2。

表 6-1　卧式冷压室压铸机的型号和参数

参　数	型　号																	
	J116	J117	J1110	J1113	J1116	J1122	J1125	J1140	J1150	J1163	J1175	J1180	J1190	J11100	J11125	J11160	J11200	J11280
合模力/kN	630	700	1000	1250	1600	2200	2500	4000	5000	6300	7500	8000	9000	10000	12500	16000	20000	28000
拉杆内间距（水平×垂直）/mm	280×280	355×305	350×350	420×420	420×420	500×500	520×520	620×620	755×655	750×750	750×750	850×850	900×900	1000×1000	1060×1060	1250×1250	1320×1320	1800×1500
动模座板行程/mm	250	210	300	450	350	380	400	450	450	600	650	670	710	750	850	950	1060	1150
压铸型厚度/mm	150～350	130～365	150～450	200～500	200～550	300～600	250～650	300～750	300～750	350～850	350～500	420～950	450～1000	480～1060	530～1180	600～1320	670～1250	750～1700
压射位置（中心为0，向下）/mm	0,6	0,6	0,40,80	0～140	0,70,140	0～130	0,80,160	0,100,200	0,110,220	0,125,250	0,140,280	0,140,280	0,140,280	0,160,320	0,160,320	0,175,350	0,175,350	0,187,5,375
压射力/kN	90	90	70～150	70～140	85～200	150～230	150～280	180～400	210～450	250～600	300～700	340～750	350～830	500～900	450～1050	500～1250	580～1500	800～1800
压射室直径/mm	25,30	35,40	40,50	40,50,60,70	40,50,60	40,50,60,70	50,60,75	60,70,80	70,80,90	70,80,90,100	70,90,100	80,90,100,120	90,100,110,125	90～130	100～140	110～150	130～170	130～200
压射室法兰直径/mm	85	85	90	110	110	120	120	130	130	165	165	180	200	240	240	260	260	350
压射室法兰凸出定型板高度/mm	10	10	10	10	10	15	15	15	15	15	15	20	20	20	25	25	50	50

续表

参数		J116	J117	J1110	J1113	J1116	J1122	J1125	J1140	J1150	J1163	J1175	J1180	J1190	J11100	J11125	J11160	J11200	J11280
压射头推出距离/mm		80	80	100	100	120	120	140	180	250	220	260	250	265	330	320	360	400	450
顶出器顶出力/kN			50	80	125	100	120	130	180	220	250	300	360	400	450	500	550	630	750
顶出行程/mm			60	60	80	80	100	100	120	120	150	170	180	190	200	200	250	250	315
电动机功率/kW		11	11.7	5	15	15	15	15	22	22	36	37		57.2	45	75	87.7	112	120
机器质量/t		3.5	3.8	5	5	6	8	9	20	24	35	35	55	48	57	79	95	125	156
机器外形尺寸	l/mm	3700	3920	4000	4200	4900	5400	5900	7275	7545	8300	8650	11000	10000	10630	12017	12780	13163	14500
	b/mm	1030	1120	1050	1400	1400	1350	1500	1850	2000	2200	2500	2800	2900	2600	3360	3530	3650	3800
	h/mm	1700	2000	1700	1900	2000	2040	2100	2400	2570	2700	2900	2830	300	3160	3240	4250	3400	3900

表 6-2 国产热压室压铸机型号和参数

参数	DC-8	DC-12	DC-18	DC-30	DC-50	DC-88	DC-130	DC-160	DC-200	DC-280	DC-400	J213B	J216	5H-DC-H100	SHD-75	SHD-150	SHD-250	SHD-400	SHD-800	SHD-1500	SHD-2000
合模力/kN	80	120	180	300 (33)	50	865 (88)	130	160	200	280	400	250	630	1000	75	150	250	400	800	1500	2000
拉杆内间距(水平×垂直)/mm	175×175	203×203	226×226	271.6×271.6	310×310	357×357	409×409	459×459	510×510	560×560	820×820	240×240	320×320	350×350	152×160	278×232	300×250	335×285	355×305	450×420	600×600
动型厚度/mm	100	130	150	180	230	280	350	345	400	460	550	200	250	300	100	100	160	200	218	350	350

续表

参数	型号																				
	DC-8	DC-12	DC-18	DC-30	DC-50	DC-88	DC-130	DC-160	DC-200	DC-280	DC-400	J213B	J216	5H-DC-H100	SHD-75	SHD-150	SHD-250	SHD-400	SHD-800	SHD-1500	SHD-2000
压铸型厚度/mm	80～200	100～150	100～300	100～310	120～320	150～350	170～450	205～505	250～550	250～6500	300～700	120～320	150～400	150～450	110～150	150～220	150～270	130～340	130～365	150～500	250～400
压射力/kN	1.2	1.7	2.7	440	5.7	87	9	10	13	15.8	15.8	30	70	70	6.3	18	32	42	40	75	100
一次浇注量(Zn)/kg	0.26	0.38	0.47	0.54，0.67，0.8	1.26	1.26，1.53	2.1，2.5，2.8	2.1	3.3	3.3/4.5	4.5	0.6	1.4	2.5	0.125	0.28	0.5	0.9	1.3	2.2	2.3
压射比压/MPa	—	—	—	—	—	—	—	—	—	—	—	18.8	29	17.8	—	—	—	—	—	—	—
熔炉容量(Zn)/kg	22	22	22	40(280)	55(360)	55(360)	55(360)	55(360)	110(720)	110(720)	110(720)	160	320	450	70	70	160	250	280	400	400
顶出力/kN	1,3.5	1.3,5	20	30	5	68	8	8.5	10	14	18	26.9	50	60	2.4	13	20	30	35	80	90
顶出行程/mm	40	40	50	50	60	60	80	85	100	100	120	50	60	60	—	—	—	—	—	—	—
机器外形尺寸($l\times b\times h$)/mm	240×100×1700	2550×1020×1850	2800×1200×2000	3500×1500×1850	3950×1600×2100	3950×1600×2050	3800×1500×2300	4900×1650×2400	5400×2000×2500	5480×1520×2430	6500×1650×2750	2900×13200×1880	4800×1700×2500	3850×1810×2580	2200×700×1500	2650×880×1700	3000×1000×1800	3600×1300×1850	3600×1400×1850	5000×1700×2200	5500×1800×2600
机器质量/t	1	1.5	2	2.5	3	3.5	6	5	6	7	8	2500	4000	4500	1000	2000	2300	2800	3500	7000	10000

6.2.2 压铸机的主要技术参数

压铸机的性能特征常用一些性能参数来表示，包括压射、合模及设备技术经济指标三个部分的内容。具体参数的定义如下：

(1) 合模力

它是指压铸机的合模装置对模具所能施加的最大夹紧力，单位常用 kN。它限制了设备所能成型制品的最大投影面积。合模力是压铸机生产能力的一个重要参数，所以，压铸机型号规格中的主参数常用合模力大小来表示。

(2) 压射力

它是指压射冲头作用于金属液的最大力，单位常用 kN。压射过程中设备作用于金属液的压射力不是恒定不变的，它的大小随不同的压射阶段而改变，在金属液充满型腔的瞬间升至最大值。压射力可由下式来计算：

$$F=P_2\frac{\pi D^2}{4} \tag{6-1}$$

式中，F 为压射力，Pa；P_2 为压射缸内工作液的压力（对无增压的压铸机来说就是液压系统的管道压力）Pa；D 为压射缸的直径，mm。

当有增压机构工作时，压射力则为

$$F=P_g\frac{\pi D^2}{4} \tag{6-2}$$

式中，P_g 为压射缸内增压后的液压压力，Pa。

(3) 压射比压

它是压射冲头作用于单位面积金属液表面上的压力，单位常用 MPa。压射比压是确保制品致密性和金属液充填能力的重要参数，其大小受压铸机的规格和压室直径的影响，它们之间的关系为

$$p=\frac{F}{A}=\frac{4F}{\pi d^2} \tag{6-3}$$

式中，p 为压射比压，Pa；F 为压射力，N；d 为压室直径，m；A 为压射冲头截面积，m^2。

当压铸机上的压射系统没有增压机构时，充填比压（即压射比压）与凝固时的比压是一样的；而当压铸机的压射系统上设置有增压机构时，则充型阶段和铸件凝固结晶补缩阶段的压射力是不同的，因而在这两个阶段的比压也就不同。这时，充型比压用来克服浇注系统和型腔中金属液的流动阻力（特别在内浇口处的阻力），使金属液流保证达到所需的内浇口处的速度，以保证金属液在极短的时间内充满整个型腔的各个角落；而增压比压则决定了正在结晶凝固的金属（即铸件）受到的致密组织填补缩孔、疏松的压力及这时所形成的胀模（型）力的大小。

从式（6-3）可知，压射比压与压铸机的压射压力成正比，而与压射冲头的截面积成反比，所以压射比压可以通过调整压射力和压室内径来调大、调小。

(4) 压室容量

它指压铸机的压室每次浇注能够容纳金属液的最大质量，单位常用 kg，其大小与压室直径及压铸合金的种类有关，反映了设备能够成型制品的最大质量。

(5) 工作循环次数

它指压铸机每小时最高的循环周期数。它与设备的压射装置性能、合模装置性能、压射合金的种类、压铸工艺参数、制品结构形状、模具结构等有关。因此，一般以设备的空循环时间来表示。

空循环时间是在没有浇注、压射、保压、冷却及取出制品等动作的情况下，完成一次循环所需要的时间，它由合模、压射、压射退回、开模、顶出、顶出回退等动作过程组成。

(6) 合模部分基本尺寸

它包括模板尺寸和拉杆有效间距、模板间距与模具最大、最小厚度等，这些参数决定了设备所用模具尺寸的大小和它们之间的安装关系。

此外，压铸机的基本参数还有开模力、开模行程、顶出力和行程、浇注中心偏距、设备动力和外形尺寸大小等，它们从不同的角度反映出设备的性能和特征。

6.2.3 压铸机的选用

压铸机的结构类型和规格有许多，实际生产中应根据产品的需要和具体情况选择压铸机。通常按压铸成型合金种类可以大致确定压铸机的类型，如镁、锌合金及其他低熔点合金压铸成型通常选用热压室压铸机，而铝、铜合金及黑色金属压铸通常选用冷压室压铸机。其中冷压室压铸机又可根据压铸件的不同结构加以选择，如中心浇口的制品比较适合于立式冷压室压铸机成型，而侧浇口的制品较适合于卧式冷压室压铸机成型，带嵌件压铸件则较适合于全立式压铸机压铸成型。

选定了压铸机类型后，具体规格的确定需要对相关参数加以校核后才能最终选定。下面对参数校核逐个介绍。

(1) 压铸机锁模力的计算

锁模力是选用压铸机时首先要确定的参数。锁模力的作用主要是为了克服反压力，以锁紧模具的分型面，防止金属液飞溅，保证铸件的尺寸精度。根据锁模力选用压铸机是一种传统的并被广泛采用的方法。根据铸件结构特征、合金及技术要求选用合适的比压，结合模具结构的考虑，估算投影面积，按下式计算，可得到该压铸件所需要的锁模力：

$$F_{锁} \geqslant K(F_{主}+F_{分}) \tag{6-4}$$

式中，$F_{锁}$为压铸机应有的锁模力，kN；K 为安全系数（一般 $K=1.25$）；$F_{主}$为主胀型力，铸件在分型面上的投影面积，包括浇注系统、溢流、排气系统的面积乘以比压，kN；$F_{分}$为分胀型力，作用在滑块锁紧面上的法向分力引起的胀型力之和，kN。

① 计算主胀型力

$$F_{主}=\frac{Ap}{10} \tag{6-5}$$

式中，$F_{主}$为主胀型力，kN；A 为铸件在分型面上的投影面积，多腔模则为各腔投影面之和，一般另加30%作为浇注系统与溢流排气系统的面积，cm^2；p 为压射比压，MPa。

压射比压是确保铸件致密性的重要参数之一，应根据铸件的壁厚、复杂程度来选取。常用的压铸合金压射比压推荐值见表6-3。

表 6-3 常用的压铸合金压射比压推荐值 MPa

铸件	锌合金	铝合金	镁合金	铜合金
一般件	13～20	30～50	30～50	40～50
承载件	20～30	50～80	50～80	50～80
耐气密性件	25～40	80～100	80～100	60～100
电镀件	20～30			

② 计算分胀型力　压铸时金属液充满型腔后所产生的反压力，作用于侧向活动型芯的成型端面上，会促使型芯后退，故常与活动型芯相连接的滑块端面采用楔紧块，此时在楔紧块斜面上产生法向力。在一般情况下，如侧向活动型芯成型面积不大或压铸机锁模力足够时，可不加计算；若需要计算时，可按不同的抽芯机构进行核算。

斜导柱抽芯、斜滑块抽芯时分胀型力的计算：

$$F_{分}=\sum\left(\frac{A_{芯}\,p}{10}\tan\alpha\right) \tag{6-6}$$

式中，$F_{分}$为由法向分力引起的胀型力，为各个型芯所产生的法向分力之和，kN；$A_{芯}$为侧向活动型芯成型端面的投影面积，cm^2；p为压射比压，MPa；α为楔紧块的楔紧角，(°)。

液压抽芯时分胀型力的计算：

$$F_{分}=\sum\left(\frac{A_{芯}\,p}{10}\tan\alpha-F_{插}\right) \tag{6-7}$$

式中，$F_{插}$为液压抽芯器的插芯力，kN，如果液压抽芯器未标明插芯力时可按下式计算：

$$F_{插}=0.0785D_{抽}^{2}\,p_{管} \tag{6-8}$$

其中，$D_{抽}$为液压抽芯器液压缸的直径，cm；$p_{管}$为压铸机管道压力，MPa。

(2) 压室容量的估算

压铸机初步选定后，压射比压和压室直径的尺寸相应地得到确定，压室可容纳的金属液的质量也为定值，但是否能够容纳每次浇注的金属液质量，必须按公式进行核算，即

$$G_{室}>G_{浇} \tag{6-9}$$

式中，$G_{室}$为压室容纳金属液质量，kg；$G_{浇}$为每次浇注质量，kg，等于铸件质量、浇注系统质量及排溢系统质量之和。

$$G_{室}=\frac{\pi}{4}D_{室}^{2}\,L\rho K\,\frac{1}{1000} \tag{6-10}$$

式中，$D_{室}$为压室直径 cm；L为压室长度，包括浇道套长度，cm；ρ为液态合金密度，g/cm^3；K为压室充满度，一般取60%～80%。

(3) 开模行程的校核

每一台压铸机都具有最小合模距离H_{min}和最大开模距离H_{max}两个尺寸，根据铸件形状、浇注系统和模具结构来核算是否满足取出铸件的要求。即压铸机的最大开模距离减去模具总厚度后留有能取出铸件的距离。压铸机合模后能严密地锁紧模具分型面，因此要求合模后模具的总厚度应大于压铸机的最小合模距离一般约20mm，如图6-10所示。可得：

$$H_{min}<h_1+h_2 \tag{6-11}$$

$$H_{max}>h_1+h_2+h_3+h_4+10\text{mm} \tag{6-12}$$

$$L\geqslant h_3+h_4+10\text{mm} \tag{6-13}$$

式中，H_{min} 为压铸机最小合模距离，mm；H_{max} 为压铸机最大开模距离，mm；L 为压铸机动模座板的行程，mm；h_1 为定模部分的厚度，mm；h_2 为动模部分的厚度，mm；h_3 为铸件推出距离，mm；h_4 为铸件及其浇道总高度，mm。

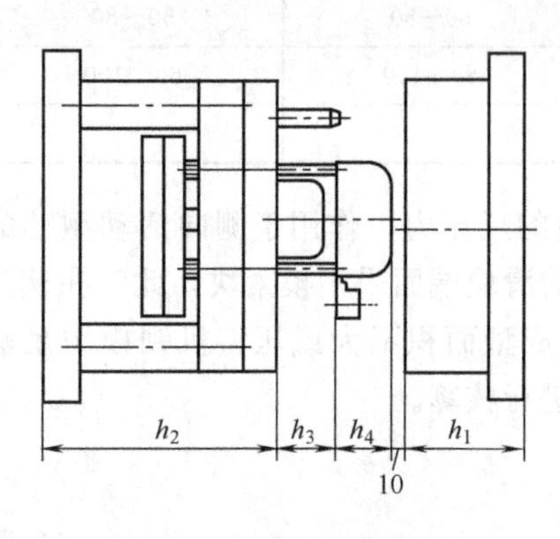

图 6-10 开模行程的校核

(4) 模具安装尺寸的校核

为保证压铸模具能够在设备上正确安装使用，模具安装尺寸校核主要有以下几个方面：

① 浇口套与压室（冷压室压铸机）、浇口套与喷嘴（热压室压铸机）连接处配合要正确。

② 模具外形尺寸应小于压铸机模板尺寸，且通常长（或宽）方向应小于压铸机拉杆有效间距，以便于模具的安装。模具在曲肘式合模机构的压铸机中使用时，模具的闭合高度应在设备的最大和最小闭合高度之间；模具在全液压合模机构的压铸机中使用时，其模具闭合高度应大于设备动、定模板的最小间距。

③ 当模具用螺栓直接固定在压铸机模板上时，模具底板上孔位应与压铸机模板上的安装螺孔对应。

④ 模具顶出机构与压铸机顶出杆的连接结构应适应。

J1125D 型压铸机上压铸模（阜新压铸机厂生产）的相关安装尺寸如图 6-11 所示。

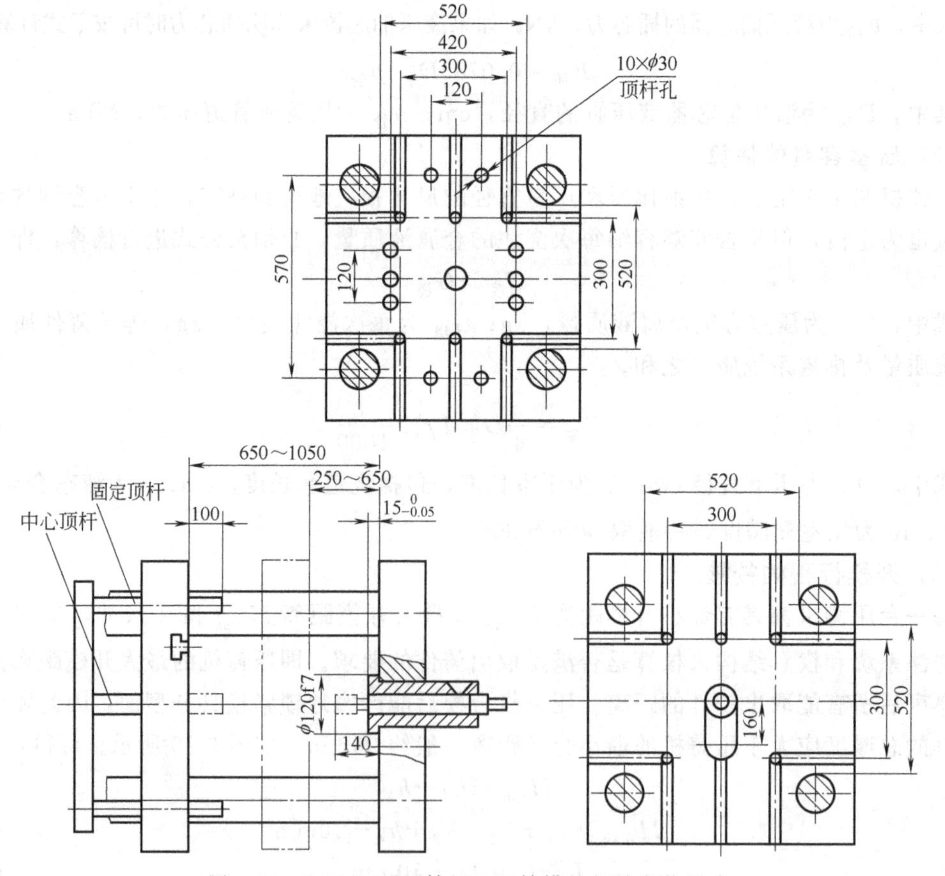

图 6-11 J1125D 型压铸机上压铸模的相关安装尺寸

(5) 压铸机查图选型

已知某一型号的压铸机，根据图6-12所示国产压铸机压射比压、投影面积对照图，可以查出该压铸机压室直径的规格、压射比压及相应能承受压铸时的总投影面积。

例如选用J1113压铸机，由图上J1113型压铸机的斜线，可以得出J1113压室内径有ϕ40mm、ϕ50mm、ϕ60mm、ϕ70mm四种，分别在纵、横坐标上可查得ϕ40mm的压室，其压射比压为110MPa时能承受压铸时的总投影面积为0.011m^2；ϕ50mm的压室，其压射比压为70MPa时能承受压铸时的总投影面积为0.017m^2；ϕ60mm的压室，其压射比压为50MPa时能承受压铸时的总投影面积为0.025m^2；ϕ70mm的压室，其压射比压为34MPa时能承受压铸时的总投影面积为0.036m^2。

反之，若已知压铸件承受压铸时的总投影面积以及压射比压，可通过查图确定选用压铸机型号。

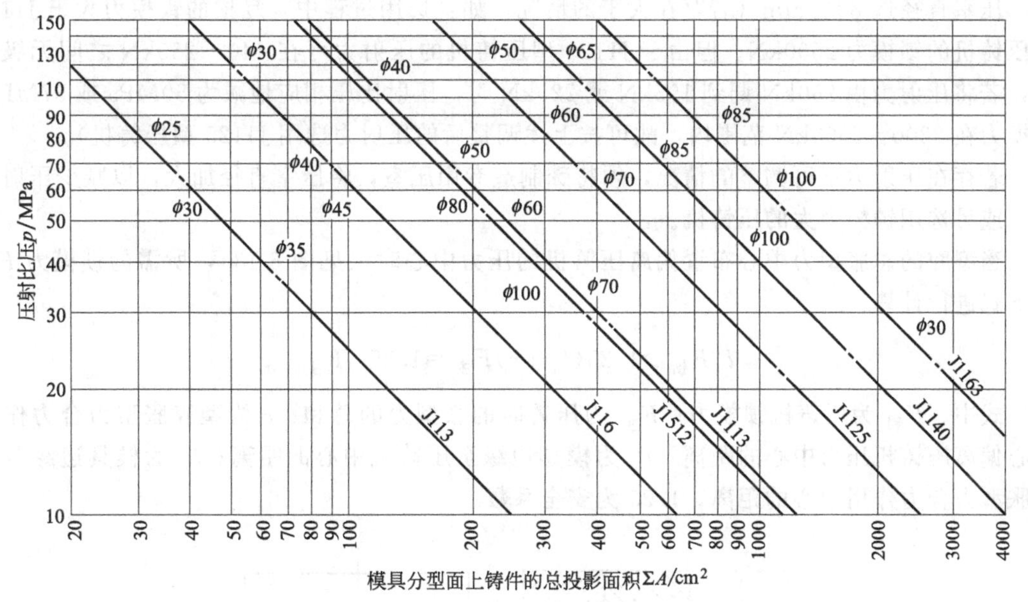

图6-12 国产压铸机压射比压、投影面积对照图

【选用举例】

如生产某一铝合金压铸件，在分型面上总投影面积A为0.07m^2，选用的压射比压p为60MPa，试确定压铸机的型号和规格。

① 压铸机类型确定　压铸机的类型通常可以通过合金种类确定，镁、锌合金及其他低熔点合金压铸成型通常选用热压室压铸机，而铝、铜合金及黑色金属压铸通常选用冷压室压铸机。已知该铸件为铝合金铸件，因此可以初步选用冷压室压铸机。

② 胀型力确定

$$F_{主}=\frac{Ap}{10} \tag{6-14}$$

式中，$F_{主}$为主胀型力，kN；A为铸件在分型面上的投影面积，多腔模则为各腔投影面之和，一般另加30%作为浇注系统与溢流排气系统的面积，cm^2；p为压射比压，MPa。

已知分型面上总投影面积A为0.07m^2，选用的压射比压p为60MPa，则有

$$F_{主}=pA=(60\times10^3\times0.07)\text{kN}=4200\text{kN}$$

③ 锁模力确定　按图 6-12 取横坐标 0.07m^2 向上引垂线交于纵坐标为 60MPa 的水平线于一点，该点位置介于 J1140 型和 J1163 型两种型号的压铸机之间，压室直径可取 ϕ85mm 或 ϕ100mm。

按式 (6-4)，$K=1$，$F_{分}=0$ 时计算压铸机的锁模力：

$$F_{锁}=F_{主}=4200\text{kN}$$

经查 J1140 型压铸机规格，锁模力最大不应超过 4000kN，因锁模力数据过小不能选用。J1163 型压铸机锁模力为 6300kN，大于 4200kN，但因规格中压室最大直径为 ϕ100mm，相应的压射比压为 60MPa，等于预算的 60MPa，复核锁模力，按式 (6-4)，当 $K=1$，$F_{锁}=0$ 时得

$$F_{锁}=F_{主}=pA=(60\times10^3\times0.07)\text{kN}=4200\text{kN}$$

经复核得出的压铸机锁模力为 4200kN，小于 J1163 型压铸机的锁模力，则选用 J1163 型，压室直径选 ϕ100mm（若存在大于的情况，如：选用过程中，复核的锁模力大于 J1125 型压铸机的锁模力 2500kN。但由于 J1125 型压铸机的压射力可在 140～250kN 之间无级调整，若将压射力由 250kN 调到 195kN 或 220kN 时，压射比压相应地减为 50MPa 或 57MPa，锁模力在 2200～2500kN 范围内，故可按上述调整后的压射力选用 J1125 型压铸机）。

若存在压射力不可调整的情况，须特殊制造专用压室，将压室直径加大，以减少压射比压，或另选用锁模力大的压铸机。

当型腔的总胀型力中心布置偏离压铸机的压力中心时（见图 6-13），所需的锁模力 $F_{锁}$ 按下式进行计算：

$$l_1F_{锁}\geqslant1.25(l_1+e)F_{主}=1.25l_2F_{主}$$

式中，$F_{锁}$ 为压铸机锁模力；$F_{主}$ 为压铸时的胀型力的总和；e 为型腔胀型力合力作用中心偏离压铸机压力中心的距离；l_1 为模具边缘至压铸机中心的距离；l_2 为模具边缘至型腔胀型力合力作用中心的距离；1.25 为安全系数。

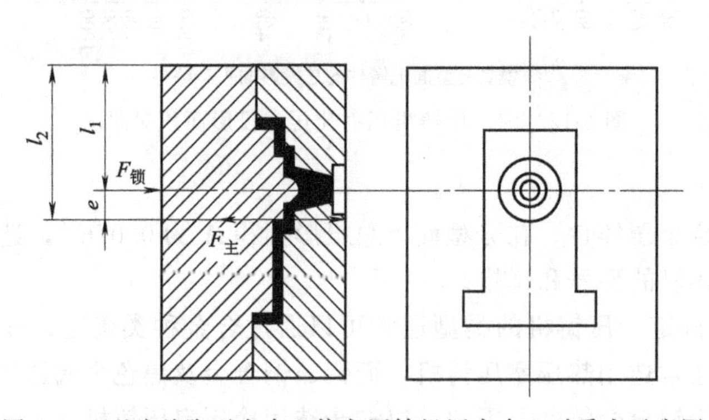

图 6-13　型腔总胀型力中心偏离压铸机压力中心时受力示意图

克服受力不平衡的几点措施：

a. 为了不因偏置型腔的原因而选用锁模力过大的压铸机，在立式冷压室压铸机上可采用上偏心喷嘴压室，即喷嘴中心位置向上偏离压铸机压力中心一定距离（见图 6-14）使偏置型腔金属液胀型力作用的合力中心，与压铸机压力中心的力矩减小，以达到型腔胀型力中心与压铸机锁模力中心相接近，使作用于胀型力的锁模力减小，以利于选用锁模力较小的压铸机。

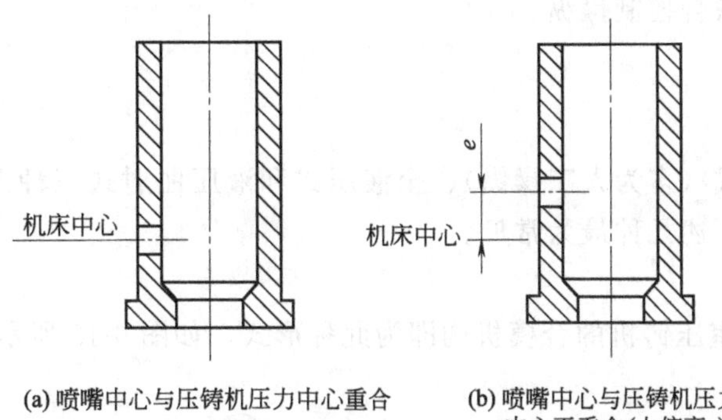

(a) 喷嘴中心与压铸机压力中心重合　(b) 喷嘴中心与压铸机压力中心不重合(上偏离e)

图 6-14　立式冷压室压铸机上偏心喷嘴压室示意图

b. 对于卧式冷压室压铸机因浇注位置有两挡或可调，设计模具时反压力中心应尽量靠近压铸机压力中心。

c. 若上述两点还不能平衡时，可采用加大模具产生偏心力矩一侧的边框尺寸 l_1 的方法来平衡（见图 6-13）。

6.3　压铸机的结构组成

压铸机主要由以下各部分组成。

(1) 合模机构

合模机构是带动压铸模的动模部分使模具分开或闭合的机构。由于压射填充时的压力作用，闭合后的动模仍有被撑开的趋势，故这一机构还要起锁紧模具的作用。推动动模移动闭合的力称为合模力，锁紧模具的力称为锁模力，但生产中通常都统称为合模力。合模力是压铸机的主要参数之一。合模机构通常是水平放置的，故模具大都是在水平方向开合的。

(2) 压射机构

压射机构是将金属液推送入模具进行充填成型的机构。压射压力、压射速度等主要工艺参数即由此机构控制。压射机构包括压射冲头和压室，在立式冷压室压铸机上还包括切断余料和推出余料的装置。压铸模的定模部分固定在压射机构上，与压室相通。

(3) 机座和拉力柱

机座是整个机器的各种机构和系统的支承体。合模机构和压射机构通过拉力柱连成一个牢固的整体，并一同固定于机座上。另外，拉力柱又是合模机构移动时的导向零件。

(4) 附属装置

在合模机构上通常都附有顶出铸件的装置，分为顶杆和液压顶出两种类型。为了满足压铸模抽芯的需要，压铸机又都附有液压抽芯装置。

(5) 传动系统

压铸机的传动动力多由液压传动提供。传动用的零部件有阀门、管路、接头以及密封元件等，故压铸机的传动系统通常又称为液压系统。压力液有乳化液和油两种，目前以用油最为普遍。

(6) 传动及控制系统

液压传动时，各种机构的动作和先后次序由传动及控制系统指挥。传动及控制系统分为液压、气动、电气或联合控制操纵。

6.3.1 合模机构

合模机构有机械式（多为人工操纵）、全液压式和液压曲肘式三种形式。目前多用后两种形式，而其中又以下述几种最为常见。

(1) 复缸补压式

J116 型卧式冷压室压铸机的合模机构即为此种形式，如图 6-15 所示。

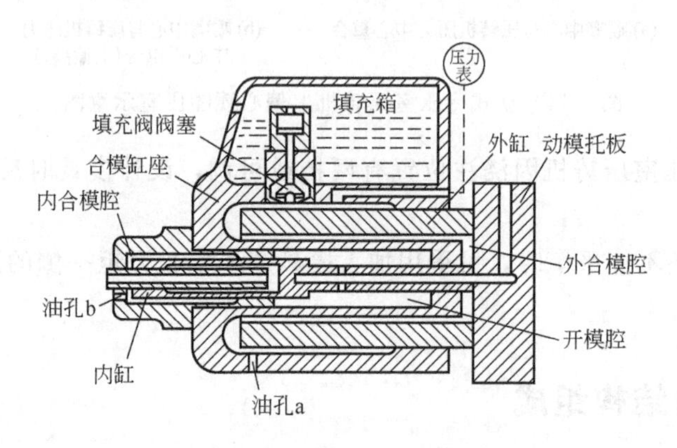

图 6-15 复缸补压式合模机构

合模缸座、内缸、外缸和动模托板结合，组成开模腔、内合模腔和外合模腔。腔为常压腔，当腔由油孔 b 进入压力油后，其受压面积大于开模腔，在压力差的作用下，产生合模动作，此时，外缸随着移动，外合模腔空间扩大，对填充阀阀塞产生吸力，将其吸开，填充箱内的无压油液充入外合模腔内，其后，经过一定机构的控制，管路中的压力油由油孔 a 进入外合模腔并对油液充压，外合模腔即成为具有工作压力的压力腔。填充阀阀塞的阀杆提升，使阀塞在压力油的作用下，关闭填充箱的充油孔。这样，内、外合模腔均有压力，从而达到最大合模力 63tf。在这过程中，外合模腔内的压力液的压力并不增大，其大小仍然与管路工作压力相同，实际上只作了一个压力的补充，故称为补压。这种机构是小缸合模，双缸锁模，由于锁模用的液量由填充箱来补充，因而管路油液消耗较少。

(2) 复缸增压式

如图 6-16 所示，为 J1113 型压铸机的合模机构。这种形式的合模机构同样有内、外合模腔 C_1、C_2 和开模腔 C_3 三个液腔。外合模腔内的油液也是由填充箱充入，其后，腔内压力不但补充至管路工作压力相同，而且还通过增压机构的作用使腔内油压增高，比管路工作压力高二倍或更多倍，从而达到最大合模力。因此，这种形式所具有的动力小、功率大的优点比补压式更为突出。J1163 型和 J1512 型压铸机的合模机构也是这种形式。

(3) 液压曲肘式

图 6-17 所示为 J1125 型压铸机的合模机构。合模缸 1 的合模腔 C_1 进入压力油后，推动合模柱塞 2，继而推动连接于合模缸座 3 和动模托板 5 之间的曲肘机构 4，直至伸直达到“死点”，从而撑紧动模托板进行合模。当开模腔 C_2 进入压力油，而合模缸放出压力油时，合模柱塞便带动曲肘机构缩回开模。这种结构的特点是：动力很小仍能锁模很紧；液压传动系统简单；油液用量少。但模具厚度变化时要增加调整整个合模机构位置的工作。J1140 型

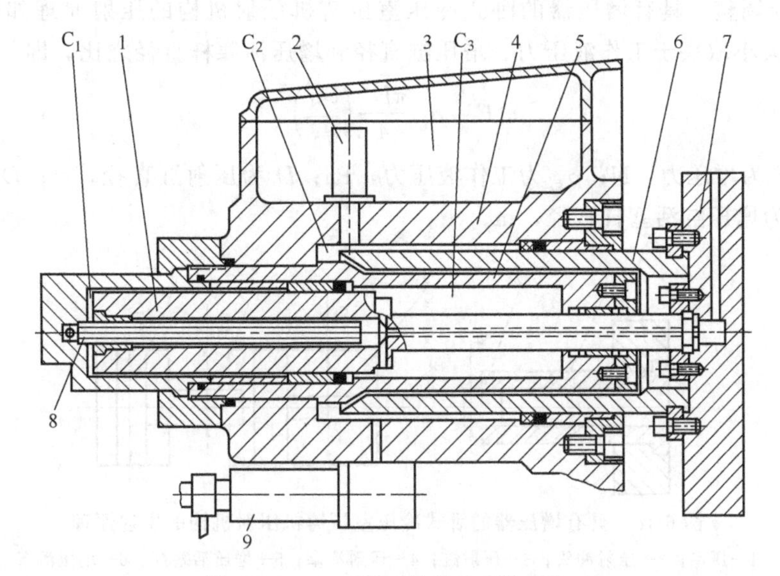

图 6-16 J1113 型压铸机的合模机构

1—内缸；2—填充阀；3—填充瓶；4—合模缸座；5—合模缸；6—外缸；7—动模托板；8—内通路；9—增压机构；C_1—内合模腔；C_2—外合膜腔；C_3—开模腔

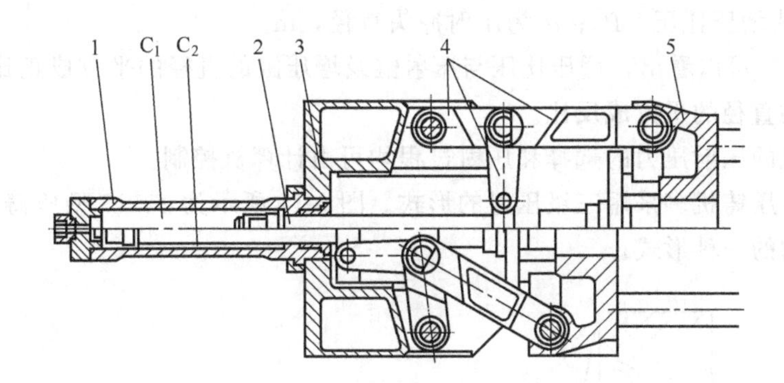

图 6-17 J1125 型压铸机的合模机构

1—合模缸；2—合模柱塞；3—合模缸座；4—曲肘机构；5—动模托板；C_1—合模腔；C_2—开模腔

压铸机的合模机构亦为这种形式。

6.3.2 压射机构

压铸机的压射机构是实现压铸工艺的关键部分，其结构性能决定了压铸过程中的压射力、压射速度及增压压力建立时间等主要技术参数，对压铸件的表面质量、轮廓尺寸、致密性和机械性能等都有直接的影响。为了满足压铸工艺的基本要求，现代冷压室压铸机的压射机构应具备如下的特性：

① 作用在压室中液态合金的比压应为 40～200MPa，增压压力建立时间要小于 0.03s，以便在压铸合金凝固前压力能传递至模具型腔内。增压时压力冲击应尽可能小，以防止产生过大的胀型力。

② 应具有三级或四级压射速度，以满足各个压射阶段的需要。在各个压射阶段，压射

速度均能单独调整。具有增压器的卧式冷压室压铸机压射机构的压射原理如图 6-18 所示。增压力 F 的大小取决于工作液压力、增压缸直径和增压活塞杆直径之比，即

$$F=p_g\frac{\pi D^2}{4}\left(\frac{D_1}{d_1}\right)^2 \tag{6-15}$$

式中，F 为增压力，N；p_g 为工作液压力，Pa；D 为压射缸直径，m；D_1 为增压缸直径，m；d_1 为增压缸活塞杆直径，m。

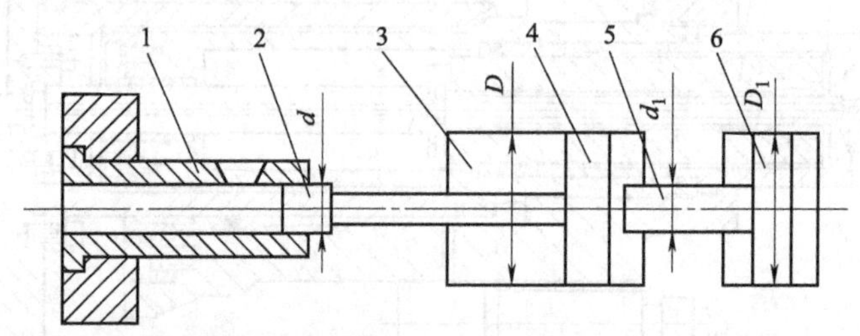

图 6-18 具有增压器的卧式冷压室压铸机压射机构的压射原理

1—压室；2—压射冲头；3—压射缸；4—压射活塞；5—增压活塞杆；6—增压活塞

在增压过程中，作用于压室中金属液上的比压为

$$p_z=p_g\left(\frac{D}{d}\right)^2\left(\frac{D_1}{d_1}\right)^2 \tag{6-16}$$

式中，p_z 为增压比压，Pa；d 为压射冲头直径，m。

由式 (6-16) 可以看出，增压比压与压射缸及增压缸的直径的平方成正比，与压射冲头及增压活塞杆的直径的平方成反比。

现代压铸机的压射压力的选择和压射过程均可由计算机控制。

卧式冷压室压铸机多采用三级压射的形式。图 6-19 所示为 J1113 型压铸机的压射机构，是三级压射机构的一种形式。

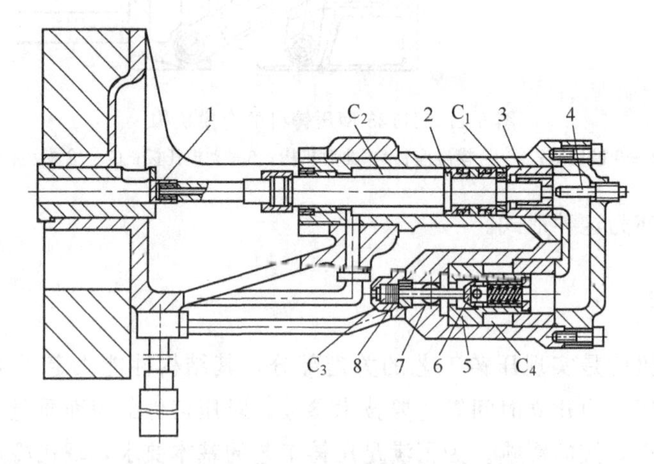

图 6-19 J1113 型压铸机的压射机构

1—压射冲头；2—压射活塞；3—通油器；4—调整螺杆；5—增压活塞；6—单向阀；7—进油孔；8—活塞；C_1—压射腔；C_2，C_3—回程腔；C_4—背压腔

通油器 3 是用来控制通油量的大小而产生第一级慢速度和第二级快速度的。由于压射活塞 2 尾端的圆柱体插入通油器相应的孔内，开始压射时，压力油由进油孔 7 进入，推开单向

阀6，经过U形腔，再通过通油器中间小孔，从而推动压射活塞，产生第一级慢速压射，这一级速度还可以通过调整螺杆4来作补充调节，当压射活塞尾端圆柱部分脱出通油器时，压射冲头1相应地越过浇料口，而压力油从通油器蜂窝状的所有孔口进入压射腔 C_1，这样，压力油油量迅速增多，压射速度猛增，即为第二级快速压射。其后为增压阶段，当充填即将结束时，金属液正在凝固，压射冲头前进的阻力增大，此阻力反映到压射腔内，造成腔内压力增高，其增高程度足以使单向阀闭合，这时U形腔与压射腔成为一个封闭腔。由于单向阀的闭合，来自进油孔7的压力油不再通入U形腔，而是作用在增压活塞上，于是便对封闭腔的油压进行增压，压射活塞也就获得增压的效果。

增压的原理为：增压活塞5左边为后腔，平衡状态下，后腔压力等于背压腔 C_4 和封闭腔加起来的压力，当背压降低时，增压活塞左边的压力便大于右边的压力，从而使活塞产生向右移动的趋势，但因封闭腔内的压力油已无通路，这个趋势便迫使封闭腔内油压增高以满足与后腔压力平衡的条件，封闭腔的油压增高便称为增压。根据这一原理，调节背压大小便能控制增压的大小。

J1113型压铸机的压射的增压最高可达200kgf/cm^2，此即达到最大压射力量14t。

压射活塞的回程是在压力油进入回程腔 C_2 的同时，另一路压力油进入回程腔 C_3 推动活塞8顶开单向阀6，U形腔和压射腔 C_1 便接通回路，压射活塞便产生回程动作。

此外，还有采用调节管路中的供压油路（如节流阀）来控制第一级和第二级速度的，如J1125型和J1163型压铸机压射机构的控制便是如此。

立式冷压室压铸机的压射机构以J1512型为例，如图6-20所示。

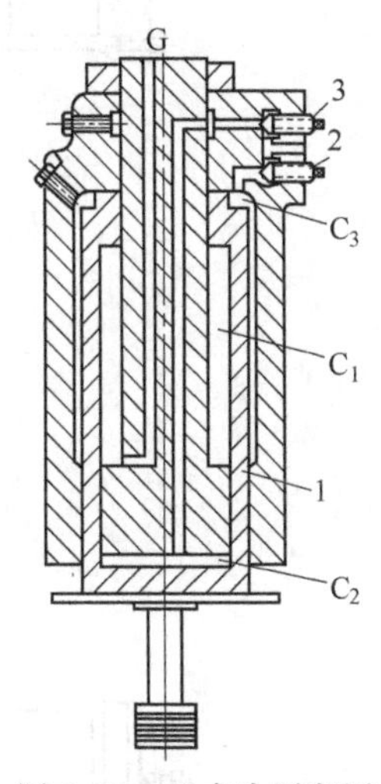

图6-20 立式冷压室压铸机压射机构

1—压射柱塞；2—下节门；3—上节门；C_1—提升腔；C_2—下腔；C_3—上腔；G—进出口

顶部有提升腔 C_1 的压力液的进出口G，为常压。上节门3是控制下腔 C_2 的压力液的进出口；下节门2是控制上腔 C_3 的压力液的进出口。当只打开上节门时，下腔 C_2 进入压力液，压射柱塞1即得到第一级压射力，为5.5t。只打开下节门时，上腔 C_3 进入压力液，压射柱塞即得到第二级压射力，为22t。当上下节门都打开时，腔 C_2、C_3 同时进入压力液，压射柱塞即得到第三级压射力，为34t。

上、下节门只是调节压力级之用，严禁用来调节压射速度。因为这两个节门的打开程度虽然能够控制压力液的流量，从而起到调节速度的作用，但这时必然是只将节门打开在一定程度上（而不是完全打开），阀口打开较小，这就造成了高速的压力液，流过小阀口时对节门端部产生严重冲蚀，逐渐地使节门不能起到完全关闭的作用，因而也就失去了调节压力级的作用。所以这两个节门的正确使用是应该开到最大或完全关紧，不应该用来调节压射速度，这样才能准确地调节压力级别。

6.3.3 附属装置

(1) 顶出机构

顶（推）出机构的作用是把已冷凝成型的压铸件从压铸模的型腔内顶（推）出来，使压铸件与型腔分离。顶出机构一般由动力元件、顶出元件、复位元件、限位和导向元件等组成。顶出机构大多数设置在压铸模的动模这半模上。

顶出机构的动力主要来自液压缸的推力或者利用开模动作的机械力。现在的压铸机多采用液压推出液压缸活塞杆的伸缩来带动顶杆运动，将压铸件从压铸模内顶出。其顶出速度、时间和行程均可调节。顶出机构除动力元件外的其他元件，一般都划归压铸模的设计与制造铸造设备。

顶出液压缸的顶出力大小，可按下式计算：

$$F_{顶} > KF_{包} \tag{6-17}$$

式中，$F_{顶}$ 为顶出液压缸的顶出力，N；$F_{包}$ 为压铸件（包括浇注系统）对模具成型零件的包紧力及顶出时铸件与型腔壁的摩擦阻力，N；K 为安全系数，一般取 1.2。

(2) 液压抽芯机构

① 液压抽芯机构组成　液压抽芯机构的组成如图 6-21 所示。

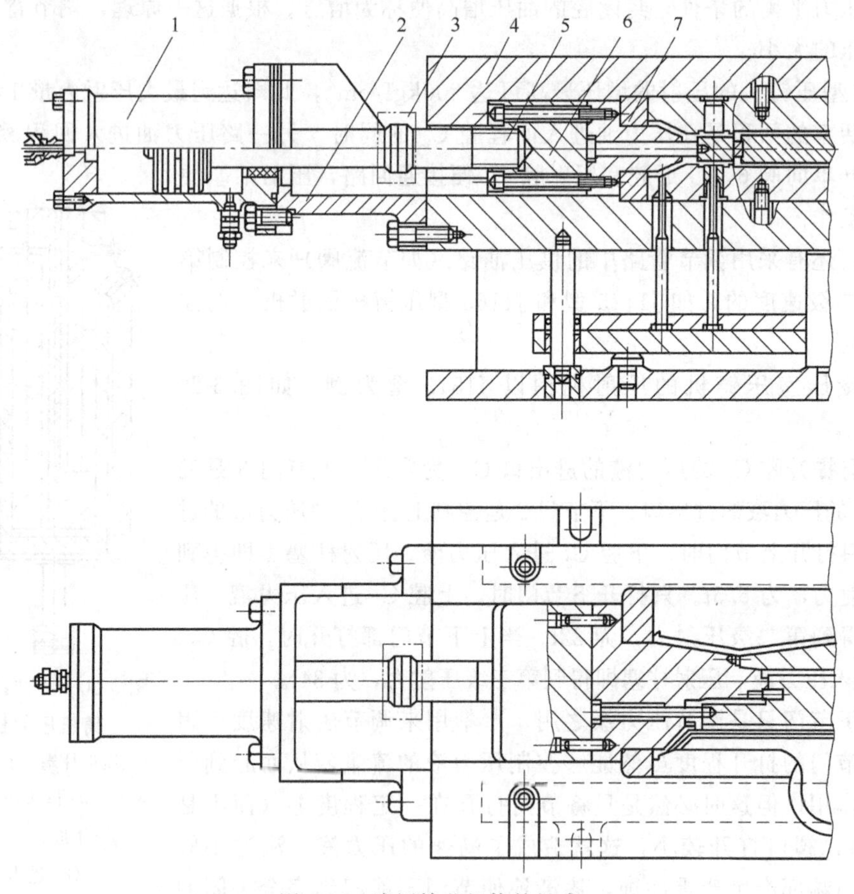

图 6-21　液压抽芯机构的组成

1—抽芯器；2—抽芯器座；3—联轴器；4—定模套板；5—拉杆；6—滑块；7—活动型芯

② 液压抽芯动作过程　液压抽芯器抽芯动作过程如图 6-22 所示，图 6-22 (a) 所示为合模状态，抽芯器借助于抽芯器座装在模具上，联轴器将滑块连接杆与抽芯器连成一体，高压液从抽芯器后腔进入，推动活塞，将活动型芯插入型腔。合模时，由楔紧块封锁滑块，模具处于压铸状态。图 6-22 (b) 所示为开模状态，开模时，楔紧块脱离滑块，开模中停，高压液在抽芯器前腔进入，开始抽出活动型芯。图 6-22 (c) 所示为抽芯状态，继续开模抽出

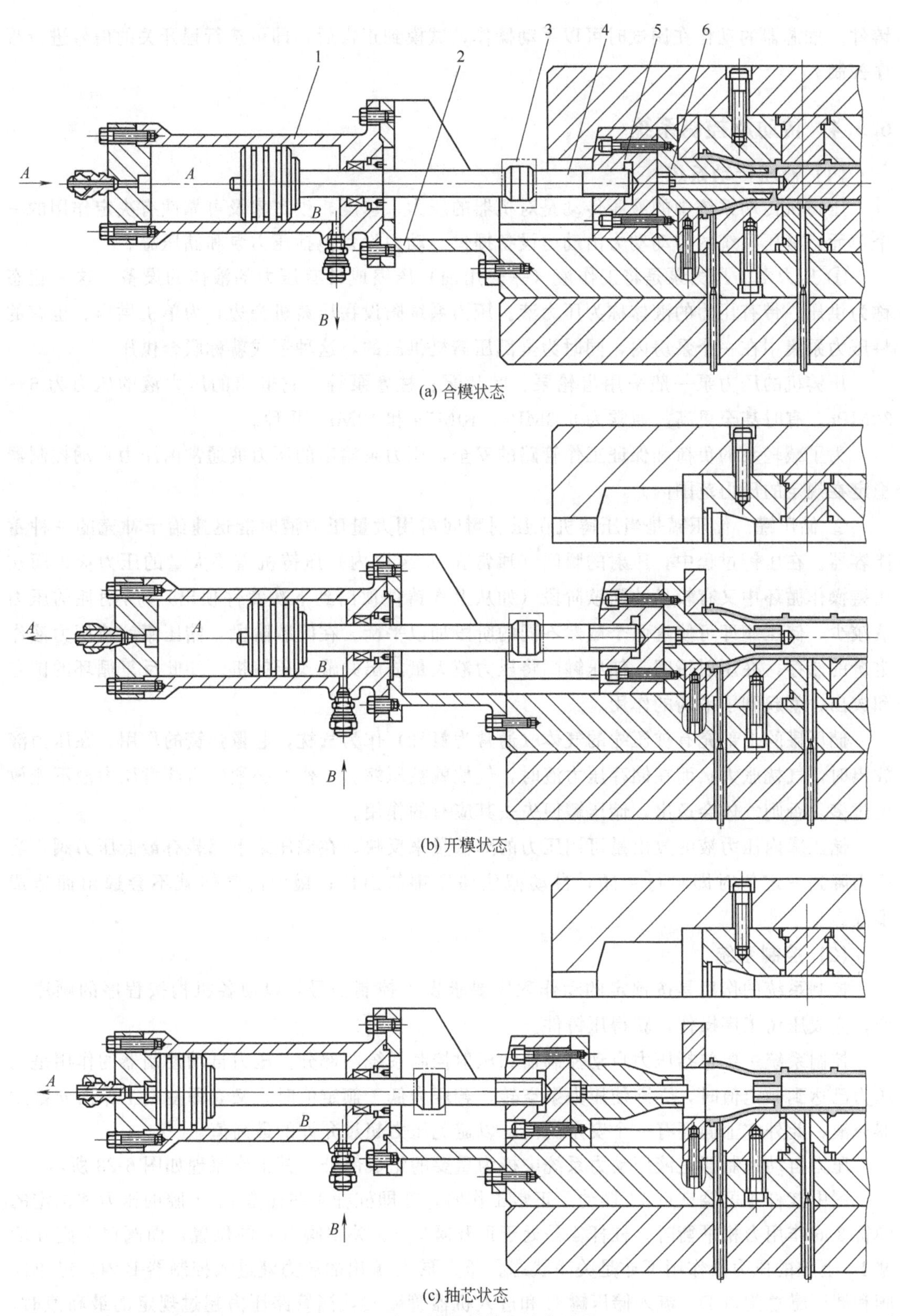

图 6-22　液压抽芯器抽芯动作过程

1—抽芯器；2—抽芯器座；3—联轴器；4—拉杆；5—滑块；6—滑块座

铸件。抽芯器的动作在调试时可以手动操作，试模到正常后，即可按行程开关的信号进行程序控制。

6.3.4 传动及控制系统

(1) 液压传动系统

压铸机传动系统中的液压传动是对机器的压力、速度、生产率及可靠性有决定作用的一个单元。液压系统的传动动力由动力设备提供。动力设备包括压力泵和储压罐。

① 压力泵。压力泵是将工作液（一般用油）压缩成带有压力的液体的设备。这一状态称为供压。带有压力的液体称为压力液。压力系统附设在压铸机旁边，为单机供压。也有的将压力泵集中在一个泵房内，同时为全部压铸机供压的，这种形式就称联合供压。

压铸机的压力泵一般采用齿轮泵、叶片泵、柱塞泵等。它输出的压力液的压力为 6～20MPa，有时甚至更高。通常为 6.3MPa、10MPa 和 12MPa 几种。

为了减轻泵的负荷和保证工作管路的安全，压力泵输出的压力液通常由压力自动控制器稳定在规定的压力范围内。

② 储压罐。储压罐是当压铸机在压射瞬间需用大量压力液时能迅速给予补充的一种蓄能容器。在压铸过程中，压射的瞬间（通常在 0.2s 以内）压铸机需要大量的压力液，而在压铸操作循环中又有较长的间歇阶段（如从上次铸件顶出到下次铸件顶出），所消耗的压力液较少，储压罐即可使这两个截然不同的阶段加以平衡。在间歇阶段，储压罐就将压力液作定量的储存，在压射瞬间，储压罐则将压力液大量放出并输入压铸机。如此反复循环的储存和放出，就起到了平衡的作用。

储压罐的上部充有被压缩的气体（通常为氮气）作为气枕，起像弹簧的作用，在压力液放出时，气枕胀大；而在储存压力液时，气枕就被压缩。工作时必须严格注意压力液不能放出过多，否则气体会逸出，储压罐便失去其应有的作用。

储压罐内压力液的放出量可用压力的降低量来反映。在储压罐下部装有最低压力阀，当压力降到一定值时即自行关闭，自动截住储压罐的出口；罐内的气体就不会逸出而造成事故。

(2) 控制系统

控制系统的作用是按预定的动作程序要求发出控制信号，以使各机构按程序的顺序动作，完成压铸工序操作，获得压铸件。

控制系统主要包括压力自动控制器和压射控制系统两部分。压力自动控制器的作用是当压力已达到额定值时，立即使压力泵空转，若压力低于额定值时，又立即使其工作面向蓄压器充液，此外它上面还有一个安全阀门，以避免压力超过允许的最高值。

压力自动控制器是液压动力系统中极为重要的组成部分。其工作原理如图 6-23 所示。

图中杠杆 4 可绕支点 11 摆动。正常工作时，亦即杠杆 4 在柱塞 P_1 上腔的压力和调定的弹簧 3 的作用力相平衡时，杠杆 4 是处于顶开阀口 5、关闭阀口 6 的位置，而阀口 7 则在活塞 P_2 上腔的压力液作用下亦是关闭状态。压力泵 A 输出的压力液进入控制器 B 内，经单向阀和储压罐总阀口 D，流入储压罐 C 和进入机器管路 Q，当管路压力超过规定的最高值时，压力液经管道口进入柱塞 P_1 上腔，腔内压力便大于弹簧的作用力，柱塞 P_1 便移动，杠杆 4 便摆动，阀口 5 也关闭，切断管路（包括储压罐）的压力液，杠杆的一端向上顶开阀口 6，

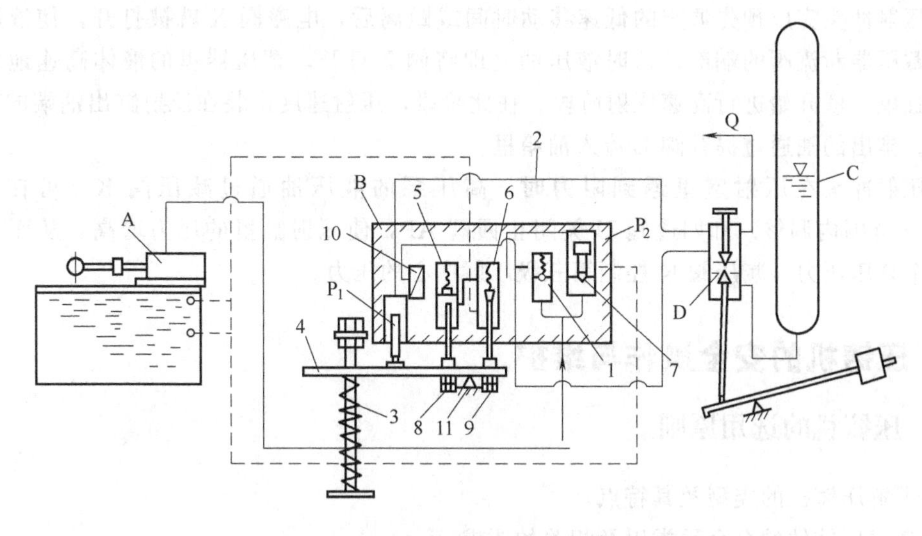

图 6-23　压力自动控制器的工作原理

1—单向阀；2—管道；3—弹簧；4—杠杆；5,6,7—阀口；8,9—阀杆；10—过滤网；11—支点；A—压力泵；B—控制器；C—储压罐；D—储压罐总阀口；Q—机器管路；P_1—柱塞；P_2—活塞

接通回路，活塞 P_2 上腔卸压，压力液即顶开阀口 7，便大量地流回液箱，压力泵卸载空转。当管路压力降到规定的最低值时，柱塞 P_1 的上腔压力小于弹簧 3 的作用力，杠杆 4 便恢复正常位置，泵就恢复供压。

注意过滤网 10 要经常清洗干净，以免影响通过的工作液量；杠杆 4 对阀口 5 和 6 的控制是通过阀杆 8 和 9 来进行的。

标准的液压压射系统如图 6-24 所示。其控制过程和原理是：当关闭压射按钮时，一个电磁阀被打开，便使液压油流到四通阀 U 里，然后将管路内液压油送到压射活塞端部，使压射活塞开始低速移动，其移动速度是由四通阀 U 的出油端即调节阀 B 控制的，移动距离则由定时计或限制开关来控制。

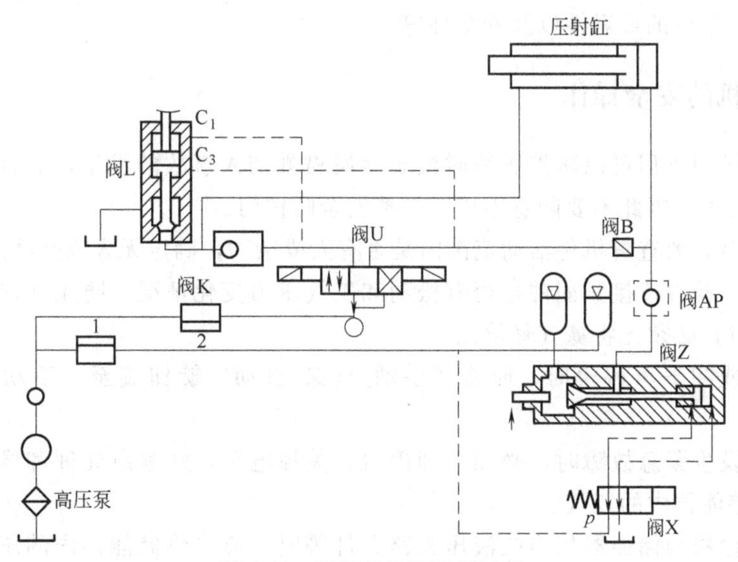

图 6-24　标准的液压压射系统

当压射冲头完成预先调定的低速移动时间或距离后，电磁阀 X 就被打开，使液压油流到自动蓄压器断流阀的端部，这时液压油立即将阀 Z 打开，蓄压器里的液体高速地直接流到压射缸里，就开始进行高速压射阶段。在此阶段，压射速度由装在压射缸出油端的节流阀来控制。排出的油通过提升阀 L 流入油箱里。

当压射冲头在压射室里遇到阻力时，高压泵的液压油通过减压阀 K（可在 8.4～17.5MPa 范围内调整）和四通阀 U 关闭止回阀 AP，使压射缸里的压力增高，从而对铸件施加一个高压压力。减压阀 K 控制第三级压射中心的压力。

6.4 压铸机的安全操作与维护

6.4.1 压铸机的选用原则

① 了解压铸机的类型及其特点；

② 考虑压铸件的合金种类以及相关的要求；

③ 选择的压铸机应满足压铸件的使用条件和技术要求；

④ 选定的压铸机在性能、参数、效率和安全等方面都应有一定的裕度，以确保满意的成品率、生产率和安全性；

⑤ 在保证第④点的前提下，还应考虑机器的可靠性与稳定性，据此来选择性价比合理的压铸机；

⑥ 对于压铸件品种多而生产量小的生产规模，在保证第④点的前提下，应科学地选择能够兼容的规格，使既能涵盖应有的品种，又能减少压铸机的数量；

⑦ 在压铸机的各项技术指标和性能参数中，首要应注意的是压射性能，在同样规格或相近规格的情况下，优先选择压射性能的参数范围较宽的机型；

⑧ 在可能的条件下，尽量配备机械化或自动化的装置，对产品质量、生产效率、安全生产、企业管理以及成本核算都是有益的；

⑨ 评定选用的压铸机的效果，包括：成品率、生产率、故障率、维修频率及其工作量、性能的稳定性、运行的可靠性以及安全性等。

6.4.2 压铸机的安全操作

① 安全防护门不但可以防护压铸时液态金属喷溅伤人事故的发生，而且可减少机械伤害和火灾事故发生，因此不要随意不用或去掉安全防护门。

② 开机器时，要查看机件活动范围内是否有人或杂物，确定无人或杂物后，方可启动。

③ 开机前，检查连接紧固件是否有松动和氮气压力变化情况，防止任何火种和热源靠近。需要检修时，必须先将氮气释放完。

④ 在安装或卸下压铸模时，应将“手动/自保/自动”旋钮旋至“手动”位置上进行调整。

⑤ 当机器发生紧急故障时，必须立即停机，关掉电源，并紧急处理和维修。有火灾险情时，应放掉储能器中的氮气。

⑥ 更换或检修与储能器相连的液压管路元件等时，应先将储能器内的压力油放掉，确定无压力后，再进行。

⑦ 每次开机前应清理机器，特别是机件活动范围导轨处，不准有杂物和尘垢等。

⑧ 开机前检查润滑油箱中油面是否足够，并按润滑示意图和润滑要求进行润滑。定期检查自动润滑的润滑情况，特别是曲肘机构部分。

⑨ 开机时，应打开压射冲头和定模板冷却水路。而油冷却器，则视其油温高低而定，当油温升到高于30℃时，应及时打开冷却水路。当环境温度低于零时，停机时间又较长，则应将油冷却器进水关闭，并打开排水口，将水放完，以防冻坏冷却器。

⑩ 严格按电气操作规程和安全规定操作，保持电箱的清洁和干燥，防止电气元件和线路受水潮湿和过热。

⑪ 经常注意吸油滤油器的堵塞指示针所在绿色区域位置，接近红区时须及时更换和清洗滤芯。

⑫ 经常注意检查油温，当油箱中油温超过55℃时，应在一个工作循环结束后，停机检查原因，待油温降下后方可重新工作。

⑬ 操作者离开机器或停歇时间较长时，应停止油泵运转，下班后及时关掉电源。

⑭ 调整合模力应以满足压铸工艺要求为准，尽量小些，避免超过公称合型力，以免损伤合型机件。

⑮ 认真按照维护条款，进行正常检修和维护。

⑯ 机器长期停机时，应彻底清理干净，所有活动摩擦面及加工后外露的未进行表面防护处理的地方，应涂以防锈剂，放掉储能器内的氮气，特别注意电油箱内及其他电气元件的防潮，并定期按有关规定通电和更换电池。

思考与练习题

1. 压铸机分为哪几种类型？各有什么特点？
2. 压铸机由哪几部分组成？各部分的作用是什么？
3. 合模机构有哪几种类型？简述其工作原理。
4. 简述压射机构的增压原理。
5. 简述液压抽芯机构的工作原理。
6. 已知生产某一铜合金压铸件，在分型面上总投影面积 A 为 0.05m^2，选用的压射比压 p 为50MPa，试确定压铸机的型号和规格。
7. 压力泵和储压罐的作用是什么？

第7章 其他成型设备

学习成果达成要求

本章主要学习几种其他类型成型设备（如螺旋压力机、板料折弯机、伺服压力机以及塑料中空成型机等）的通用结构、原理、分类及其发展趋势。

通过学习，应达成如下的学习目标：

① 了解螺旋压力机、板料折弯机、伺服压力机以及塑料中空成型机等设备的结构组成、工作原理等。

② 了解螺旋压力机、板料折弯机、塑料中空成型机的典型结构与分类。

③ 了解伺服压力机的工艺特点。

④ 具有合理选用合适成型设备的基本知识。

⑤ 了解螺旋压力机、板料折弯机、伺服压力机以及塑料中空成型机等设备的相关前沿知识和发展趋势。

7.1 螺旋压力机

7.1.1 螺旋压力机的工作原理和特性

(1) 工作原理

螺旋压力机是采用螺旋副作为工作机构的锻压机械。以惯性螺旋压力机为例说明螺旋压力机的工作原理。惯性螺旋压力机结构如图7-1所示。惯性螺旋压力机的共同特征是采用一个惯性飞轮。打击前，传动系统输送的能量以动能形式暂时存放在打击部分（包括飞轮和直线运动部分质量），飞轮处于惯性运动状态；打击过程中，飞轮的惯性力矩经螺旋副转化成打击力使毛坯产生变形，对毛坯做变形功，打击部件受到毛坯变形抗力阻抗，速度下降，释放动能，直到动能全部释放停止运动，打击过程结束。惯性螺旋压力机每次打击，都需要重新积累动能，打击后所积累的动能完全释放。每次打击的能量是固定的，工作特性与锻锤相近，这是惯性螺旋压力机的基本工作特征。

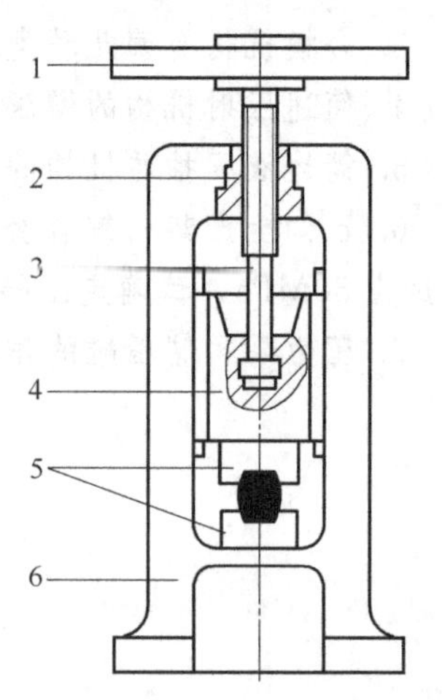

图7-1 惯性螺旋压力机结构

1—飞轮；2—螺母；3—螺杆；4—滑块；5—上、下模；6—机架

(2) 组成及特性

螺旋压力机主要由五大部分组成：传动部分、工作部分、机身部分、操纵系统以及附属装置等。以 3000kN 双盘摩擦压力机为例进行介绍，具体结构图如图 7-2 所示。

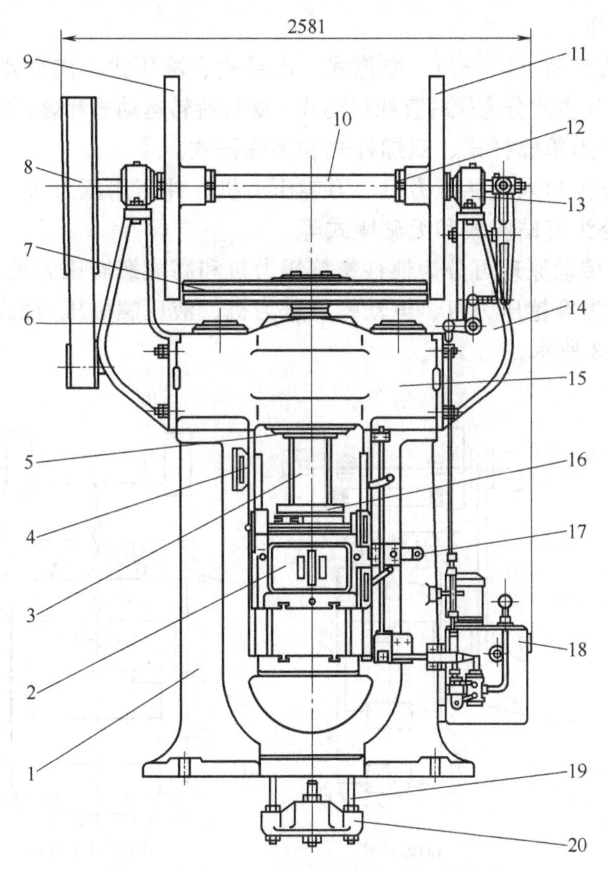

图 7-2　3000kN 双盘摩擦压力机结构图

1—机身；2—滑块；3—螺杆；4—斜压板；5—缓冲圈；6—拉紧螺栓；7—飞轮；8—传动带；9,11—摩擦盘；10—传动轴；12—锁紧螺母；13—轴承；14—支臂；15—上横梁；16—制动装置；17—卡板；18—操纵装置；19—拉杆；20—顶料器座

螺旋压力机在工作过程中，并无固定下死点，对较大的模锻件可多次打击成型，可进行单打、连打和寸动。它的滑块速度低（约 0.5m/s，仅为锻锤的 1/10），打击力通过机架封闭，故工作平稳，振动比锻锤小得多，不需要很大的基础，因此具有较好的成型特性。

① 工艺适应性好，模锻同样的工件可以选用公称压力比热模锻压力机小 25％～50％的螺旋压力机。大多数螺旋压力机的允许压力为公称压力的 1.6 倍，如果有摩擦过载保护装置，则允许在这个压力下长期工作。

② 螺旋压力机的滑块位移不受运动学上的限制，因此终锻可以一直进行到模具靠合为止，压力机和模具的弹性变形可由螺杆的附加转角自动补偿，锻件在垂直方向上的尺寸精度比在热模锻曲柄压力机上模锻要高 1～2 级。

③ 模具容易安装调整，不需要调整封闭高度或导轨间隙。

④ 螺旋压力机滑块的最大线速度为 0.6～1.5m/s，最适合各种钢和合金的模锻，模具所受应力小。

7.1.2 螺旋压力机的典型结构

螺旋压力机根据传动机构、螺旋副的工作方式、螺杆数量、工艺用途以及结构形式可分为多种形式，具体如下：

① 按传动机构的类型可以分为：摩擦式、电动式、液压式、离合器式。

② 按螺旋副的工作方式分为螺杆直线运动式、螺杆旋转运动式和螺杆螺旋运动式三大类。

③ 按螺杆数量分为单螺杆式、双螺杆式和多螺杆式。

④ 按工艺用途分为粉末制品压力机、万能压力机、冲压用压力机、锻压用压力机等。

⑤ 按结构形式分为有砧座式和无砧座式等。

螺旋压力机按照传动原理可分为惯性螺旋压力机和高能螺旋压力机。其中惯性螺旋压力机按动力形式又可分为摩擦压力机、电动螺旋压力机、液压螺旋压力机、复合传动螺旋压力机，传动类型如图 7-3 所示。

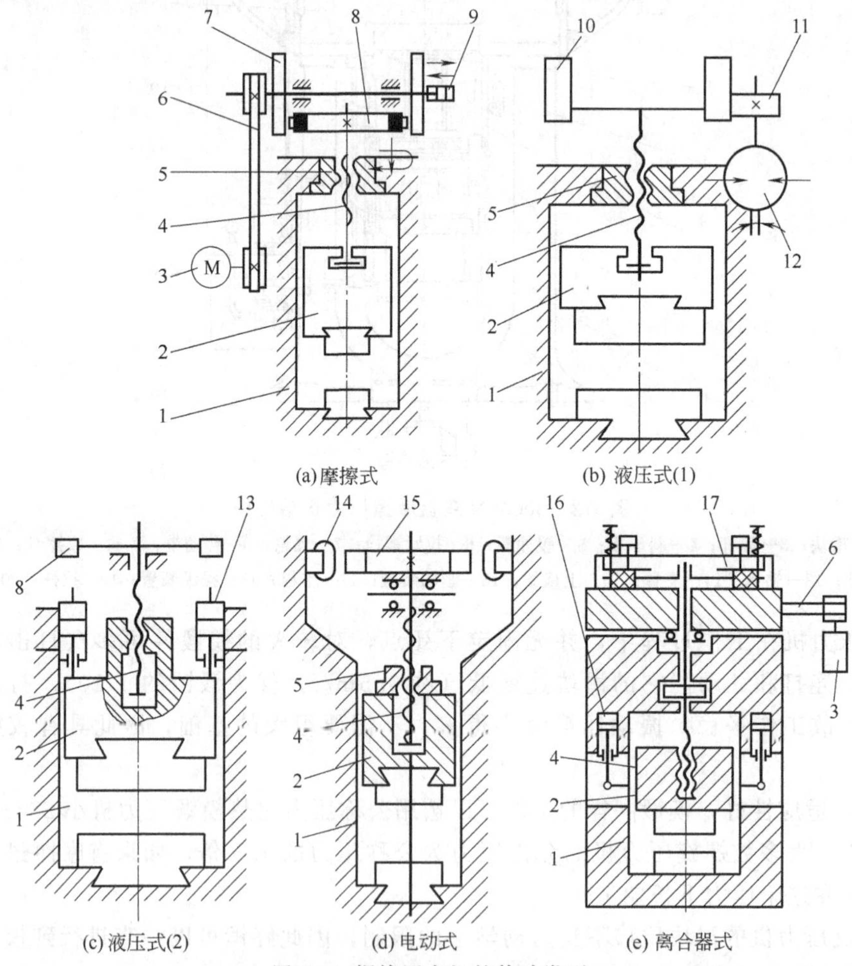

图 7-3 螺旋压力机的传动类型

1—机架；2—滑块；3—电动机；4—螺杆；5—螺母；6—传送带；7—摩擦盘；8—飞轮；9—操纵气缸；10—大齿轮（飞轮）；11—小齿轮；12—液压马达；13—液压缸；14—电动机定子；15—电动机转子（飞轮）；16—回程缸；17—离合器

(1) 摩擦压力机

采用摩擦传动机构传动的螺旋压力机称为摩擦压力机。图 7-4 所示是摩擦压力机的操纵系统原理图。整个传动链由电动机经一级V带传动、摩擦盘与飞轮构成的正交摩擦传动机构组成。横轴上装有两个摩擦盘，总朝一个方向旋转。飞轮边缘覆盖有摩擦材料。通过左右摩擦盘交替压紧飞轮，可改变飞轮的旋转方向，起到驱动、离合和换向多重作用。螺旋副通常采用右旋螺纹。当操作传动盘向右移动左盘压紧飞轮时，通过传动盘与飞轮之间摩擦作用使飞轮从静止开始加速转动。由于受到螺旋副的约束，飞轮和螺杆产生螺旋运动，其直线运动分量驱使滑块产生向下行程。在向下运动过程中，当运动部分积累的能量达到规定值时，操纵系统使传动盘与飞轮脱开，运动部分靠惯性继续下行。当上模与毛坯接触时开始打击。打击过程结束后操纵系统换向，飞轮带动滑块回程。一次往复行程组成一个工作循环。

这种正交圆盘传动机构常用作无级变速机构。传动中存在宏观滑动和几何滑动，影响传动效率。飞轮在最上位置时，飞轮与摩擦盘的接触半径较小，线速度较小。飞轮起步后随滑块行程量的增加，接触半径增大，线速度增加，宏观滑动较小，这种接触特性刚好满足加速飞轮的需要。回程的接触从最大半径开始，伴有剧烈的打滑损失，摩擦螺旋压力机常有回程困难的现象，因此大型摩擦螺旋压力机多配备平衡缸。

(2) 电动螺旋压力机

电动螺旋压力机是靠转子和定子之间的磁场产生的力矩，驱动转子（飞轮）正、反转，通过主螺旋副的螺旋运动，使滑块完成工作循环。其结构原理图如图7-5所示。

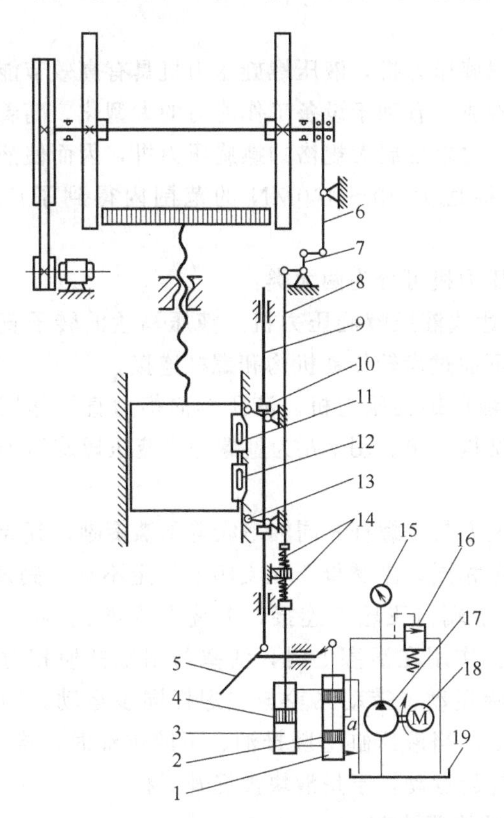

图7-4　摩擦压力机的操纵系统原理图

1—分配阀液压缸；2—分配阀；3—液压缸；4—活塞；5—操纵手柄；6—拨叉；7—曲杆；8—操纵杆；9—控制杆；10—上碰块；11—上行程限位板；12—下行程限位板；13—下碰块；14—弹簧；15—压力计；16—溢流阀；17—液压泵；18—电动机；19—油箱

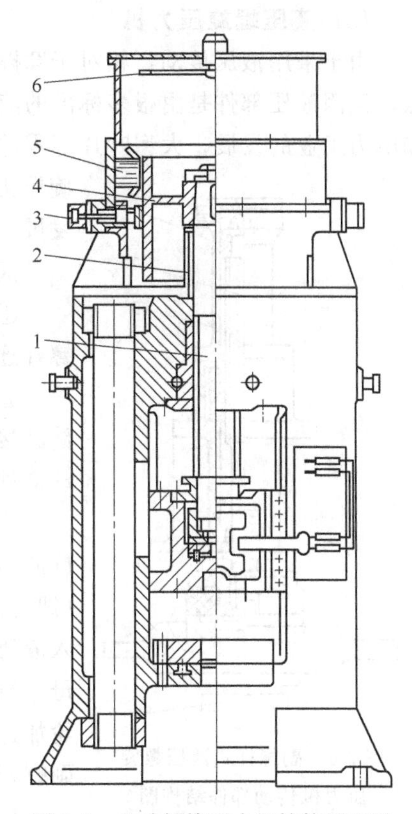

图7-5　电动螺旋压力机结构原理图

1—主螺杆；2—导套；3—制动器；4—转子；5—电动机定子；6—风机

电动机定子5安装在机身上，而电动机的转子4（即为飞轮）与主螺杆上端相连，二者均为圆筒形。转子高度为滑块行程加定子高度，由低碳铸钢制成，结构简单、加工容易，可靠性好。压力机的工作是靠转子和定子之间的磁场产生的力矩，驱动转子（飞轮）正、反转，通过主螺旋副的螺旋运动，使滑块完成工作循环。

电动螺旋压力机按传动特征分为以下两类。

① 电动机直接传动式　这种电动螺旋压力机没有单独的电动机，电动机的转子就是压力机的飞轮或飞轮的一部分，利用定子的旋转磁场，在转子（飞轮）外缘表面产生感应电动势和电流，由此产生电磁力矩，驱动飞轮、螺杆转动。这种电动螺旋压力机传动环节少，结构简单，打击能量恒定，操作维修方便。

② 电动机机械传动式　特殊电动机造价高，当电动螺旋压力机公称压力大于40MN后，采用电动机-齿轮传动，由一台或几台异步电动机通过小齿轮带动有大齿圈的飞轮旋转，飞轮只起传动和蓄能作用，飞轮和螺杆只作旋转运动，通过装在滑块上的螺母，使滑块作上下直线运动。

电动螺旋压力机具有传动环节少、容易制造、操作方便、冲压能量稳定等特点。与同吨位摩擦压力机相比，每分钟行程次数提高了2～3倍，不必经常更换磨损件，近年来增长很快，并向大型化发展。

(3) 液压螺旋压力机

由于采用液压传动，相对于摩擦和电动螺旋压力机，液压螺旋压力机具有高效节能的特点，又因液压部件是由很多标准的液压元件构成，有利于设备工作能力的大型化。随着航空和电力工业的发展，大型叶片等零件的精锻，要求发展大规格的螺旋压力机，因而使液压螺旋压力机在公称压力40～140MN的范围内得到了广泛的发展。

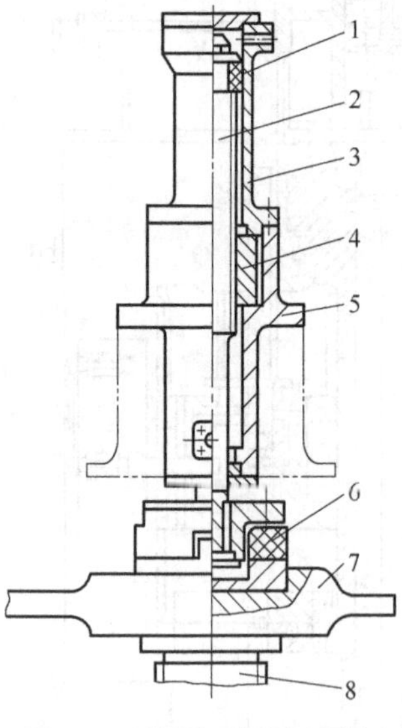

图7-6　副螺杆式液压螺旋压力机传动部件结构图

1—活塞；2—副螺杆；3—液压缸；4—副螺母；5—支座；6—尼龙十字形联轴器；7—飞轮；8—主螺杆

液压螺旋压力机可分为两大类：

① 液压马达式液压螺旋压力机。液压马达的转子直接和螺杆连接，也可通过齿轮传动机构和螺杆连接。

② 缸推式液压螺旋压力机。液压轴向推力直接作用于螺旋副接触面，结构简单。图7-6为副螺杆式液压螺旋压力机传动部件结构图。

飞轮7的上方与主螺杆8同轴串联着副螺旋副，其导程和旋向与主螺旋副相同，副螺母4在支座上固定不动。副螺杆2（即为活塞杆）下端与飞轮7连接，上端为活塞1。高压油进入液压缸3上腔作用在活塞上时，活塞与副螺杆便相对副螺母下行并作螺旋运动，带动飞轮与主螺杆同步运动，同时飞轮加速积蓄能量。当液压缸上腔排油、下腔进油时，推动主、副螺杆反向作螺旋运动，于是滑块被提升回程。

(4) 高能螺旋压力机

这种螺旋压力机与惯性螺旋压力机的区别在于飞轮的工作方式完全不同。图7-7为NPS型离合器式螺旋压力机结构和工作原理图。主电动机通过V带驱动飞轮8，使它单向自由旋转。工作时由液压推动离合器活塞10，使与螺杆连成一体的离合器从动盘与飞轮8结合，带动螺杆作旋转运动，通过固定连接在滑块上的螺母，使滑块向下运动，并进行锻击。飞轮的转速降低到一定数值时，控制离合器系统的脱开机构将起作用，通过控制顶杆顶开液压控制阀使离合器脱开，飞轮继续沿原方向旋转，恢复速度。与此同时，利用固定在机身上的液压回程缸6，使滑块上行，完成一个工作循环。

该压力机可在操作面板上预置锻压力，当实际锻压力达到预定值时，机械惯性机构迅速打开离合器的卸荷阀，使离合器液压缸快速排油，弹簧便将离合器脱开。

离合器式螺旋压力机属于压力限定型设备，一次打击能量不是飞轮的全部动能，通常为飞轮降速12.5%时所释放的能量。在冷击时不会产生惯性螺旋压力机那样的冷击力。这种螺旋压力机具有高的打击能量，保证在任意位置的能量发挥，具有闷模时间短、节能、基础工作条件好等特点。

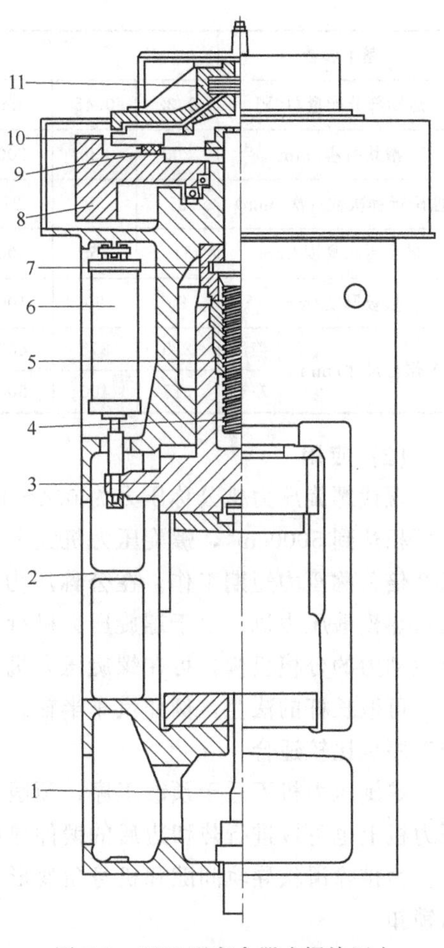

图7-7 NPS型离合器式螺旋压力机结构和工作原理图

1—顶杆；2—机身；3—滑块；4—螺杆；5—螺母；6—回程缸；7—推力轴承；8—飞轮；9—摩擦盘；10—离合器活塞；11—离合器液压缸

7.1.3 螺旋压力机的技术参数

(1) 技术参数

螺旋压力机的基本参数和主要尺寸，主要用于表示该种型号设备的力能特性、操作尺寸、生产率等特征。主要技术参数有：

① 公称压力。公称压力是螺旋压力机的名义压力，它是在允许过载的条件下螺杆允许承受的压力。惯性螺旋压力机的打击力是不固定的，打击力的大小与有无打滑飞轮及锻击状态有关。现代螺旋压力机的公称压力范围为0.4～140MN。

② 运动部分能量。运动部分总动能包括飞轮、螺杆、滑块的总动能。大中型压力机有时也考虑上模的质量。在螺旋压力机上完成较薄锻件的压印和精压工序时，这种工序要求很大的力，但是要求的能量较小。完成厚锻件的镦粗工序，需要消耗很大的能量。在公称压力相同时，压印-精压、镦粗和体积模锻的能量之比为1∶2∶3。

③ 滑块行程。工作部分加速获得动能和锻件变形需要的滑块位移之和为最大行程，它影响装料和锻件的取出条件、采用机械化措施的可能性和安装组合模具的可能性。

④ 滑块行程次数。螺旋压力机滑块每分钟行程次数对压力机生产率、模具寿命和传动功率有重要影响。表7-1所示为双盘摩擦压力机参数系列。

表7-1 双盘摩擦压力机参数系列（JB/T 2547.1—2007）

基本参数	主参数系列									
公称压力/10kN	63	100	160	250	400	630	1000	1600	2500	4000

续表

基本参数		主参数系列									
运动部分能量/10kJ		0.22	0.45	0.9	1.8	3.6	7.2	14	28	50	100
滑块行程/mm		200	250	300	350	400	500	600	700	800	900
理论行程次数/(次/min)		35	30	27	24	20	16	13	11	9	7
最小封闭高度/mm		315	355	400	450	530	630	710	800	1000	1250
垫板厚度/mm		80	90	100	120	150	180	200	220	250	280
工作台尺寸/mm	前后	250	315	400	500	600	720	800	1050	1250	1400
	左右	315	400	500	600	700	800	1050	1250	1500	1800

(2) 应用

现代螺旋压力机公称压力为0.4～140MN，生产的锻件质量从几十克到250kg。锻件投影面积达到5000cm^2，螺旋压力机大多数结构允许以1.25～1.6倍公称压力长期工作，允许以2倍公称压力短期工作。在公称压力使用时，有效能量不低于60%。在工作能力方面已超过热模锻压力机。由于螺旋压力机行程次数低，不适于作拔长和滚挤。在模具上增加具有单独动力的分模机构，可在螺旋压力机上进行分模模锻。利用工作台的中间孔和可倾式工作台，可锻长杆的法兰，例如汽车半轴。螺旋压力机没有固定下死点，用于无飞边模锻和精整的工序也比较适合。

螺旋压力机不适于预锻工序，预锻工序可以在其他设备上进行。为了提高精度，在螺旋压力机上也可以进行热切边后的锻件热精整。高精度模锻时，精度由嵌入模具中的撞块来保证。为排除滑块导轨间隙和机身角变形对模具错移的影响，可采用导柱和设在模具周边的导向锁扣。

7.2 板料折弯机

7.2.1 板料折弯机的工作原理

折弯是使金属板料沿直线进行弯曲，以获得具有一定夹角或圆弧工件的塑性成型工艺(如图7-8所示)，广泛地应用于钣金加工工业，常用的方法有三种：自由折弯、强制折弯以及三点式折弯，在现代折弯机上，普遍采用的是自由折弯与三点式折弯工艺。

板料折弯机就是用最简单的通用模具对板料进行各种角度的直线弯曲，是使用最广泛的一种弯曲设备。板料折弯机操作简单，模具成本低，更换方便，机器本身只作上下往复的直线运动。

折弯机的品种规格繁多，结构形式多样，功能不断增加，精度日益提高，已经发展成为一种精密的金属成型机床。按驱动方式分，常用折弯机有机械板料折弯机、液压板料折弯机、气动折弯机三种类型。

7.2.2 板料折弯机的分类及特点

(1) 机械板料折弯机

机械板料折弯机的结构特征及工作原理与机械压力机相同，也是采用曲柄连杆机构将电

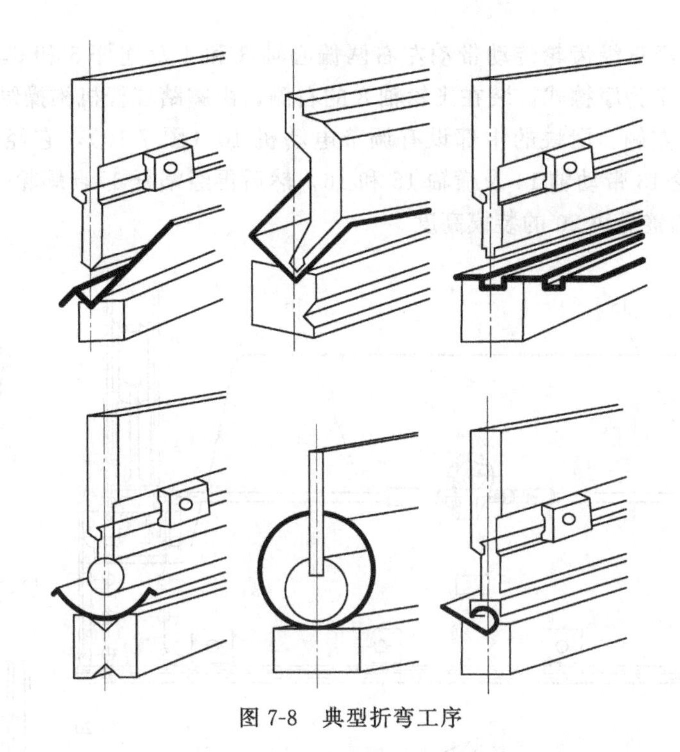

图 7-8 典型折弯工序

动机的旋转运动变为滑块的往复运动。机械折弯机机构庞大，制造成本较高，常用于中小件的折弯。

以某型机械式板料折弯机为例，其传动结构及原理如图 7-9 所示。电动机经三角皮带 1

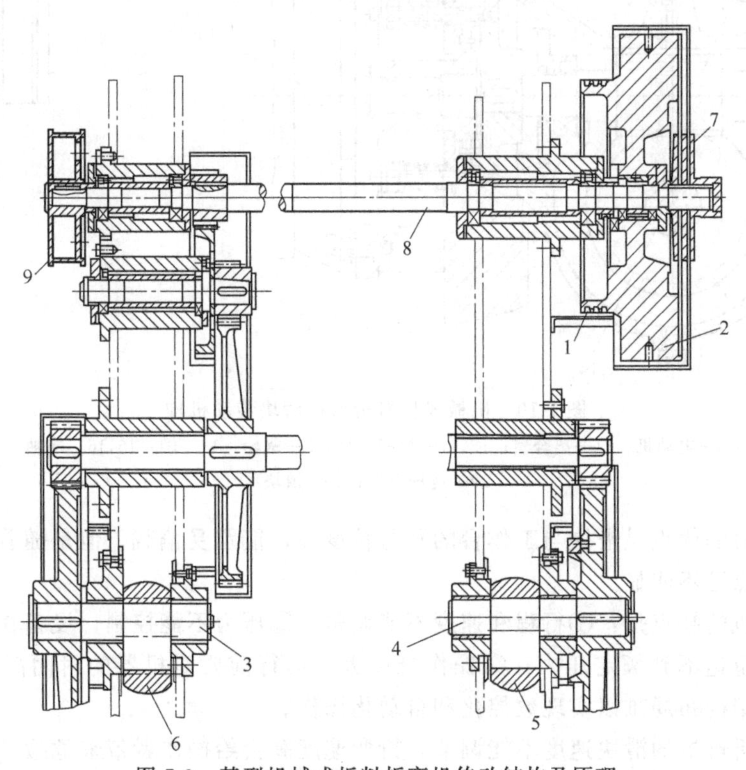

图 7-9 某型机械式板料折弯机传动结构及原理

1—三角皮带；2—飞轮；3,4—偏心轴；5,6—连杆；7—离合器；8—飞轮轴；9—制动器驱动飞轮 2，然后经三级齿轮传动带动左右两偏心轴 3 和 4 及连杆 5 和 6，从而使滑块上、下运动。其离合器 7 为摩擦式，装在飞轮轴 8 的右侧，由脚踏杠杆机构操纵。制动器 9 为带式，装于飞轮轴的左侧。滑块的中部设有调节电动机 10（图 7-10），它经安全摩擦离合器 11、蜗杆 12、蜗轮 13 带动轴 14 及横轴 15 和 16，然后再经蜗杆 17，蜗轮 18 带动左右两连杆的下端 19，以调整滑块 20 的装模高度。

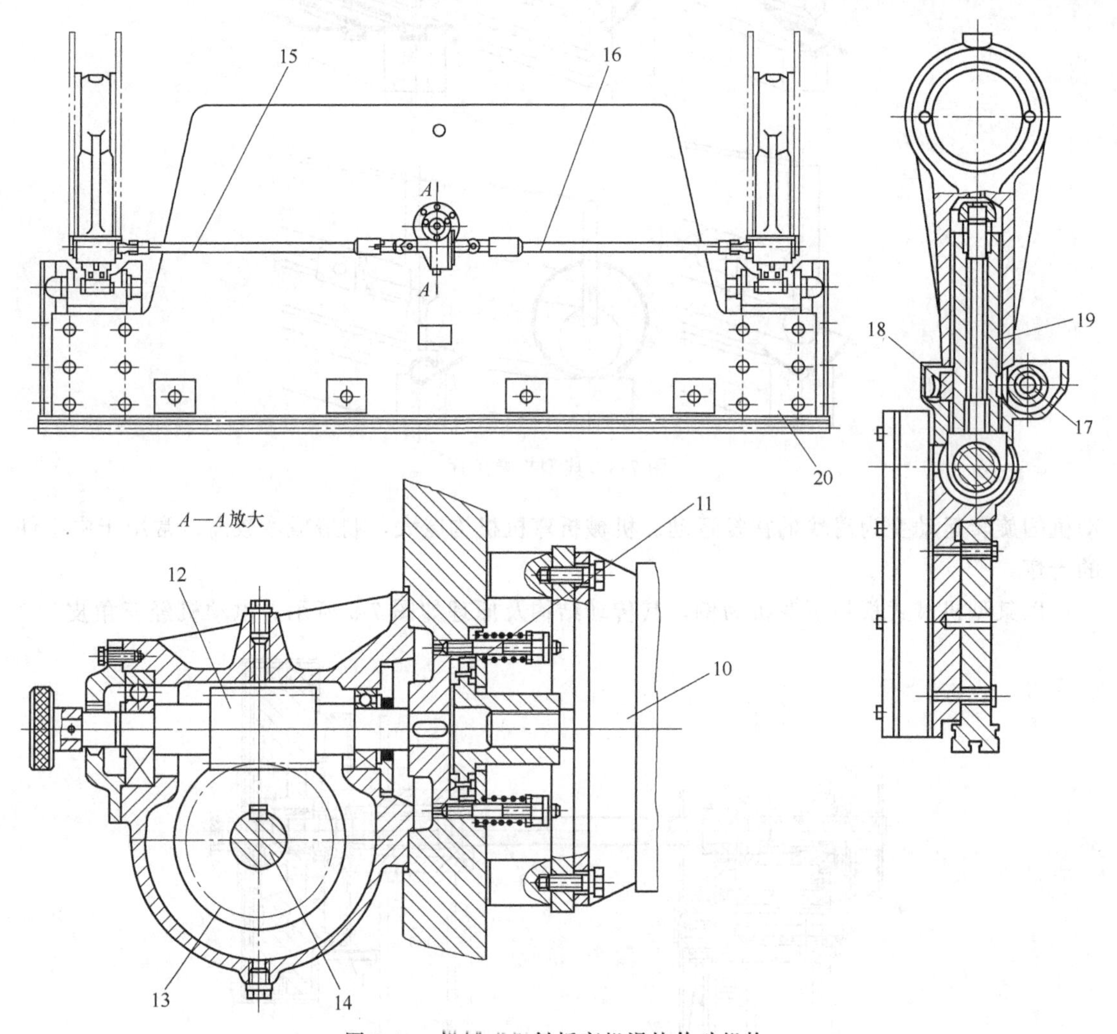

图 7-10　机械式板料折弯机滑块传动机构

10—电动机；11—离合器；12,17—蜗杆；13,18—蜗轮；14—轴；15,16—横轴；19—连杆下端；20—滑块

机械折弯机的优点是滑块与工作台的平行精度高，能承受偏载。但是随着液压折弯机的发展，这些优点已不明显。

机械折弯机的缺点是：①行程和速度不能调整；②压力不能控制，设备在滑块行程周期的大部分时间里达不到额定压力；③操作难度大，运行前要对机器的封闭高度进行仔细调整；④机器的结构布局难以实现数控化和自动化操作。

由于机械折弯机的滑块速度不能调节，折弯速度高会给操作者带来危险，容易造成人身事故。折弯大的薄板时，板料会产生惯性弯曲，从而影响零件的形状和精度。随着液压技术和液压折弯机的迅速发展，液压折弯机已成为板料折弯设备的主流，机械折弯机正逐步退出折弯机械领域。

(2) 液压板料折弯机

液压板料折弯机是采用液压直接驱动，液压系统能在整个行程中对板料施加全压力，过载能自动保护，且易实现自动控制。图 7-11 所示是一种液压板料折弯机。它设有上模 1、下模 2 和后挡料机构 3，分成若干段的上模 1 经液压垫与滑块 4 相连，折弯板料时，液压垫内的油在压力作用下可挤出部分，上模相对滑块作少量的回缩运动；滑块回程时，液压系统向液压垫补油，上模相对滑块复位，所以工件的弯曲角不取决于滑块的下死点位置，因而也不必对滑块的行程作精确地控制。同时，液压垫能保证沿工作台全长对工件均匀加压，使其不受滑块及工作台挠度的影响。

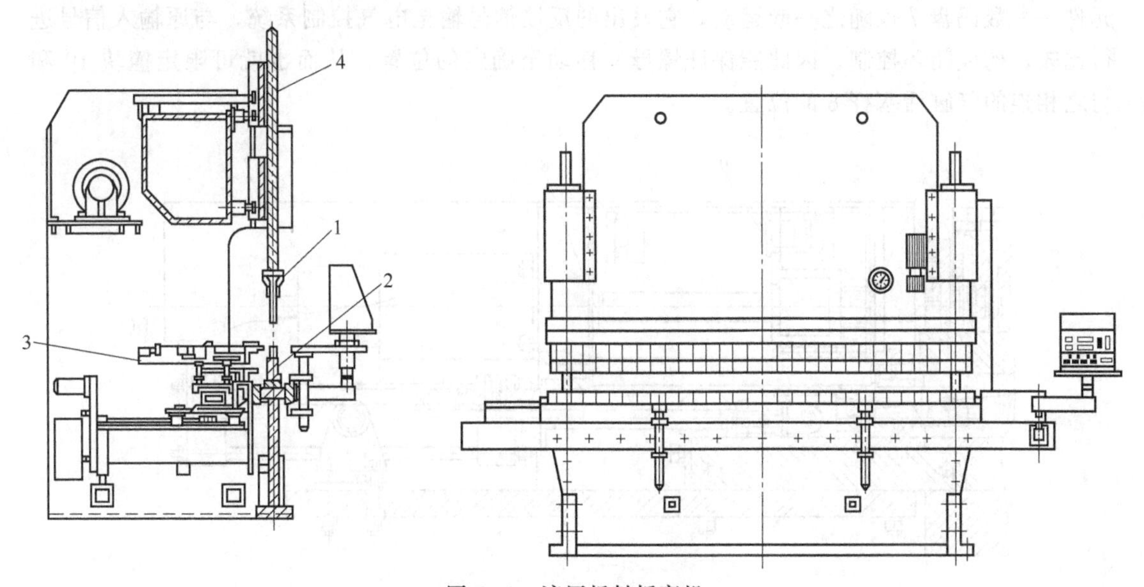

图 7-11　液压板料折弯机

1—上模；2—下模；3—后挡料机构；4—滑块

在下模调整机构中（图 7-12），借助一套气缸楔块机构来对下模的活动垫块 5 的上、下

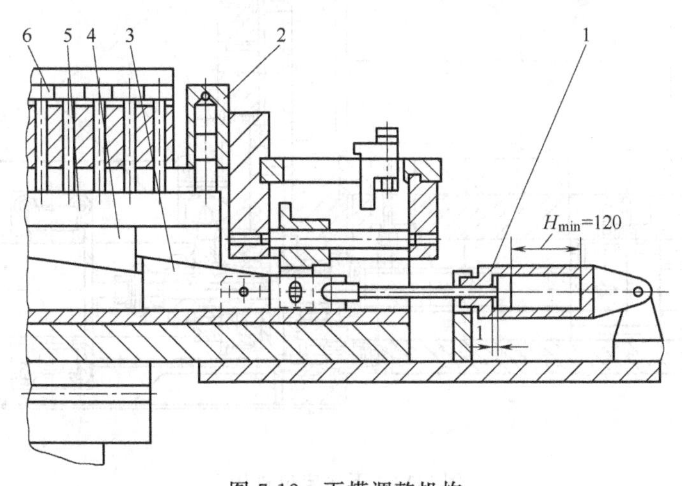

图 7-12　下模调整机构

1—气缸；2—小气缸；3—下楔块；4—上楔块；5—垫块；6—凹模底板

位置进行调节。当气缸活塞杆在压缩空气作用下向右运动时，与其相连的下楔块 3 也向右运动并推动上楔块 4 和垫块 5，克服两个小气缸 2 中柱塞的阻力，使活动垫块 5 和凹模底板 6 向上移动，即将工件弯曲角调大；当活塞杆带动下模块向左运动时，在小气缸中气压的作用下，柱塞推动垫块和上楔块向下运动，并贴紧下楔块，因而活动垫块下降，即将工件弯曲角度调小。由于上述楔块机构刚度大，所以一旦调节之后，就能保证工件的弯曲角度不变。

图 7-13 所示是下模定位机构，它用来限定下模调整机构中的活塞杆，从而使下模中的活动垫块有准确的位置。这套定位机构由直流伺服电动机 1 驱动。电气控制系统按照所需的工件弯曲角，发出指令信号，使伺服电动机转动，此旋转运动经齿形带轮 3、齿形传送带 4、齿形带轮 5、摩擦离合器 6 和丝杠 2，变为螺母 9 的直线运动。同时，装于丝杠右端的检查元件——数码盘 7 也随之一起运动，它发出的反馈信号输至电气控制系统，与原输入信号进行比较，构成闭环控制。因此能保证螺母 9 移动至确定的位置，从而也就可限定撞块 10 和与之相连的气缸活塞杆 8 的位置。

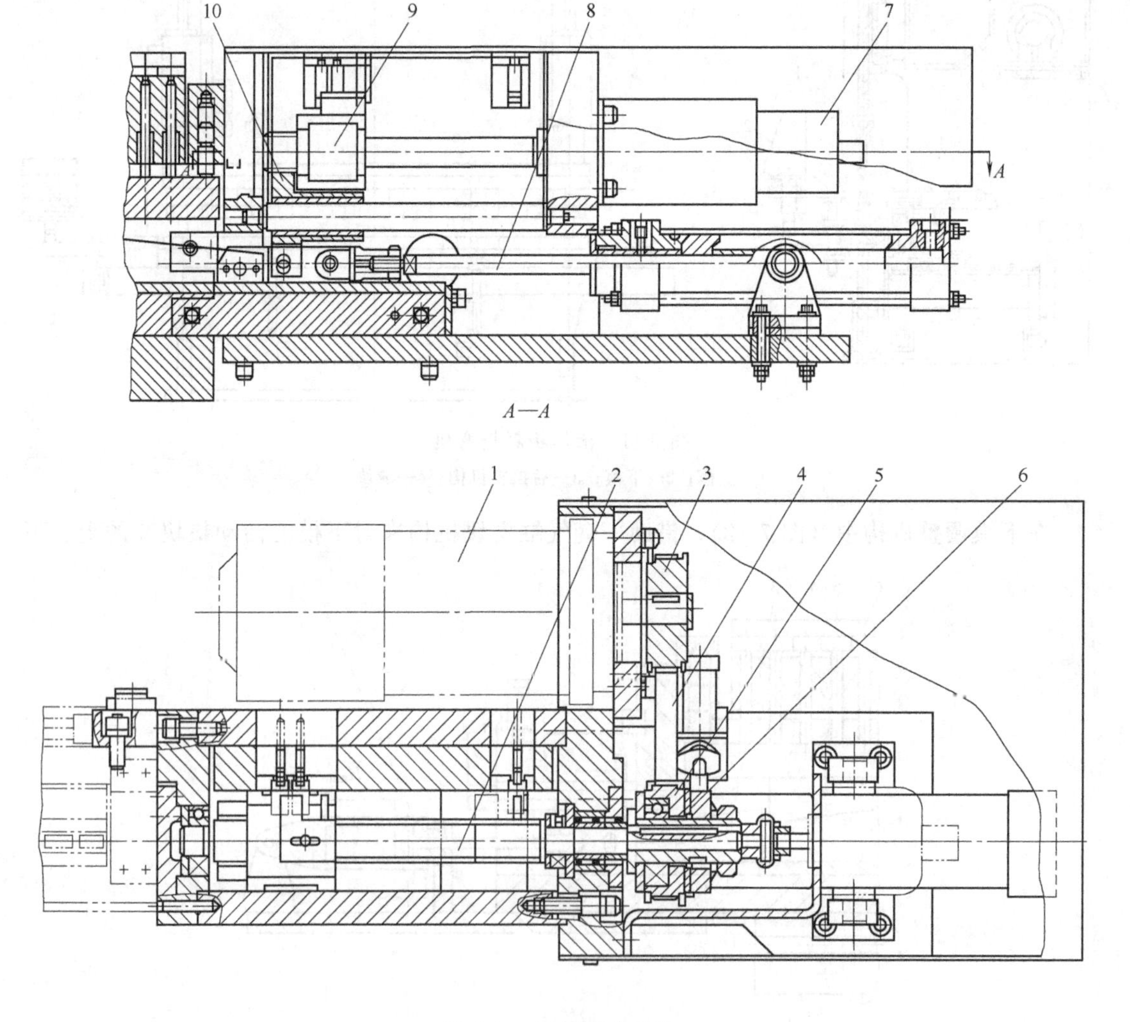

图 7-13　下模定位机构

1—伺服电动机；2—丝杠；3,5—齿形带轮；4—传送带；6—摩擦离合器；7—数码盘；8—活塞杆；9—螺母；10—撞块与机械折弯机相比，液压折弯机具有明显的优点：①具有过载保护，不会损坏模具和机器；②容易实现数控，调节行程、压力、速度简单方便；③在行程的任何一点都可产生最大压力；④容易实现快速趋近、慢速折弯，可任意调整转换点。

(3) 气动折弯机

气动折弯机，即用压缩空气为动力源，一般用于小型薄板材料的折弯。按照是否装有数控系统，可将折弯机分为普通折弯机和数控折弯机。从20世纪80年代中期以来，折弯机向着数控方向迅速发展，发达国家各主要厂家的产品数控化率已达70%～95%。研究表明，板料折弯机采用数控后可节约调整时间20%～70%、板料操作时间20%～50%、工件检查时间30%～45%，减少劳动力20%～30%，缩短生产周期20%～75%，并提高了加工质量，减少了废料损失。

同普通折弯机相比，数控折弯机具有以下优点：①零件的折弯精度比普通折弯机高，而且整批零件的精度一致；②减少半成品的堆放面积和堆放时间，也相应减少了半成品的搬运堆放工作量；③数控折弯机一般都有折弯角度直接编程的功能，只要输入几个数据经过一次试折和修正，即可完成调整工作，不需要技术熟练的工人。

7.2.3 板料折弯机附属机构

为改善板料折弯机的劳动条件，提高生产率及实现自动控制，在折弯机上还设有一些辅助机构，包括前托架、后挡料机构、上下料机构等。

(1) 前托架

早期的折弯机只配备简单的前托架，用来放置待折弯的板料。后来在前托架上增加了定位挡块及挡块，使前托架成为前挡料器。但这些前托架只是用来放置板料或兼作挡料，折弯时还必须由操作人员托持板料，不但劳动强度大，而且容易造成人身事故。因此近年来出现了活动前托架，折弯时不需要操作人员托持板料。主要有两种结构：

① 浮动式。前托架平时处于水平位置，开始折弯时前托架下面的气缸进气，使前托架跟随被折弯的板料摆动而升起，进气的压力调节到托架只对板料起支承作用，而不会使板料产生额外的变形。

② 伺服式。板料放在前托架上时，压住支承销。折弯时板料抬起，脱离销子，销子则发生信号，由液压伺服机构使托架升起，与板料的运动保持同步。

(2) 后挡料机构

为保证折弯角中心线相对于板料的边缘有正确的位置，折弯机上一般都设有后挡料机构。图7-14所示是某型液压折弯机上采用的后挡料机构。此机构装在压力机的后部。操作者用手转动位于压力机左前方的手轮1，与之相连的左丝杠2也作旋转运动；同时，借助链轮3、链条4和链轮6的作用，又带动右丝杠7，因此左、右螺母8以及导向块9沿导向杆10作前后直线运动，从而与其相连的左、右后挡料块11也随同一起运动。后挡料块上台阶面与压力机中心线间的距离等于板料边缘至弯曲角中心线的距离。折弯前，根据工件图的要求调定后挡料块的位置，并将板料的前边缘推靠后挡料块上台阶面，使其能在板料预定的位置上折弯。松开手柄12，可调整后挡料块的高度及左右位置。

随着数控技术的发展，数控后挡料机构也逐渐被应用。该挡料机构能有效提高挡料精度。当工件具有多个不同的弯曲角度时，能进行连续快速折弯，直到获得完全成型的工件，不必每折弯一个角度装卸一次板料或半成品，因而可以大大提高生产率，减轻劳动强度，节

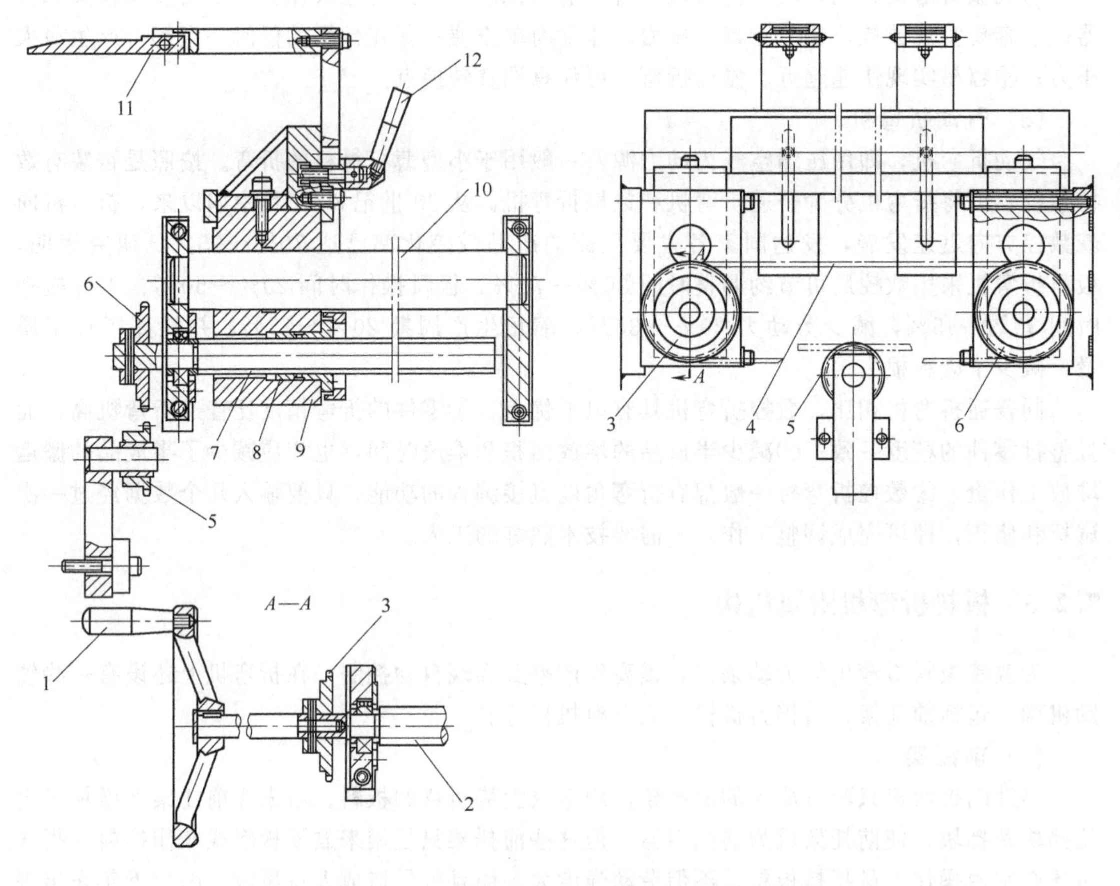

图 7-14 某型液压折弯机上采用的后挡料机构

1—手轮；2—左丝杠；3,5,6—链轮；4—链条；7—右丝杠；8—螺母；
9—导向块；10—导向杆；11—后挡料块；12—手柄

省车间堆放面积。

(3) 上下料机构（专用机器人）

在数控折弯机上，为了降低操作人员的劳动强度，提高生产率，采用机器人实现自动上下料已成为研究热门。在折弯机上曾使用过通用工业机器人，但效果不能令人满意。从 20 世纪 80 年代开始，一些公司开始研制折弯机专用的机器人。

图 7-15 所示属于多关节型折弯机器人，一般装于折弯机的正面，共有 4 个自由度。它的手臂旋转运动 A 的范围为 70°，速度为 115°/s；手臂伸缩运动 B 的范围是 1.2m，速度为 1.6m/s，加速度为 $2g$；手腕旋转运动 C 的范围是 180°，速度为 286°/s；手爪旋转运动 D 用于板料翻面，它的转角固定为 180°。该机器人可完成较为复杂的动作，如将板料从料垛送入上、下模之间，将其推靠后挡块，在折弯过程中随板料一起运动，以防止出现不符合要求的弯曲现象，折弯后将工件卸料至成品堆放箱。

7.2.4 折弯机的发展趋势

随着工业生产要求的不断提高，折弯机将向下面的方向发展：

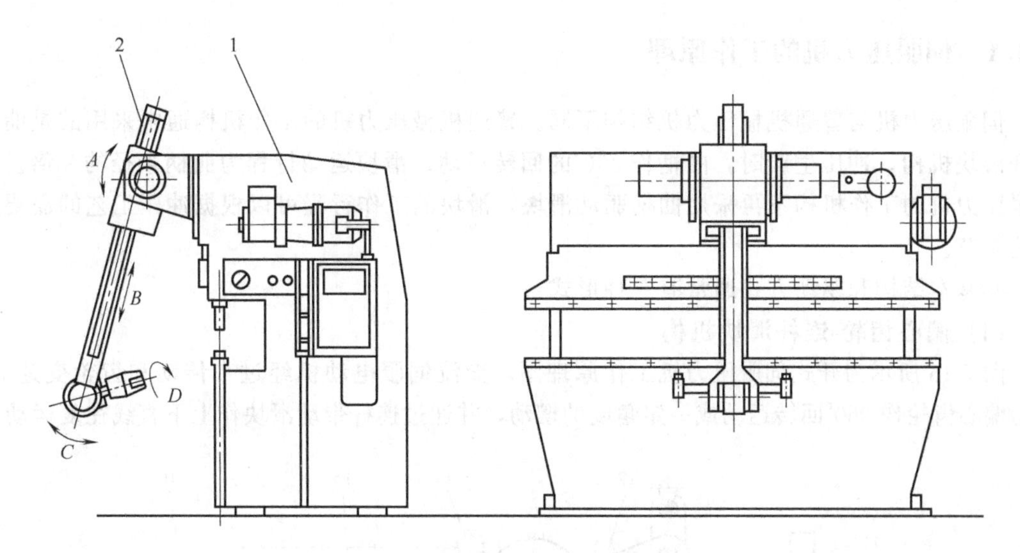

图 7-15 多关节型折弯机器人
1—折弯机；2—折弯机器人

(1) 操作上实现自动化

研制适用于各种折弯机和各种折弯零件的专用工业机器人是实现操作自动化、折弯FMC（柔性制造单元）和纳入板料加工FMS（柔性制造系统）的先决条件。现在已经出现了比较成功的折弯机机器人。

(2) 折弯精度进一步提高

现有的提高折弯精度的各项措施将在折弯机上推广应用，将会出现多种自适应控制系统，使高精度折弯机的比重不断提高。高精度的数控折弯机也将进一步发展。

(3) 不断发展新的弯曲工艺和设备

许多具有多道折弯、多边折弯的典型零件，以及目前不适宜在折弯机上加工的零件，要求突破现有的折弯和折边工艺，实现各种弯曲工艺的交叉，推出边缘型的新工艺，进一步发展专用折弯机或新型折弯机。

7.3 伺服压力机

传统的曲柄压力以交流感应电动机为动力，靠飞轮储存和释放能量，离合器控制设备的运行和停止。其最大的劣势是滑块工作特性固定，无法调节，压力不易控制，工作适应性差，缺乏“柔性”，无法满足冲压机日益提高的加工技术要求。

伺服压力机是在摒弃传统机械压力机的飞轮和离合器等耗能部件的基础上，采用计算机控制的交流伺服电动机直接作为压力机的动力源，通过螺旋、曲柄连杆、肘杆等执行机制技术任意更改滑块运动特性曲线，对滑块的位移和速度进行全闭环控制，实现滑块运动特性可控。工作性能和工艺适应性大大提高，更好地满足了冲压加工柔性化、智能化的需求。伺服压力机能够提高复杂形状冲压件、高强度钢板及铝合金板成型加工的技术水平，充分体现了锻压机床未来的发展趋势，被称为“第三代智能化压力机”。从20世纪90年代出现以来，获得了快速的发展，已经在生产中占据重要位置。

7.3.1 伺服压力机的工作原理

伺服压力机与普通机械压力机结构不同。普通机械压力机的工作机构通常采用的是曲柄连杆滑块机构，冲压生产时，曲柄作360°的回转运动，滑块运动行程为曲柄半径的2倍。而伺服压力机的工作机构不再采用曲柄驱动滑块，滑块的工作行程可以根据冲压工艺的需要方便地调节。

其基本结构和驱动方式通常有三种形式：

(1) 偏心齿轮-连杆滑块机构

图7-16所示为开式伺服压力机工作原理图，交流伺服电动机经过带传动和齿轮变速后，驱动偏心齿轮作360°回转运动或一定角度的摆动，并通过连杆带动滑块作上下直线往复运动。

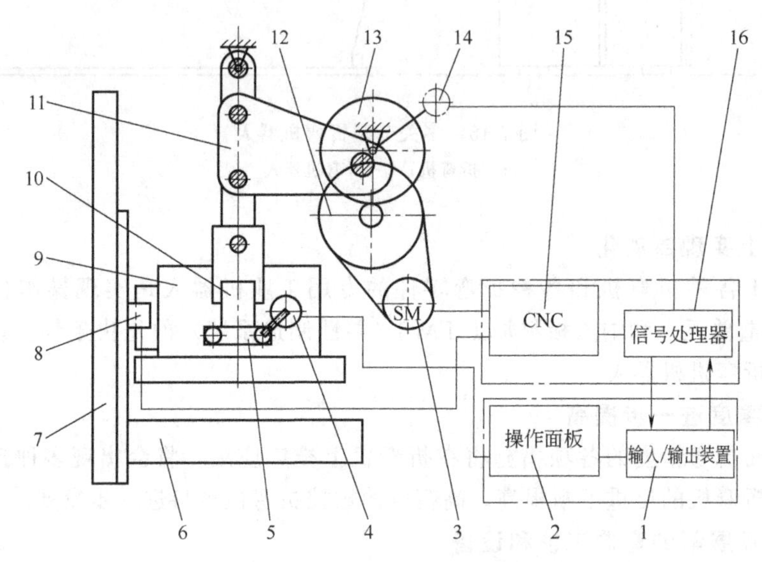

图7-16 开式伺服压力机工作原理图

1—输入/输出装置；2—操作面板；3—交流伺服电动机；4—调模驱动装置；5—载荷监控器；6—工作台垫板；7—床身；8—位置检测器；9—滑块；10—调节螺杆；11—连杆机构；12—传动齿轮；13—偏心齿轮；14—角位移监测器；15—CNC系统控制器；16—信号处理器

压力机在偏心齿轮轴上设置了角位移监测器，可以准确测量偏心齿轮所转过的角度，并反馈给CNC系统控制器。同时，在滑块的导轨附近设置了直线位移传感器，用来检测滑块实际的位置，构成了一个闭环控制系统，以便CNC系统对滑块位移误差加以补偿。该类伺服压力机还带有模具闭合高度自动调节装置以及载荷监控器，一旦压力机出现过载，信号可迅速反馈到CNC系统控制器，并采取相应的保护措施。

(2) 滚珠丝杠-肘杆滑块机构

图7-17所示为一种闭式双点交流伺服压力机的原理图。交流伺服电动机经一级带传动后驱动滚珠丝杠，将回转运动变换为直线运动，再经连杆驱动肘杆机构带动滑块运动。交流伺服电动机的正、反转运动，可实现滑块的往复直线运动。该结构中肘杆的运动幅度可根据冲压工序对滑块行程的要求，由伺服电动机进行自动调节，因此，滑块的运动行程可以无级适时地调节，借助于CNC技术，可以方便地实现滑块的行程位置、滑块的运动速度、滑块的中途停顿、误差补偿等控制，故这类压力机又称为自由曲线数控压力机。

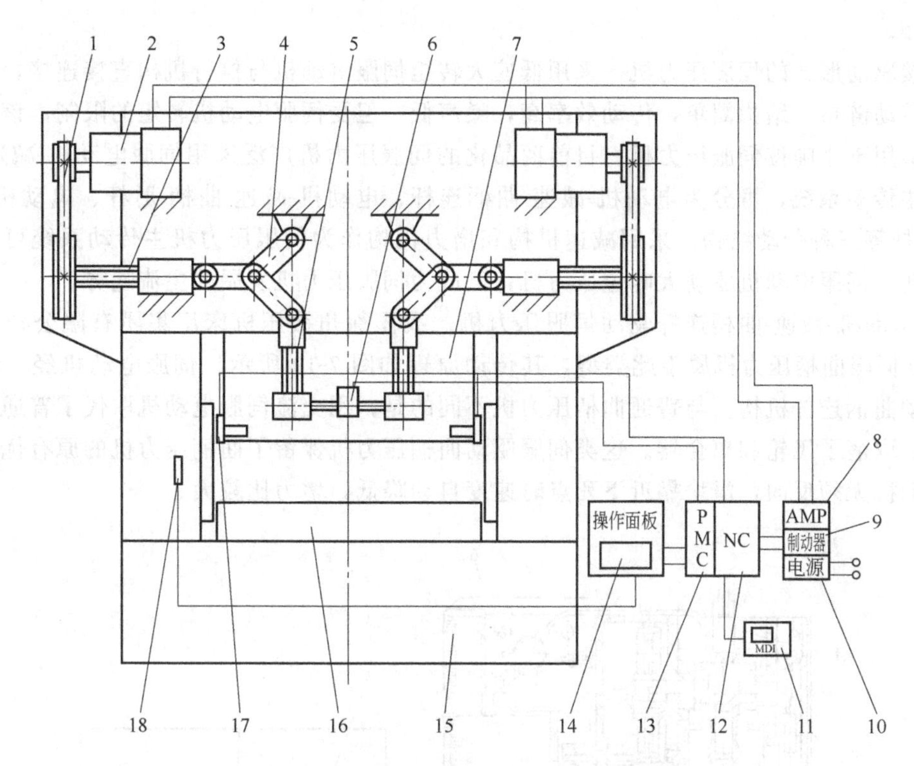

图 7-17　闭式双点交流伺服压力机原理图

1—传送带；2—交流伺服电动机；3—滚珠丝杠机构；4—肘杆机构；5—闭合高度调节螺杆；6—调模驱动机构；7—滑块；8—交流伺服电动机驱动器；9—制动器；10—电源；11—数据输入器；12—NC 系统控制器；13—调模控制器；14—操作面板；15—床身；16—工作台垫板；17—线性位移传感器；18—载荷监控传感器

(3) 滚珠丝杠-滑块机构

图 7-18 所示为直接驱动式伺服压力机原理图，交流伺服压力机经带传动后驱动滚珠丝杠，将回转运动变换为直线运动，再由滚珠丝杠直接驱动滑块运动。同样，伺服电动机的正、反转可实现滑块的上下往复运动。与滚珠丝杠-肘杆滑块机构一样，也可方便地对滑块的位置、移动速度、中途停止、误补偿等进行控制。因采用滚珠丝杠直接驱动滑块，省去了肘杆机构和闭合高度调节机构，且两个伺服电动机可单独驱动控制，滑块的位移测点也是单独控制的，这更有利于滑块因偏心载荷造成不均匀位移的补偿。该传动机构在多点伺服压力机和伺服折弯机上应用较多。

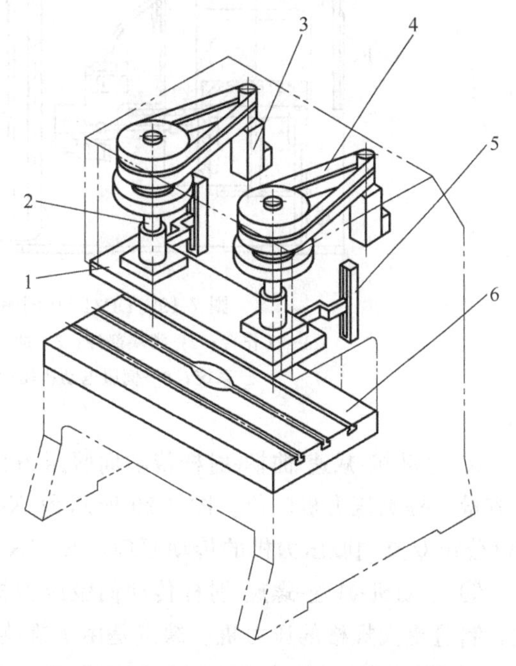

图 7-18　直接驱动式伺服压力机原理图

1—滑块；2—滚珠丝杠；3—交流伺服电动机；4—齿形传送带；5—直线位移传感器；6—工作台板

根据伺服电动机驱动方式，伺服压力机主传动系统可分为伺服电动机直接驱动执行机构和伺服电动机通过减速机驱动执行机构两种类型。

直接驱动形式的伺服压力机，采用低速大转矩伺服电动机与执行机构直接连接，无减速机构，传动链短，结构简单，传动效率高，噪声低。但受伺服电动机转矩的限制，该主传动系统仅适用于小吨位伺服压力机。目前商品化的伺服压力机广泛采用伺服电动机-减速-增力机构的主传动系统，可分为电动机-减速-曲柄连杆、电动机-减速-曲柄-肘杆、电动机-减速-螺旋-肘杆等三种传动结构。采用减速机构和增力机构作为伺服压力机主传动系统可实现高速、小转矩伺服电动机驱动大吨位压力机，已成为伺服压力机发展的主流趋势。

① 电动机-减速-曲柄连杆驱动伺服压力机　我国徐州锻压机床厂集团有限公司开发的DP31-80伺服曲柄压力机属于此类型，其传动原理如图7-19所示。伺服电动机经一级齿轮传动驱动曲柄连杆机构。与普通曲柄压力机不同的是，用交流伺服电动机取代了普通的感应电动机，取消了飞轮和离合器。这类伺服驱动曲柄压力机保留了曲柄压力机的原有优点。回程时电动机无须反向，滑块靠近下死点时速度自动降低，增力比较大。

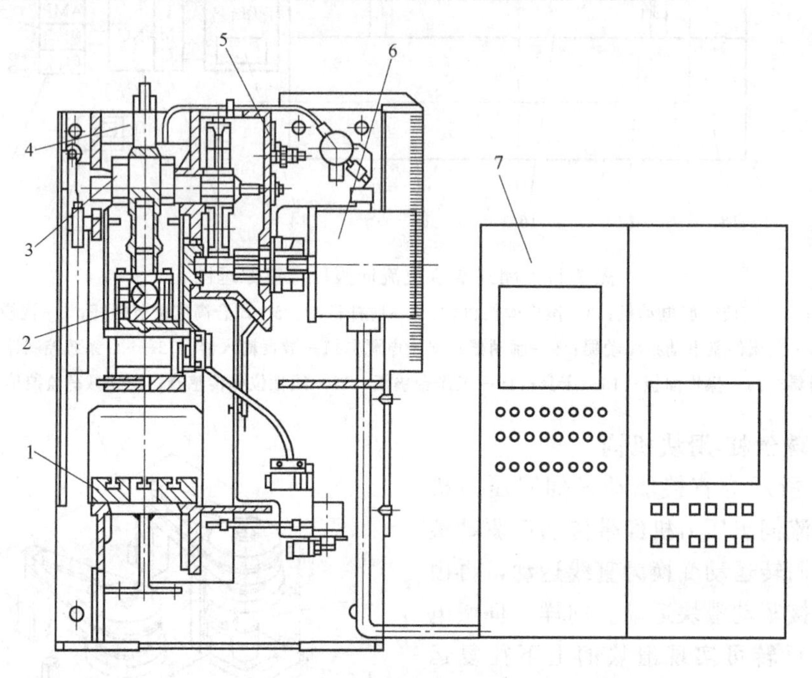

图7-19　DP31-80伺服曲柄压力机传动原理图

1—工作台；2—滑块部件；3—曲柄连杆机构；4—机身部件；5—反馈系统；6—伺服电动机驱动系统；7—计算机控制系统

② 电动机-减速-曲柄-肘杆传动伺服压力机　采用肘杆机构可以提高增力比，减少电动机容量，提高压力机吨位。图7-20所示为KOMATSU公司HIF单点伺服压力机和AMINO公司双点伺服压力机的传动原理，AMINO公司此类压力机最大规格可达25000kN。

③ 电动机-减速-螺旋-肘杆传动伺服压力机　采用这种传动方式，可以获得更大的增力比，制造更大规格的压力机。缺点是由于螺旋需要正反转，工作频率不能太高。

图7-21所示为日本KOMATSU公司H2F系列伺服压力机的传动原理。两台伺服电动机通过传动带减速，带动滚珠丝杠运动，再通过肘杆机构带动滑块上下运动，无飞轮和离合器。压力机不仅有位移传感器，而且有压力传感器，以反馈压力信号。

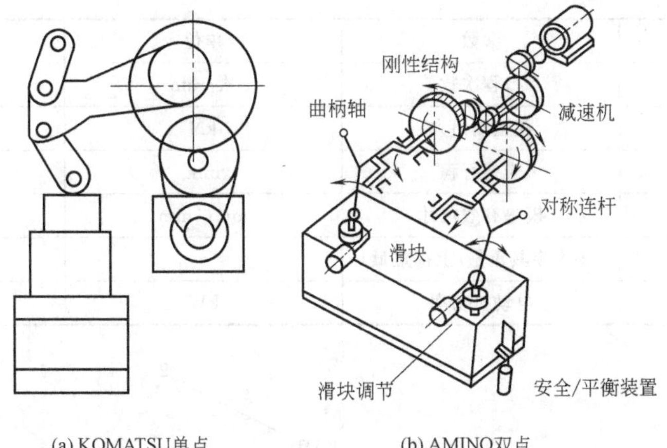

图 7-20 两种伺服压力机的传动原理

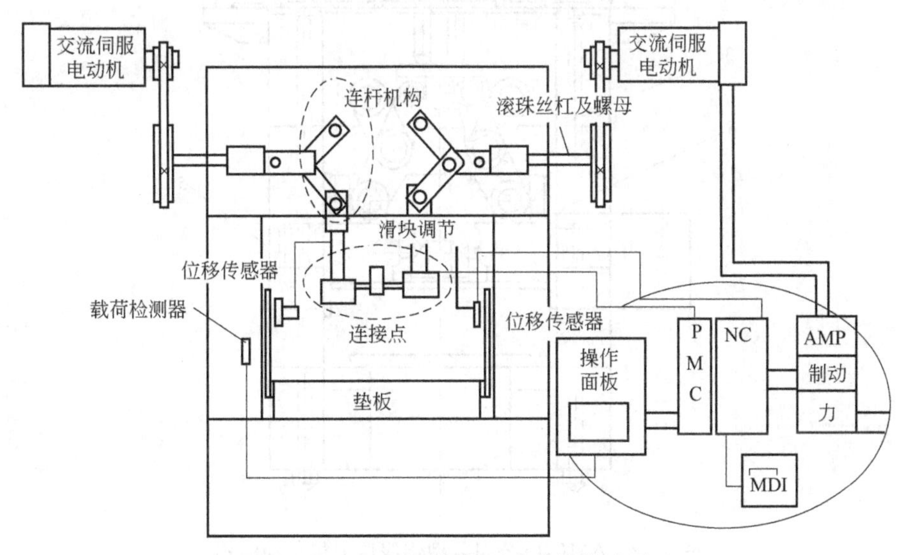

图 7-21 H2F 系列伺服压力机的传动原理

图 7-22 所示为日本 AMINO 公司的伺服压力机传动结构。它采用交流伺服电动机作为动力源，通过减速器驱动特殊螺杆，推动对称肘杆带动滑块运动，将伺服电动机的旋转运动通过螺杆机构转换为滑块的直线运动。表 7-2 所示为 AMINO 公司 25000kN 伺服压力机的主要技术参数。

表 7-2 AMINO 公司 25000kN 伺服压力机的主要技术参数

序号	参数	单位	量值
1	最大输出力	kN	25000
2	行程长度	mm	1100
3	闭模高度	mm	700～1600
4	滑块调节量	mm	900
5	滑块尺寸	mm×mm	5000×3000
6	移动工作台尺寸	mm×mm	5000×3000

续表

序号	参数	单位	量值
7	行程次数	次/min	12～15
8	模垫输出力	kN	4000
9	模垫行程	mm	350
10	模垫有效尺寸	mm×mm	3950×2150
11	最大模具重量/上模重量	t	50/30
12	电动机功率	kW	2×200

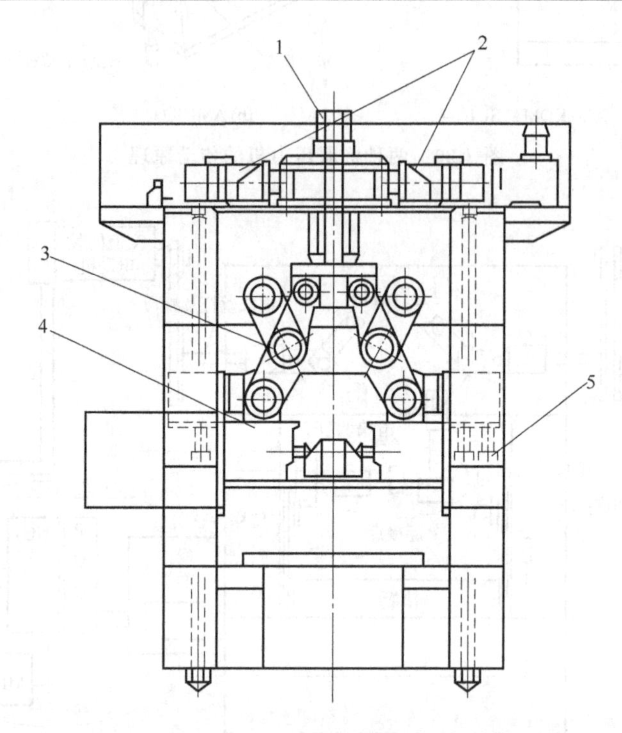

图 7-22 AMINO 公司某型伺服压力机传动结构

1—传动螺杆；2—伺服电动机；3—连杆机构；4—滑块；5—平衡缸

其主要结构特点如下：

a. 特殊螺杆驱动轴　在伺服压力机运动传递过程中，首先需要将电动机的旋转运动转换为直线运动，因此对螺杆的承载能力、热变形和定位精度都要求较高，尤其在设计大吨位伺服压力机时，螺杆的设计和制造是实现伺服传动的关键。由于采用螺杆传动，传动过程比较柔性，可根据零件拉深深度的不同，实现滑块变行程工作，提高生产效率。

b. 对称肘杆结构　主传动系统中采用肘杆作为增力机构，使得压力机能够提供较大的成型压力，降低对伺服电动机转矩的要求；采用对称连杆结构，压力机抗偏载能力强，滑块对导轨载荷小，可以长期维持压力机的精度，还可保证机械同步，在冲裁加工中没有下冲问题。同时由于肘杆机构自身的特性，使得该结构类型的压力机行程相对较小。

c. 油压式平衡装置　伺服压力机运动部分的重量以及上模重量的平衡采用油压式平衡装置来实现。该装置不但保证了压力机的平稳运行，还可以作为压力机的安全装置使用。油压安全装置采用了高度集成化构造，安全性高。压力机紧急停止时，停止时间更短（只需机械压力机一半的时间)；同时伺服电动机紧急制动和油压安全装置双重功能同时动作，设备运行更安全。

7.3.2 伺服压力机的特点

伺服压力机由于采用交流伺服电动机为动力源，可方便实现数字化控制，结合计算机数字控制技术的应用和高精度的闭环反馈控制技术，使之具有许多普通机械压力机所不具备的特点。与传统压力机相比，伺服压力机的特征如下：

(1) 滑块运动可控

由于把原动机从不能调节和控制的普通感应电动机改为CNC控制、可任意调节的伺服电动机，自动化和智能化程度提高，设备使用者可根据工艺要求编制出适合加工工艺的滑块运动方式，可以获得任意的滑块特性，设备的工艺适应性扩大；可以根据不同的工艺采用相应的优化曲线，提高工作性能，甚至可以扩大加工范围如镁合金的冲压加工等。

(2) 制品精度高

通过闭环反馈控制，始终保证下死点的精度。一方面，伺服压力机的运动可以精确控制，一般均装有滑块位移检测装置和行程调节装置，滑块的任意位置（包括下死点）可以准确控制（伺服压力机滑块位置精度一般可以达±0.01m)；另一方面，滑块运动特性可以优化，例如拉深、弯曲及压印时，适当的滑块曲线可减少回弹，提高制件精度。

(3) 提高生产率

伺服压力机行程可以方便地调整，能根据成型工艺需要，使压力机在必要的最小行程工作，生产效率得以提高。其工作频率不但高于液压机，而且可以高于普通机械压力机。

(4) 噪声低，模具寿命长

通过低噪声模式（即降低滑块与板料的接触速度)，与通用机械压力机相比，可大幅减少噪声，而且模具的振动小，寿命长。伺服压力机的环保特性体现在它具有液压机的性能，但没有液压系统，完全消除了油液污染；又由于传动系统简化，传动噪声大大减少；滑块运动特性优化，减少了工艺噪声，如静音冲裁，极大地改善了生产环境。

(5) 简化传动环节，减少维修和节省能量

取消了传统机械压力机的飞轮、离合器等耗能元件，减少了驱动件，简化了机械传动结构，传动环节大大减少，维修工作量也相应减少；伺服电动机本身比普通感应电动机的效率高，且消除了飞轮空转耗能、摩擦器耗能、摩擦制动器耗能等耗能环节，大大降低了伺服压力机的能耗，运行成本也大幅降低。

7.3.3 伺服压力机的工艺

伺服压力机的出现使得板料冲压成型过程控制实现了数字化、程序化、细微化和高精度。对于不同的冲压成型工序（冲裁、拉深、弯曲、级进冲压等)，其冲压工艺性质和要求是不同的。伺服压力机可以最大限度地满足不同冲压工艺的要求，使冲压变形过程更加节能、环保，有效提高模具的寿命，降低生产成本。

① 板料冲裁　在曲柄压力机上进行冲裁时，滑块的行程、速度都是变化的，而且冲模的凸模在冲破板材的瞬间，载荷突然减小，滑块运动方向转变，在这一小段时间内会产生较大的噪声和振动。伺服压力机冲裁过程如图7-23所示。

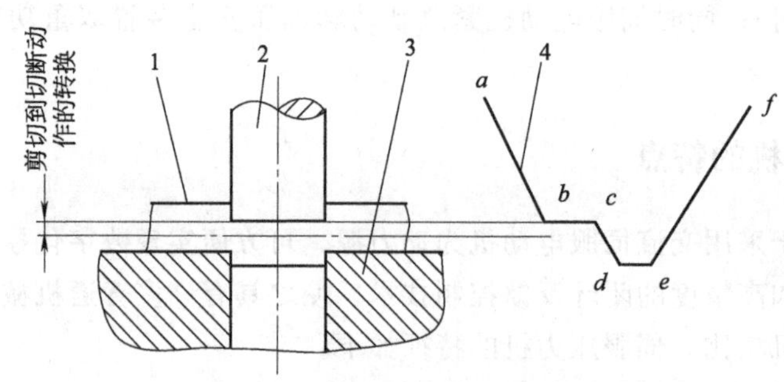

图 7-23　伺服压力机冲裁过程

1—冲裁板料；2—凸模；3—凹模；4—冲裁行程曲线

滑块的运动速度设成匀速（可根据不同阶段需要设成不同的速度值）。当凸模压入板料一定深度（开始产生剪切裂纹）时，让滑块短时停顿（曲线 *bc* 段），接着进入板料剪切到切断动作的转换阶段。在冲穿板厚时又设置一小段滑块停顿的时间（曲线 *de* 段），之后滑块回程。通过这一行程曲线的设置，可使冲裁生产的噪声降低 10dB 以上，达到延长模具使用寿命、减少生产成本、节能环保的目的。薄板冲裁还可采用图 7-24（a）所示的行程控制曲线，冲裁工作阶段滑块的运动速度设置得更小，可进一步减慢板料剪切的速度，有利于增加板料断面上光亮带所占的比例，提高冲裁断面质量，而非冲裁阶段滑块的运动速度可以提高，节省时间，提高效率。

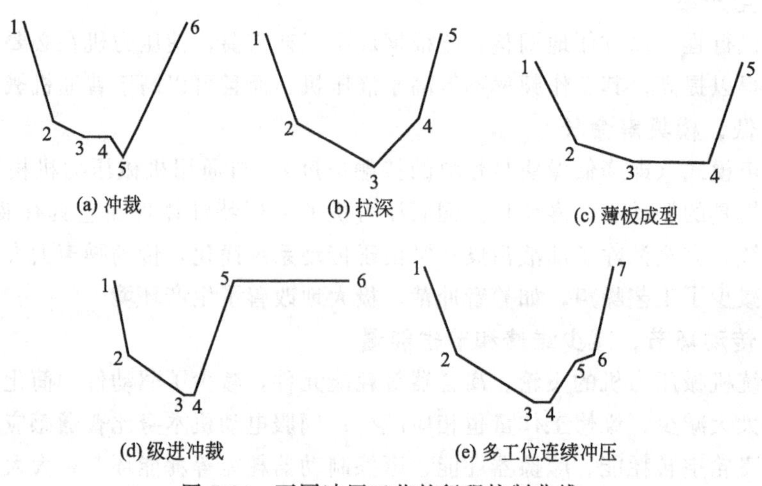

图 7-24　不同冲压工艺的行程控制曲线

② 板料拉深　板料拉深时要求的拉深速度比冲裁要小，拉深工作完成后，拉深凸模的脱出速度也不能太高。图 7-24（b）为伺服压力机拉深时的行程控制曲线，凸模在拉深阶段（曲线 2—3 段）和凸模脱模回程阶段（曲线 3—4 段）所设的滑块运动速度较小，而在非拉深工作阶段滑块的运动速度可以设置得更高些。

③ 薄板成型　薄板成型冲压工艺较为复杂，既有拉深工艺的成分，又含有板料胀形的成分，还有可能含有弯曲、切舌等冲压工艺性质，因此，冲压时滑块的运动速度不宜太快。图 7-24（c）为伺服压力机进行薄板冲压成型时的行程控制曲线，在滑块到达下止点、冲压行程结束时（曲线 3—4 段）停留一段时间，对冲压件起到一个保压的作用，有利于减小冲压件的回弹变形。

④ 级进冲裁 级进冲裁是生产平板状钣金结构件时常采用的一种冲压工艺。冲压时滑块的工作行程要求不大，但冲压成型与板料的送进之间有严格的时序关系，二者应相互协调，否则将造成模具损坏或冲压事故。对于这类冲压工艺可采用图7-24（d）所示的滑块行程控制曲线，在一个冲压成型周期中，滑块回到上止点后将停留近半个周期的时间（曲线5—6段），以便自动送料装置将板料送入工作区。

⑤ 多工位连续冲压 多工位连续冲压所包含的冲压工艺性质不仅仅是冲裁，往往还含有弯曲、拉深、冲切、压印、成型等冲压工艺内容。随着冲压工序内容构成不同，多工位连续冲压模具对冲压过程的控制要求存在较大的差异，不同冲压工艺性质对滑块的行程和运动速度要求各不相同。模具包含的冲压工位越多，冲压过程控制越困难。这类模具通常用于中、高速压力机，对冲压过程控制和自动送料装置的同步要求均很高。采用伺服压力机冲压时，滑块的行程运动速度可以很方便地设定，图7-24（e）所示行程控制曲线就是针对该类冲压工艺而设定的。冲压成型阶段（曲线2—3段）滑块保持较慢的匀速运动，冲压工作结束滑块有一短暂的停留（曲线3—4段），有利于减少冲压产生的噪声和振动。滑块回程的同时进行卸料，为减小上模回程时对脱出的板料产生向上的附带运动，在板料脱模瞬间将滑块速度降低（曲线5—6段），之后快速回程，以便自动送料装置进行板料的送进。

采用伺服压力机冲压不仅可以根据不同的冲压工艺性质方便地设定滑块行程控制曲线，达到不同的控制目的，还可大大减小冲压成型周期，提高生产效率，降低生产成本，实现绿色环保冲压。图7-25所示是传统曲柄压力机滑块行程曲线与数控伺服压力机（自由曲线压力机）滑块行程曲线的比较。由图7-25可知，数控伺服压力机可以方便地将滑块的行程调至最佳行程，而且可方便地设定滑块运动过程不同阶段所需的运动速度，选择上模与板料接触的理想速度（曲线 *bc* 段），尽可能减小冲压时的噪声和振动，同时大大缩短冲压成型周期。

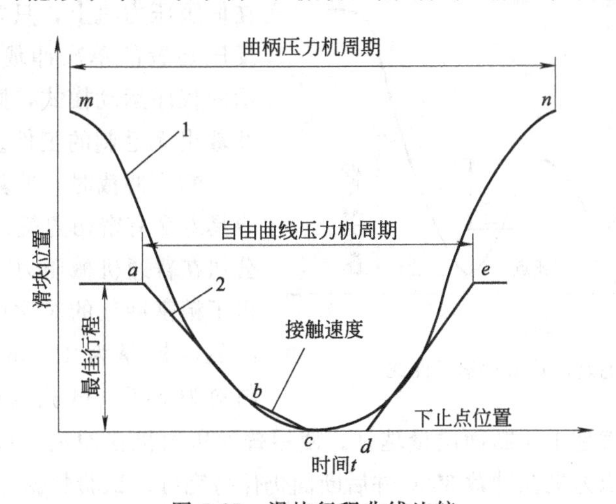

图7-25 滑块行程曲线比较

1—传统曲柄压力机滑块行程曲线；2—自由曲线压力机滑块行程曲线

(1) 冲裁加工

① 静音冲裁 制造业中有60%以上的压力机是用于下料和冲孔等冲裁加工的。在塑性加工中，冲裁是唯一伴随有材料断裂的加工。在压力机上进行冲裁工作时，材料断裂的瞬间，工作负荷突然消失，积聚在机身和传动机构中的弹性变形能会在很短的时间内释放，产生剧烈的振动和巨大的噪声，不但损坏设备和模具，而且恶化生产环境、危害工人健康。在

材料断裂的瞬间，通过降低压力机弹性能量释放的速度可以降低振动与噪声，即降低板料断裂瞬间的冲裁速度，是降噪最有效的方法。

传统机械压力机滑块运动规律固定，无法改变速度曲线。而对于伺服压力机，可控制滑块在材料被冲剪开始断裂的瞬间降低运动速度，既保证了生产率又能实现低噪声冲裁加工。这里，变速点的精确控制是关键，这恰好是伺服控制的优势。图 7-26 所示为在不同运动模式下测得的冲裁噪声。

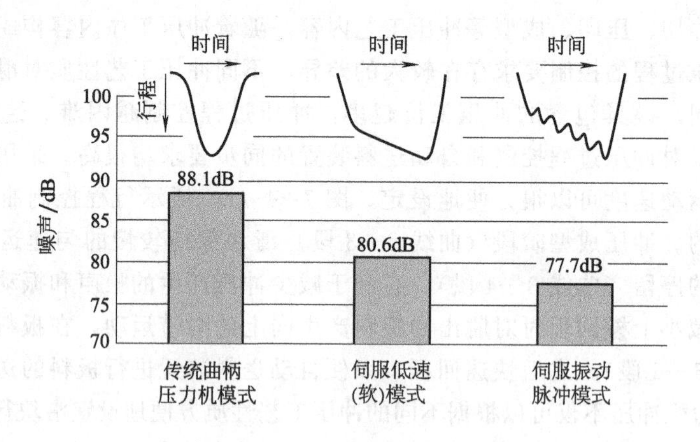

图 7-26　不同运动模式下的冲裁噪声

② 精密冲裁　冲裁加工中，如何减少或消除冲裁工件断口处的毛刺对于保证冲裁质量和尺寸精度有重要意义。到目前为止，传统精冲中需要采用高成本的高精度模具或级进模具，使精密冲裁的应用范围受到限制。而在伺服压力机上，只要采用传统的设置有反压装置的单次冲裁模具和如图 7-27 所示的程序运动模式，则只用一道工序就能冲裁出无毛刺的工件。

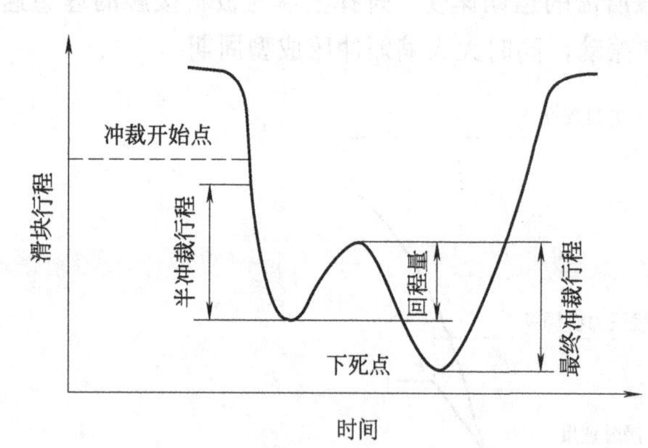

图 7-27　无毛刺冲裁滑块运动曲线

精密冲裁时，冲裁速度与工件质量和模具寿命有密切的关系。日本 KOMATSU 公司在普通机械压力机和伺服压力机上进行了精密冲裁的对比试验，工件为空调机凸轮，板厚为 13mm，冲裁力为 800kN，材料为 SPC。试验表明，冲裁速度越低，冲裁断面撕裂带厚度就越小，断面质量越好。使用普通压力机在冲裁 2000～3000 件后表面出现裂纹，而使用伺服压力机在冲裁 3000 件后断面仍保持完好。试验数据见表 7-3。

表 7-3　不同冲裁速度时的断面质量

模具速度/(mm/min)	撕裂带高度 H/mm	撕裂面比例 $(1-H/H_D)$/%
30	4.0	31
20	3.0	23
10	2.2	17
5	1.5	12
2	0.5	4

(2) 拉深

研究表明，采用机械振动或者在模具中加入超声波振动的方式能提高板材成型极限，但在传统压力机上必须附加特殊的振动发生装置，因此，很少看到在生产线上采用振动加工的实例。然而在伺服压力机上，只需选择使滑块一边作低频振动一边下降的振动模式，采用普通的模具即可很容易进行振动成型加工。

例如，对一板厚为 0.5mm 的不锈钢（06Cr19Ni10）进行拉深时，用传统方式拉深的拉深比为 1.9，而当应用适当的振动成型模式时，其极限拉深比可上升到 2.05，且所用压边力还小于传统拉深方式（图 7-28）。

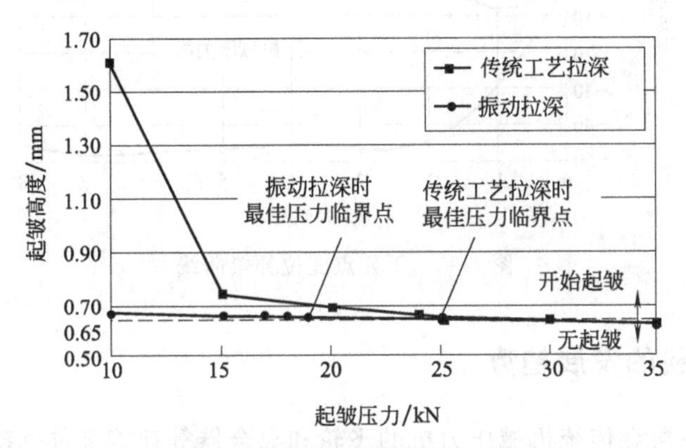

图 7-28　边沿起皱高度与压边力的关系

在对铝材和不锈钢的变薄拉深加工中，采用滑块振动模式也可大幅度提高拉深变薄率。其中，铝材可提高到 10%，不锈钢可提高到 25%。

(3) 变行程冲压

传统曲柄压力机运动规律固定，一般情况下，滑块的行程不可调，曲柄必须旋转 360°才能完成工作行程。这对于零件高度小、负荷行程要求低的冲压件实际上造成了很大的浪费——滑块的绝大多数行程均为空行程，既消耗能量又降低了生产效率。而在伺服压力机上可以根据工件的不同，调整滑块行程，在一个工作循环中无需完成 360°旋转，而只进行一定角度的摆动即可完成冲压动作（图 7-29），从而缩短了循环时间，最大限度地减少了无谓的行程，大大提高了生产率。

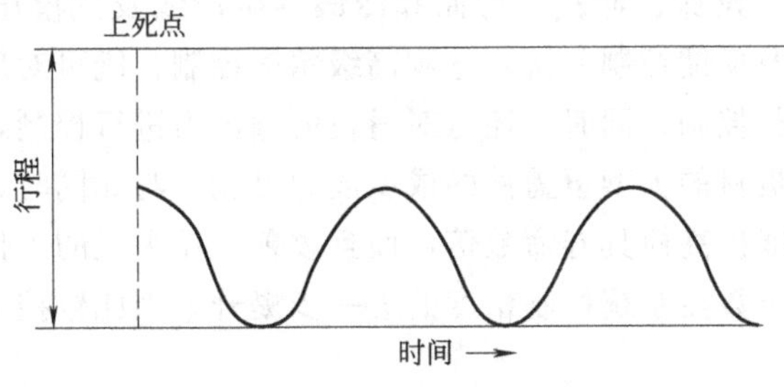

图 7-29　摆动循环行程时间曲线

(4) 下死点补偿

曲柄压力机在工作过程中，由于承受工作负荷，机身和主要受力零部件均会发生弹性变形，使滑块运行的下死点位置发生变化，从而影响工件的成型精度。

伺服压力机具有下死点自动补偿机能。通过高精度位移传感器，可始终保持下死点高精度，下死点变位补偿曲线如图 7-30 所示。这对于薄板件的冲裁及精密成型加工等方面都具有重要的意义。

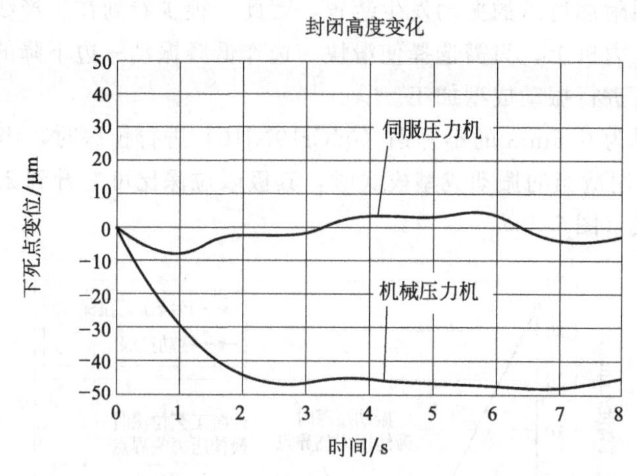

图 7-30　下死点变位补偿曲线

7.3.4　伺服压力机的发展趋势

伺服压力机是在摒弃传统机械压力机的飞轮和离合器等耗能部件基础上，采用交流伺服电机直接作为压力机的动力源，通过螺旋、曲柄连杆、肘杆等执行机构将电机的旋转运动转化为滑块的直线运动，实现滑块运动特性可控，以满足冲压加工柔性化、智能化需求。伺服压力机能够提高复杂形状冲压件、高强度钢板及铝合金板成型加工的技术水平和制造能力，充分体现了锻压机床未来发展趋势，被称为“第三代智能化压力机”。

从实际生产应用看，伺服压力机比传统压力机节能 50％以上，冲裁噪声大幅度下降，是一种节能环保型压力机；由于其在加工铝合金板材、高强度钢板、非等厚焊接钢板的成型方面有独特的优势，为新材料的应用、推广以及汽车轻量化降低能耗方面提供了重要的技术手段，也为新工艺新技术的开发提供了一个创新的平台。

随着工业技术的进一步发展，伺服压力机在以下方面将取得进一步的发展：

(1) 数控精度进一步提升

伺服压力机主要用于拉深、冲裁、弯曲和冷锻等生产线及试模压力机。采用计算机控制，利用数字技术（以及反馈控制方法）达到高级精度控制，既可对压力机滑块位置进行控制，也可对滑块速度进行控制，同时，还可对滑块的输出力进行控制，从而使汽车制造中采用高强度钢板、铝合金板材的大型覆盖件的成型成为可能。与此同时，也可以控制压力机的滑块运动轨迹，这不但能提高模具寿命数倍，而且改善了压力机的工作环境，降低了噪声和振动，而这都离不开对于数控系统控制精度的进一步提升，因此数控系统的精度将会不断得到研究。

(2) 伺服电动机国产化进一步发展

由于交流伺服电动机及其驱动装置价格昂贵，目前伺服压力机的应用受到限制。造成这一问题的主要原因是大功率伺服电动机及其驱动控制系统目前基本被国外所垄断。随着国内相关技术的开发以及与进口产品的竞争，市场价格会迅速降低，伺服技术在成型装备的应用领域也会越来越广。可以预见，伺服压力机将在一些重要制造领域，如电子产品、汽车等精密制造领域发挥越来越重要的作用。

(3) 能量回收技术进一步得到重视

伺服压力机采用电磁制动，运动部件减速的动能转变为电能。如果这部分电能不能回收，就通过电阻消耗，不但降低了效率，而且增加了电阻箱和冷却系统。能量回收将采用以下三种方式：①反馈电网，这种方法虽然可以节省电能，但是需要增加一套逆变系统，从而增加了成本。②电容储存，在驱动电路中增加一组大容量电容，存储电动机制动时产生的电能，在冲压时释放出来供电动机使用，这种方案不但省电，而且大大减少对电网的冲击（约80%）；缺点是大容量电容价格不菲，而且体积非常大。③多机直流互联，若车间有多台压力机同时工作，可以考虑在驱动电路中的直流成面联网，同样可以达到节能和降低峰值电流冲击的作用，还可以省去逆变装置和电容器。

7.4 塑料中空成型机

7.4.1 塑料中空成型机的工作原理及特点

(1) 工作原理

塑料吹塑中空成型是目前较为常见的一种热塑性塑料制品的成型方法。成型时，首先将用挤出或注射成型所得的半熔融态的管坯（型坯）置于一定形状的吹塑模具中，再向管坯中通入压缩空气将其吹胀，经冷却后脱模而得到中空塑料制品。用于此成型方法的设备称为塑料吹塑中空成型机。

(2) 特点

由于塑料吹塑中空成型的方法很多，因此也有多种分类方法。目前广泛使用的塑料吹塑中空成型方法可分为三大类：挤出吹塑、注射吹塑和拉深吹塑，而与其相对应的成型设备有挤出吹塑中空成型机、注射吹塑中空成型机和拉深吹塑中空成型机三大类。其主要不同点在于型坯的成型。在此基础上发展起来的有：挤出拉深吹塑中空成型（简称挤拉吹）和注射拉深吹塑中空成型（简称注拉吹）。塑料吹塑中空成型机的分类如图7-31所示。在实际应用

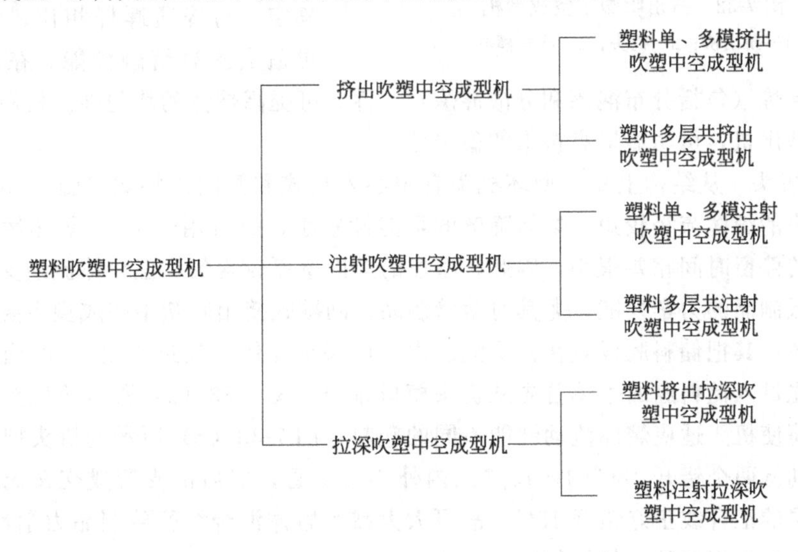

图7-31 塑料吹塑中空成型机分类

中，挤出吹塑法较为常见，种类较多，而且发展很快。而注塑因其具有特殊的优点，现今也日趋盛行。各种规格的注吹或注拉吹设备也不断被开发出来。

7.4.2 塑料中空成型机分类

(1) 挤出吹塑中空成型机

① 工作原理　在挤出吹塑中空成型过程中，塑料经挤出机熔融、混炼成均匀的熔体，挤入型坯机头成型为管状型坯；型坯达到预定长度时，吹塑模具闭合，将型坯夹持在两半模具之间；接着，把压缩空气注入型坯内，以吹胀型坯，并冷却制品；之后，打开模具，取出制品并作修整。挤出吹塑中空成型中的型坯吹胀是在塑料的黏流态下进行的。

挤出吹塑中空成型有连续和间歇两种方式。连续挤出吹塑中空成型过程中，由机头连续地成型型坯，即型坯的成型与前-型坯的吹胀、制品的冷却与取出这些工序同步进行[图 7-32 (a)]。此方式适于多种塑料，一般成型较小的制品，对型坯的熔体强度较高的塑料也可成型大制品，如容积达 120L 以上的大桶。间歇挤出吹塑中空成型机中设置有储料腔(位于机头流道内或机筒末端)，制品从吹塑模具中取出后，紧接着就由机头快速成型型坯，合模后的各个工序均在机头下方进行 [图 7-32 (b)]。此方式可在很短时间内挤出大容量的熔体，减小型坯的垂伸，适于大制品与型坯熔体强度较低的塑料（如多数工程塑料）的吹塑中空成型，是工业制件吹塑中空成型所优先采用也是普遍采用的方法。

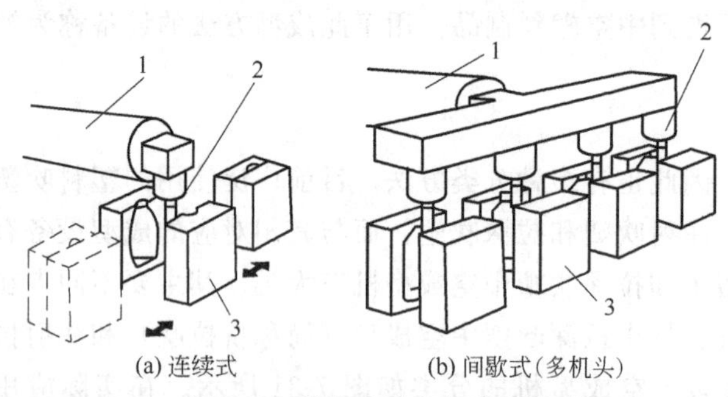

(a) 连续式　(b) 间歇式(多机头)

图 7-32　挤出吹塑中空成型机

1—挤出机；2—机头；3—吹塑模具

② 基本结构　挤出吹塑中空成型机主要由挤出机、型坯机头、吹塑模具等构成。

a. 挤出机　挤出吹塑中空成型多数（约 95%）采用单螺杆挤出机，只有 PVC 吹塑中空成型采用双螺杆挤出机更有利。挤出吹塑中空成型的成型周期与制品性能部分由挤出机的性能确定。与普通螺杆相比，分离型螺杆可适当提高熔融性能。在螺杆上设置不同类型的混炼（包括分布混炼和分散混炼）元件，可提高熔体的均匀性。机筒进料段设置开槽衬套的挤出机，可明显提高挤出的稳定性。

b. 型坯机头　从结构上看，型坯机头有中心入料式和侧向入料式（图 7-33）两类。中心入料式机头的熔体流径较短，熔体降解的可能性较小，故可用于 PVC 等热敏性塑料。因各熔体单元的停留时间相差很小，因此，型坯的周向壁厚较均匀。但熔体流经支架后形成的汇合线会降低制品的力学性能，尤其对薄壁制品。间歇式挤出吹塑中空成型主要采用储料式机头成型型坯，其把储料腔设置在机头流道内，可保证熔体“先进先出”，即当活塞排空储料腔时，首先进入储料腔的熔体首先从机头模口排出。图 7-33 (a) 所示的机头中，可通过上下调节套筒使机头适应熔体流动性能不同的塑料；图 7-33 (b) 所示的机头把熔体分成两个分流，分别从两个错开 180°的入口进入内外心形支管，然后沿支管成交叉流动，形成两环层，该两层的汇合线正好错开 180°，故可大大减小熔体汇合线所致制品力学性能的降低，此法还可提高制品周向壁厚的均匀性。

c. 吹塑模具　吹塑模具起双重作用，既赋予制品形状与尺寸又冷却制品。对模具的要

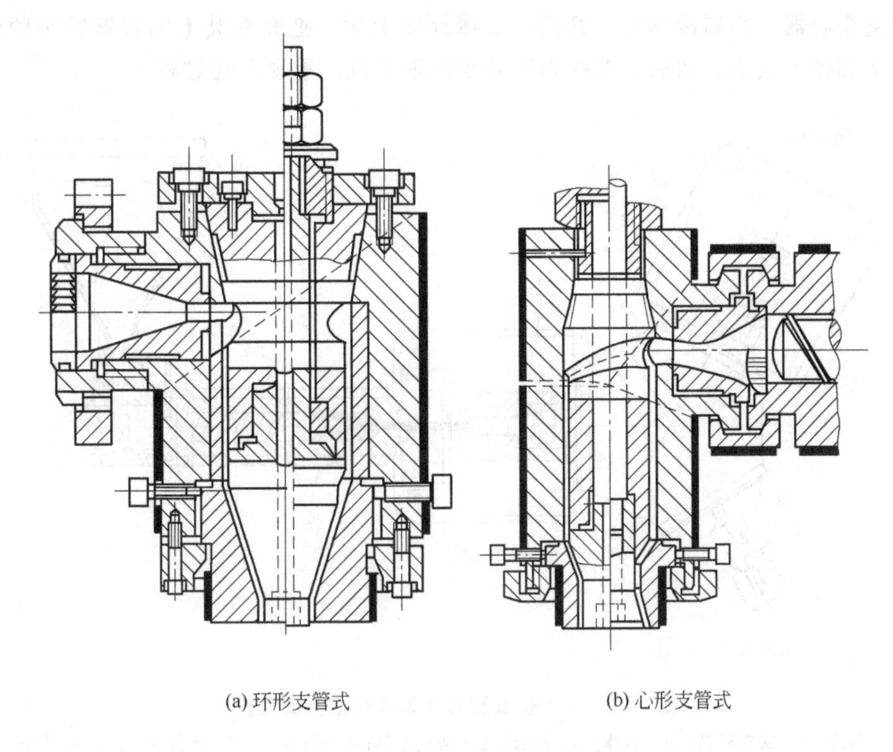

图 7-33　侧向入料式型坯机头

求主要有：

- 能有效地夹断型坯，保证制品接合缝的强度；
- 能有效地排气；
- 能快速、均匀地冷却制品，并减小模具壁内的温度梯度，以减小成型周期和制品翘曲。

结构吹塑模具一般主要由两半阴模构成，因模颈圈与各夹坯块较易磨损，故一般做成单独的嵌块，见图 7-34。工业制件的吹塑中空成型制品今后将有较大发展，其所用模具的结构与容器类吹塑模具有所不同，弯曲状管件是常采用的一种工业制件（如汽车上的通风管）。

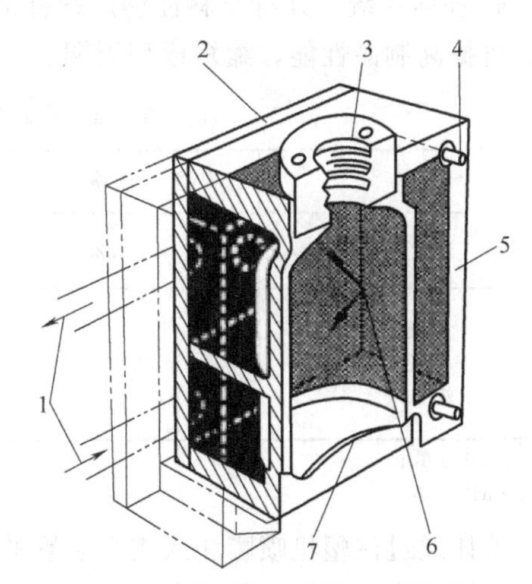

图 7-34　典型挤出吹塑模具的结构

1—冷却水入、出口；2—端板；3—模颈圈；4—导柱；5—模体；6—模腔；7—模底夹坯口刃

(2) 注射吹塑中空成型机

① 工作原理　注射吹塑中空成型机有往复式与旋转式两种，后者又有两工位、三工位与四工位三种。其中三工位旋转式注射吹塑中空成型机（见图 7-35）目前应用较多。在型坯注射工位，塑料经注塑机熔融、混炼后注入型坯模具，成型为有底的管状型坯，同时适当地冷却型坯之后，开模，转位装置旋转 120°，使芯棒连同型坯转至吹塑工位。在吹塑工位，芯棒把型坯置于下半吹塑模具型腔内，合模，接着通过芯棒内部把压缩空气注入型坯内，吹胀型坯使之贴紧

模腔，成型为容器。容器冷却后，开模，芯棒旋转 120°，把套在其上的容器转至脱模工位，以将容器从芯棒上拔出。然后，芯棒再次转至注射工位，重复上述过程。

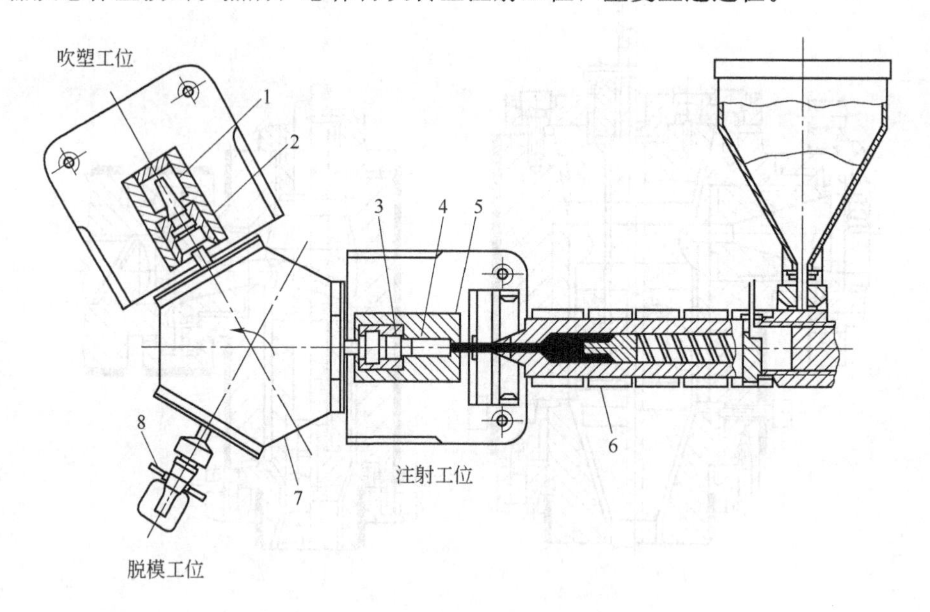

图 7-35　三工位旋转式注射吹塑中空成型机

1—容器；2—吹塑模具；3—芯棒；4—型坯；5—型坯模具；6—注塑机；7—转位装置；8—脱模板

由上可知，旋转式注射吹塑中空成型机主要由注射系统、型坯模具、吹塑模具、模架(合模装置)、脱模装置与转位装置构成。

② 基本结构

a. 注射系统　几种塑料注塑用螺杆的压缩比可按表 7-4 选取。在螺杆上设置某些混炼元件，可提高制品性能，缩短成型周期。

表 7-4　几种塑料注塑用螺杆的压缩比

塑料	压缩比	塑　料	压缩比
硬 PVC	<2.0	PE① PP①	2.0～3.0
PS PC 软 PVC	2.0～3.0	PE② PP②	3.0～4.5

① MI 较低；
② MI 较高。

熔体通过注塑机喷嘴注入支管装置的流道内。支管装置主要由支管体、支管座、支管夹具、充模喷嘴夹板及加热器等构成，见图 7-36。支管装置安装在型坯模具的模架上，见图 7-37 (a)。对热稳定性好的塑料，支管内钻出直径约 15mm 的孔流道即可；对热敏性塑料，支管要设计成剖分式，开设衣架式流道。支管体高度一般取 75mm，采用充模喷嘴把熔体从支管流道注入型坯模腔中。充模喷嘴的孔径较小，相当于针点式浇口。给多型腔模具供料时，可采用针阀锁闭式充模喷嘴。

b. 型坯模具　型坯模具的部件分解见图 7-38。

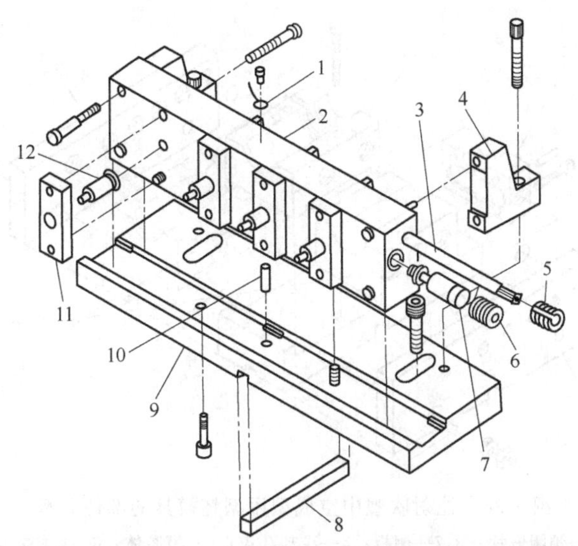

图 7-36　注塑吹塑中空成型机中支管装置的部件分解图

1—热电偶；2—支管体；3—加热器；4—支管夹具；5—开口套；6—固定螺钉；7—流道塞；8—键；9—支管座；10—定位销；11—充模喷嘴夹板；12—充模喷嘴

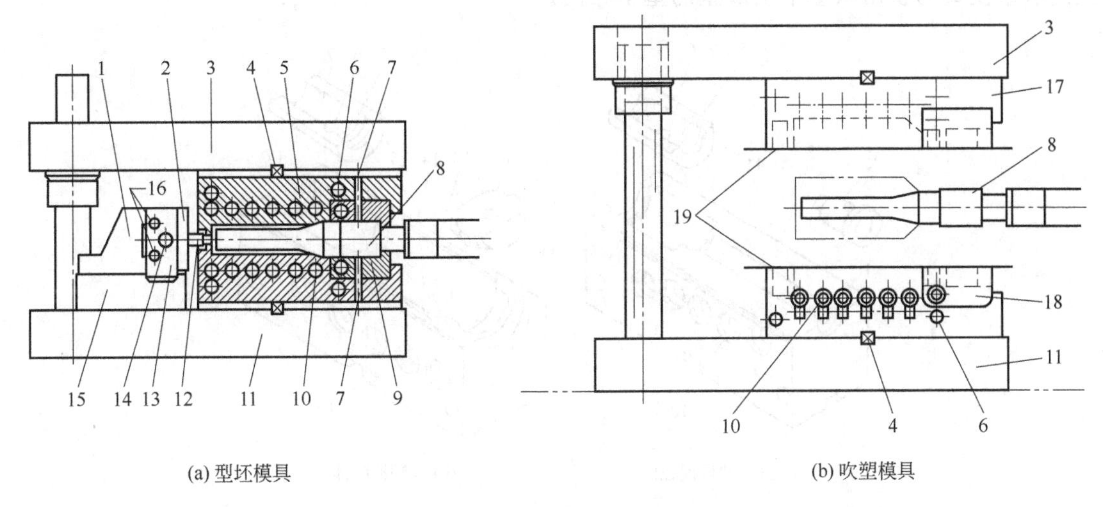

(a) 型坯模具　　(b) 吹塑模具

图 7-37　安装在模架内的注射吹塑中空成型用型坯模具与吹塑模具

1—支管夹具；2—充模喷嘴夹板；3—上模板；4—键；5—型坯模腔体；6—拉杆孔；7—芯棒温控介质入、出口；8—芯棒；9—型坯模颈圈；10—冷却孔道；11—下模板；12—充模喷嘴；13—支管体；14—流道；15—支管座；16—加热器；17—吹塑模腔体；18—吹塑模颈圈；19—底模块

芯棒成型型坯的内部形状与容器颈部的内径，其直径与长度主要由型坯确定，长径比一般不应超过 10/1。芯棒体直径要比容器颈部内径小些，以便于容器脱模。

型坯模腔体由定模与动模两半构成，其结构主要由型坯与芯棒确定。用于 PE 与 PP 这类软质塑料时，型坯模腔体可由碳素工具钢或热轧钢制成；对硬质塑料，模腔体由合金工具钢制成。

型坯模颈成型容器的颈部与螺纹形状，并固定芯棒，颈圈嵌块紧贴在模腔体底面上，但高出 0.010～0.015mm，以便合模时能牢固地夹持芯棒，一般用键或定位销来保证颈圈嵌块

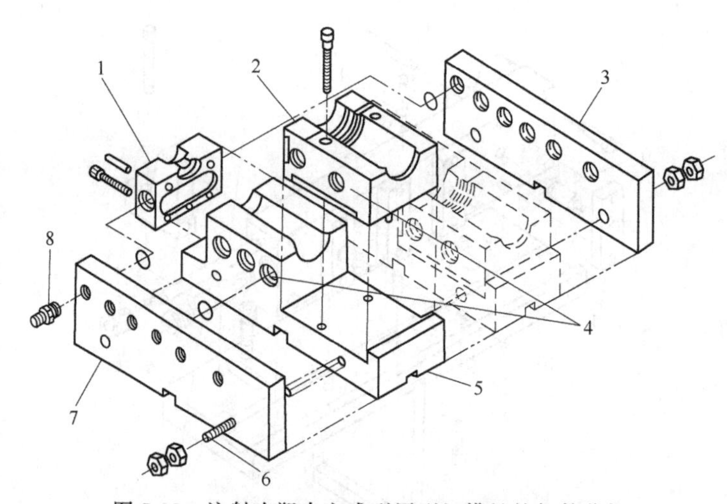

图 7-38　注射吹塑中空成型用型坯模具的部件分解

1—端板；2—颈圈嵌块；3,7—侧板；4—冷却孔道；5—模腔体；6—拉杆；8—软管接头

的中心位置。

c. 吹塑模具　图 7-39 示出了吹塑模具的各零部件及它们的配合关系。注射吹塑中空成型的吹塑模具与挤出吹塑中空成型的基本相同。

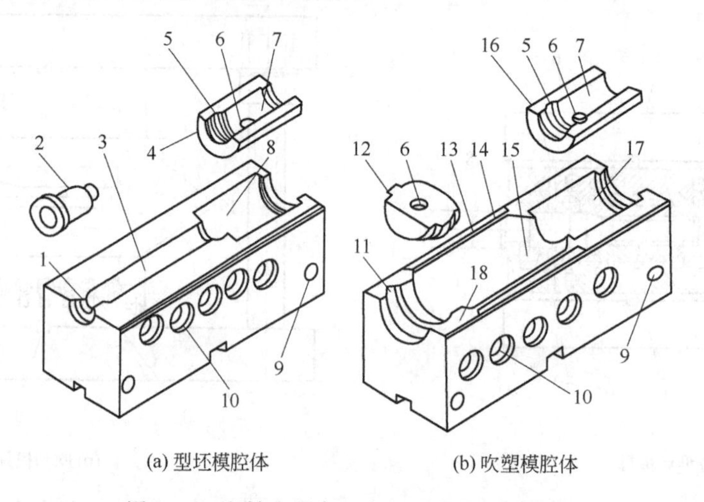

图 7-39　注射吹塑中空成型用模具的型腔体

1—喷嘴座；2—充模喷嘴；3—型坯模腔；4—型坯模颈；5—颈部纹型腔；6—固定螺钉孔；7—尾部配合面；8—型坯模颈；9—拉杆孔；10—冷却孔道；11—底模块槽；12—底模块；13—切槽；14—排气槽；15—吹塑模腔；16—吹塑模颈圈；17—吹塑模颈圈槽；18—合模面

吹塑模腔体成型容器的形状与尺寸。对软质塑料，吹塑模腔体可用铝合金或锌合金制成，型腔经喷砂处理，以提高排气性能；对硬质塑料，要采用合金工具钢来制造，型腔要抛光、镀硬铬；对 PVC，则采用铜铍合金或不锈钢来制造模腔体。

吹塑模颈圈固定芯棒，包住并保护已成型的容器颈部螺纹，其螺纹直径比相应型坯模颈圈的大 0.05～0.25mm，以避免容器颈部螺纹的变形。吹塑模颈可采用与吹塑模腔体相同的材料来制造。

底模块成型容器底部的外形，一般做成两半分别固定在各半模具内，也可为整体式。制造底模块采用的材料与吹塑模腔体的相同。

与型坯模具一样，吹塑模具也在型腔周围开设V形冷却孔道。颈圈设置单独的冷却段，底模块也可通水冷却。在吹塑模具的分模面上开设深0.025～0.050mm的排气槽，颈圈嵌块与模腔体之间的配合面也可排气。

d. 模架 用螺钉把型坯模具与吹塑模具分别固定在各自的模架内，见图7-40。在上下模板上的垂直方向（即沿模具型腔轴向及垂直方向）设置键，确保上下模具分模面准确地对齐。一般采用液压方式使型坯模具与吹塑模具合模。

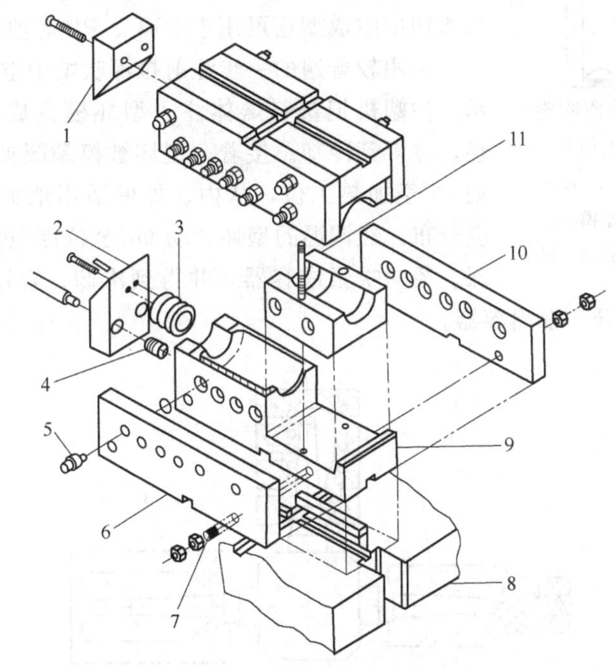

图7-40 注射吹塑中空成型用吹塑模具的部件分解

1—上斜滑块；2—下斜滑块；3—底模块；4—弹簧；5—软管接头；6,10—侧板；7—拉杆；8—模架下板；9—模腔体；11—颈圈嵌块

e. 脱模装置 一般用液压也可用气压来驱动脱模板。脱模板上的U形口刚好能穿过容器的颈部，拉动其肩部，使之从芯棒上脱去。

(3) 拉深吹塑中空成型机

① 工作原理与基本结构 在拉深吹塑中空成型中，先用挤出、挤出预吹塑或注射方法成型型坯，把其从黏流态冷却至高弹态（对一步法）或冷却至室温后再加热至高弹态（对两步法），并调节其温度，获得最佳的取向温度；之后，通过机械方法（拉深杆或拉深夹具）轴向拉深型坯，稍后或同时用压缩空气将其径向吹胀；接着，快速冷却容器。根据拉深方式分为挤出拉深吹塑中空成型机和注射拉深吹塑中空成型机两种中空成型机。

② 挤出拉深吹塑中空成型机 挤出拉深吹塑中空成型采用机头（与挤出吹塑中空成型的相同）成型型坯。一步挤出拉深吹塑中空成型主要用于PVC，也用于PAN。图7-41所示为一种一步挤出拉深吹塑中空成型机的示意图。在第一工位，预吹塑模具在机头下方截取型坯，转至第二工位，预吹胀型坯并适当冷却；预吹塑模具开启，转台顺时针转动，拉深/吹塑模具从定径进气杆上拔取已预吹胀的型坯；接着，转台逆时针转动，将拉深/吹塑模具转回第三工位，使该型坯轴向拉深与径向吹胀。

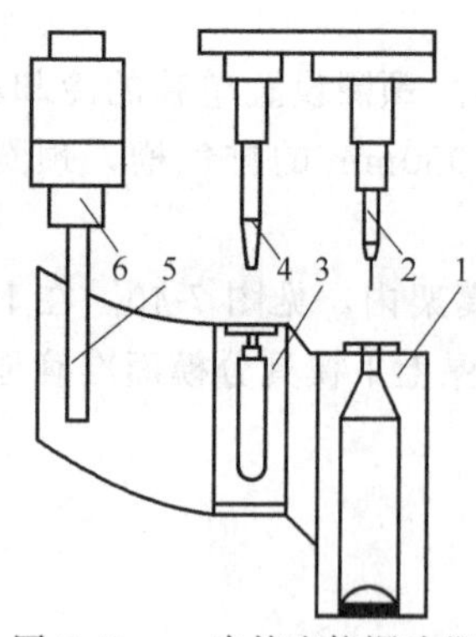

图 7-41　一步挤出拉深吹塑中空成型机（三工位）

1—拉深/吹塑模具；2—拉深/进气杆；3—预吹塑模具；4—定径进气杆；5—型坯；6—机头

由上可知，一步挤出拉深吹塑中空成型要采用两种模具，即预吹塑模具与拉深/吹塑模具。前者使型坯得到适当吹胀，用定径压塑法成型容器颈部螺纹，并对预吹胀型坯作适当冷却，故其开设有组冷却孔道，可分成4～10个控温段。

③ 注射拉深吹塑中空成型机　注射拉深吹塑中空成型采用型坯模具（与注射吹塑中空成型的相同）成型型坯，主要用于由PET成型碳酸饮料等的包装容器，其中一步注射拉深吹塑中空成型还可用于PVC、PP等塑料。

采用较普遍的一步注射拉深吹塑中空成型机如图7-42所示。注塑机把塑料熔体注入型坯模具成型为有底的管状型坯，并得到冷却。接着，型坯被模颈圈夹持，随水平转台转动90°至加热工位，从内、外壁适当地加热型坯，调节其温度分布。经调温的型坯转动90°至拉深/吹塑工位，被轴向拉深、径向吹胀成容器，并得到冷却。容器随转台转动90°至取出工位，模颈圈打开，取出容器。

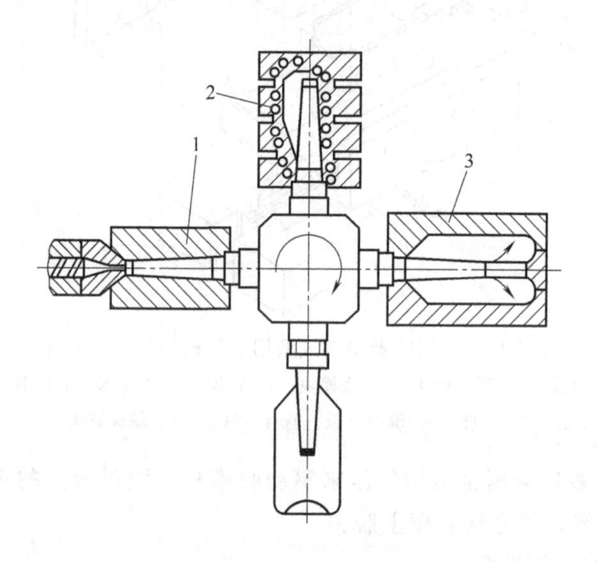

图 7-42　一步注射拉深吹塑中空成型机（四工位）

1—型坯模具；2—调温模具；3—拉深/吹塑模具

(4) 吹塑中空成型的辅助装备

吹塑中空成型采用的辅助设备主要有：原料干混设备；原料输送系统；原料干燥装置；压缩空气干燥系统；模具冷却剂的制冷装置；模具去湿设备；制品的装饰与贴商标装置制品的修整、输送、后加工、火焰处理、静电消除与检测等装置；边角料的破碎与造粒设备。

原料干燥装置吹塑中空成型时塑料所含的湿气会降低型坯的熔体强度，使吹塑中空成型制品出现泡孔、放射斑与条纹等缺陷。对PET、PC与PA等塑料，湿气会使熔体发生降解。因此，塑料加工前需经干燥处理。采用热空气干燥装置提供的热空气就可除去非吸湿性塑料（如PE、PP与PS等）所含的湿气。采用去湿干燥装置提供的经去湿的热空气，才能除去吸湿性塑料（PET与多数工程塑料）内所含的湿气。

压缩空气干燥系统把干燥装置设置在储气罐与空气分配系统之间，可有效地除去已通过后冷却器与湿气分离器的空气所含的湿气。

7.4.3　塑料中空成型机的发展趋势

塑料成型加工设备的发展除了受塑料工业总体发展趋势的影响外，同时也受塑料原料和塑料制品及相关行业的制约。根据国内外塑料工业发展趋势与塑料原料、制品行业发展方向分析，今后一个时期，塑料成型加工设备发展趋势主要有如下几个特点：

(1) 自动化水平不断提高

伴随着计算机技术的发展与普及，塑料成型加工设备的控制和自动化水平在不断提高。特别是塑料注射成型机、塑料吹塑中空成型机等主要塑料机械品种，计算机控制正在逐步取代常规控制，加之机械手及辅助装置的完善，使单机自动化、无人化乃至车间、工厂的自动化、无人化成为可能和现实。计算机在塑料成型加工设备上的应用在不断全面推广，塑料成型加工设备的自动化水平也将会不断全面得到提高。

(2) 综合配套能力日趋完善

为了适应塑料工业的发展，不断提高塑料成型加工设备的整体水平，塑料成型加工设备的综合配套能力将会不断提高并日趋完善。综合配套包括主机与辅机的配套、机械与模具的配套、机械与工艺的配套、机械与电气的配套、整机与配套件的配套等。综合配套水平、能力的提高与完善，将会有力地促进塑料成型加工设备行业的进步。

(3) 新产品开发层出不穷

随着新的塑料原料的出现和新的塑料加工工艺技术的开发，塑料成型加工设备行业也必然要为其提供新的技术装备。塑料成型加工设备行业在不断提高和逐步完善现有的塑料机产品的同时，必须努力开发新的塑料机械产品，以满足塑料工业发展的需要。例如复合、共混、发泡的塑料制品的研究与开发是当前塑料制品行业的发展方向，为之提供新的技术装备则是塑料成型加工设备行业的发展趋势。塑料成型加工设备新产品的开发、新技术的应用将会推动塑料机械行业和塑料工业的发展。高效率、高质量、低能耗、省材料、少污染是塑料成型加工行业的努力方向和发展趋势。

思考与练习题

1. 螺旋压力机的特性有哪些？
2. 高能螺旋压力机与摩擦螺旋压力机相比有什么特点？
3. 典型的螺旋压力机结构有哪些？
4. 板料折弯机的分类有哪些？
5. 板料折弯机的附属机构有哪些？
6. 伺服压力机的基本原理是什么？
7. 请简述伺服压力机的组成。
8. 请简述塑料中空成型机的工作原理及主要结构组成。
9. 冲模回转头压力机与数控步冲压力机各有何特点？

参考文献

[1] 陈滨楠. 塑料成型设备 [M]. 北京：化学工业出版社，2004.
[2] 陈世煌. 塑料成型机械 [M]. 北京：化学工业出版社，2006.
[3] 程燕军，柳舟通. 冲压与塑料成型设备 [M]. 北京：科学出版社，2005.
[4] 丁树模. 液压传动 [M]. 北京：机械工业出版社，1999.
[5] 段来根. 多工位级进模与冲压自动化 [M]. 北京：机械工业出版社，2001.
[6] 耿浩然. 实用铸件外力辅助成形技术 [M]. 北京：化学工业出版社，2005.
[7] 耿孝正. 塑料混合及设备 [M]. 北京：中国轻工业出版社，1992.
[8] 赖华清. 压铸工艺及模具 [M]. 北京：机械工业出版社，2004.
[9] 欧圣雅. 冷冲压与塑料成型机械 [M]. 北京：机械工业出版社，2004.
[10] 权修华，刘成刚. 冲压自动化与压力机改造 [M]. 合肥：安徽科学技术出版社，1992.
[11] 孙风勤. 冲压与塑压设备 [M]. 北京：机械工业出版社，2005.
[12] 阎亚林. 冲压与塑压成型设备 [M]. 西安：西安交通大学出版社，1999.
[13] 杨卫民. 塑料挤出加工新技术 [M]. 北京：化学工业出版社，2006.
[14] 杨裕国. 压铸工艺与模具设计 [M]. 北京：机械工业出版社，1997.
[15] 中国机械工程学会锻压分会编. 锻压手册 [M]. 北京：机械工业出版社，1993.
[16] 刘西文. 挤出成型技术疑难问题解答 [M]. 北京：印刷工业出版社，2011.
[17] 王加龙. 塑料挤出成型 [M]. 北京：印刷工业出版社，2009.
[18] 赵素合，张丽叶，毛立新. 聚合物加工工程 [M]. 北京：中国轻工业出版社，2006.
[19] 陈滨楠. 塑料成型设备 [M]. 北京：化学工业出版社，2007.
[20] 戴伟民. 塑料注射成型 [M]. 第 2 版. 北京：化学工业出版社，2005.
[21] 范有发. 冲压与塑料成型设备 [M]. 北京：机械工业出版社，2010.
[22] 郭广思. 注塑成型技术 [M]. 北京：机械工业出版社，2009.
[23] 金灿. 塑料成型设备与模具 [M]. 北京：中国纺织出版社，2008.
[24] 刘西文. 塑料成型设备 [M]. 北京：中国轻工业出版社，2010.
[25] 齐贵亮. 注射成型新技术 [M]. 北京：机械工业出版社，2011.
[26] 王卫卫. 材料成形设备 [M]. 第 2 版. 北京：机械工业出版社，2011.
[27] 吴宏武，瞿金平，等. 注射成型机使用指南 [M]. 北京：化学工业出版社，2004.
[28] 熊建武，何冰强. 塑料成型工艺与注射模具设计 [M]. 第 2 版. 大连：大连理工大学出版社，2014.
[29] 郑峥. 冲压注塑成型设备 [M]. 第 2 版. 北京：北京理工大学出版社，2016.
[30] 冯少如. 塑料成型机械 [M]. 西安：西北工业大学出版社，1992.
[31] 陆照福. 塑料压延、模压成型工艺与设备 [M]. 北京：中国轻工业出版社，2003.
[32] 齐贵亮. 塑料压延成型实用技术 [M]. 北京：机械工业出版社，2013.
[33] 张广成，史学涛. 塑料成型加工技术 [M]. 西安：西北工业大学出版社，2016.
[34] 赵俊会. 塑料压延成型 [M]. 北京：化学工业出版社，2007.
[35] 周殿明. 塑料压延机的使用与维护 [M]. 北京：机械工业出版社，2010.
[36] GB/T 28761—2012 锻压机械型号编制方法 [S]. 中国国家标准化管理委员会，2012.

[37] 葛正浩，杨立军. 材料成型机械 [M]. 北京：化学工业出版社，2007.
[38] 范英俊. 铸造手册 [M]. 北京：机械工业出版社，2010.
[39] 李成凯，等. 压铸工艺与模具设计 [M]. 北京：清华大学出版社，2014.
[40] 罗启全. 压铸工艺及设备模具实用手册 [M]. 北京：化学工业出版社，2013.
[41] 潘宪曾. 压铸模设计手册 [M]. 北京：机械工业出版社，2006.
[42] 屈华昌. 压铸成型工艺与模具设计 [M]. 北京：高等教育出版社，2008.
[43] 王鹏驹，等. 压铸模具设计师手册 [M]. 北京：机械工业出版社，2008.
[44] 鲍恰洛夫. 螺旋压力机 [M]. 北京：机械工业出版社，1985.
[45] 何德誉. 专用压力机 [M]. 北京：机械工业出版社，1989.
[46] 黄锐. 塑料工程手册 [M]. 北京：机械工业出版社，2000.